“十三五”普通高等教育本科部委级规划教材

染整概论

（第3版）

蔡再生 主 编
葛凤燕 副主编

中国纺织出版社有限公司

内 容 提 要

本书主要介绍了纺织纤维基础知识，纺织品练漂、染色、印花、整理等工序的基本原理、加工内容、工艺过程、常用染化料及常用机械设备。扼要介绍了纺织品质量、包装，纺织产品安全技术要求，印染废水及其处理等内容。

本书可作为设有纺织、皮革、造纸专业的高校开设染整概论或染整工艺学的教学用书，也可作为相关领域的学生、科研工作者、工程技术人员的参考书。

图书在版编目（CIP）数据

染整概论/蔡再生主编．--3版．-- 北京 ：中国纺织出版社有限公司，2020.5（2023.8重印）

"十三五"普通高等教育本科部委级规划教材

ISBN 978-7-5180-7242-2

Ⅰ．①染… Ⅱ．①蔡… Ⅲ．①染整—概论—高等学校—教材 Ⅳ．①TS19

中国版本图书馆 CIP 数据核字（2020）第 044504 号

责任编辑：范雨昕　　责任校对：王花妮　　责任印制：何　建

中国纺织出版社有限公司出版发行

地址：北京市朝阳区百子湾东里 A407 号楼　邮政编码：100124

销售电话：010—67004422　传真：010—87155801

http://www. c-textilep. com

中国纺织出版社天猫旗舰店

官方微博 http://weibo. com/2119887771

三河市宏盛印务有限公司印刷　各地新华书店经销

1998 年 2 月第 1 版　2007 年 9 月第 2 版

2020 年 5 月第 3 版　2023 年 8 月第 4 次印刷

开本：787×1092　1/16　印张：19. 75

字数：429 千字　定价：72. 00 元

《染整概论》(第3版)修订工作说明如下:

应广大读者的要求,结合纺织染整科技的最新进展,在2版的基础上,对部分内容做了一些补充,并勘正《染整概论》(第2版)中的一些不恰当的提法。具体参与人员和修订工作分工如下:

第一章　纺织纤维及其制品(东华大学葛凤燕、蔡再生)

第二章　练漂(河北科技大学李晓燕、蔡再生)

第三章　染色(浙江理工大学吴明华)

第四章　印花(南通大学张瑞萍)

第五章　织物整理(上海工程技术大学徐丽慧、蔡再生)

第六章　质检和包装(浙江理工大学王莉莉、吴明华)

第七章　纺织产品安全技术要求及其质量控制(绍兴文理学院王维明)

第八章　印染废水及其处理(绍兴文理学院虞波)

全书由蔡再生任主编,葛凤燕任副主编。

蔡再生

2019年10月

2版前言

本教材基于中国纺织大学（现东华大学）张洵栓主编的《染整概论》。《染整概论》自20世纪80年代后期出版以来，深受广大读者的欢迎。近20年来，纺织、染整学科发展很快，这20年也正是我国纺织染整科技大发展时期，读者普遍要求能够修订《染整概论》。

本次修订的《染整概论》系统地叙述了主要的纺织纤维，对染整加工的前处理、染色、印花和整理等关键工序的基本工艺流程及常用设备作简要介绍，编写时坚持突出重点、兼顾染整学科最新发展的原则。另外，对纺织品的质检和包装、安全技术要求、印染废水及其处理等内容也进行了扼要介绍，以便读者了解染整加工的基本内容和生产过程，掌握染整生产、管理的基本知识。本教材适合高等学校有关专业开设的《染整概论》或《染整工艺学》等课程，也适合相关从业人员自学、参考。

本书由从事染整工艺教学、科研的资深教师编写，具体分工如下：第一章由东华大学蔡再生教授编写，第二章由南通大学杨静新教授编写，第三章由浙江理工大学吴明华副教授编写，第四章由东华大学闵洁副教授、王春兰副教授编写，第五章至第八章由东华大学许海育高级工程师编写。全书由蔡再生任主编，闵洁任副主编。

为了便于教学和自学，每章后附有复习指导、思考题或习题；本书对重要的专业术语或名词在首次出现的地方加注英文，以利于读者提高专业英语水平。另外，本书在编写过程中还参考了大量国内外的文献资料和专著，限于篇幅，只能在每章后面列出主要的参考文献。本书在编写过程中，研究生王峰参与了资料的搜集和文字的输入工作，在此表示感谢！

由于编者水平有限，本书的缺点和错误难免，欢迎读者批评指正。

编者

2007年4月

纺织物染整加工是纺织工业中的一个重要组成部门，在国民经济建设中占有一定的地位。纤维材料经过纺纱、织造生产出来的纱线、织物称为坯纱、坯布（原布），一般都要经过染整加工才能服用。染整加工的目的就在于根据纤维材料的特性，提高坯纱、坯布的服用性能和使用价值，满足人民生活的衣着装饰以及工业、农业和国防建设的需要，为国家积累资金和创收外汇。

染整加工主要是通过化学方法用各种机械设备，对纺织物进行处理的过程。它涉及多方面知识的应用，具有综合性较强的加工特点。染整加工的基本内容包括预处理、染色、印花和整理。预处理亦称练漂，主要采用化学方法去除纺织材料上的杂质，并使后续加工，如染色、印花和整理得以顺利进行；染色是通过染料和纤维发生物理、化学的结合使纺织材料获得鲜艳、均匀和坚牢的色泽；印花是用染料（或颜料）在纺织物上印出花纹图案，并使之固着的过程；整理是根据纤维的特性，通过使用化学药剂或机械物理作用改进纺织物的光泽、形态等外观，提高纺织物的服用性能或使纺织物具有拒水、拒油、阻燃等特性。

根据加工批量的大小和工艺要求，织物的染整加工有的在单机台上进行，有的在联合机上进行。联合机是把单元设备按工艺要求组合成加工的连续形式。常见的联合机是由浸轧、汽蒸、水洗、烘干等单元设备组成的，适宜于大批量产品的加工。

织物的加工状态有绳状和平幅两种。前者加工效率较高，后者加工时，织物不易产生皱（折）痕。纯棉机织物和纯棉针织物的练漂、毛织物和针织纬编织物的染色和净洗，通常以绳状进行。由于针织物、毛织物、蚕丝织物和合成纤维织物等受力后容易变形，加工时应尽可能减少张力，宜采用松式机械设备。

在染整加工中，纤维材料经过化学品处理后，须反复水洗并加以烘干，所以水和热能的消耗量都很大，对水质的要求也比较高。在化学处理过程中还会产生有害物质污染空气和水质，因此制订工艺和选用设备时，必须注意降低热能的消耗，提高水的利用率。应重视环境保护，对废水废气加以处理，减少污染，做好某些化学品的回收和利用。同时还应不断加强管理和科研工作，提高技术水平，开发品种，重视产品质量，用先进的管理方法调动人们社会主义生产的积极性和创造性，提高生产效率，以满足国内外市场的需要。

《染整概论》以化学为基础，较为系统地叙述各类纺织纤维制成的织物在染整加工中的基本工艺流程和工艺条件，并对加工原理及常用机械设备作简要介绍，以便使初学者了解染整加工的基本内容和生产过程，掌握染整生产基本知识。本书适合用作高等或中等技术院校有关专业开设的《染整概论》或《染整工艺学》等课程的教材，也可作为学习染整工艺原理的入门参考读物。根据本书内容，教学时数以40~60学时为宜。教学中，可酌情对内容进行选择、删节或补充。

本书由张洵栓担任主编，参加编写的有袁琴华（第一章和第二章）、金章沪（第三章）、王凤云（第四章）和张洵栓（第五章）。本书由王菊生教授审阅。插图由张洵栓绘制和复制。

由于编者水平有限，本书的缺点和错误难免，欢迎批评指正。

编者

目录

第一章　纺织纤维及其制品

第一节　纺织纤维概述

纺织品的初始原料是纺织纤维。所谓“纤维”（fiber），一般指具有足够的细度（直径<100μm）和足够的长径比（>500），并具有一定柔韧性的物质。具有纤维形态的物质随处可见，可以是金属、矿石、生物体、高分子，只要满足上述定义均可视为纤维。

虽然可称为纤维的物质很多，但能作为纺织纤维的种类却很少。纺织纤维（textile fibers）必须足够长（几十毫米以上）、足够细（直径几十微米左右）、足够柔软、容易挠曲变形而又有一定的强度和弹性。总而言之，纺织纤维必须具备可纺性和使用性两个条件。其中可纺性是纤维进行纺织加工的必要条件，是纺织纤维多种性能的综合效应，主要包括纤维的长度、卷曲度等表观形态特性和强伸性、模量、静电特性、摩擦性等力学性能。此外，由于在染整加工中纺织纤维要经受许多化学加工，因此纺织纤维的耐化学品稳定性和良好的染色性也是必要的。

一、纺织纤维的分类

纺织纤维的种类很多，按照其线状形态，可分为长丝（filament）和短纤维（staple，flock）；按照其来源可分为天然纤维（natural fiber）和化学纤维（chemical fiber）两大类，见图 1-1。

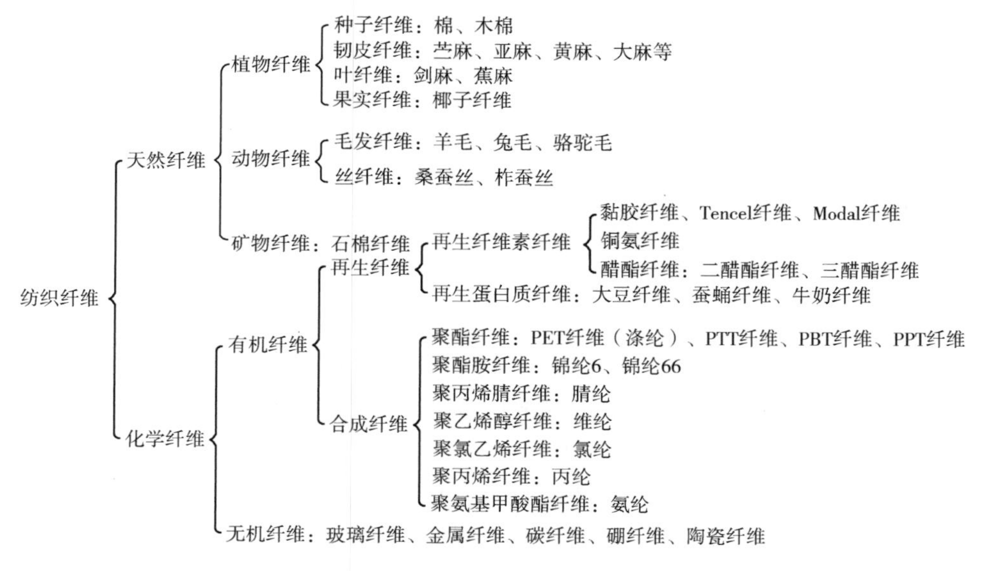

图 1-1　纺织纤维的分类

二、纤维与纺织品

纺织品是纺织纤维经过加工而成的一种产品，狭义上纺织品指机织物和针织物，广义上说纺织品包括纤维、纱线、织物、家纺产品、产业用纺织品等。纤维是纺织品的基本组成物质。纺织纤维的使用性能按纺织产品的用途而有不同的要求。对于服用纺织品（textiles），美观、舒适、安全、耐用是最重要的使用性能，而纺织纤维的吸湿性、回弹性和形态特性以及染色性同样不可轻视，而且这些性能之间有着复杂的内在联系和影响。对于装饰用纺织品，要求纺织纤维具有较高的物理机械性能，以确保尺寸稳定性和耐用性。对于产业用纺织品，要使用高性能纤维以满足高强度（high strength）、高模量（high modulus）、耐热（heat proof, heat resistance）、阻燃性（inflaming retarding）、防辐射性（radiation protection）、耐腐蚀性（resist corrosion）和导电性（electrical conductivity）的要求，以适合于在恶劣的工业环境中使用。不同用途的纺织品对纤维性能的各种要求详见表1-1。

表1-1　不同用途的纺织品对纤维性能的要求

纺织品	纤维性能
普通衣料	弹伸性、弹性、尺寸稳定性、吸湿性、拒水性、透气性、保暖性、隔热性、抗静电性、阻燃性、抗菌性、防虫性、消防安全性
特殊衣料	耐光性、耐气候性、耐热性、耐磨性、防水性、防火性、高强度、防辐射性、高模量
装饰用品	阻燃性、隔热性、隔音性、抗静电性、防霉抗菌性、耐磨性
产业用品	高强力、高模量、耐高温、耐腐蚀性、耐冲击性、超吸水性、高隔热性、高分离性、轻量化、耐老化性、抗疲劳性
医疗用品	生物体适应性、生物吸湿性或分解性、渗透性和选择性
军工用品	耐热性、防火性、耐磨性、通透性、轻量化、防辐射性、耐气候性、耐化学稳定性

纤维与纺织产品的使用性能、审美特性和经济性之间存在着非常密切的关系。纤维对纺织品的使用性能起决定作用。纺织品的使用性能主要包括力学性能（physical machinery property），如强伸性（strength and stretch property）、耐磨性（abrasion proof）、耐热性以及吸湿性（hygroscopicity）等，化学性能（chemical property），如耐酸（acid proof, acid resistance）、耐碱（alkali proof, alkali resistance）、耐氧化剂（oxidant proof, oxidant resistance）以及耐有机溶剂（organic solvent resistance）等性能。虽然不同的纱线、织物结构和染整加工对纺织品的使用性能也起一定的作用，但纤维的作用是决定性的。表1-2列出了纤维品质与产品性能的关系。纤维是影响其产品审美特性的主要因素。纺织品的审美特性主要指外观风格（appearance style），包括颜色（color）、光泽（luster）、手感（feeling, handle）、悬垂性（draping）、蓬松性（fluffy）和尺寸稳定性（dimensional stability）等。另外，纤维也是影响其产品经济性的重要因素。纺织品的经济性主要包括纤维的成本和加工费用，纺织纤维的选择和优化可以直接降低产品成本。此外，纺织纤维种类的不断增加，促进了纺织产品的多样化，尤其是近年来合成纤维技术的发展，为纺织产品在纤维选择上提供了更广阔的天地，使产品在品种上千变万化，在形态上千差万别，在功能和用途上各具特色。

表 1-2　纤维品质与纺织产品性能的关系

纤维品质	纺　织　产　品　性　能
细度	厚度、刚柔性、弹性、抗皱性、透气性、起毛起球性
截面形状	光泽、覆盖性、保暖性、起毛起球性、手感
长度	厚度、起毛起球性等
卷曲性	质量、光泽、弹性、保暖性、透气性
相对密度	质量、覆盖性
强度	强度、起毛起球性、耐用性
初始模量	弹性、尺寸稳定性等
吸湿性	吸湿透湿性、尺寸稳定性
电性能	耐磨性、吸污性、起毛起球性
热性能	保暖性、尺寸稳定性、燃烧性
染色性	颜色、组成图案可能性

总之，选择纺织纤维应以产品的用途为依据，以其性能为中心，不仅要充分了解纺织纤维的特性，而且还要掌握纺织纤维与产品性能之间的相互关系。此外，还要考虑所选纤维在产品加工和使用中的问题。

三、纺织纤维的性质

（一）长度

长度是衡量纺织纤维长短程度的指标。纤维的长度对纺织品性能有重要影响，一般来说，纤维越长则制成的纱线和织物品质越优。

纺织纤维的长度是在伸直（不伸长）状态下测量的纤维两端之间的距离。长度的法定计量单位是米（m），对于纤维则常用毫米（mm）。各种纺织纤维由于品种和来源不同，长度分布是非常复杂的。天然纤维的长度受品种和生长条件的影响，其中，蚕丝最长，称为长丝，可不经纺纱，直接用于织造。棉、麻、毛等都被称为短纤维，其中羊毛较长，一般长度在 50mm 以上，最长可达 300mm。棉纤维长度较短，细绒棉（fine-staple cotton）一般在 33mm 以下，长绒棉（long-staple cotton）一般小于 50mm，长度超过 50mm 为超长绒棉。

化学纤维可根据需要，按天然纤维的长度和细度在生产过程中加以调节，所以也有长丝和短纤维之分。化学短纤维可以进行纯纺或混纺（cospinning，blending），而大量应用的是与天然纤维或与其他种类化学纤维混纺。化学纤维的切断长度要根据加工机台型式以及与它混纺的纤维长度来确定。与棉混纺的化学纤维长度选用 35~38mm，称为棉型化纤（cotton-like fiber）。毛纺机台上加工的化学纤维长度与羊毛长度相近，粗梳毛纺为 64~76mm，精梳毛纺为 76~114mm，称为毛型化纤（wool-like fiber）。也有与绢丝或苎麻混纺的，切断长度更长。利用现有棉纺机台或化纤专纺设备加工 51~76mm 长度的各种化学纤维（纯纺或混纺），称为中长型纤维（mid-fiber）。

（二）细度

表示纤维粗细（fineness）的物理量有线密度（linear density）、纤度（size，titer）和支数（count）等，它们都是衡量纺织纤维粗细程度的指标。线密度、纤度为定长制，其值越大，纤维越粗；支数为定重制，其值越大，纤维越细。

1. 线密度 线密度表示1000m长的纤维或纱线在公定回潮率时的质量，线密度的符号为Tt。法定单位为特克斯（简称特，符号tex），1tex＝1g/km。对于纤维则常用dtex，1dtex＝0.1tex。如果1000m纱线的质量等于30g，则纱线的线密度为30tex，可写作Tt＝30tex，如果1000m纤维的质量等于0.2g，则纤维的线密度为2dtex，可写作Tt＝2dtex。

2. 纤度 纤度表示9000m长纤维或纱线在公定回潮率时的质量克数，纤度的符号为T_d，单位为旦尼尔（简称旦）。纤度为非法定计量单位，但在实际生产中化纤和天然丝有时仍以纤度为单位。

3. 支数 支数表示单位质量纤维或纱线的长度，按计量制不同可分为公制支数（符号Nm）和英制支数（符号Ne）。公制支数表示1kg纤维或纱线的长度（千米），英制支数表示1磅纤维或纱线的长度的840码数。如果1kg纱线的长度等于30km，则纱线的公制支数为30，可写作N_m＝30或30公支。如果1磅纱线的长度等于32×840码，则纱线英制支数为32，可写作N_e＝32或32英支。

（三）力学性能

1. 强力 纺织纤维拉伸到断裂时所能承受的最大拉伸力称为拉伸断裂强力（breaking tenacity），简称强力，符号为F_b。强力的法定单位为牛（N），纺织纤维常用厘牛（cN）表示。

2. 强度 强力与纤维截面积之比称为拉伸断裂强度（breaking strength），简称强度，符号为σ_b。强度的法定单位为N/m^2（或Pa），纺织纤维常用N/mm^2（或MPa）。

3. 比强度 强力与线密度之比称为比强度（specific strength），符号为σ_{bt}。比强度的法定单位为N/tex，纺织纤维常用cN/tex。习惯上，有时将比强度也称为强度。

4. 断裂伸长率 断裂伸长率（extension at break）是衡量纤维变形能力的指标。纺织纤维拉伸到断裂时的伸长量对纤维原有长度的百分率称为断裂伸长率。

5. 弹性 纺织纤维及其制品在加工和使用过程中都要承受外力的作用，并且产生相应的形变。当外力去除后，纤维的一部分形变可以回复，而另一部分形变则不能回复。纤维的弹性（elasticity，resiliency）就是指纤维从形变中回复原状的能力。

6. 弹性回复率 弹性回复率（elastic recovery rate）是衡量纤维变形回复能力的指标。纺织纤维拉伸变形而伸长（未断裂），除去外力后，纤维因弹性而自然回缩。回缩量对原伸长量的百分率称为弹性回复率。

（四）纤维的吸湿性

纺织纤维在空气中吸收或放出水蒸气的能力称为吸湿性（hygroscopicity）。纤维材料的吸湿性在纺织品加工生产中十分重要，因为纤维吸湿后会使纤维的性能如静电性能、机械性能、光学性能等发生变化。纤维的吸湿作用还与纺织品的染色、整理加工关系密切，对纺织品的尺寸稳定性也有影响。纤维的吸湿性也是衣着用纤维的一项重要特性。它能使穿着者皮肤保持适当的湿度，并保护人体不受环境突变的影响，所以服用（特别是内衣）纺织纤维，吸湿性能是必须考虑的因素之一。

纺织纤维的吸湿量常以回潮率（moisture regain）和含水率（rate of water content）表示。回潮率是指纺织纤维内所含水分质量占绝对干燥纤维质量的百分率；而含水率是指纺织纤维内所含水分质量占未经烘燥纤维质量的百分率。其计算式如下：

$$R=\frac{m_0-m}{m}\times100\%$$

式中：R——回潮率；

m_0——未经烘燥纤维的质量；

m——绝对干燥纤维的质量。

$$M=\frac{m_0-m}{m_0}\times100\%$$

式中：M——含水率。

由于纤维制品在不同大气状态下具有不同的吸湿性，根据应用场合不同，又有以下几种表示方法。

1. 实际回潮率　实际回潮率（practical moisture regain）指纤维制品在实际所处环境条件下具有的回潮率。实际回潮率只表明纤维的实际含湿情况。

2. 标准回潮率　各种纤维制品的实际回潮率随温湿度条件而变。为了客观地比较各种纺织材料的吸湿能力，需要在统一的标准条件下，经一定时间后使它们的回潮率达到一个稳定值，这时的回潮率称为标准回潮率（standard moisture regain）。试验用标准温湿度条件分为三级，纺织材料试验一般选用二级标准（温度 20℃ ±2℃，相对湿度 65%±3%），而商业仲裁检验一般选用一级标准（温度 20℃ ±2℃，相对湿度 65%±2%）。表 1-3 为几种常见纤维的标准回潮率。

表 1-3　几种常见纤维的标准回潮率

纤维种类	标准回潮率/%	纤维种类	标准回潮率/%
原棉	7~8	涤纶	0. 4~0. 5
细羊毛	15~17	锦纶 6	3. 5~5
桑蚕丝	8~9	锦纶 66	4. 2~4. 5
苎麻	12~13	腈纶	1. 2~2
普通黏胶纤维	13~15	丙纶	0
富强纤维	12~14	维纶	4. 5~5

3. 公定回潮率或商业回潮率　公定回潮率或商业回潮率是为贸易、计价、检验等需要而定的回潮率。它表示折算公定（商业）质量时加到干燥质量上的水分量对干燥质量的百分率。通常公定回潮率（public engaged moisture regain）高于标准回潮率或取其上限。各国对公定回潮率的规定并不一致。我国对几种常见纤维公定回潮率的规定见表1-4。

表1-4　几种常见纤维的公定回潮率

纤维种类	公定回潮率/%	纤维种类	公定回潮率/%
原棉	11.1	富强纤维	13
棉纱	8.5	二醋酯纤维	9
羊绒、细羊毛	15	三醋酯纤维	7
毛织物	14	涤纶	0.4
驼毛	14	锦纶6	4.5
兔毛	15	锦纶66	4.5
蚕丝	11	腈纶	2
苎麻	12	丙纶	0
亚麻	12	维纶	5
黄麻、洋麻、大麻	14.9	氨纶	1
黏胶纤维	13	玻璃纤维	2.5

（五）其他性质

1. 导热性和保温性　纺织材料的导热性（heat conductivity）越好，则保温性（thermal insulation，heat preservation）越差。纤维集合体中含有空隙和水分，常见纺织纤维的导热性大于静止空气而小于水，因此，纤维集合体中含有的静止空气越多，则保温性越好。

2. 耐热性　纤维在热的作用下，随着温度的升高，强度下降。人们用纤维受短时间高温作用，回到常温后强度能基本上或大部分恢复的温度，或纤维随温度升高而强度降低的程度，来表示纤维的耐热性（heat resistance，heat proof）。

3. 化学稳定性　化学稳定性是指纤维对酸、碱、氧化剂、还原剂及有机溶剂等化学物质所具有的抵抗能力。

4. 静电性　纺织纤维的比电阻很高，特别是吸湿能力差的合成纤维比电阻更高，导电能力差。因此，纤维在纺织加工和使用过程中相互摩擦或与其他材料摩擦时产生的静电荷不易逸散而积累，造成静电现象（static phenomenon）。纺织纤维所带的静电如果处理不当，会带来很大的危害，既会妨碍生产的顺利进行，又会影响制品的质量、性能和使用效果。

5. 耐光性　纺织纤维在使用过程中，因受日光的照射，会发生不同程度的裂解，使纤维的强度和耐用性下降，并会造成变色等外观变化，以致丧失使用价值。纺织纤维在日光照射下，抵抗其性质变化的性能，称为纤维的耐光性（light permanency，light resistance）。

第二节　纺织纤维的结构特征

纤维是指由连续或不连续的细丝组成的物质。各种纤维的性能各不相同，这是由其结构的多样性所决定的。所谓纤维的结构，就是指纤维的各组成部分的构成、在空间的几何排列位置及尺寸，包括纤维的大分子结构、聚集态结构和形态结构等。

一、纤维大分子的分子链结构

组成纤维的基本单元是高聚物大分子。高聚物（high polymer）即高分子聚合物，是分子中有许多相同或相似的原子、原子团，彼此以共价键相互结合而成的物质。这类物质都具有庞大的分子结构，相对分子质量很大，故又称大分子（macromolecule）。对于聚氯乙烯 $\left[CH_2-\underset{\underset{Cl}{|}}{CH} \right]_n$ 这样的高聚物，括号内的化学结构称为结构单元（structural element），由于聚氯乙烯分子链可以看成为结构单元的多次重复构成，因此括号内的化学结构也可称为重复单元（repeating unit）或链节（chain element）。n 代表重复单元的数目，称为聚合度（degree of polymerization，DP）。合成高分子物的起始原料叫单体（monomer）。聚氯乙烯是由氯乙烯合成的，因此氯乙烯是聚氯乙烯的单体。

纤维大分子的结构形式大多是线型的。线型大分子的各个单键可以围绕相邻的单键转动，因而大分子具有柔性。如果主链上化学键的弹性好、侧基比较小、主链周围侧基比较均衡（对称）、侧基之间结合力比较小，从而使单键较易绕主链旋转，大分子链的伸直和弯曲就比较容易，也就是大分子链比较“柔软”；反之，则大分子链就比较僵硬。这种特性叫大分子的柔性或称柔顺性。大分子柔顺性好的纤维，一般弹性较好，比较容易变形，结构不易堆砌得十分密实；而大分子柔顺性不好的纤维，一般弹性较差，变形较小，在结构堆砌很整齐时可能比较密实。

二、纤维大分子的聚集态结构

纤维大分子之间主要依靠范德瓦尔斯力、氢键、共价键和盐式键的作用互相联系，形成各种聚集状态（排列形态），进而组成纤维。大分子间的结合力强，所组成纤维的强度就高。纤维性质和纤维中大分子的聚集态结构（aggregation structure）有着密切关系。在纤维中，大分子部分链段集结在某些区域呈现伸直的、有规则的、整齐排列的状态，称结晶态（crystal state），纤维中呈结晶态的区域叫结晶区（crystalline region）。在结晶区中，由于纤维大分子排列比较整齐密实，缝隙孔洞较少，大分子之间互相接近的基团结合力互相饱和，因而纤维的吸湿比较困难，强度较高，变形较小。在结晶区以外，另一部分大分子链段并不伸直，而是随机弯曲着，排列成无规则的状态，这叫非晶态或无定形态，纤维呈无定形态的区域叫无定形区。在无定形区中，大分子排列比较紊乱，堆砌比较疏松，有较多的缝隙和孔洞，密度较低，易于吸湿、染色，并表现出强度低和易变形的特点。

在整根纤维中，结晶区与无定形区交叉相间，一个纤维大分子可以贯穿许多结晶区和无定形区。纤维中结晶区所占的比例称为结晶度（degree of crystallinity），是指纤维中结晶区的质量（体积）占纤维总质量（总体积）的百分数。结晶度高的纤维具有吸湿少、强度高、变形小的特点。

在纺织纤维中，大部分大分子的排列方向（或大分子链段的排列方向）是和纤维轴线方向一致的，少部分出现了不一致现象。大分子排列方向与纤维轴平行一致的程度叫取向度，用各个大分子与纤维轴向的平均交角（倾斜角）来度量。纤维中大分子取向度较高时，纤维的拉伸强度一般较高，伸长能力较小。

三、纤维的形态结构

形态结构（morphological structure）是指光学显微镜和电子显微镜能观察辨认的具体结构，其尺寸随着测试手段的发展不断变小。形态结构又分微观形态结构和宏观形态结构。微观形态结构是指电子显微镜能观察到的结构，如微孔和裂缝等。宏观形态结构是指光学显微镜能观察到的结构，如纤维纵向外观和截面形态等。有的纤维表面呈鳞片状、竹节状，有的呈条筋状、沟槽状，还有的呈平滑状。有的纤维截面呈圆形，有的呈腰圆形、三角形，还有的呈中空形等。形态结构因纤维而异，对纤维的力学性质、光泽、手感、吸湿性、保暖性等均有影响。

四、纤维的结构层次

从原子出发，大多数纤维的构成顺序是：原子构成了基本链节，基本链节构成了纤维大分子，经过多次演化又构成了各级原纤，最后构成了纤维。纤维大分子演化的各级原纤结构包括基原纤、微原纤、原纤和巨原纤。若干个大分子构成了基原纤，基原纤呈结晶态结构。若干个基原纤构成了微原纤，微原纤基本上呈结晶态结构。若干个微原纤构成了原纤，若干个原纤又构成了巨原纤，巨原纤构成了纤维。

根据显微分析方法对纤维结构的观察，可以知道从高聚物大分子排列堆砌组合到形成纤维，经历了多级微观结构层次，且该微观结构表现为具有不同尺寸的原纤结构特征。一般认为纤维中包含大分子、基原纤、微原纤、原纤、巨原纤、细胞、纤维等结构层次，其各级原纤结构特征如下。

（1）基原纤（protofibril或elementary fibril）通常由几根或十几根直线链状大分子，按照一定的空间位置排列，相对稳定地形成结晶态的大分子束。其形态可以是伸直平行排列，也可以是螺旋状排列，取决于大分子的组成结构特征。基原纤的结构尺寸为1～3nm（10～30Å），是原纤结构中最基本的结构单元。

（2）微原纤（microfibril）是由若干根基原纤平行排列结合在一起的大分子束。微原纤内一方面靠相邻基原纤之间的分子间力联结，另一方面靠穿越两个基原纤的大分子将两个基原纤连接起来。在微原纤内，基原纤之间存在一些缝隙和孔洞。微原纤的横向尺寸一般为4～8nm（40～80Å），也有大到10nm的。

（3）原纤（fibril）是由若干根基原纤或微原纤基本平行排列结合在一起形成更粗大些的大分子束。原纤内，两基原纤或微原纤靠“缚结分子”连接，这样就造成比微原纤中更大的缝隙、孔洞，并还有非结晶区存在。在这些非晶区内，也可能存在一些其他分子的化合物。

原纤中基原纤或微原纤之间也是依靠相邻分子之间的分子结合力和穿越“缚结分子”进行联结的。原纤的横向尺寸为10~30nm（100~300Å）。

（4）巨原纤（macrofibril）是由原纤基本平行堆砌得到的更粗大的大分子束。在原纤之间存在着比原纤内更大的缝隙、孔洞和非晶区。原纤之间的联结主要依靠穿越非晶区的大分子主链和一些其他物质。巨原纤的横向尺寸一般为0.1~1.5μm。

棉纤维、麻纤维、毛纤维等常用纤维是具有细胞结构的纤维。其中棉纤维、麻纤维为单细胞纤维。毛纤维为多细胞纤维，细胞之间是通过细胞间质黏结的。

并非所有纤维都具有上述每一个结构层次，大部分合成纤维仅具有从基原纤、微原纤到原纤的结构层次；凝胶纺丝纤维和液晶纺丝纤维具有原纤结构；天然纤维中也存在原纤结构，并且棉纤维、毛纤维几乎具有所有上述结构层次。

第三节　纤维素纤维

纤维素纤维是指其基本组成物质是纤维素的一类纤维，其中棉（cotton）、麻（bast fiber and leaf fiber，long vegetable fiber）等属于天然纤维素纤维（natural cellulosic fiber）；黏胶纤维（viscose fiber）、醋酯纤维（cellulose acetate fiber）和铜氨纤维（cuprammonium fiber）等是以天然纤维素为原料，经一系列化学及物理、机械加工而制成的再生纤维素纤维（regenerated cellulosic fiber），属化学纤维（chemical fiber）的范畴。

一、纤维素大分子的分子链结构

棉、麻和黏胶纤维的基本组成物质都是纤维素。纤维素是天然高分子物，它的元素组成为C、H、O。将纤维素进行完全水解，其最终产物是葡萄糖，所以纤维素大分子可以看作是由许多葡萄糖分子脱水缩合而成的线型大分子。

纤维素的分子式可写作（$C_6H_{10}O_5$）$_n$，式中n为葡萄糖基数目，称为聚合度。n的数值因试样来源、处理方法、测定方法等不同而有很大差别。但用同一方法，在同一条件下取得的测试数据，还是可以进行相对比较的。在一般实验室，特别是在印染厂中，主要是测定纤维素的铜氨或铜乙二胺溶液黏度，然后换算成聚合度。根据铜氨溶液黏度法测定的结果，天然纤维素纤维（如棉、麻等）的聚合度都在2000以上。

纤维素大分子是由β-D-葡萄糖剩基彼此以1,4-苷键连接而成的，其结构式可表示如下：

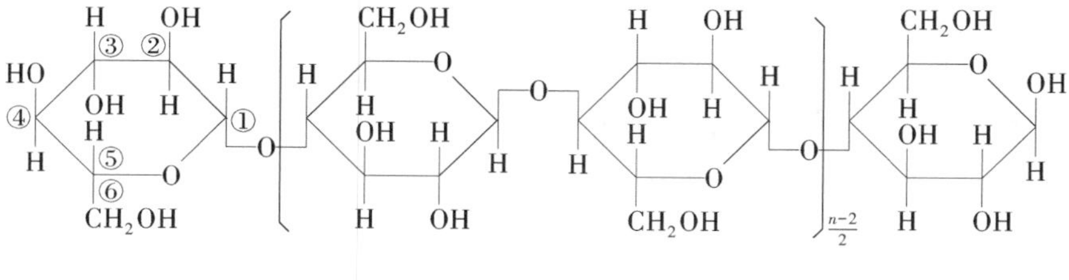

结构式中左端葡萄糖剩基上的数字表示碳原子的位置。纤维素大分子的化学结构具有如下特点：

（1）纤维素大分子的基本结构单元是β-D-葡萄糖剩基，各剩基之间以1,4-苷键相联结，相邻两个剩基相互扭转180°，大分子的对称性良好，结构规整，因此具有较高的结晶性能。

（2）纤维素大分子中的每一个葡萄糖剩基（不包括两端）上，有3个自由羟基，其中2，3位碳原子（C_2，C_3）上接两个仲醇基，6位碳原子（C_6）上接一个伯醇基，它们都具有一般醇羟基的特性。

（3）纤维素大分子的两个末端基的性质是不同的。在一端的葡萄糖基第1个碳原子（C_1）上存在一个苷羟基，当葡萄糖环结构变成开链式时，此羟基即变为醛基（如下所示），而具有还原性，因此苷羟基具有潜在的还原性，又有隐性醛基之称。

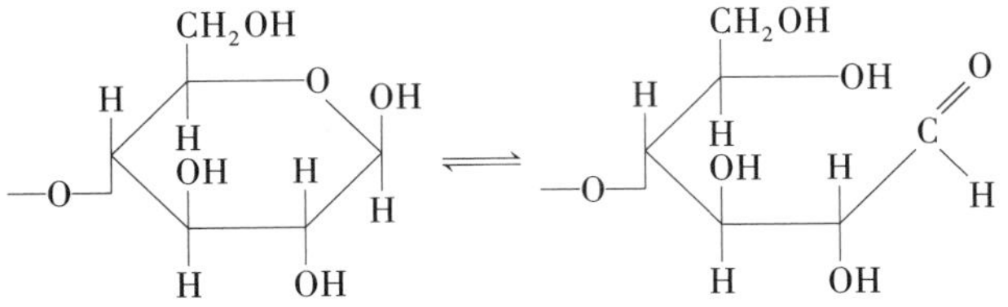

CH_2OH H O OH H OH H H —O H OH ⇌ CH_2OH OH O H C H OH H —O H H OH

另一端的末端基的第4个碳原子（C_4）上存在仲醇羟基，它不具有还原性。对整个纤维素大分子来说，一端存在有还原性的隐性醛基，另一端没有，所以整个大分子具有极性并呈现出方向性。

二、纤维素大分子的聚集态结构

纤维素由葡萄糖剩基构成，属β-D-葡萄糖构型。纤维素的D-吡喃式葡萄糖基的构象为椅式构象。

纤维素是一种由结晶区和无定形区交错结合的体系，从结晶区到无定形区是逐步过渡的，无明显界限，一个纤维素分子链可以经过若干结晶区和无定形区。在纤维素的结晶区旁边存在相当的空隙，一般大小为100~1000nm。纤维素的X射线衍射图像并非是完全模糊不清的阴影，也不是明暗相间的同心圆，而是既有模糊阴影，又有干涉弧或点存在。这说明天然纤维素纤维并不是完全无定形的，而是有晶体存在。晶体长轴虽不完全与纤维轴平行，但也不是完全杂乱无序的，而是有一定的取向度。测定纤维素纤维的结晶度有各种方法，所得结果不完全相同。通常认为天然棉纤维的结晶度约为70%，麻纤维的结晶度高达90%。

天然纤维素为纤维素Ⅰ，其结晶单元属单斜晶体，即具有3条不同长度的轴和一个84°的夹角。纤维素的晶格在一定条件下可以转变成各种晶格变体，各种晶格变体在一定条件下可以相互转变。除了纤维素Ⅰ外，还有纤维素Ⅱ、纤维素Ⅲ、纤维素Ⅳ、纤维素X。从纤维素Ⅰ转变成纤维素Ⅱ要经过Na—纤维素Ⅰ的形式；从纤维素Ⅰ转化为纤维素Ⅲ还要经过NH_3—纤维素Ⅰ的形式。纤维素Ⅰ、纤维素Ⅱ、纤维素Ⅲ的晶胞参数见表1-5。

表 1-5 各种纤维素的晶胞参数

纤维素类型	晶 胞 参 数	存在于何处
纤维素Ⅰ	a=0.835nm，b=1.03nm，c=0.79nm，β=84°	天然纤维素
纤维素Ⅱ	a=0.814nm，b=1.03nm，c=0.914nm，β=62°	丝光棉纤维和再生纤维
纤维素Ⅲ	a=0.774nm，b=1.03nm，c=0.99nm，β=58°	氨作用的棉纤维

三、纤维素聚集态结构模型

纤维素纤维的聚集态结构是十分复杂的，缨状胶束（也称缨状微胞）模型（fringed micelle model）和缨状原纤模型（fringed fibril model）理论是目前大多数采用的结构观点。随着高分子物结构理论研究的进展，又发展了纤维素折叠链结构及缺陷晶态结构等理论。

缨状胶束模型和缨状原纤模型理论都认为，在纤维素的结构中包含着结晶部分和无定形部分（两相结构），两者没有严格的界面。无定形部分是由结晶部分延伸出来的分子链构成的，结晶部分和无定形部分是由分子链贯穿在一起的。

缨状胶束模型理论认为，在两相共存的体系中，由于结晶区和无定形区没有严格的界面，其间必然存在着有序程度逐渐过渡的区域。纤维素分子链是以伸展状态按一定方向排列的，由低序区域向较高序区域过渡。因此分子链可通过几个整列区域和非整列区域，形成纤维的结晶区和无定形区，其纤维素的缨状胶束结构模型如图 1-2 所示。此外，有人认为结晶部分是由折叠链构成的，提出了修正的缨状胶束模型（modified fringed micelle model），如图 1-3 所示。

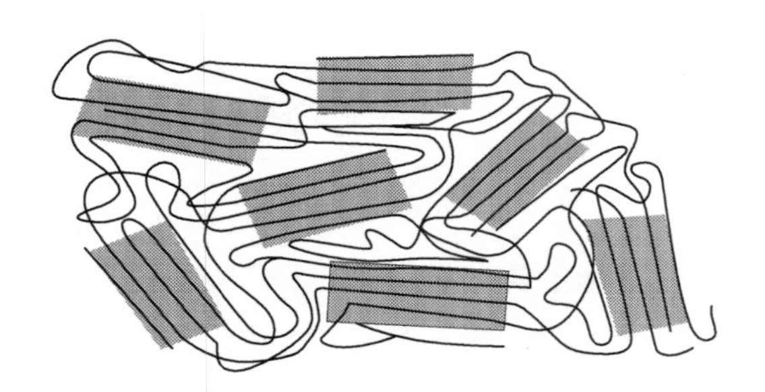

图 1-2 缨状微胞结构模型（阴影部分表示结晶区）

缨状原纤模型理论是在缨状胶束模型理论的基础上提出来的，因为在实验中，通过一般光学显微镜就可以直接观察到棉纤维中较粗大的原纤组织，通过电子显微镜还能观察到棉纤维中的微原纤组织。该理论认为，X 衍射确定的结晶区就是电镜中观察到的微原纤。微原纤整齐排列形成原纤。原纤中也有少数大分子、分支出去组成其他原纤，成为连续的网状组织。原纤之间是由一些大分子联结起来形成的无定形区。缨状原纤结构模型如图 1-4 所示。

缨状微胞理论和缨状原纤理论的区别在于：缨状微胞概念具有较短的结晶区，而缨状原纤概念具有长的结晶区；缨状原纤中纤维大分子排列比缨状微胞更紧密而有序。两者的关系可视作互为极限情况，即微胞扩大到一定程度可视作原纤，而原纤缩小到一定程度又可视作

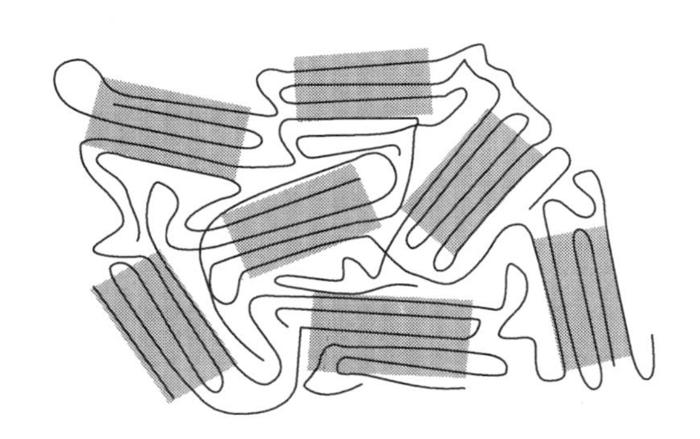

图1-3　修正的缨状微胞结构模型

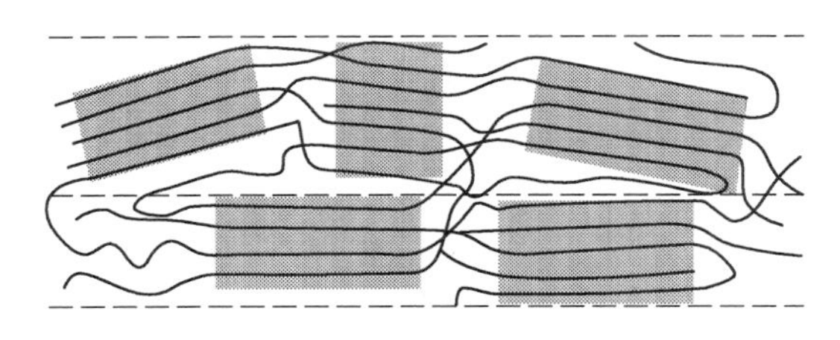

图1-4　缨状原纤结构模型

微胞。原纤理论认为纤维的结构具有较高的连续性，适用于解释结晶度较高的天然纤维素纤维的机械性能，由于发现这些纤维都有原纤结构，而微胞理论至今对结晶度较低的再生纤维素纤维的结构仍能作出有力的解释，例如在普通黏胶纤维中就很少有原纤结构特征。

缨状原纤有抵抗纤维延伸的能力，而缨状微胞的形式则容易延伸。因此用这两种结构模型可以解释天然纤维素纤维与普通黏胶纤维之间强度、延伸度及应力—应变曲线等的差别。

四、天然纤维素纤维

（一）棉纤维

1. 棉花的种类　棉花按栽培种主要有陆地棉、海岛棉、亚洲棉（中棉）和非洲棉（草棉或小棉）。按照纤维的长短粗细，结合棉花的栽培种，可分为长绒棉、细绒棉和粗绒棉三大类。

细绒棉是指陆地棉各品种的棉花，纤维细长。细绒棉占世界棉纤维总产量的85%，我国种植的棉花大多为细绒棉。可用于纺制97~9.7tex（6~60英支）的细纱。长绒棉是指海岛棉各品种的棉花和海陆杂交棉，纤维特长，细而柔软，品质优良，是生产10tex以下棉纱的原料。但我国只有新疆等部分地区种植，总产量还较少。长绒棉又可分为中长绒棉和特长绒棉。中长绒棉是指长度在33~35mm的长绒棉，品级较高的中长绒棉可用于纺制轮胎帘子线、9.7~7.3tex（60~80英支）精梳纱、精梳缝纫线等纱线。特长绒棉是指纤维长度在35mm以上的长绒棉，通常用于纺制7.3~4.9tex（80~120英支）精梳纱、精梳宝塔线等高档纱线。粗绒棉是指中棉和草棉各品种的棉花，纤维粗短富有弹性。此类棉纤维因长度短、纤维粗硬，使用价值和单位产量较低，在国内已基本淘汰，世界上也没有商品棉生产。

2. 棉纤维的形态结构

（1）棉纤维的纵向形态。棉（以下讨论中未特别说明均指白棉）纤维是细而长的中空物体，一端封闭，另一端开口（长在棉籽上），中间稍粗，两头较细，呈纺锤形。正常成熟的棉纤维，纵向外观上具有天然转曲，即棉纤维纵面呈不规则的，而且沿纤维长度方向不断改变转向的螺旋形扭曲。天然转曲是棉纤维所特有的纵向形态特征，在纤维鉴别中，可以利用天然转曲这一特征将棉纤维与其他纤维区别开来。天然转曲一般以棉纤维单位长度（cm）上扭转半周（180°）的个数来表示。细绒棉的转曲数约为39~65个/cm，长绒棉约为80~120个/cm。正常成熟的棉纤维转曲在纤维中部较多，梢部最少；成熟度低的棉纤维，则纵向呈薄带状，几乎没有转曲；成熟度过高的棉纤维外观呈棒状，转曲也少。天然转曲使棉纤维具有一定的抱合力，有利于纺纱工艺过程的正常进行和成纱质量的提高，但转曲反向次数多的棉纤维强度较低。

（2）棉纤维的截面结构。棉纤维的截面呈不规则的腰圆形，有中腔。棉纤维的横截面由许多同心层所组成，主要有初生胞壁（primary wall）、次生胞壁（secondary wall）和中腔（lumen）三部分，如图1-5所示。初生胞壁是棉纤维的外层，即棉纤维在伸长期形成的纤维细胞的初生部分。初生胞壁的外皮是一层极薄的蜡质与果胶，表面有细丝状皱纹。次生胞壁是棉纤维加厚期淀积纤维素形成的部分，是棉纤维的主要构成部分，几乎全为纤维素组成。次生胞壁决定了棉纤维的主要力学性质。在次生胞壁中又大体可分为三个部分，即外层（S_1）、中心区域（S_2）、内层（S_3）。S_1为一薄层次生胞壁，厚度不到0.1μm，由微原纤堆砌而成；S_1里面是另一层次生胞壁S_2，厚1~4μm；S_2里面是另一层次生胞壁S_3，厚度也不到0.1μm。中腔是棉纤维生长停止后遗留下来的内部空隙。中腔内留有少数原生质和细胞核残余物，对棉纤维本色有影响。随着棉纤维成熟度不同，中腔宽度会有差异。成熟度越高，中腔越小。

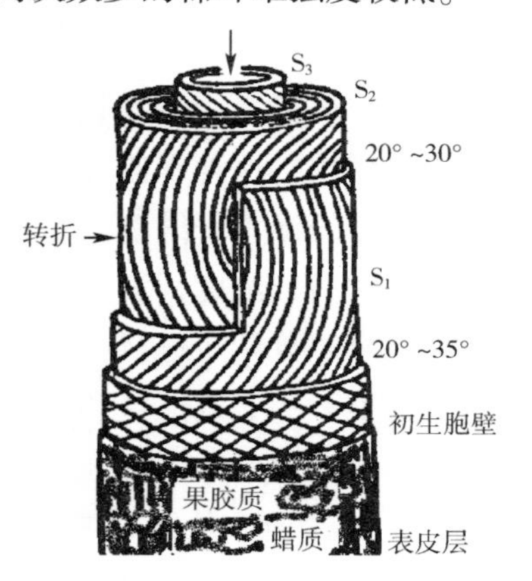

图1-5　棉纤维形态结构模型

（3）棉纤维的组成物质。棉纤维的组成物质见表1-6。从表中可以看出，棉纤维的主要组成物质是纤维素，占94%左右，其余为纤维素共生物。

表1-6　白棉和彩色棉纤维的化学组成

成　分/%	白　棉	绿　棉	棕　棉
纤维素	94.0	89.8	93.4
蜡状物质	0.6	4.3	3.2
含氮物质	1.3	2.9	2.4
果胶物质	0.9	0.5	0.4
灰分	1.2	1.8	1.9
木质素	—	9.3	6.4

注　表中只列出主要成分。

棉纤维中所含的共生物，如蜡状物质和果胶物质对纤维有保护作用，能减轻外界条件对次生胞壁的损害，在纺纱过程中蜡状物质还能起润滑作用，是棉纤维具有良好纺纱性能的原因之一。但这些共生物的存在却影响棉纤维的润湿性和染色性，所以除个别品种（如起绒织物）需保留一定量的蜡状物质外，一般织物在染整加工开始时，就要通过前处理去除纤维素共生物。

3. 纤维素纤维的性质

（1）物理性质。

①吸湿性。棉纤维的羟基对极性溶剂和溶液具有很强的亲和力。干的棉纤维置于大气中，很容易吸收水分，它的回潮率达8%。在纤维素的无定形区，链分子中的羟基只是部分形成氢键，还有部分羟基处于游离状态。由于羟基是极性基团，易于吸附极性的水分子，并与吸附的水分子形成氢键，这正是纤维素纤维具有良好吸湿性的内在原因。

②溶胀与溶解。固体吸收溶胀剂后，其体积变大但不失其表观均匀性，分子间的内聚力减少，固体变软，这种现象称为溶胀（润胀）（swelling）。纤维素纤维的溶胀可分为有限溶胀和无限溶胀。纤维素纤维溶胀时直径增大的百分率称为溶胀度。影响溶胀度的因素很多，主要有溶胀剂种类、浓度、温度和纤维素纤维的种类等。

纤维素溶解分两步进行：首先是有限溶胀阶段，当大量快速运动的溶剂分子扩散进入溶质中，在纤维素的无定形区和结晶区形成无限溶胀时即出现溶解，此时原来纤维素的X衍射图消失，不再出现新的X衍射图。

（2）化学性质。从纤维素的化学结构来看，它至少可能进行下列两种类型的化学反应：第一类是纤维素大分子的降解反应。由于苷键的存在，使得纤维素大分子对水解作用的稳定性降低。在酸或高温下与水作用，苷键断裂，纤维素大分子降解。另外，纤维素在受到各种化学、物理、机械和光等作用时，分子链中的苷键或其他共价键都有可能受到破坏，并导致聚合度降低。第二类是葡萄糖剩基上自由羟基的化学反应。由于纤维素大分子的每个葡萄糖环上存在三个醇羟基。这些羟基可能发生氧化、酯化、醚化、接枝等反应。当然，这些羟基的反应能力是不同的。

①碱的作用。纤维素对碱是相当稳定的，但当棉纤维上有碱存在时，空气中的氧对纤维素能发生强烈的氧化作用，这时碱起着催化作用。在染整加工中，应避免带碱的棉织物长时间与空气接触，以防纤维受损伤。

一般情况下，稀烧碱溶液（9%以下）能使棉纤维发生可逆的溶胀，浓烧碱溶液（9%以上）能使棉纤维发生剧烈的溶胀，截面积增加，纵向收缩。这种溶胀是不可逆的。常温下，在对织物施加张力的条件下，以浓烧碱溶液（18%~24%）处理棉织物，然后洗除织物上的碱液，可以改善棉纤维的性能，这一过程被称之为丝光。经丝光后纤维的吸附能力和化学反应活泼性提高，织物的光泽、强度和尺寸稳定性也得到改善。这些性能的变化，主要与纤维聚集态结构的变化密切相关。天然纤维素即纤维素Ⅰ，当它与浓碱作用后生成碱纤维素，碱纤维素经水洗去碱后，生成水合纤维素，也称纤维素Ⅱ。在染整加工中，使用液态氨处理棉、麻等天然纤维素纤维的制品，以改善其性能的工艺，称为液氨处理。经过液氨处理，生成纤维素Ⅲ的结晶结构。

②铜氨氢氧化物的作用。氢氧化铜与氨或胺的配位化合物，如铜氨溶液（cuprammonium solution）或铜乙二胺溶液（cupri-ethylene diamine solution）能使纤维素直接溶解。铜氨氢氧化物的组成和浓度不同，纤维素可以发生不同的微晶间溶胀，即有限的微晶内溶胀和无限的微晶内溶胀（溶解）。

一般认为，纤维素中能与铜氨溶液或铜乙二胺溶液起反应的羟基是2，3位碳原子上的羟基。在进行上述反应时，常用“γ值（γ value，γ number）”表示化学反应进行的程度。γ值是指每100个葡萄糖剩基中起反应的羟基数目。显然，γ值最大为300，最小为0。纤维素在铜氨溶液中的溶解度取决于所形成的纤维素铜氨化合物的γ值及纤维素本身的聚合度。

③酸的作用。纤维素大分子的苷键对酸的稳定性很低，在适当的氢离子浓度、温度和时间条件下，发生水解降解，使相邻两葡萄糖单体间苷键发生如下断裂，如下所示。

上述反应中，氢离子起催化作用，显然它的浓度是影响水解反应的主要因素之一，而且氢离子浓度并不因反应程度的加深而降低，如果其他条件没有变化，水解反应将继续进行下去。水解反应使纤维素大分子中的1,4-苷键断裂，在苷键的断裂处形成两个羟基，其中一个是自由羟基，无还原性；另一个是半缩醛羟基，可以转变成醛基，具有还原性。

通常把经过酸作用而受到一定程度水解后的纤维素称为水解纤维素。显然它不是一个均一的化合物，而是不同聚合度水解产物的混合物。与天然纤维素相比，水解纤维素的化学组成没有明显变化，但聚合度下降，醛基含量增加。此外，水解纤维素在碱溶液中的溶解度增加，机械性能下降，如强度和延伸度降低。其损伤程度可通过聚合度和还原性能的测定来判断。在印染厂多采用铜氨溶液测定纤维素的聚合度，并采用铜值和碘值表示纤维素还原性能的大小。铜值（copper number，copper value）是指100g干燥纤维素能使二价铜还原成一价铜的克数。碘值（iodine number，iodine value）是指1g干燥纤维素能还原0.05mol/L I_2溶液的毫升数。

④氧化剂的作用。纤维素对氧化剂是不稳定的，一些氧化剂能使纤维素发生严重降解。但在漂白及染色等染整加工过程中，常需要用氧化剂处理纤维或纤维制品，这时只要选择适当的氧化剂，并严格控制工艺条件，就能够将纤维的损伤降到最低限度。

氧化剂对纤维素的氧化作用主要发生在纤维素葡萄糖基环的 C_2、C_3、C_6 位的3个羟基和大分子末端 C_1 的潜在醛基上。根据不同条件相应生成醛基、酮基或羧基（具体化学结构式见图1-6）。

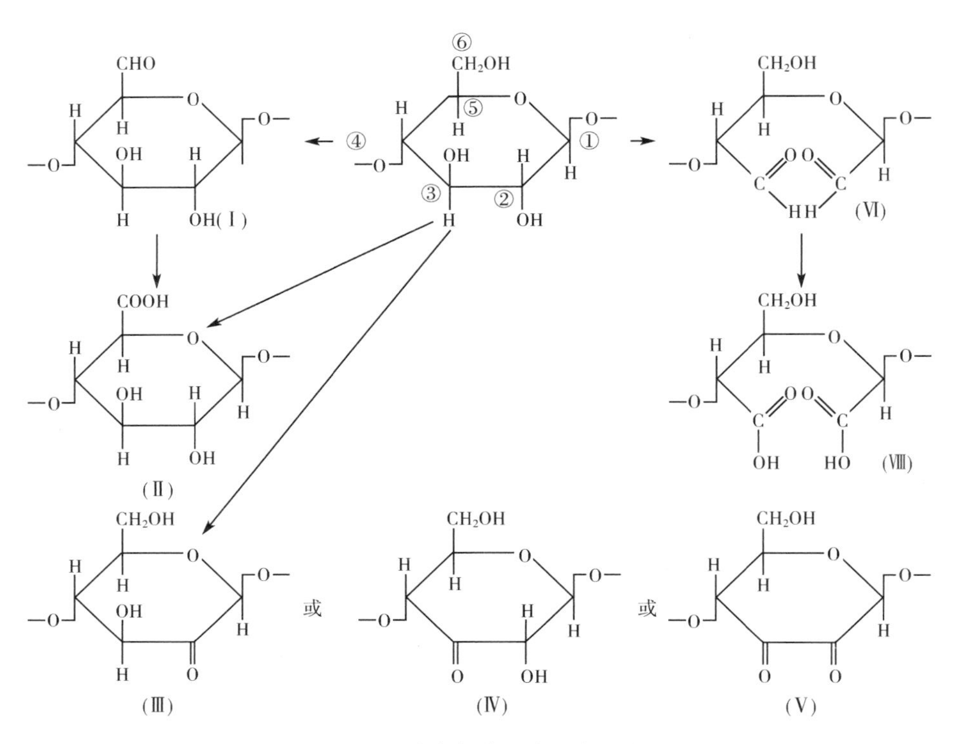

图1-6 纤维素氧化反应的各种结构

当氧化剂与纤维素作用时，某些氧化剂的氧化作用是有选择性的，例如二氧化氮主要是使纤维素大分子上的伯醇基氧化成羧基，生成物称为一羧基纤维素（unicarboxyl cellulose），而高碘酸能使纤维素大分子上的仲醇基氧化成两个醛基，并使六元环破裂，生成物称为二醛基纤维素（dialdehyde cellulose）。但在实际生产中使用的氧化剂对纤维素的氧化作用非常复杂，多属于非选择性氧化。

纤维素经氧化作用后，生成各种氧化产物的混合物称为氧化纤维素。氧化纤维素是不均一的化合物，它的结构和性质与原来的纤维素不同，随氧化剂及氧化条件不同，其组成也不相同。在大多数情况下，随着羟基被氧化，纤维素的聚合度也同时下降，这种现象称为氧化降解（oxidation degradation）。若氧化产物中醛基含量高，还原性强，这种产物称为还原性氧化纤维素（disoxidation hydroxycellulose），其醛基含量可用铜值表示。

纤维素在其基团被氧化的同时，还可能发生分子链的断裂。纤维素受到氧化时，分别在 C_2、C_3、C_6 位或在 C_2、C_3 位同时形成羰基，具有羰基的纤维素称为氧化纤维素。

在某种条件下，如果纤维素只发生基团的氧化和葡萄糖剩基的破裂，并未发生分子链的断裂，这时纤维的强度变化不大，而纤维素铜氨溶液的黏度却显著下降，这种现象称为纤维素受到潜在损伤（latency damage）。受到潜在损伤的纤维素若经碱液处理，其强度会发生大幅度降低。其原因是在碱处理过程中，因发生β-分裂而使纤维素的聚合度下降。

为了判断纤维在漂白过程中受到损伤的程度，通常可测定纤维制品的强度，这是一种简单易行的方法，但它不能反映纤维所受到的全部损伤情况。如果测定氧化前后纤维素铜氨溶液黏度的变化，就能比较全面地反映问题。因为具有潜在损伤的纤维素在溶解于铜氨溶液的过程中便会发生β-分裂，能更准确地反映出纤维素受损伤的程度。

⑤热的作用。热对纤维素的作用大致可分为两种情况：第一种是在纤维的热裂解温度以下，纯粹是由于温度升高，大分子链段热运动增强，分子间作用力减弱，引起纤维强度降低，当温度降低后其机械性质仍可复原，这种抗热性能称为纤维的耐热性。第二种是在纤维的热裂解温度以上，由于高温下的热裂解作用而使纤维的聚合度降低，在大多数情况下还伴随着高温下的氧化及水解作用。由此而导致纤维性质的变化，在温度降低后是不能复原的，这种抗热性能称为纤维的热稳定性。

一般而言，棉纤维的抗热性能较好。100℃以下，纤维素稳定；140℃加热4h，纤维素不发生显著变化；加热至140℃以上，纤维素中葡萄糖基开始脱水，出现聚合度降低，羰基和羧基增加等化学变化；温度超过180℃，纤维热裂解逐渐增加；温度超过250℃，纤维素结构中糖苷键开始断裂，一些C—O键和C—C键也开始断裂，并产生一些新的产物和低分子量的挥发性化合物。当温度超过400℃时，纤维素结构的残余部分进行芳环化，并逐渐炭化形成石墨结构。在高温条件下纤维素的热降解过程，质量损失较大，当加热到370℃时，质量损失达40%~60%，结晶区受到破坏，聚合度下降。

⑥光的作用。纤维制品在使用过程中，因光线照射而引起的破坏作用有两种类型：一种是光照对于化学键的直接破坏作用，它与氧的存在与否并无关系，称为光解作用；另一种是由于光敏物质的存在，而且必须在氧及水分同时存在时才能使纤维破坏，这种光化学作用称为光敏作用。

a. 光解作用（photolysis）。纤维素大分子中的C—C键或C—O键的键能约为335~377kJ/mol，波长为340nm或更短的紫外光所具有的能量可直接使纤维素发生光降解。实验证明，在上述波长范围的紫外光照射下，无论是在惰性气体（Ne、He）中，还是在氧中，纤维素的破坏程度是相同的，因此光解作用与氧的存在无关。

b. 光敏作用（photosensitization）。波长大于340nm的光线虽不能直接引起纤维素的降解，但当纤维素中含有某些染料或TiO_2、ZnO等化合物时，它们能吸收近紫外光和可见光。有人认为，当这些光敏物质吸收了光的能量后，分子被激发并将能量转给周围空气中的氧，氧被活化成臭氧。在有水蒸气存在时，活化氧还能与水蒸气反应形成过氧化氢。而活性氧和过氧化氢就能促使纤维素氧化降解。由此可见，光敏作用对纤维素的破坏，取决于敏化剂、氧和水三个因素，某些还原染料及硫化染料和TiO_2、ZnO等都是光敏物质。实际上纤维素因光线照射而破坏，主要是由于光敏作用而引起的。

（二）天然彩色棉

1. 彩色棉的化学组成 天然彩色棉（colored cotton）的纤维素含量（表1-6）比白棉低，

绿棉为89.8%，棕棉93.4%，共生物蜡状物质、灰分、果胶和蛋白质中，除果胶含量比白棉低，其他均高于白棉。白棉木质素含量很低，而绿棉含木质素9.3%，棕棉含6.4%，对同种色泽而言，木质素含量越高颜色越深。彩色棉的化学结构与棉相同，结晶结构也与白棉一样，为纤维素Ⅰ。

2. 彩色棉的形态结构 彩色棉的形态结构与白棉相似。绿棉的横截面积小于白棉，次生胞壁比白棉薄很多，胞腔远远大于白棉，呈U形。棕棉的横截面与白棉相似，呈腰圆形，次生胞壁和横截面积比绿棉丰满，但胞腔大于白棉。彩色棉纤维的纵向与白棉一样，为细长不规则卷曲的扁平状态，中部较粗，根部稍细于中部，梢部更细。成熟度好的纤维纵向呈卷曲的带状，且卷曲数较多；成熟度较低的纤维呈薄带状，且卷曲数较少。

3. 彩色棉的物理性能 与白棉相比，彩色棉的长度较短，强度较低，整齐度较差，短绒含量较高，纺纱性能不如白棉。

4. 彩色棉的色泽 彩色棉色泽主要分布在纤维的次生胞壁内，靠近胞腔部位。色彩的透明度较差，色泽不十分鲜艳。目前彩色棉主要色泽是棕色、绿色和褐色三大系列色彩，并存在变色、褪色、掉色、沾色等问题。此外，天然彩色棉日晒牢度较差，而且经过碱和生物酶处理后，色牢度特别是日晒色牢度比未处理的更差。天然彩色棉在加工中颜色一旦受损，则难以补救。在加工中比白棉要求更高、更严格，许多工艺还在探索中。

（三）麻纤维

麻的种类很多，有韧皮纤维、叶脉纤维等，其中苎麻（ramie）、亚麻（flax）、黄麻（jute）、大麻（hemp）等属于韧皮纤维（bast fiber），它们质地柔软，适合纺织加工，被称为“软质纤维”；而剑麻（sisal）、蕉麻（又称马尼拉麻，abaca）、新西兰麻（flax lily）和凤梨麻（pineapple）等则属于叶脉纤维（leaf fiber），这种麻纤维较为粗硬、刚性强，被称为“硬质纤维”。麻的种类虽多，但适宜制作衣着材料的主要是苎麻、亚麻、黄麻等。其他麻类中，在纺织工业中较有实用价值的是剑麻和蕉麻，它们的纤维较长、强度高、耐腐蚀、不易霉变，适合于制作缆绳、包装用布和粗麻袋等，也可用来制造地毯基布。

1. 麻纤维的主要化学组成 和棉纤维一样，麻纤维主要成分是纤维素，除纤维素外还含有半纤维素、木质素、果胶、水溶性物质、脂蜡质、灰分等物质。常见麻纤维的化学组成见表1-7。

表1-7 麻纤维的化学组成

组 成	苎 麻	亚 麻	黄 麻	洋 麻	大 麻	苘 麻	蕉 麻	剑 麻
纤维素（%）	65~75	70~80	64~67	70~76	85.4	66.1	70.2	73.1
半纤维素（%）	14~16	12~15	16~19	13~19	—	—	21.8	13.3
木质素（%）	0.8~1.5	2.5~5	11~15	13~20	10.4 包括蛋白质	13~20	5.7	11.0
果 胶（%）	4~5	1.4~5.7	1.1~1.3	7~8	—	—	0.6	0.9

续表

组　成	苎　麻	亚　麻	黄　麻	洋　麻	大　麻	苘　麻	蕉　麻	剑　麻
水溶物（%）	4～8	—	—	—	3.8	13.5	1.6	1.3
脂蜡质（%）	0.5～1.0	1.2～1.8	0.3～0.7	—	1.3	2.3	0.2	0.3
灰　分（%）	2～5	0.8～1.3	0.6～1.7	2	0.9	2.3	—	—
其　他	—	含氮物 0.3～1.6	—	—	—	—	—	—

2. 麻纤维的形态结构　各种韧皮纤维都是植物单细胞，纤维细长，两端封闭，内有狭窄胞腔，胞壁厚薄随品种和成熟度不同而异。麻纤维截面呈椭圆形或多角形。黄麻、洋麻、剑麻纤维的截面形态多为多角形或不规则的圆形，纵向有竖纹和横节。常见几种麻纤维的纵向和横截面结构如图 1-7 所示。

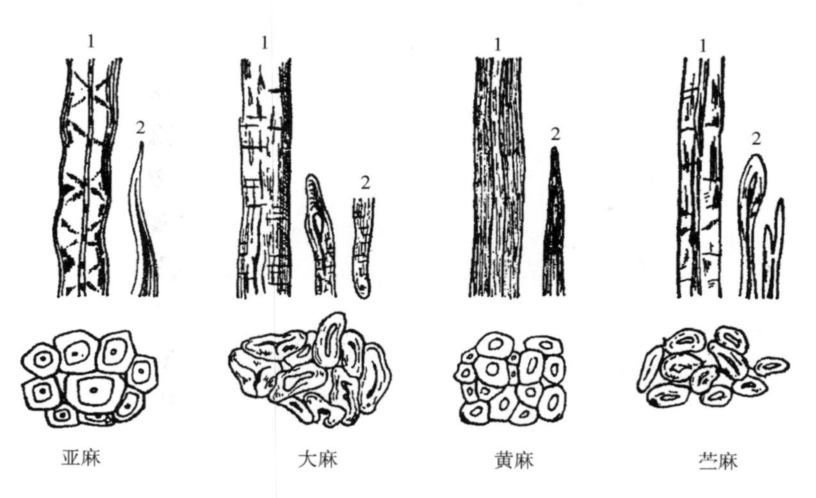

图 1-7　麻纤维纵向和横截面形态

1—中段　2—末段

麻纤维大多成束聚集于植物的茎部或叶中。单纤维呈管状，与棉纤维不同的是麻纤维的细胞两端封闭。纤维与纤维之间依靠果胶黏结，经脱胶后纤维分离。麻纤维具有初生层、次生层和第三层，其内纤维素分层沉积，纤维素大分子相互集成原纤结构。

苎麻在麻茎中呈单纤维状，不形成工艺纤维，截面为腰圆形且有裂痕，纤维有纵向条纹并有横节。初生层和次生层中的纤维素呈 S 向螺旋分布，其初生层的取向角约为 12°，次生层的取向角为 9°～10°，轴心为 0°。

亚麻纤维的截面呈不规则的多角形，中间有空腔，纤维纵向表面有条纹，并且在某些部位有横节。亚麻纤维的次生胞壁由原纤构成，原纤与纤维的轴心形成 8°～12°的螺旋夹角。其外层的螺旋角与次生胞壁相同，向内逐渐减小，直至 0°。原纤的果胶分布不均匀，靠近中腔的含量最多。

3. 麻纤维的性质

（1）物理性质。麻纤维的结晶度和取向度很高，强度高、伸长小、柔软性差，一般硬而脆。苎麻的强度和模量很高，在天然纤维中均居首位，但断裂伸长率低，纤维硬挺，刚性大，纤维之间抱合差，纺纱时不易捻合，纱线毛羽多。虽然苎麻纤维强度高，但由于伸长率低，断裂功小，弹性回复性差，因此苎麻织物的折皱回复能力差，织物不耐磨。苎麻纤维不耐高温，在240℃以上即开始分解。亚麻纤维的长度较短，物理性能和苎麻纤维相似。

（2）染色性能。麻纤维染色性能较差，染料扩散困难，上染率低，用染纤维素纤维的染料染色得色量低，不宜染深色。其原因主要是麻纤维结晶度、取向度高，大分子链排列整齐、紧密，溶胀困难。对麻纤维进行阳离子化处理，使纤维带正电荷，提高对阴离子染料的亲和力，是改善麻纤维染色性能的有效方法之一。

五、再生纤维素纤维

（一）黏胶纤维

黏胶纤维是再生纤维素纤维，它是以不能直接纺纱加工的天然纤维素为原料，经过化学处理和机械加工制得的纤维。由于采用不同的原料和纺丝工艺，可分别制得普通黏胶纤维、高湿模量黏胶纤维和高强力黏胶纤维等。普通黏胶纤维又可分为棉型、毛型、中长型，俗称人造棉（staple rayon）、人造毛（artificial wool）和人造丝（rayon）。高湿模量黏胶纤维具有较高的强力、湿模量，湿态下强度为22cN/tex，伸长率不超过15%，其代表产品为富强纤维。高强力黏胶纤维具有较高的强力和耐疲劳性能。黏胶纤维因其吸湿好，穿着舒适，可纺性好，与棉、毛及其他合成纤维混纺、交织，用于各类服装及装饰用品。高强力黏胶纤维还用作轮胎帘子线、运输带等工业用品。

1. 黏胶纤维的结构　特征与棉纤维相同，黏胶纤维的基本组成为纤维素大分子（$\left[C_6H_{10}O_5\right]_n$）。普通黏胶纤维大分子的聚合度在250~500左右，黏胶纤维的结晶度较棉纤维低，一般在30%左右，因此结构比较松散，强力较低，纤维的吸湿性和染色性较好。黏胶纤维的截面呈不规则的锯齿形，并且有皮芯结构，纵向平直有沟槽。

2. 黏胶纤维的性能　黏胶纤维的密度小于棉纤维而大于毛纤维，为1.50~1.52g/cm^{3}左右。由于黏胶纤维比棉和丝光棉有更多的无定形区和更松散的超分子结构，所以吸湿性大，对染料、化学试剂的吸附量大于棉和丝光棉。黏胶纤维的一些性能列于表1-8中。由表1-8可见，在通常大气条件下，黏胶纤维的回潮率为13%左右。黏胶纤维的断裂强度比棉纤维小，断裂伸长率比棉纤维大，黏胶纤维的湿强力下降很大，仅为干强的50%左右，湿态长丝的伸长率增加约50%，湿态模量比棉纤维低，弹性回复力差，尺寸稳定性差，耐磨性差。黏胶纤维的耐热性和热稳定性较好。因黏胶纤维的吸湿能力很强，比电阻较低，抗静电性能很好。黏胶纤维的耐光性与棉纤维相近。黏胶纤维的耐碱性较好，但不耐酸。其耐酸碱性均比棉纤维差。黏胶纤维的染色性能和棉相似。虽然黏胶纤维对染料的吸附量大于棉，但黏胶纤维存在皮芯结构，皮层结构紧密，会妨碍染料的吸附和扩散；芯层结构疏松，对染料的吸附量高。低温、短时间染色，黏胶纤维得色比棉浅，并易产生染色不匀；高温、长时间染色，得色才比棉深。

表 1-8　几种纤维素纤维的性能比较

性　　能	黏胶纤维	富强纤维	Modal 纤维	丽赛® 纤维	Lyocell 纤维	优质棉纤维
聚合度	250~300	500~600	—	450~550	500~550	>10000
结晶度/%	30	48	25	45~50	55	70
线密度/tex	0.17~0.55	0.17	0.17	1.11~5.56	0.17	0.11~0.15
溶胀度/%	90~115	55~75	63	—	67	35~45
标准回潮率/%	13	9~11	12.5	13	12~13	8.5
湿初始模量/($cN \cdot tex^{-1}$)	40~50	—	180~250	—	250~270	100~150
干断裂强度/($cN \cdot tex^{-1}$)	22~26	30~35	34~36	34~42	42~48	24~26
湿断裂强度/($cN \cdot tex^{-1}$)	10~15	26~31	19~21	25~34	34~38	30~34
干断裂伸长率/%	20~25	10~12	13~15	10~13	10~15	7~9
湿断裂伸长率/%	25~30	11~13	13~15	13~15	16~18	12~14
钩接强度/($cN \cdot tex^{-1}$)	7~8.8	4~5.3	8	5.3~7	20	20~26

（二）高湿模量黏胶纤维

普通黏胶纤维在湿态时，会发生剧烈溶胀，断裂强度显著降低，湿模量很小，在较小负荷下就有较大的伸长，织物揉搓洗涤时容易变形，干燥后产生剧烈收缩，尺寸很不稳定。加上黏胶纤维耐碱性差，与棉的混纺织物不能进行丝光处理。湿加工必须采用松式，如在张力下进行，织物的伸长很大。为了克服普通黏胶纤维的缺点，人们研制出了高湿模量黏胶纤维，如富强纤维（polynosic fiber），Modal（莫代尔）纤维，丽赛®（Richcel®）纤维等。这些纤维具有高强度、低伸度、低膨化度和高的湿模量，被称为第二代黏胶纤维，其一些性能见表1-8。

1. 富强纤维　富强纤维（polynosic fiber）系采用高质量浆粕原料，在纺丝成型时经充分拉伸而制得。富强纤维的聚合度一般为500~600，高于普通黏胶纤维，结晶度和取向度是现有黏胶纤维品种中最高的，晶粒也最大。结晶度高，纤维的结构紧密，分子间的作用力大，所以富强纤维的干、湿强度都较高。富强纤维干态下的断裂强度大大超过普通黏胶纤维，并优于棉纤维，湿断裂强度损失较小，低于30%。由于富强纤维有较高的干、湿态断裂强度和较高的湿模量，较低的干、湿态伸长率，所以织物有较好的尺寸稳定性，比较耐折皱，水洗后变形较小。取向度高，纤维的断裂强度、横向膨润度、弹性模量和光泽也高，但断裂伸长、纵向膨润度和钩接强度较低，染色性能较差。富强纤维的染色性能与普通黏胶纤维相似。

富强纤维与棉纤维相似，有与纤维轴呈一定角度排列的原纤结构，普通黏胶纤维无此结构，所以富强纤维有“原纤化现象”，易使纤维产生毛羽，使耐磨性和染色鲜艳度下降。

富强纤维对碱溶液的稳定性较高，在所有黏胶纤维中其耐碱性最强，在20℃、10%的NaOH溶液中溶解度为9%，而普通黏胶纤维高达50%。用浓度为5%的NaOH溶液处理，富强纤维几乎能保持原来的强度，而且变形很小。由于富强纤维对碱液的稳定性高，使得其与棉的混纺织物能进行丝光处理。

2. Modal 纤维 Modal（莫代尔）纤维是奥地利Lenzing公司生产的、在富强纤维基础上改进的新一代纤维素纤维，由山毛榉木浆制成浆粕，纤维的生产过程对环境的污染低于富强纤维和普通黏胶纤维。Modal纤维具有亮光型和暗光型两种。Modal纤维具有棉的柔软、真丝的光泽、麻的滑爽，吸水透气性优于棉的品质。Modal纤维的干、湿强度，湿模量和缩水率均好于普通黏胶纤维，干、湿强度比普通黏胶纤维高25%~30%（表1-8），在湿润状态下，溶胀度低，但Modal纤维制品的抗皱性差。

3. 丽赛®纤维 丽赛®（Richcel®）纤维是在我国注册的商品名Polynosic（波里诺西克）的纤维。它是由丹东东洋特种纤维有限公司采用日本东洋纺技术、设备及原料生产的具有优异综合性能的一种改性黏胶纤维。丽赛®纤维是经典的高湿模量纤维素纤维，生产原料来源于日本进口的天然针叶树精制专用木浆，全程清洁生产，纤维及其制品可再生、可降解。

丽赛®纤维截面不同于普通黏胶纤维，其无皮芯之分，其他性能参见表1-8。其特点是断裂强力高，平均湿强度达到干强度的78%，有较高的湿强度，干、湿断裂伸长都比较小，吸水率低，尺寸稳定，特别是湿态模量高，耐碱，能经受丝光处理，但钩接强度和耐磨性欠理想。实验表明：不加张力时，经5%NaOH溶液处理后，丽赛®纤维纱线平均湿强度损失18%，耐碱性能好。在加张力的条件下，用5%NaOH的溶液对纱线进行丝光处理，强度下降5.6%，伸长变化也很小。纯纺和与棉混纺纱线、织物均可进行丝光处理。

丽赛®纤维织物导湿、透气、手感柔软滑爽、悬垂性好、染色鲜艳、富有光泽。特别是经过丝光处理后，织物的各项热湿舒适性、接触舒适性、压感舒适性、外观光泽、染色性能和染色质量都会进一步得到不同程度的改善，使其成为纤维素纤维的重要闪光点。

（三）Lyocell 纤维

Lyocell（利阿赛尔）纤维是采用叔胺氧化物（NMMO）溶剂纺丝技术制取的，与以往黏胶纤维的制取方法完全不同。有机溶剂NMMO的回收率达到99%以上，生产过程对环境无公害，被称为21世纪黏胶纤维。Lyocell是荷兰AKOZO公司的专利产品，由英国Courtailds和奥地利Lenzing公司首先实施工业化生产。Lenzing公司的Lyocell短纤维商品名称为Tencel，我国称为天丝。

Lyocell纤维的性能十分优良，既有棉纤维的自然舒适性，黏胶纤维的悬垂飘逸性和色泽鲜艳性，合成纤维的高强度，又有真丝般柔软的手感和优雅的光泽。该纤维湿强度达34~38cN/tex，比棉纤维高，干强度达42~48cN/tex，湿模量比棉高，同时有较好的钩接强度、弹性模量（表1-8），又具有黏胶纤维良好的吸湿性。Lyocell纤维有长丝和短纤维。短纤维分为普通型（未交联型）和交联型，前者如Tencel，后者如Tencel A 100。Tencel也有一些缺点，如易原纤化，摩擦后易起毛。

（四）铜氨纤维

铜氨纤维也是再生纤维素纤维，它是将棉短绒等天然纤维素高聚物溶解在氢氧化铜溶液中，或碱性铜盐的浓氨溶液内，制成纺丝液，再进行湿法纺丝和后加工而制成的。铜氨纤维柔软纤细，光泽柔和，常常用作高档丝织或针织物。由于原料的限制，工艺较为复杂，产量较低。

铜氨纤维化学组成与棉纤维、黏胶纤维的基本组成相同，为纤维素大分子（$\left[C_6H_{10}O_5\right]_n$）。大分子的聚合度与黏胶纤维接近。其大分子结晶度比黏胶纤维高，因此结构比黏胶纤维紧密，其强力比黏胶纤维高，有很好的吸湿能力和染色能力。截面形状为圆形，有皮芯结构，纵向平直光滑。

铜氨纤维密度与黏胶纤维相同，为1.50～1.52g/cm^3。干强度与黏胶纤维的干强度相近，为20.1～21.2cN/tex，湿强度为10.6～11.5cN/tex。吸湿能力与黏胶纤维相近，在通常大气条件下为12%～13%。铜氨纤维的耐热性和热稳定性较好。但与黏胶纤维一样容易燃烧，在180℃时枯焦。因铜氨纤维的吸湿能力很强，比电阻较小，抗静电性能很好。铜氨纤维的耐光性与棉纤维、黏胶纤维相近。其化学稳定性与黏胶纤维相同，能被热稀酸或冷浓酸溶解，遇稀碱液则轻微损伤。强碱能使纤维膨化及强度损失，最后溶解。铜氨纤维一般不溶解于有机溶剂。铜氨纤维的染色性很好，色谱齐全。

（五）醋酯纤维

醋酯纤维是以纤维素为原料，经乙酰化处理使纤维素上的羟基与醋酐作用生成醋酸纤维素酯，再经纺丝制得的。醋酯纤维根据乙酰化处理的程度不同，可分为二醋酯纤维和三醋酯纤维。醋酯纤维吸湿较低，不易污染，洗涤容易，而且手感柔软，弹性好，不易起皱，因此较适合于制作女士服装面料、衬里料、内衣等，也可与其他纤维交织生产各种绸缎制品。

醋酯纤维中二醋酯纤维是由纤维素二醋酸酯线型大分子构成，其24%～92%的羟基经乙酰化处理。三醋酯纤维是由纤维素三醋酸酯构成的，其乙酰化处理的程度在92%以上。醋酯纤维的大分子结晶度、取向度低，结构较为松散，使其强力较低。醋酯纤维截面为多瓣形、片状或耳状，无皮芯结构。

醋酯纤维的密度小于黏胶纤维，二醋酯纤维为1.32g/cm^3，三醋酯纤维为1.30g/cm^3左右。醋酯纤维的羟基被酯化，因而吸湿能力比黏胶纤维差，在通常大气条件下，二醋酯纤维回潮率为6.5%左右，三醋酯纤维回潮率为4.5%左右。二醋酯纤维的断裂强度比黏胶纤维小，干强度约为10.6～15cN/tex，湿强度为6～7cN/tex；三醋酯纤维的干强度为9.7～11.4cN/tex，湿强度与干强度相接近；断裂伸长率比黏胶纤维大，为25%左右，湿态伸长率为35%左右；纤维的耐磨性能较差。

醋酯纤维是热塑性纤维，二醋酯纤维在140～150℃开始变形，软化点为200～230℃，熔点为260～300℃。三醋酯纤维的软化点为260～300℃。所以醋酯纤维的耐热性和热稳定性较好，具有持久的压烫整理性能。醋酯纤维具有一定的吸湿性，比电阻较小，抗静电性能较好。醋酯纤维的耐光性与棉纤维相近。醋酯纤维对稀碱和稀酸具有一定的抵抗能力，但浓碱会使纤维皂化分解。醋酯纤维的吸湿能力较黏胶纤维差，染色性能比黏胶纤维差，通常采用分散染料和特种染料染色。

（六）竹纤维

竹纤维（bamboo fiber）属纤维素纤维，按制备方法不同，主要分竹原纤维和竹浆纤维。前者为天然纤维素纤维，后者为再生纤维素纤维。

1. 竹原纤维 竹原纤维（natural bamboo fiber）是将竹材经物理机械方法处理，包括前处理、分解、成型、后处理等工序，去除竹子中的木质素、多戊糖、竹粉和果胶等杂质，提取天然纤维素成分，直接制得天然竹纤维。

竹原纤维的纤维素含量在95%以上，线密度为4.4~6.6dtex，平均长度8cm。竹原纤维的横截面呈扁平状，中间有孔洞（胞腔），无皮芯结构。纤维表面有沟槽和裂缝，横向还有枝节，无天然扭曲。竹原纤维晶体结构与棉纤维相同，属典型的纤维素Ⅰ。其结晶度为71.8%，比棉纤维高，分子结构比棉紧密。竹原纤维中细长的孔洞和表面的沟槽使其具有优良的吸湿、放湿性能。标准回潮率为7%左右。染色性能与棉纤维相似。现在市场上很少有竹原纤维制品。

2. 竹浆纤维 竹浆纤维（bamboo pulp fiber）是采用化学方法将竹材制成竹浆粕，将浆粕溶解制成竹浆黏胶溶液，然后通过湿法纺丝制得，其本质为竹浆黏胶纤维。现在市场上竹纤维主要是竹浆纤维。

竹浆纤维的线密度为1.67~4.85dtex，主体长度为38~85mm。化学结构与棉、麻相似。但由于植物纤维的种类不同以及浆粕原料和制造方法的不同，使竹纤维与棉、麻或黏胶纤维在形态和聚集态结构方面不完全相同。竹浆纤维的横截面与黏胶纤维相似，呈多边形不规则状，大部分接近圆形，有的为梅花形，边沿具有不规则的锯齿状，皮芯结构不明显，纵向表面具有光滑均匀的特征，有沟槽。竹浆纤维的结晶结构特征与普通黏胶纤维相似，结晶度小于竹原纤维。吸湿后，在外力作用下，纤维易拉伸并产生相对滑移，强力明显下降，伸长显著增加。竹浆纤维在标准状态下的回潮率可达12%，与普通黏胶纤维相近。在36℃、100%的相对湿度下，回潮率可超过45%，而且从8.75%增加到45%仅需6h。透气性比棉纤维高3.5倍，居各种纤维之首。竹浆纤维的染色性能与普通黏胶纤维相似。

第四节　蛋白质纤维

一、羊毛

天然动物毛的种类很多，有绵羊毛（sheep wool）、山羊绒（cashmere）、马海毛（mohair）、兔毛（rabbit hair）、驼毛（camel hair）及牦牛毛（yak hair）等，其中以绵羊毛数量最多。羊毛通常是指绵羊毛，它是纺织工业的重要原料。从羊身上剪下的毛称为原毛，原毛中除含有羊毛纤维外，尚含有羊脂、羊汗、泥沙、污物及草籽、草屑等杂质。羊毛纤维在原毛中的含量百分率称为净毛率。净毛率随羊毛的品种和羊的生长环境等有很大变化，一般在40%~70%范围内。可见原毛不能直接用来纺织，必须经过选毛、开毛、洗毛、炭化等初步加工才能获得比较纯净的羊毛纤维。

羊毛纤维有许多优良特性，如弹性好、吸湿性强、保暖性好、不易沾污、光泽柔和、染色性能优良，还具有独特的缩绒性。这些性能使羊毛制品不但适合春、秋、冬季衣着选用，也适合夏季，成为一年四季皆可穿的衣料。此外，羊毛制品在工业、装饰领域中也有广泛用途，如工业用呢、呢毡、毛毯、衬垫材料、装饰用壁毯、地毯等。

（一）羊毛纤维的分子结构

羊毛纤维是天然蛋白质纤维（protein fiber），它的主要组成物质是角朊蛋白质（keratin）。组成蛋白质的基本结构单位是氨基酸（amino acid），除脯氨酸（实际上是一个亚氨基酸）外，所有的氨基酸均由一个碳原子和四个取代基组成，称 α-氨基酸。α-氨基酸的通式和空间结构如图1-8 所示。

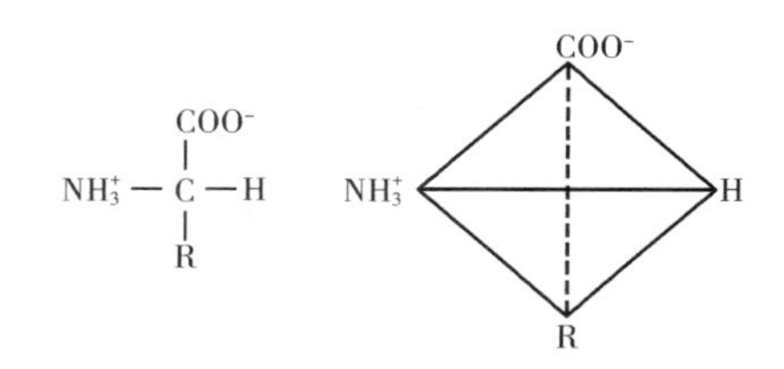

图 1-8 α-氨基酸结构示意图

其中，R 可以是不同的基团，因而可形成不同的氨基酸。羊毛角朊由近 20 种 α-氨基酸组成，其中以二氨基酸（精氨酸）、松氨酸、二羟基酸（谷氨酸）、天冬氨酸和含硫氨酸（胱氨酸）的含量较高。许多种 α-氨基酸剩基用肽键（—CO—NH—）连接成羊毛大分子。

羊毛大分子之间除了依靠范德瓦尔斯力、氢键结合外，还有离子键（也称盐式键）、二硫键、疏水键等相结合而使大分子具有网状结构，如图 1-9 所示。

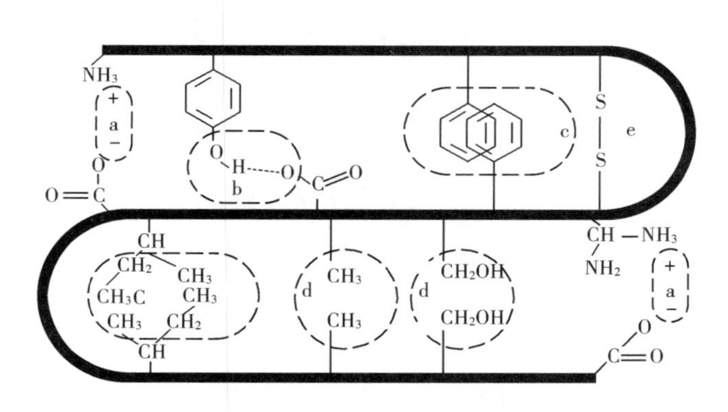

图 1-9 维系蛋白质分子构象的各种键

a—离子健 b—氢键 c—疏水键 d—范德瓦尔斯力 e—二硫键

羊毛角朊大分子的空间结构可以是直线状的 β 折叠链也可以是 α 螺旋链。在一定条件下，拉伸羊毛纤维，可使螺旋链伸展成曲折链，去除外力后仍可能回复。如果在拉伸的同时，结合一定的湿热条件，使二硫键拆开，大分子之间的结合力减弱，α、β 型的转变就比较充分，再回复到常温条件时，形成新的结合点，外力去除后不再回复。羊毛的这种性能称为可塑性（也称热塑性）。这种处理方法在羊毛加工时具有很重要的意义。

羊毛角朊中含有相当数量的胱氨酸，这使得角朊蛋白质中除了碳、氢、氧和氮外，还含有硫。硫的存在和含量将影响羊毛纤维的物理化学性质。

（二）羊毛纤维的聚集态结构

羊毛纤维的主体是皮质层（cortical layer），由纺锤形皮质细胞组成。羊毛蛋白质的多肽链（polypeptide）在皮质细胞中的聚集状态非常复杂。一般认为，低硫蛋白质的多肽链具有 α 螺旋结构（α-helical structure），3~7 条具有 α 螺旋结构的多肽链如绳索状相互捻合而成为基本原纤，其直径为 1~3nm，多肽链之间由次价键相联。11 根基本原纤较规整地排列在一起组成微原纤，微原纤直径为 10~50nm，其中含有 1nm 左右的缝隙和空穴。由许多结晶性微原纤和基质组成棒状大原纤，大原纤直径为 100~300nm。各种原纤都包埋在基质中，形成皮质细胞。

（三）羊毛纤维的形态结构

羊毛纤维的纵向具有天然卷曲，有鳞片（scale）覆盖。羊毛纤维的截面形态因细度而不同。一般细羊毛截面近似圆形，粗羊毛截面呈椭圆形。羊毛纤维截面从外向里由鳞片层、皮质层和髓质层组成。细羊毛无髓质层，细羊毛的结构如图 1-10 所示。

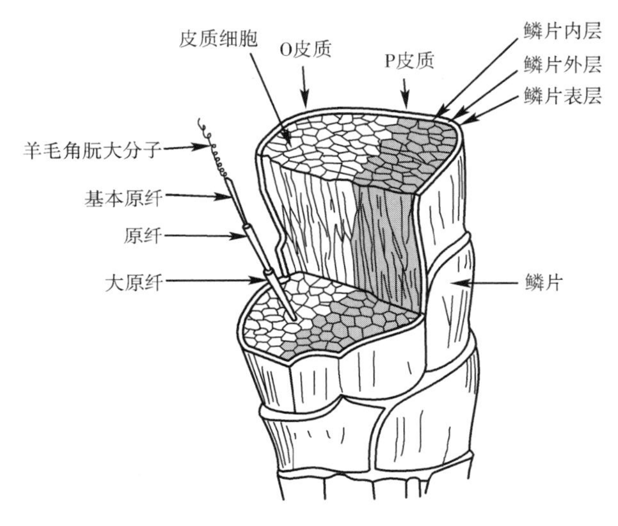

图 1-10　细羊毛结构

鳞片层像鱼鳞或瓦片一样重叠覆盖在羊毛纤维的表面，其对羊毛纤维起保护作用，使之不受或少受外界条件的影响。各种羊毛的鳞片的大小基本是相同的，而鳞片在羊毛上覆盖的密度因羊的品种和羊毛的粗细有较大的差异。鳞片的形态和排列密度对羊毛光泽和表面性质均有很大影响。细羊毛的鳞片呈环状覆盖，排列紧密，对外来光线反射小，因而光泽柔和。粗羊毛的鳞片呈瓦状和龟裂状，排列稀疏，表面光滑，反光强，光泽亮。此外鳞片层的存在，使羊毛纤维具有特殊的缩绒性。

皮质层是羊毛纤维的主要组成部分，它决定了羊毛纤维的物理化学性质。皮质层一般有两种不同的皮质细胞组成，一种称为 O 皮质，一种称为 P 皮质，它们的性质有所不同。O 皮质结构较疏松、含硫较少，对酶及化学试剂反应活泼，结晶区较小，易吸湿，对碱性染料的亲和力较强，易于染色。P 皮质结构较紧密，含硫较多，对化学试剂反应较差，对酸性染料的亲和力较强。这两种皮质细胞在羊毛中分布情况随羊毛的品种和粗细而异。在优良品种的细羊毛中，两种皮质细胞分别聚集在毛干的两半边，并且沿纤维轴向互相缠绕，O 皮质细胞始终位于羊毛卷曲波形的外侧，而 P 皮质细胞则位于卷曲波形的内侧。O、P 皮质细胞的双侧异构分布结构，简称双侧结构。由于两种皮质细胞的性质不同而引起的不平衡，形成羊毛的天然卷曲。当 O、P 皮质层的比例差异很大或呈皮芯分布时，则卷曲就不明显甚至无卷曲。羊毛皮质层发育完善，所占比例大时，羊毛纤维的品质优良，表现为强度、卷曲、弹性都比较好。此外，皮质层中还存在天然色素。这就是有些色毛的颜色难以去除的原因。

髓质层（medulla）是由结构松散和充满空气的角朊细胞组成，它的有无和在纤维中所占的比例，随羊毛的品种而异。它的存在使纤维强度、弹性、卷曲、染色性等变差。根据羊毛纤维中髓质层的情况，可分为绒毛、两型毛、粗腔毛和死毛。绒毛具有鳞片层和皮质层，没有髓质层。绒毛根据其细度又可分为细绒毛和粗绒毛。直径在 30μm 以下的为细绒毛，卷曲多。直径在 30~52.5μm 之间的称为粗绒毛，卷曲较细绒毛少。绒毛品质优良，纺纱性能好。两型毛具有鳞片层、皮质层和有断续的髓质层。毛纤维有显著的粗细不匀，同一根纤维上兼有绒毛和粗毛的特性。粗腔毛具有鳞片层、皮质层和连续的髓质层。粗腔毛中毛直径在 52.5~75μm 之间，卷曲很少，光泽强的为粗毛；髓腔长 50μm 以上、髓腔宽为纤维直径 1/3 以上的为腔毛。粗腔毛纺纱性能较差。死毛除鳞片层外，整根纤维几乎全部是髓质层，直径在 75μm 以上，色泽呆白，脆弱易断，无纺纱价值。

（四）羊毛纤维的表观性状

羊毛的密度低于棉花、麻、黏胶纤维和涤纶，又有一定卷曲度，所以羊毛比棉和涤纶等蓬松、保暖。

羊毛细度是确定羊毛品质和使用价值最重要的指标。羊毛越细，纺成纱后截面不匀率越小，条干越均匀。当然过细的羊毛，纺纱时容易产生疵点。羊毛纤维的细度与手感、光泽、织物风格以及起球、耐磨性、强度等力学性能都有密切的关系。羊毛的细度是不均匀的，最细的绒毛直径只有 7μm，最粗的直径可达 240μm。就是同一根羊毛纤维的全部长度上细度也不一样，直径差异可达 5~6μm。影响羊毛细度的因素很多，绵羊的品种是决定羊毛细度的主要因素，不同品种的羊，羊毛的细度不同。羊毛细度随年龄变化规律十分明显，幼年时（羔羊），羊毛细而柔软，达到性成熟时，毛开始变粗，其后又随着年龄的增大，毛又变细。羊毛细度与性别有关，公羊毛比母羊毛粗。饲养条件、饲养资源、不同季节也影响羊毛细度。在夏秋季节，羊毛直径增大，纤维变粗，冬春季节，羊毛直径变细。在同一只羊身上，以肩部毛最细，体侧、颈部、背部毛次之，前颈、臀部和腹部毛较粗，喉部、小腿部、尾部的毛最粗。

羊毛存在自然卷曲，它的长度可分为自然卷曲长度（又称为毛丛长度）和伸直后长度。自然卷曲长度是毛丛两端间的直线距离，一般不特别注明的羊毛纤维长度就是指自然卷曲长度。中国细羊毛的长度为 55~90mm，半细羊毛长度为 70~150mm，粗羊毛长度为60~400mm。沿羊毛纤维长度方向，存在周期性的自然弯曲，一般以每厘米长羊毛的卷曲个数来表征羊毛卷曲的程度，称为卷曲度。羊毛的卷曲形态对毛纺织加工和成品的品质有较大的影响，卷曲度和卷曲的形状与毛纱的柔软性及弹性等有关。某些具有三维空间卷曲形态，例如螺旋形弯曲的羊毛，缩绒性不好，成品手感松散，质量较差。

（五）羊毛纤维的性能

1. 羊毛纤维的吸湿性 羊毛的吸湿性较强，标准回潮率为14%，公定回潮率为15%，在相对湿度为60%～80%时，其回潮率可以高达18%，高于其他纺织纤维。在非常潮湿的空气中，羊毛吸收水分高达40%，而手感并不觉得潮湿。羊毛纤维的吸水性高的原因，一方面在于角质蛋白分子中含有亲水性的羟基（—OH）、氨基（$—NH_2$）、羧基（—COOH）和酰氨基（—CONH—）等；另一方面，羊毛是一种多孔性的纤维材料，具有毛细管作用，所以水分易于吸到纤维的孔隙中去或吸附在纤维的表面。

羊毛纤维一般并不溶于水，单纯的吸湿溶胀，并不引起纤维分子结构的变化，但是在较激烈的条件下，水也会与羊毛纤维起化学反应，主要使蛋白质分子肽键水解，从而导致机械性能的变化。在80℃以下的水中羊毛纤维影响较小，短时间汽蒸也无严重损害，随着处理温度的提高和时间的延长，羊毛损伤也加重。如将羊毛在90～110℃的蒸汽中处理3h、6h、60h，其质量损失分别为18%、23%、74%。水温升到200℃时，羊毛几乎完全溶解。

2. 羊毛纤维的拉伸强度 羊毛纤维的拉伸强度是天然纤维中最低的，其干断裂强度只有0.9～1.6cN/dtex。通常当羊毛纤维较细、没有或有极少髓质层时，其强度较高。羊毛纤维在拉伸外力作用下的伸长能力是天然纤维中最大的，其断裂伸长率为25%～35%，并且具有优良的弹性回复能力。因此，羊毛织物不易产生褶皱，而且坚韧耐用。

3. 羊毛纤维的缩绒性 羊毛的缩绒性是指羊毛纤维的集合体在一定的湿热条件下，经机械外力的反复挤压，逐渐收缩紧密，并互相穿插纠缠、交编毡化的现象。缩绒性是毛纤维的特性之一。

羊毛纤维的表面有鳞片，鳞片的开口方向是由毛根指向毛尖的。由于鳞片指向的这一特性，羊毛沿长度方向的摩擦，因滑动方向的不同，导致摩擦系数不同。逆鳞片摩擦系数比顺鳞片摩擦系数大，两者之差称为定向摩擦效应，这是羊毛缩绒的基础。当随机排列的羊毛纤维集合体在外力作用下，产生相对移动时，由于定向摩擦效应，纤维始终保持根部向前蠕动，致使集合体中的纤维紧密纠缠。此外，羊毛优良的弹性和稳定的卷曲也是促进羊毛缩绒的因素。在外力的作用下，纤维受到反复挤压，时而伸长，时而恢复变形，形成相对移动，有利于纤维纠缠，导致纤维集合体密集。卷曲使纤维不是直线蠕动，更有利于纤维之间的交叉穿插。总之，羊毛的缩绒性是羊毛纤维各项性能的综合反映。定向摩擦效应、优良的弹性、稳定的卷曲是羊毛缩绒的内在原因，它们与羊毛的其他性能如细度等有密切关系。较细的羊毛，鳞片密度大，卷曲正常，弹性好，定向摩擦效应大，缩绒性好。温湿度、化学试剂和外力的作用是促进羊毛缩绒的外因。如在一定的温湿度条件下，加入皂洗溶液，羊毛鳞片微微张开并软化，有利于纤维的嵌合和纠缠，羊毛的缩绒现象更为显著。

利用羊毛的缩绒性，可以把松散的短毛纤维结合成具有一定机械强度、一定形状、一定密度的毛毡片，这一作用称为毡合。毡帽、毡靴、毡垫就是通过毡合制成的，这也是最早的非织造布。利用羊毛的缩绒性，在粗纺毛织物整理过程中，经过缩绒工艺（又称缩呢），织物的长度缩短，厚度和紧度增加，织纹不露底，表面被一层绒毛所覆盖，手感丰厚柔软，保暖性好，具有独特的风格。另一方面，羊毛的缩绒性使毛织品和羊毛针纺织品在穿用过程中容易产生尺寸收缩和变形，产生起毛起球等现象，影响了服用舒适性和美观性。因此大多数精纺毛织品、绒线、针织物在整理过程中都要经过防缩绒处理。生产上通常采用破坏鳞片层的方法来达到防缩绒的目的。

4. 羊毛纤维的化学性质　羊毛纤维的主要组成物质是角朊蛋白质。蛋白质是一种两性化合物。在蛋白质大分子中存在着羧基（—COOH）及氨基（$—NH_2$）基团，可表示为 $COOH—W—NH_2$，它既可以与酸作用，又可以与碱作用。羧基在碱性条件下给出 H^+，表示为 $^-OOC—W—NH_2$，因而具有酸性；氨基在酸性条件下结合 H^+，可表示为 $HOOC—W—NH_3^+$，因此具有碱性。这就是蛋白质的两性性质。若调节溶液中的 pH 值，可使蛋白质分子上正负离子数相等，此时溶液的 pH 值即为该蛋白质的等电点。羊毛的等电点 pH 值为 4.2~4.8。羊毛分子在等电点状态下呈中性，这时蛋白质的溶胀、溶解度、电导率都最低。等电点是蛋白质两性性质的指标。在羊毛的洗毛、炭化、染整等加工中都将应用到这一性质。

在羊毛纤维大分子中，酸性基团和碱性基团的数量并不相等。羊毛对碱的作用非常敏感，耐碱能力远低于耐酸能力。羊毛的耐酸能力较强。例如在生产上利用羊毛和植物对酸的稳定性不同，用稀硫酸处理含草羊毛，以除去杂草，保留羊毛。羊毛的染色多用酸性染料。但高温、高浓度的酸也会使羊毛受损，受损程度视酸的类型、浓度高低、温度高低和处理时间长短而不同。碱对羊毛的作用比较剧烈。可使羊毛变黄，使二硫键断开，含硫降低，以及部分溶解。将羊毛放在5%的氢氧化钠溶液中煮沸 5min，羊毛即全部溶解。利用这一点可以测定羊毛纤维与其他耐碱纤维混纺织品的混纺比例。但一些弱碱性物质对羊毛作用较为缓和，如洗毛时可采用轻碱洗毛方法。

氧化剂对羊毛损伤较大，特别是在碱催化时更显著。目前生产上采用氧化法或氯化法可对羊毛纤维表面鳞片产生不同程度的破坏，以达到防毡缩的目的。还原剂对羊毛损伤较小，特别是在酸性条件下，破坏更小。但在碱性介质中，还原剂对羊毛的作用也是很明显的。

二、其他毛类纤维

（一）山羊绒

山羊绒（cashmere）是从山羊身上抓取得到的绒毛，开司米山羊所产的绒毛最好，这种山羊原产于我国西藏一带，后来逐渐向四周传播繁殖。现在生产山羊绒的国家主要有中国、伊朗、蒙古和阿富汗，我国产量占首位。山羊绒是珍贵的纺织原料，一般用于生产羊绒衫、围巾和羊绒大衣呢，也可用作精纺高级服装原料。山羊绒根据颜色可分为白羊绒、紫羊绒和青羊绒，其中以白羊绒最名贵。山羊绒由鳞片层和皮质层组成，没有髓质层。纤维截面为圆形，平均直径为14.5~16.5μm。山羊绒平均长度在 30~45mm，强伸性、弹性等一般均优于绵羊毛，密度比羊毛低。因此山羊绒具有轻、柔、细、滑、保暖等优良性能，但山羊绒对酸、碱、热的反应比羊毛敏感。

（二）兔毛

兔毛（rabbit hair）有普通兔毛和安哥拉兔毛两种，以安哥拉兔毛质量为好。我国是兔毛的主要生产国。兔毛由绒毛和粗毛两类纤维组成。绒毛直径为5~30μm，大多数集中在10~15μm，粗毛直径为30~100μm。兔毛的长度最短的在10mm以下，最长的可达115mm，大多数为25~45mm。绒毛的截面呈非正圆形或多角形，粗毛呈腰圆形或椭圆形，绒毛和粗毛都有髓质层。兔毛密度小，仅为1.11g/cm^3左右。纤维轻、细、柔软、光滑、蓬松、保暖性好，而且吸湿能力强。兔毛含油率低，杂质少，所以不需经过洗毛即可纺纱。但由于兔毛抱合力差、强度较低，所以单独纯纺较困难，多与羊毛或其他纤维混纺。

（三）马海毛

马海毛（mohair）也称安哥拉山羊毛，原产于土耳其的安哥拉省。南非、土耳其和美国为马海毛的三大产地。它以长度长和光泽明亮为主要特征。从1985年开始，我国引入安哥拉山羊以发展我国马海毛。马海毛多用于织制高档提花毛毯、长绒毛和顺毛大衣呢等毛织物，也可用于高级精纺呢绒。马海毛属异质毛，夹杂有一定数量的有髓毛和死毛，平均长度120~150mm，直径为10~90μm。纤维具有丝一般的光泽，卷曲少，不易毡缩。此外，马海毛的强度、弹性也较好，但对化学试剂的反应比羊毛敏感。

（四）骆驼毛

我国是世界骆驼毛（camel hair）最大产地之一，多产于内蒙古、新疆、甘肃、青海、宁夏等地。骆驼毛被毛中含有绒毛和粗毛两类纤维。骆驼绒的平均直径为14~23μm，平均长度为40~135mm。骆驼绒强力高，光泽好，保暖性好，可织制高级粗纺织物、毛毯和针织品。骆驼毛的平均直径为50~209μm，平均长度为50~300mm。骆驼毛带有天然的杏黄、棕褐等颜色。骆驼毛鳞片很少，而且边缘光滑，所以没有像羊毛一样的缩绒性，不易毡缩，可作填充材料，保暖性优良。

（五）牦牛毛

牦牛是高山草原的特有牛种，主要产于我国西藏、青海、四川、甘肃等地。牦牛毛（yak hair）被毛由绒毛和粗毛组成，颜色以黑褐色为多。牦牛绒很细，平均直径约为20μm，平均长度约为30mm。光泽柔和，弹性好，手感柔软，常与羊毛混纺织制绒衫和大衣呢等。牦牛毛略有髓，平均直径约为70μm，平均长度约为110mm，外形平直，表面光滑，坚韧而有光泽，可织制衬垫织物、帐篷及毛毡等。

三、蚕丝

蚕丝（silk）是指由蚕分泌的黏液所形成的纤维。蚕丝有家蚕丝和野蚕丝两类。家蚕在室内饲养，以桑树叶为饲料，吐出的丝称为桑蚕丝或家蚕丝（俗称真丝）（bombyx mori silk）；野蚕在野外饲养，野蚕丝又有柞蚕丝、木薯蚕丝、蓖麻蚕丝、樟蚕丝等之分。蚕丝中以桑蚕丝的产量最高，应用最广，其次是柞蚕丝（tussah silk）。我国是蚕丝的发源地，蚕丝产区极广，主要分布于江苏、浙江、四川、广东和山东等省。目前我国已成为世界上最主要的蚕丝生产国，无论是规模还是产量均居世界前列。我国的丝绸产品很早就通过著名的丝绸之路远销世界各地，在国际上享有盛誉。

蚕丝是高档的纺织原料，被誉为“纤维皇后”，它是天然纤维中唯一的长纤维，其长度适宜直接织造。蚕丝具有较好的强力和伸长，纤维细而柔软，富有弹性，吸湿性好，特别是光泽优雅美丽。蚕丝制品风格各异，可轻薄如纱，可厚实如绒。丝织物除供衣着外，织制的各种装饰品如窗帘、头巾、被面、裱装等更是名贵华丽。在工业上还可以作为降落伞、人造血管、电气绝缘品等材料。

（一）蚕丝的化学组成

蚕丝主要由丝素和包覆在丝素外的丝胶组成，此外还有少量的蜡质、脂肪和灰分等。这些物质的含量并不固定，常随蚕丝的品种及饲养情况而变化，这些物质的性质及含量对蚕丝的性质及后序加工有一定影响。一般桑蚕丝和柞蚕丝的物质组成情况见表1-9。

表1-9　蚕丝的组成

种类	丝胶/%	丝素/%	脂蜡/%	碳水化合物/%	无机物/%
桑蚕丝	20~30	70~80	0.7~1.5	1.2~1.6	0.7
柞蚕丝	12~16	80~85	0.5~1.3	1.35	1.65

在这些组成物质中，丝素是制丝织绸的主要物质，丝胶以及其他成分在最后均需除去。因为丝胶有保护丝素的作用，因而在实际生产中一般织物都要到最后染色和整理时才脱去丝胶。根据需要也可以先脱胶再织绸，所以生产上有生织和熟织之分。

（二）蚕丝的聚集态结构

蚕丝和羊毛一样都是天然蛋白质纤维，组成其大分子的基本单位是α-氨基酸。蚕丝的化学结构和羊毛的化学结构有许多相同和相似之处，因而它们具有一些共同的特性，如丝朊蛋白质具有蛋白质的共性（两性性质）。但由于蛋白质的种类，每一种氨基酸的含量并不一样，所以各种蛋白质在结构上有差异，在性能上也有差异。丝朊蛋白质分子结构的特点是不含硫或含少量的硫（少量的硫主要存在于丝胶中）。蚕丝中蛋白质大分子间仅依靠范德瓦尔斯力、氢键、疏水键和盐式键相结合，而基本无二硫键。丝朊大分子的R基团较小，而且为直线状的曲折链，所以能够形成较完整的结晶，它的结晶度比羊毛大，取向度比羊毛高。

（三）蚕丝的形态结构

蚕丝是蚕体内的丝液经吐丝口吐出后凝固而成的纤维，也称为茧丝。每一根茧丝由两条平行单丝组成，它的主体是丝素（亦称丝朊、丝质），基本组成是蛋白质，其性质与氨基酸的种类以及这些分子的结晶等聚集态结构有关，丝素的外面被丝胶包围。蚕丝的横截面略呈三角形，三边相差不大，角略圆钝，如图1-11所示。

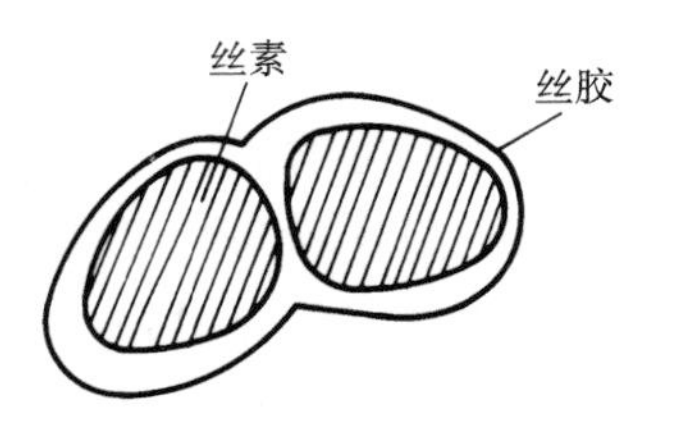

图1-11　蚕丝的截面结构图

（四）蚕丝的性能

1. 表观性状

（1）长度。从蚕茧上缫取的茧丝长度很长，经缫丝数根合并后的生丝不需要纺纱即可织造。蚕丝的长度与蚕的品种有关。我国春茧的茧丝长一般在900~1200m，夏秋茧的茧丝长一般在650~900m，柞蚕茧的茧丝长平均为800m，长的在1000m以上，短的在400m以下。

（2）细度。桑蚕茧丝的线密度约为2.8~3.9dtex（2.5~3.5旦），脱胶后单根丝素的线密度小于茧丝的一半；柞蚕茧丝略粗，一般为5.6dtex（5旦）左右。而生丝的线密度则根据茧丝的粗细和缫丝时茧的粒数而定。例如计划缫制22.2/24.4dtex（20/22旦）生丝时，若茧丝的平均线密度为3.3dtex（3旦）时，则需用7粒茧，即合并成7根茧丝，若用2.86dtex（2.6旦）的茧丝则需采用8粒茧缫丝。22.2/24.4dtex（20/22旦）生丝，实际线密度为23.1dtex（21旦）左右，工厂习惯用粗细的两个限度数字来表示生丝的线密度。

2. 力学性能

（1）强度和伸长率。蚕丝的强度和伸长率在天然纤维中是比较优良的，它的强度比羊毛大3倍，一般干断裂强度为2.6~3.5cN/dtex，蚕丝的断裂伸长率略低于羊毛，一般在15%~25%。生丝，特别是精练丝弹性优良，手感柔软。柞蚕丝的强度与桑蚕丝相近，但它的断裂伸长率较大，一般在20%以上。蚕丝的强度和断裂伸长率还与蚕丝中的含水率有关，吸湿后，桑蚕丝的强度下降，柞蚕丝的强度上升，而断裂伸长率明显增加。

（2）吸湿性。蚕丝的吸湿能力较强。在一般大气条件下，回潮率可达9%~13%。由于丝胶的吸湿能力大于丝素，因此精练丝吸湿能力略低于生丝。柞蚕丝在同样条件下，回潮率要高于桑蚕丝。

（3）蚕丝的触感和光泽。蚕丝纤维平滑而富有弹性，因此具有优良的触感。特别是生丝精练后，用手抚摸，感觉丝纤维既光滑柔软，又有身骨。蚕丝，特别是精练丝，具有其他纤维所不能比拟的优雅而美丽的光泽，这种光泽一般称为丝光。这种特殊的光泽主要是单丝的三角形截面以及茧丝的层状结构所形成的。丝绸因其美丽的光泽而高雅华丽。

（4）丝鸣。生丝精练后，置于酸性溶液中处理一下，放在一起用力摩擦时，即会产生一种悦耳的声响，称为丝鸣。丝鸣与丝绸风格有密切关系。丝鸣对鉴别真丝绸和仿丝绸具有一定的参考价值。

3. 蚕丝的化学性质 由蚕丝的化学结构可知，蚕丝是两性化合物，即在一定条件下既能和酸作用又能和碱作用。两性性质的指标主要是等电点。桑蚕丝素蛋白质的等电点pH值为2~3，丝胶蛋白质等电点pH值为3.8~4.2。蚕丝的两性性质对丝纤维及丝织物的精练和染色都有影响。由于蚕丝的两性性质，酸和碱都会促使丝素纤维水解，其水解的程度随酸碱的种类、浓度、温度以及作用时间不同而异。在生丝中，丝胶较丝素反应剧烈。柞蚕丝对酸碱的抵抗能力比桑蚕丝强。

蚕丝对酸的抵抗能力较强，但比羊毛差些。强无机酸的稀溶液，在常温下，对蚕丝无明显破坏，在高温情况下，可引起光泽、手感变差，强度、伸长率降低。当无机酸浓度提高后，丝素膨胀、溶解呈淡黄色的黏稠物，弱无机酸及有机酸对生丝无明显破坏作用。

蚕丝的耐碱性较差，即使在常温下，强碱的稀溶液也可引起丝素蛋白质的水解。碱溶液的浓度越大、温度越高，其水解越快。弱碱液如碳酸氢钠、碱性肥皂液等在短时间内只能溶解丝胶，不会破坏丝素，但长时间煮沸，将引起丝素缓慢的水解。

蚕丝对氧化剂作用比较敏感，特别是在高温下长期处理会使蚕丝彻底破坏，还原剂对蚕丝无破坏作用。

四、蛋白复合纤维

（一）大豆纤维

大豆蛋白复合纤维（soybean protein composite fiber）（简称大豆纤维，soybean fiber）可以归于再生蛋白质纤维一类，主要由大豆蛋白和聚乙烯醇（PVA）共混混合，经湿法纺丝而制得，其中大豆蛋白成分占 20%～55%，聚乙烯醇占 80%～45%。目前生产的大豆纤维为短纤维，外观呈柔和光亮的米黄色，并呈自由卷曲状。

大豆纤维单丝较细，相对密度小，强伸度较高，手感柔软，具有羊绒般的柔软手感，蚕丝般的优雅光泽，棉纤维的吸湿和导湿性、穿着舒适性，以及羊毛的保暖性。主要缺点为不易漂白，含有甲醛，尺寸稳定性差，染整加工过程蛋白含量易损失。

纺丝、牵伸、交联、定型等过程的工艺条件对大豆纤维的结构和性能有很大影响。大豆纤维纵向具有不光滑的沟槽，截面呈不规则的哑铃形或花生形，横截面上有微细的孔隙。

大豆纤维的熔点为 233℃，与 PVA 的结晶熔融温度（230℃）基本接近。沸水收缩率为 2.2%，于 180℃、2min 的干热收缩率为 2.3%。大豆纤维在 110℃ 的水浴中会发生明显收缩，但低于 180℃ 的短时间干热处理对性能基本无影响。大豆纤维的等电点为 4.6，当溶液 pH<4.6 时，大豆纤维的溶解度随 pH 值的降低而增加，反之，溶解度变小。当溶液的 pH>4.6 时，pH 值升高，溶解度明显增大。目前还没有发现一种能全部溶解大豆纤维的溶剂。低浓度的有机酸和纯碱对大豆纤维的结构和性能没有影响。大豆纤维的弹性回复率为 55.4 %，弹性较差，易变形。大豆纤维的染整加工性能既不同于天然蛋白质纤维，也不同于维纶，有待进一步完善。

大豆纤维和其他纺织纤维性能比较如表 1-10 所示。

表 1-10　大豆纤维和其他纺织纤维性能比较

性能		大豆纤维	棉	黏胶纤维	蚕丝	羊毛
断裂强度/cN·dtex^{-1}	干	2.8～4.0	1.9～3.1	1.5～2.0	2.6～3.5	0.9～1.6
	湿	2.5～3.0	2.2～3.1	0.7～1.1	1.9～2.5	0.7～1.3
干断裂延伸度/%		18～21	7～10	18～24	14～25	25～35
初始模量/kg·mm^{-2}		700～1300	850～1200	850～1150	650～1250	
钩接强度/%		75～85	70	30～65	60～80	
结节强度/%		85	92～100	45～60	80～85	

续表

性　能	大豆纤维	棉	黏胶纤维	蚕　丝	羊　毛
回潮率/%	8.6	9.0	13.0	11.0	14~16
密度/g·cm^{-3}	1.29	1.50~1.54	1.46~1.52	1.34~1.38	1.33
耐热性	120℃左右较长时间处理变黄、发黏（较差）	150℃以上长时间处理变棕（好）	150℃以上长时间处理强力下降（较好）	148℃以下稳定（较好）	100℃以下稳定（较好）
耐碱性	一般	好	好	较好	差
耐酸性	好	差	差	好	好
抗紫外线性	较好	一般	差	差	较差

注　表中钩接强度、结节强度是指相对强度。

（二）牛奶纤维

牛奶蛋白复合纤维（milk protein composite fiber）（简称牛奶纤维，milk fiber）是通过将液态牛奶制成干酪素蛋白，然后与聚丙烯腈或聚乙烯醇共混、揉和、脱泡，湿法纺成的。干酪素蛋白与聚丙烯腈复合称腈纶基牛奶纤维，与聚乙烯醇复合称维纶基牛奶纤维。

牛奶纤维触摸时感觉温暖，具有真丝般光滑的手感，柔软易弯曲。具有柔和的、优雅的、真丝般的光泽。牛奶纤维有类似于真丝的低热传导率，因此具有非常好的保温特性。与大豆纤维一样，牛奶纤维也存在漂白困难、蛋白成分不稳定、尺寸稳定性不好等问题。

牛奶纤维的截面呈现圆形或腰圆形，纵向有沟槽。成品牛奶蛋白纤维表观呈亮丽棕色。牛奶纤维的断裂伸长率大于棉，接近于羊毛。初始模量高于其他天然纤维。无论是腈纶基牛奶纤维还是维纶基牛奶纤维，干湿断裂强度相差不多；维纶基牛奶纤维强度比腈纶基的要高，但腈纶基牛奶纤维的断裂延伸性较好。随着温度的升高，牛奶纤维的收缩率剧烈增加，因此其染整湿加工应控制在90℃以下为宜。

第五节　合成纤维

一、概述

化学纤维（chemical fiber）是指用天然或合成的高聚物为原料，主要经过化学方法加工制成的纤维。经过近一个世纪的发展，化学纤维的总产量已超过天然纤维，特别是差别化纤维和高性能纤维的出现，改善了化学纤维的使用性能，为纺织工业的发展注入了新的活力。

常见化学纤维的名称、国内外商品名和纤维代号见表1-11。化学纤维按原料不同主要分成再生纤维和合成纤维两类，其中，再生纤维已在第二节述及，这一节主要介绍合成纤维。

表 1-11　常见化学纤维的名称和组成

学名		分子结构	国内商品名	代号	国外商品名
再生纤维素系	黏胶纤维	$(C_6H_{10}O_5)_n$	黏胶纤维		Rayon
	Modal		莫代尔		Modal
	Lyocell		天丝		Lyocell，Tencel
	Richcel®		丽赛®		
	铜氨纤维				
	醋酯纤维				
聚酯纤维	聚对苯二甲酸乙二酯纤维	$[OC-C_6H_4-COO(CH_2)_2O]_n$	涤纶	PET	
	聚对苯二甲酸丙二酯纤维	$[OC-C_6H_4-COO(CH_2)_3O]_n$		PTT	
	聚对苯二甲酸丁二酯纤维	$[OC-C_6H_4-COO(CH_2)_4O]_n$		PBT	
聚酰胺系	聚酰胺 6 纤维	$[HN(CH_2)_5CO]_n$	锦纶 6	PA6	
	聚酰胺 66 纤维	$[HN(CH_2)_6NHCO(CH_2)_4CO]_n$	锦纶 66	PA66	
聚丙烯腈系	聚丙烯腈纤维	$[CH_2-CH(CN)]_n$	腈纶	PAN	
聚乙烯醇系	聚乙烯醇缩甲醛纤维	$[CH_2-CH-CH_2-CH]_n$ $(-OCH_2O-)$	维纶	PVA	
聚烯烃系	聚丙烯纤维	$[CH_2-CH(CH_3)]_n$	丙纶	PP	
含氯纤维	聚氯乙烯纤维	$[CH_2-CH(Cl)]_n$	氯纶	PVC	
聚氨酯系	聚氨基甲酸酯纤维	$[HNCOOR]_n$	氨纶		

合成纤维（synthetic fiber）是以石油、天然气、煤焦油及农副产品等非纤维性物质为起始原料，从中得到低分子物，经化学聚合、纺丝成型及后加工而成。合成纤维一般都具有强度高、弹性好、相对密度小、保暖性好、耐磨、耐化学药品腐蚀、不怕霉蛀等特点。用合成纤维制成的织物经久耐用，与天然纤维或再生纤维混纺或交织后，更能发挥各自的优点，具有挺括、滑爽、免烫、快干等优异性能。

合成纤维的品种很多，主要品种是涤纶（polyester）、锦纶（polyamide）、腈纶（polyacrylonitrile）、丙纶（polypropylene）、维纶（polyvinyl acetal）和氯纶（polyvinyl chloride）六类，其中，占主导地位的是涤纶、锦纶、腈纶三大品种。

随着科学技术的不断进步，人们开始利用化学改性和物理改性手段，通过分子设计，制成具有特定性能的第二代化学纤维，即“差别化纤维”。随着化学纤维应用领域的不断扩大，高性能纤维，如芳纶（aramid，aromatic amide）、芳砜纶（sulfar，phenylene sulfide）、聚苯并咪唑纤维（polybenzimidazole，PBI）、聚四氟乙烯纤维（poly tetrafluoroethylene）不断涌现。

二、涤纶

涤纶的工业化生产比锦纶晚，但产量已大大超过锦纶。涤纶以其发展速度快，产量高，应用广泛，被喻为化学纤维之冠。由于涤纶有许多优良的性能，无论在服装、装饰还是产业领域的应用十分广泛。涤纶短纤维可与棉、毛、丝、麻和其他化学纤维混纺，加工不同性能的纺织制品，用于服装、装饰等领域。涤纶长丝，特别是变形丝可用于针织、机织制成各种不同的仿真型内外衣。长丝也因其具有良好物理化学性能，广泛用于轮胎帘子线、工业绳索、传动带、滤布、绝缘材料、船帆、帐篷布等工业制品。随着新技术、新工艺的不断应用，对涤纶进行改性研制了抗静电、抗起毛起球、阳离子可染新品种。

涤纶是由对苯二甲酸或对苯二甲酸二甲酯与乙二醇经缩聚反应得到聚对苯二甲酸乙二酯高聚物，经纺丝加工制得的纤维。其化学组成为聚对苯二甲酸乙二酯，分子式为：

$$\left[OC-C_6H_4-COO(CH_2)_2O \right]_n$$

其大分子链段上有酯基和苯环，使大分子的柔顺性和吸湿能力较差，大分子的聚合度为130左右。

涤纶的大分子排列状态可通过初步加工来改变，即通过纺丝加工中的拉伸及丝条的冷却速度改变其结晶度和大分子的取向度。一般涤纶的大分子结晶度为50%~60%，大分子与纤维轴向的夹角较小，取向度较高，但取向度的高低取决于初加工的拉伸倍数。涤纶一般经熔体纺丝而成，所以常见涤纶的截面为圆形，纵向为圆棒状。此外，还可以改变喷丝孔的形状纺制异型纤维。

涤纶的密度小于棉纤维而高于毛纤维，为1.39g/cm^{3}左右。涤纶无吸湿基团，因此吸湿能力很差，在通常大气条件下仅为0.4%左右。涤纶的拉伸断裂强力和拉伸断裂伸长率都比棉纤维高，普通型涤纶强度为35.2~52.8cN/tex，伸长率在30%~40%。但因纤维在加工过程中的拉伸倍数不同，可将纤维分为高强低伸型、中强中伸型和低强高伸型。涤纶在小负荷下的抗变形能力很强，即初始模量很高，在常见纤维中仅次于麻纤维。涤纶的弹性优良，在10%定伸长时的弹性回复率可达90%以上，仅次于锦纶。因此织物的尺寸稳定性较好，织物挺括抗皱。涤纶的耐磨性仅次于耐磨性最好的锦纶。但织物易起毛起球，而且不易脱落。

涤纶有很好的耐热性和热稳定性。在150℃左右处理1000h，其色泽稍有变化，强力损失不超过50%。但涤纶织物遇火种易产生熔孔。因涤纶的吸湿能力很差，比电阻很高，导电能力极差，容易产生静电，给纺织加工带来了不利的影响，同时由于静电电荷积累，容易吸附灰尘。但可以利用其电阻高的特性加工成优良的绝缘材料。涤纶有较好的耐光性，其耐光性仅次于腈纶。

涤纶的耐碱性较差，仅耐弱碱，但对于酸的稳定性较好，特别是对有机酸有一定的耐久性。在100℃于5%的盐酸溶液中浸泡24h或40℃时在70%的硫酸溶液中浸泡72h后，其强度几乎不损失。涤纶的染色性较差，染料分子难于进入纤维内部，一般染料在常温条件下很难上染。因此多采用分散染料进行高温高压染色。

涤纶为聚酯类纤维中用途最广、产量最高的一种。聚酯纤维除涤纶外，尚有聚对苯二甲酸丙二醇酯（PTT），聚对苯二甲酸丁二醇酯（PBT）等。PBT、PTT纤维由于能低温染色并具有良好的弹性正日益受到关注。PBT、PTT纤维的弹性机制与弹性纤维和变形丝不同，它们的弹性取决于分子结构与排列。PBT大分子存在α、β两种构型，松弛时为α晶构，呈螺旋构象；受外力拉伸时，呈β直线构象。PBT大分子在应变过程中产生α、β构型的可逆转变，因此具有弹性。PTT大分子存在三个亚甲基，这种奇数个亚甲基单元会产生“奇碳效应”，使苯环不能与三个亚甲基处于同一平面，临近两个羰基的斥力不能呈180°平面排列，只能以空间120°错开排列。这使曲折的亚甲基链段和硬直的对苯二甲酸单元沿纤维轴形成“Z”字形的空间构象。这种Z字形的构象使PTT大分子链具有如同线圈式弹簧一样的变形弹性。

理论上，PBT与PTT的空间构象相似，但PBT分子链曲折部分较小，弯曲链段长度为全伸直时的86%（PTT为75%、PET为99.5%），并且变形的亚甲基链的转动和变形能量较低，而回复位阻大，受力时间长会转变为β线性构型而稳定，因此PBT的弹性比PTT差。

三、锦纶

凡在分子主链中含有—CONH—的一类合成纤维，统称为聚酰胺纤维。其分子结构可用下列通式表示：

$$\left[NH(CH_2)_xCO \right]_n$$

$$\left[NH(CH_2)_xNHCO(CH_2)_yCO \right]_n$$

前一式表示聚酰胺仅有一种单体缩聚而成，单体含有一个端氨基和一个端羧基，或是环状的内酰胺。后一种表示聚酰胺由两种单体缩聚而成，一种单体含有两个端氨基，另一个含有两个端羧基。聚酰胺6为单元结构中含有6个碳原子$\left[NH(CH_2)_5CO \right]_n$的高聚物，而聚酰胺11为单元结构中含有11个碳原子$\left[NH(CH_2)_{10}CO \right]_n$的高聚物。由二元胺与二元酸所组成的聚酰胺，数字标号分别用二元胺和二元酸中的碳原子个数来表示，前一组数字表示二元胺的碳原子个数，后一组数字表示二元酸的碳原子个数。例如聚酰胺66是由己二胺［$NH_2(CH_2)_6NH_2$］和己二酸［$HOOC(CH_2)_4COOH$］制得。

聚酰胺纤维的种类很多，常用的有聚酰胺6和聚酰胺66，新型的聚酰胺纤维有聚酰胺4和聚酰胺12等。聚酰胺纤维在我国的商品名称为锦纶。锦纶的产量仅次于涤纶，其产品以长丝为主，主要用于做袜子、围巾、长丝织物及刷子的丝，还可用于织制地毯等。工业上可制造轮胎帘子线、绳索、渔网等，国防上主要用于织制降落伞等。

锦纶为聚酰胺类高聚物，大分子上含有酰胺键（$-NH-\underset{\|}{\overset{}{C}}-$，C=O）和氨基（$-NH_2$），大分子的柔顺性较好，伸长能力较强。

锦纶与涤纶一样，可以通过不同纺丝条件改变纤维大分子的结晶度和大分子的取向度，改变纤维的强伸性和其他性能。锦纶的形态特征与涤纶相似，异型纤维的截面形态因喷丝孔的形状不同而不同。

锦纶的密度小于涤纶，为 1.14g/cm^{3}左右。锦纶中含有酰胺键，在通常大气条件下吸湿率为 4.5%左右，所以吸湿性为合成纤维中较好的。锦纶的强力高、伸长能力强，锦纶 6 的断裂强度在 38～84cN/tex，伸长率在 16%～60%。锦纶 66 的断裂强度在31～84cN/tex，伸长率在 16%～70%，且弹性很好，特别是锦纶的耐磨性是常见纤维中最好的，但锦纶在小负荷下易产生变形，初始模量较低，锦纶 6 为 70～400cN/tex，锦纶 66 为 44～510cN/tex。因此织物的手感柔软，但织物的保形性和织物的硬挺性很差。

由于锦纶的大分子柔顺性很好，其耐热性差。随温度的升高强力下降。锦纶 6 的安全使用温度为 93℃以下，锦纶 66 的安全使用温度为 130℃以下，该纤维遇火种易产生熔融。锦纶的比电阻较高，具有一定的吸湿能力，从而使其静电现象并不十分严重。锦纶的耐光性差，在长期的光照下强度降低，色泽发黄。

锦纶的耐碱性较好，但耐酸性较差，特别是对无机酸的抵抗力很差。锦纶的染色性较好，色谱较全。

四、腈纶

腈纶是由丙烯腈（$CH_2{=}\underset{|}{C}H$，CN）经过共聚所得到的聚丙烯腈，是由 85%的丙烯腈和不超过 15%的第二、第三单体共聚而成，经纺丝加工得到的。腈纶蓬松、柔软，外观酷似羊毛，有合成羊毛之美称，所以常制成短纤维与羊毛、棉或其他化学纤维混纺，织制毛型织物或纺成绒线，还可以制成毛毯、人造毛皮、絮制品等。利用腈纶的热弹性可制成膨体纱。

腈纶的大分子结构为：

$$\left[CH_2-\underset{\displaystyle CN}{\underset{|}{C}H} \right]_n$$

其分子结构中无很大的侧基，但有极性很强的氰基（$-C{\equiv}N$），其分子链段为不规则的螺旋构象，从而使其耐光性、大分子的结晶状态、热学性能等受到很大的影响。腈纶的大分子聚合度一般在 1000～1500 之间。腈纶的大分子排列状态与纤维中丙烯腈的含量有关，腈纶没有严格意义上的结晶结构（只含蕴晶状态）。加入第二、第三单体可以改变纤维大分子的排列状态。腈纶一般采用湿法纺丝，纤维的截面多为圆形或哑铃形，纵向平直有沟槽。

腈纶的密度与锦纶接近，为 1.14～1.17g/cm^3。腈纶的吸湿能力比涤纶好，但比锦纶差，在标准状态下，其回潮率为 1.2%～2%。腈纶的强度比涤纶、锦纶低。断裂伸长与涤纶、锦纶相近。其强度在25~40cN/tex左右，断裂伸长率在25%~50%左右。弹性较差，在重复拉伸下弹性回复较差，尺寸稳定性较差。耐磨性为化学纤维中较差的。腈纶耐热性仅次于涤纶，比锦纶好。具有良好的热弹性，可以加工膨体纱。腈纶的比电阻较高，比一般纤维容易产生静电。腈纶大分子中含有—CN，使其耐光性与耐气候性特别好，是常见纤维中耐光性能最好的。腈纶经日晒1000h，强度损失不超过20%，因此特别适合于制作篷布、炮衣、窗帘等织物。

一般认为，丙烯腈均聚物有两个玻璃化温度，分别为低序区的T_{g1}（80~100℃）和高序区的T_{g2}（140~150℃）。而丙烯腈三元共聚物的两个玻璃化温度比较接近，为75~100℃，这是因为引入了第二、第三单体后，大分子的组成发生了变化，T_{g1}和T_{g2}也产生较大的变异，使T_{g2}向T_{g1}靠拢或消失，只存在一个T_g。在含有较多水分或膨化剂的情况下，还会使T_g下降到70~80℃。因此，染色、印花时固色温度都应在80℃以上。

腈纶有较好的化学稳定性，但浓硫酸、浓硝酸、浓磷酸等会使其溶解。在冷浓碱、热稀碱中会使其变黄，热浓碱能立即使其破坏。由于第二、第三单体的引入使纤维的染色性能较好，而且色泽鲜艳。

五、丙纶

丙纶的化学名称为聚丙烯纤维，大分子链节为：

$$\left[CH_2-\underset{\displaystyle CH_3}{\underset{|}{CH}} \right]_n$$

其侧基仅有一个极性很弱的—CH_3，大分子的聚合度在310~430左右，其大分子的柔顺性较好，纤维的耐磨性、弹性较好。丙纶短纤维可以纯纺或与棉纤维、黏胶纤维混纺，织制服装面料、地毯等装饰用织物、土工布、过滤布、人造草坪等；膜裂纤维则大量用于包装材料、绳索等纺织制品以替代麻类纤维。

丙纶的大分子排列较为整齐，其结晶度在大分子等规排列时可达80%以上。一般纺成结晶度约在33%的初生纤维，然后在热空气（热水或蒸汽）中拉伸，使纤维得到47%左右的结晶度。丙纶的形态结构与涤纶、锦纶相似。

丙纶是所有纺织纤维中密度最小的纤维，其密度为0.91g/cm^3左右。丙纶不吸湿，在通常大气条件下回潮率为0。丙纶的强度高，一般在26~70cN/tex，断裂伸长率在20%~80%，可与中强中伸型涤纶相媲美。因其不吸湿，所以湿强度基本与干强度相等。丙纶的耐磨性、弹性较好，仅次于锦纶，在伸长率为3%时其弹性回复率在96%~100%之间。

丙纶的耐热性较差，但耐湿热性能较好，其熔点为160~177℃，软化点为140~165℃，比其他纤维低。因其导热系数较小，因此保暖性较好。因其吸湿能力很差，所以比电阻很高，容易产生静电。丙纶的耐光性很差，在光照射下极易老化，因而制造时常常添加防老化剂。

丙纶具有较稳定的化学性质，对酸碱的抵抗能力较强，有良好的耐腐蚀性。丙纶无吸湿亲水基团，所以染色性很差。

六、氨纶

氨纶是聚氨基甲酸酯弹性纤维，与其他的高聚物嵌段共聚时，至少含有85%的氨基甲酸酯（或醚）的链节，组成线型大分子结构的弹性纤维。它可以分为聚酯弹性纤维和聚醚弹性纤维两大类。氨纶主要用于纺制有弹性的织物，作紧身衣、袜子等。除了织造针织罗口外，很少直接使用氨纶裸丝。一般将氨纶丝与其他纤维的纱线一起做成包芯纱或加捻后使用。

氨纶的截面形态呈豆形、圆形，纵向表面有不十分清晰的骨形条纹。

氨纶的密度为1.1~1.2g/cm^3，虽略高于橡胶丝，但在化学纤维中仍属较轻的纤维。一般氨纶的线密度范围为22~4778dtex，最细的可达11dtex。而最细的橡胶丝约156dtex，比前者粗10余倍。聚酯型氨纶的吸湿率为0.5%~1.2%，聚醚型氨纶的吸湿率为1.2%~1.5%。虽比棉、羊毛及锦纶等小，但优于涤纶、丙纶和橡胶丝。水对氨纶有增塑作用，使纤维的拉伸强度下降，聚酯型氨纶下降10%，聚醚型氨纶下降20%。氨纶有很好的强度，其湿态的断裂强度为0.35~0.88cN/dtex，干态的断裂强度为0.44~0.88cN/dtex，是橡胶的3~5倍，达到锦纶强度的数量级。氨纶具有很高的弹性，断裂伸长率大于400%，高者可达800%。氨纶的弹性回复率很高，聚醚型氨纶在伸长500%时回复率达到95%，聚酯型氨纶在伸长600%时回复率达到98%。氨纶的弹性模量较低，但模量会随着温度的变化而变化。温度降到0℃时，模量显著增加，永久形变也随之增加。随着温度的升高，模量下降。氨纶有很好的耐疲劳性能，在50%~300%的伸长范围内，可耐100万次拉伸收缩疲劳，而橡胶丝仅能耐2.4万次。氨纶的耐磨性很好，远高于锦纶。氨纶在强度、模量、抗老化等方面都比橡胶丝好，只在滞后伸长方面不如橡胶丝。聚醚型氨纶的T_g为-20~65℃，聚酯型氨纶的T_g为25~45℃，聚酯型氨纶较硬，聚醚型氨纶柔软。由于生产方法的不同，氨纶的耐热性能有较大差异，一般在95~150℃，短时间内不会有损伤。但聚醚型氨纶在150℃以上会泛黄，175℃以上会发黏；聚酯型氨纶在150℃以上热塑性显著增加，弹性减小。当温度超过190℃，纤维的强度会明显下降，最终断裂。常用溶剂对氨纶不产生作用。但像环己酮、二甲基甲酰胺或二甲基乙酰胺对氨纶有溶解作用。氨纶在光照下会逐渐脆化，强度下降。

氨纶的化学稳定性一般较好，对氧化剂和还原剂稳定，也较耐酸，加有改性剂多胺化合物的氨纶，不论是聚醚型或聚酯型的都有吸酸的能力。两种类型氨纶耐碱性差异很大，聚酯型的不耐强碱，在热碱溶液中快速水解降解，这在染整加工时要特别注意。氨纶耐氧化剂性能因氧化剂不同而异，一般来说，氨纶只能在稀过氧化物溶液中漂白，或进行还原漂白。氨纶不耐氯漂白剂，在次氯酸盐溶液中会形成氮—氯化合物而使纤维损伤，聚醚型的损伤更严重些。氨纶缺少专用染料染色，虽然可以选用酸性染料、中性染料、媒染染料和分散染料染色，但由于这些染料主要是为常见的一些纤维染色而开发的，所以如果用来染氨纶，则上染率均不高，或者染色牢度较差。

几种合成纤维和弹性纤维的性能比较见表1-12。

表 1-12　几种合成纤维和弹性纤维的特性

项　　目	PA6	PET	PBT	PTT	聚酯型氨纶	聚醚型氨纶
熔化温度/℃	223	260	221	228	270~290	230~290
玻璃化温度/℃	40（干）	69~81	20~40	45~65	25~45	-70~-50
密度/g·cm^{-3}	1.14	1.38	1.35	1.33	1.20	1.21
初始模量/cN·tex^{-1}	2.1	9.15	2.4	2.58	0.45	0.11
弹性伸长率/%	27~32	20~27	24~29	28~33	600~800	480~650
弹性回复率/%	21	4	10.6	22	98	95
结晶速度/min	12	1	15	2~15		
光稳定性	-	+++	+++	+++	+	
尺寸稳定性	++	++	++	+++	+++	+++
抗污性	+	+++	+++	+++	-	-
可染性（无载体）	+++	+	++	+++	+	+

注　-差，+尚可，++良，+++优异。

七、氯纶

氯纶的化学名称为聚氯乙烯纤维。是由氯乙烯和其他烯烃类聚合物组成的线型大分子结构。大分子链中至少含有50%以上的氯乙烯链节（$\left[CH_2—CHCl\right]_n$）。氯纶主要用于制作各种针织内衣、绒线、毯子、絮制品、阻燃装饰布等；还可制作鬃丝，用来编织窗纱、筛网、渔网、绳索；此外还可用作工业滤布、工作服、绝缘布、安全帐幕等。

氯纶采用溶液纺丝或热挤压法纺丝，纤维的形态与腈纶、维纶相近。

氯纶的密度为1.38~1.40g/cm^3，与涤纶相近。氯纶大分子链上无吸湿性基团，因此吸湿能力很差，在通常大气条件下几乎不吸湿。氯纶的强度与棉纤维相近，为18~35cN/tex；断裂伸长为70%~90%，大于棉，弹性和耐磨性比棉纤维好，但在合成纤维中是较差的。氯纶具有难燃性，离开火焰即可自行熄灭。保暖性较好，但热稳定性很差，在70℃时就开始收缩，当温度达到100℃时收缩率达到50%左右。由于吸湿能力差，使纤维的绝缘性能较好，与人体相互摩擦时产生阴离子负静电，有助于关节炎的防治。氯纶有较好的耐日晒性能，与涤纶相似，在日光照射下强度几乎不下降。

氯纶具有较好的化学稳定性，耐酸、耐碱性能优良。氯纶的染色性很差，这是由于氯纶的耐热性很差，不适合于在较高温度下染色的缘故，染料难于进入氯纶内部，而且色谱不全。

八、维纶

维纶是采用醋酸乙烯醇水解方法制得的聚乙烯醇纤维。由于乙烯醇大分子的每个链节上存在羟基（—OH），从而使纤维易发生水解，因此维纶常将纤维中的部分羟基进行缩甲醛，以降低其亲水和水解能力。维纶的生产主要以短纤维为主，常与棉纤维进行混纺。由于纤维性能的限制，一般只制作低档的民用织物。但由于维纶与橡胶有很好的黏合性能，因而被大量用于工业制品，如绳索、水龙带、渔网、帆布、帐篷等。

维纶的大分子链节为聚乙烯醇（$\{CH_2—CHOH\}_n$），大分子除主链的C—C外，其主要侧基为—OH。大分子主链常常由于在热水中易发生水解，所以要进行缩甲醛处理，其处理后的分子结构为：

$$\{CH_2—CH—CH_2—CH\}_n \quad (\text{两个CH之间以}—OCH_2O—\text{相连})$$

其缩醛度一般控制在30%~35%，大分子聚合度在1700左右。维纶的大分子排列状态与纺丝方法及纺丝中加工工艺参数的控制有关，其结晶度一般控制在50%左右时各项性能较好。维纶因采用溶液纺丝，所以形态结构与腈纶相似。维纶的外形酷似棉纤维，故有合成棉之美称。

维纶的密度小于棉纤维，在1.26~1.30g/cm^{3}之间。维纶中含有部分—OH，所以吸湿能力是常见合成纤维中最好的，在通常大气条件下为5%左右。维纶的强度为32.5~57.2cN/tex，高强纤维可达79.2cN/tex，断裂伸长率12%~15%。弹性比其他合成纤维差，织物保形性比涤纶差，但比棉纤维好，并且耐磨性较好。维纶的耐热水性很差，聚乙烯醇在80~90℃的沸水中收缩率达10%，因此在加工过程中常常进行缩甲醛处理，以提高其耐热水性。否则会在热水中剧烈收缩，甚至会溶解。缩醛度在30%时，纤维的耐热水温度可提高到115℃，但羟基减少30%，使纤维的吸湿性和染色性能降低。维纶的导热能力较差，有良好的保暖性。维纶的吸湿能力较强，比电阻较小，因此抗静电能力较好。维纶的耐光、抗老化性比天然纤维好，但比涤纶、腈纶差。

维纶有较好的耐碱性，但不耐强酸，对一般的有机溶剂有较好的抵抗能力。维纶的染色性能较差，其色谱不全。湿法纺丝色泽不够鲜艳，干法纺丝的纤维较为鲜艳。

九、芳纶

芳纶是一种新型的合成纤维，它与聚酰胺纤维一样，在构成纤维的高聚物长链分子中含有酰氨基（—CO—NH—），因此仍属于聚酰胺纤维，但又不同于聚酰胺纤维。其构成纤维的大分子长链中，酰氨基连接的是芳香环或芳香环的衍生物，所以把这类纤维统称为芳香族聚酰胺纤维，简称芳纶。由于这类纤维在大分子链中以芳香基取代脂肪基，链的柔性减小，刚性增大，反应在纤维的性能方面，其耐热性和初始模量显著增大。芳纶的代表产品有聚间苯二甲酰间苯二甲胺纤维，即芳纶1313，美国称诺梅克斯（Nomex）；聚对苯二甲酰对苯二甲胺纤维，即芳纶1414，美国称凯夫拉（Kevlar）；聚对氨基苯甲酰纤维，即芳纶14等。

芳纶1313的密度比棉纤维小，为1.38g/cm^3。强度较高，在通常的条件下，强度为48.4cN/tex，断裂伸长率为17%。具有良好的耐热性、耐腐蚀性和防燃性。如在260℃的高温下连续使用1000h，其强度仍能保持原强度的65%，在300℃下使用一周仍保持原强度的50%。所以称芳纶1313为耐高温纤维。由于该纤维性能优良，其产品主要用于航空飞行服、宇宙航行服、原子能工业的防护服以及绝缘服、消防服装等。另外也用于制作防火帘、防燃手套、高温下的化工过滤布和气体滤袋、高温运输带、机电高温绝缘材料以及民航机中的装饰织物等。

芳纶 1414 的密度为 1.43~1.44g/cm^3。对橡胶有良好的黏附性。纤维的热稳定性远高于其他纤维，在 150℃下收缩率为 0。在较高的温度下仍能保持很高的强度，熔点为 600℃，最高使用温度为 232℃。芳纶 1414 是目前使用的纤维中强度最高的纤维，其强度为 193.6cN/tex，断裂伸长为 4%，初始模量为 4400cN/tex，远远高于其他品种的强力纤维，为聚酰胺纤维的 11 倍左右，为涤纶的 4 倍左右。所以称芳纶 1414 为高强耐高温纤维。芳纶 1414 由于其强度高、密度小，主要用于高速行驶或重载汽车和飞机的轮胎帘子线，用它制作的轮胎的质量可以大大减小，轮胎胎层薄，热量容易散发，轮胎使用寿命可以相应延长。

芳纶 14 的密度与芳纶 1414 相接近，其值为 1.46g/cm^3。耐热性很好，其分解温度为 500℃。强度很高，为 110cN/tex，特别是模量高达 7090~9700cN/tex。所以称芳纶 14 为高强纤维。它是一种为航空工业和宇宙航行等特种用途而研究、制造的高性能纤维，目前主要用于制造宇宙飞船、火箭和飞机等结构材料的增强塑料或层压制品的组成物，用于代替比它昂贵得多的氮化纤维和石墨纤维，芳纶 14 具有广阔的发展前景。

十、乙纶

乙纶的化学名称为聚乙烯纤维，大分子链节为$\text{-}[CH_2\text{—}CH_2]_n\text{-}$。乙纶的服用性能较差，但其价格较低，适合于制作鬃丝、扁丝或膜裂纤维，也可用来制造绳索、过滤布、包装带等。

乙纶的大分子状态与丙纶相似。其形态结构与涤纶、锦纶、丙纶相似。

乙纶密度较小，为 0.95g/cm^{3}左右。吸湿能力与丙纶相同，在通常大气条件下回潮率为 0。其纤维强度和伸长与丙纶接近。乙纶的耐热性较差，但耐湿热性能较好，其熔点为 110~120℃，比其他纤维低，抗熔孔性很差。因其吸湿能力很差，所以有良好的电绝缘性。乙纶的耐光性与丙纶相同，在光的照射下极易产生老化。乙纶具有较稳定的化学性质，有良好的耐化学药品性和耐腐蚀性。乙纶的染色性很差。

十一、聚乳酸纤维

聚乳酸纤维（polylactic acid fiber，PLA）是以再生的淀粉原料（玉米、小麦），经发酵处理生成乳酸，再经聚合，纺丝而制成的，故又称为“玉米纤维”，其商品名为 Lactron。它是一种可完全降解、资源可再生的完全环保型产品。聚乳酸纤维已有长丝、短纤、单丝、复丝和非织造布等多类产品。

聚乳酸纤维的物理性能与涤纶相似，其熔点为 175℃，强度 4.0~4.9cN/dtex，断裂伸长率 30%，模量 31.5~47.2cN/dtex，密度 1.27g/cm^3，吸湿率 0.5%。外观透明，具有真丝般的光泽，强度、弹性和耐热性等比其他生物降解型纤维材料要好。聚乳酸纤维的耐碱性较差，碱减量处理时，碱的用量应慎重选择。聚乳酸纤维的熔融温度较低，熨烫时需注意。聚乳酸纤维可用分散染料在 100℃染色。

十二、其他合成纤维

（一）超细纤维

由于单纤维的粗细对于织物的性能影响很大，所以合成纤维也可按单纤维的粗细（线密度）分类，一般分为常规纤维、细旦纤维、超细纤维和极细纤维。常规纤维的线密度为1.5~4dtex；细旦纤维的线密度为0.55~1.4dtex，主要用于仿真丝类的轻薄型或中厚型织物；超细纤维的线密度为0.11~0.55dtex，可采用双组分复合裂离法、海岛法、熔喷法等生产；而极细纤维的线密度在0.11dtex以下，可通过海岛纺丝法生产，主要用于人造皮革和医学滤材等特殊领域。与常规合成纤维相比，超细纤维具有手感柔软、滑糯、光泽柔和、织物覆盖力强、服用舒适等优点。也有抗皱性差，染色时染化料消耗较大的缺点。超细纤维主要用于高密度防水透气织物、人造皮革、仿麂皮、仿桃皮绒、仿丝绸织物、高性能擦布等。

（二）差别化纤维

差别化纤维是指不同于常规品种的化学纤维，即经过化学改性、物理变形和特殊工艺加工而得到的具有某些特性的化学纤维。差别化纤维是以改进服用性能为主，基本用于服装及服饰织物，它在外观性状或内在品质上更接近某种天然纤维，制成的纺织品有改善外观光泽、增进染色效果和穿着更为舒适的效能，更能符合人们穿用习惯要求。但有时把具有优良的非服用功能如高强度、高模量、不燃烧等纤维，也包括在差别化纤维之中。差别化纤维包括：超有光型、超高收缩型、易染速染型、抗静电型、抗起毛起球型、防霉防菌型、防污型、防臭型、吸湿吸汗型、防水型、光变色型、复合、中空、异型、细旦、超细旦、三维卷曲、交络、混络、毛圈喷气变形等各种纤维。在性状上可以具有一种或几种特性。

（三）高性能纤维

具有特殊的物理化学结构，某一项或多项性能指标显著地高于普通纤维，而且这些性能的获得和应用又往往与航空航天、海洋、医学、军事、光纤通信、生物工程、机器人和大规模集成电路等高新技术领域有关，因此又称为高技术纤维。高性能纤维通常按其具有的特殊性能加以区分，如高强高模量、高吸附性、高弹性、耐高温、阻燃、导光、导电、高效分离、防辐射、反渗透、耐腐蚀、医用和药物纤维等多种纤维材料。高性能纤维主要用于产业用纺织品的制造，但其中一些品种也可以用于开发装饰用纺织品和服用纺织品，而且对这两类纺织品的性能具有明显的改善和提高。

（四）纳米纤维

通常把直径小于100nm的纤维称为纳米纤维（1nm等于十亿分之一米，即千分之一微米，仅是10个氢原子排起来的长度）。但目前也有人将添加了纳米级（即小于100nm）粉末填充物的纤维也称为纳米纤维。

（五）变形丝

变形丝是指经一定的工艺加工使纤维呈现卷曲、螺旋、弧圈等外观特征，从而使其具有伸缩性或蓬松性的复丝或单丝。棉纤维有天然扭曲，羊毛纤维有天然卷曲，这种扭曲或卷曲使纤维具有一定的抱合力，有利于纺织工艺加工，并使纺织品具有一定程度的蓬松性，提高了织物的服用性能。然而用普通方法加工的纺织纤维没有卷曲，纤维表面光滑，抱合力差。为此化纤短纤维较早采用“卷曲”的方法，以增强纤维间的抱合力，从而提高短纤维的可纺性，并使这类产品具有蓬松性、绝热性和舒适性。对于长丝也同样需要施加卷曲。长丝的变形加工就是将普通的长丝进行再加工，使之变形弯曲成为有高度拉伸弹性回复性能的长丝，使其变形成为永久的卷曲、环圈、螺旋和皱曲，从而改变成纱的几何结构和某些性能。这种改变长丝特性的加工工艺就叫做“变形”。按照变形丝伸缩性能的不同，可分为高弹丝、中弹丝和低弹丝。变形丝及其纺织品具有以下特点：变形丝具有蓬松性和较好的柔软性，提高了织物的覆盖能力；变形丝制成的织物尺寸稳定性好，保形性好，并且有较好的外观保形性、耐磨性、强度、柔韧性和耐用性能等。

第六节　纤维鉴别方法

根据纤维内部结构、外观形态、理化性质上的差异可以进行纤维鉴别（fiber identification）。常见的鉴别方法有手感目测法、显微镜法、燃烧法、化学溶解法、熔点法、密度法等。通常用这些方法的组合就可以比较准确、方便地鉴别一般纤维。但对组成结构比较复杂的纤维，则需借助仪器（IR、DSC、XRD、SEM 等）分析进行鉴别。

在实际的鉴别中，一般先用物理或化学方法来检测未知纤维的外观形态和理化性质，再与相同条件和方法下测得的已知纤维的外观形态和理化性质相比较，从而确定纤维的种类，这是个定性分析的过程。对于混纺产品，还需进一步作定量分析，了解纤维的混纺比。

一、手感目测法

手感目测法（handle and visual observation method）即根据纤维的外观形态、色泽、手感及拉伸等特征来鉴别纤维。手感目测法可区分出天然纤维和化学纤维。例如，在天然纤维中，棉纤维短而细，常附有各种杂质和疵点。麻纤维手感较粗硬。羊毛纤维卷曲而富有弹性。蚕丝具有特殊光泽。化学纤维中，黏胶纤维的干、湿强度差异大。氨纶丝具有高伸长、高弹性。该方法简便、快速、节省费用，特别适用于散纤维状纺织原料的鉴别。但这种方法需要丰富的实践经验，同时准确性有限，常用作初步鉴别。

二、显微镜观察法

显微镜观察法（microscope observation method，简称显微镜法）是利用普通生物显微镜观察未知纤维的横、纵面形态来鉴别纤维。表 1-13 是常见纤维的横截面和纵面形态特征。

由表 1-13 可见，天然纤维的形态特征较为独特，可以通过显微镜观察纤维的横、纵面形态鉴别出来。而化学纤维的截面大多近似圆形，纵向为光滑棒状，除了黏胶纤维、维纶、腈纶等具有非圆形截面的少数纤维外，大多数化学纤维很难仅凭显微镜观察结果来鉴别，必须适当运用其他方法加以验证。

表 1-13　常见纤维的横截面和纵面形态特征

纤　　维		横　截　面	纵　　面
棉		腰圆形，有中腔	扁平带状，有天然扭曲
麻	亚麻，黄麻	多角形，有中腔	有横节、竖纹
	苎麻	扁圆形，有中腔，胞壁有裂纹	
桑蚕丝		不规则三角形	光滑，可见条纹
羊毛		不规则圆形	有鳞片，天然卷曲
黏胶纤维		锯齿形，有皮芯结构	有沟槽
富强纤维		少量锯齿形或圆形，椭圆形	平滑
铜氨纤维		圆形	光滑棒状
醋酯纤维		三叶形或不规则锯齿形	纵向条纹
涤纶、锦纶、丙纶		圆形	平滑
腈纶		哑铃形或圆形	可见条纹
氨纶		圆形或蚕豆形	表面灰暗，不规则骨形条纹
维纶		腰圆形，有皮芯结构	粗条纹
氯纶		不规则圆形	平滑

三、燃烧法

燃烧法（combustion method）是根据不同纤维的燃烧特性来鉴别纤维的方法。该方法要求仔细观察纤维接近火焰、在火焰中和离开火焰后的燃烧特性，这些特性包括燃烧速度、火焰的颜色、燃烧时散发的气味、燃烧后灰烬的颜色、形状和硬度等，即要准确掌握好“烟、焰、味、灰”这几个方面的特征，才能作出正确的判断。燃烧法快速、简便、不需要特殊设备和试剂。但该方法只能区别大类纤维，而不能鉴别混纺纤维、复合纤维、经阻燃处理的纤维等。表 1-14 为常见纤维的燃烧特性。

表 1-14　常见纤维的燃烧特性

纤　维	接近火焰	在火焰中	离开火焰	气　味	残留物特征
棉、麻、黏胶纤维、富强纤维	不缩不熔	迅速燃烧，黄色火焰	继续燃烧	烧纸味	少量灰黑或灰白色灰烬
醋酯纤维	不缩不熔	缓缓燃烧	继续燃烧	有乙酸刺激味	黑色硬块或小球
羊毛、蚕丝	卷缩	徐徐冒烟、起泡并燃烧	缓慢燃烧，有时自灭	烧头发味	松脆黑色颗粒或焦炭状
涤纶	熔缩	边熔化，边缓慢燃烧，冒烟	继续燃烧，有时自灭	特殊芳香味	硬的黑色圆珠

续表

纤　维	接近火焰	在火焰中	离开火焰	气　味	残留物特征
锦纶	熔缩	边熔化，边缓慢燃烧	继续燃烧，有时自灭	氨臭味	坚硬淡棕透明圆珠
腈纶	熔缩	边熔化，边燃烧	继续燃烧，冒黑烟	辛辣味	松脆黑色不规则小珠
丙纶	熔缩	边收缩，边熔化燃烧	继续燃烧	石蜡味	硬灰白色透明圆珠
维纶	收缩	收缩，燃烧	继续燃烧，冒黑烟	特有香味	不规则焦茶色硬块
氯纶	熔缩	熔融，燃烧，冒黑烟	自灭	刺鼻气味	深棕色硬块
氨纶	熔缩	熔融，燃烧	自灭	特异气味	白色胶状

四、溶解法

溶解法（dissolving method）是利用纤维在不同化学试剂中的溶解特性不同来鉴别纤维的方法，表1-15为常见纤维的溶解性能。由于一种溶剂可能溶解多种纤维，因此有时要进行几种溶剂的溶解试验，才能确认所鉴别纤维的种类。对于混纺纤维，可用一种试剂溶去一种组分，从而可进行定量分析。这种方法操作较简单，试剂准备容易，准确性较高，且不受混纺、染色等影响，在纤维鉴别、混纺比例的测定与织物分析中被广泛应用。

表1-15　常见纤维的溶解性能

试　剂	5%氢氧化钠	20%盐酸	35%盐酸	60%硫酸	70%硫酸	40%甲酸	冰醋酸	铜氨溶液	65%硫氰酸钾	次氯酸钠	80%丙酮	100%丙酮	二甲基甲酰胺	四氢呋喃	苯：环己烷=2：1	苯酚：四氯乙烷=6：4
温度/℃	沸	室温	室温	23~25	23~35	沸	沸	18~22	70~76	23~25	23~25	23~25	45~50	23~25	45~50	45~50
时间/min	15	15	15	20	10	15	20	30	10	20	30	30	20	10	30	20
棉	×	×	×	×	√	×	×	√	×	×	×	×	×	×	×	×
麻	×	×	×	×	√	×	×	√	×	×	×	×	×	×	×	×
蚕丝	√	×	√	√	√	×	×	√	×	√	×	×	×	×	×	×
羊毛	√	×	×	×	×	×	×	×	×	√	×	×	×	×	×	×
黏胶纤维	×	×	√	√	√	×	×	√	×	×	×	×	×	×	×	×
醋酯纤维	×	×	√	√	√	√	√	×	○	×	√	√	√	√	×	√
锦纶	×	√	√	√	√	√	√	×	×	×	×	×	×	×	×	√
维纶	×	√	√	√	√	√	×	×	×	×	×	×	×	×	×	×
涤纶	×	×	×	×	×	×	×	×	×	×	×	×	×	×	×	√

续表

试　剂	5%氢氧化钠	20%盐酸	35%盐酸	60%硫酸	70%硫酸	40%甲酸	冰醋酸	铜氨溶液	65%硫氰酸钾	次氯酸钠	80%丙酮	100%丙酮	二甲基甲酰胺	四氢呋喃	苯：环己烷=2：1	苯酚：四氯乙烷=6：4
腈纶	×	×	×	×	×	×	×	×	√	×	—	×	√	×	×	×
氯纶	×	×	×	×	×	×	×	—	×	×	×	○	√～○	√	√	○～×
偏氯纶	×	×	×	×	×	×	×	×	×	×	×	×	×	○	○	×

注　√表示溶解；○表示部分溶解；×表示不溶。表中的“%”均为相应物质的质量分数。

五、着色法

着色法（dye method，stain method）是根据各种纤维对某些化学试剂的着色性能不同来迅速地鉴别纤维的方法。所用的化学试剂主要是国家标准规定的着色剂（HI—1号纤维鉴别着色剂、碘—碘化钾溶液和锡莱着色剂A）。表1-16为几种常见纤维的着色反应。该方法适用于未染色或未经整理剂处理过的单一成分的纤维、纱线和织物。

表1-16　常见纤维的着色反应

纤　　维	HI—1号纤维着色剂着色	碘—碘化钾溶液着色	锡莱着色剂A着色
棉	灰N	不染色	蓝
羊毛	桃红5B	淡黄	鲜黄
蚕丝	紫3R	淡黄	褐
麻	深紫5B（苎麻）	不染色	紫蓝（亚麻）
黏胶纤维	绿3B	黑蓝青	紫红
醋酯纤维	艳橙3K	黄褐	绿黄
涤纶	黄R	不染色	微红
锦纶	深棕3RB	黑褐	淡黄
腈纶	艳桃红4B	褐	微红
丙纶	黄4G	不染色	不染色
维纶	桃红3B	蓝灰	褐
氯纶	—	不染色	不染色
氨纶	红棕2R	—	—

六、系统鉴别法

纤维种类很多，鉴别的方法很多，在实际工作中往往难以用一种方法有效而准确地鉴别纤维，必须依靠系统鉴别法（system identification method）才能有效准确地鉴别纤维。这种方法即合理地综合运用几种方法，系统地加以分析，获取足够信息以鉴别纤维。系统鉴别法的一般试验程序参照图1-12进行。

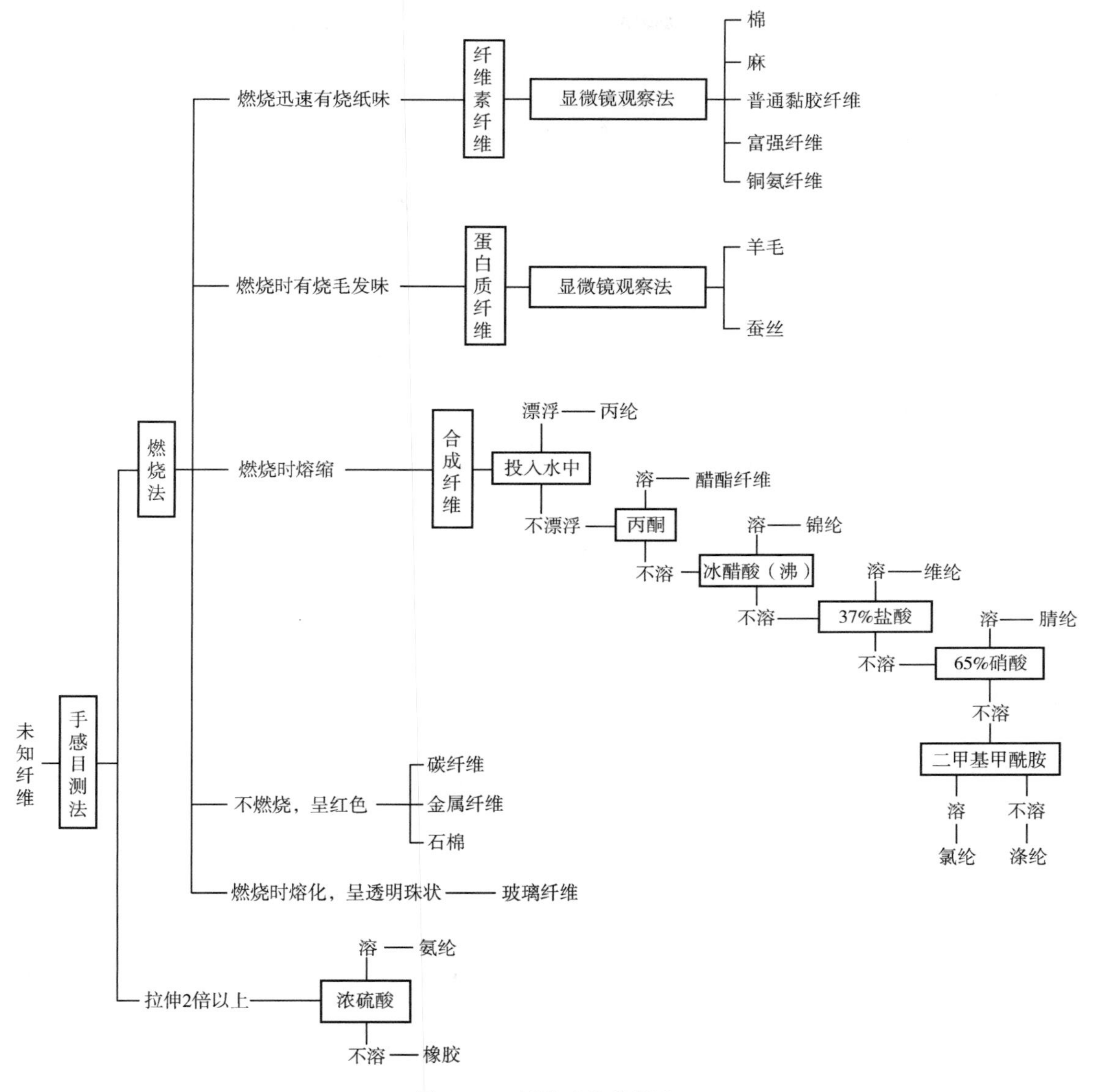

图 1-12 纤维系统鉴别法

纤维鉴别除了上述方法外，还有熔点法、密度法、荧光法、红外光谱法、X 射线法、DSC 法等，在这不一一列举。

第七节 纱线基础

一、纱、线的基本含义

纱、线是由各种纺织纤维纺制的具有一定细度、长度无限的产品。通常由短纤维互接纺制而成的称为纱（yarn），由两根或两根以上的纱合并加捻而成的称为线（thread）。近年来，由于新工艺、新产品的不断出现，纱线的品种也层出不穷。多数纱线用作制造织物、绳、带等纺织最终产品；少数纱线，如缝纫线、刺绣线、装饰用纱线等本身就是纺织最终产品。

根据并合加捻情况，纱线可分为单纱（yarn）、股线（ply yarn）与缆线（cable yarn）等。

（1）单纱。单根无捻的纱或只经一次加捻的纱。其中长丝纱又分单丝纱（一根长丝）和复丝纱（两根或多根长丝并合）；短纤维纱通常需经一次加捻。

（2）股线。两根或多根单纱并合再经一次加捻而制得的线。其中长丝股线又称为复合捻丝。

（3）缆线。两根或多根纱线（其中至少有一根是股线）并合再经一次加捻制得的线。

用特殊加工方法制成的纱有膨体纱（bulked yarn）、包芯纱（fasciated yarn，core thread）、变形纱（textured yarn）、花式纱线（fancy yarns）等：

（1）膨体纱。膨体纱是通过化学方法或热处理方法增加了蓬松度的短纤纱。例如腈纶膨体纱就是将低收缩纤维和高收缩纤维按一定比例混纺成纱，在松弛状态下经热定型处理，高收缩纤维遇热收缩多而成为纱芯，低收缩纤维收缩少而卷曲成圆形并处于纱表，从而得到膨体纱。

（2）包芯纱（线）。由芯线和外包纱包缠而成。芯纱在纱的中心，通常为强力和弹性较好的合成纤维长丝（涤纶、锦纶、氨纶等），外包棉、毛等天然纤维，这样使包芯纱既具有天然纤维的良好外观、手感、吸湿性和染色性能，又兼有合成纤维的强力、弹性和尺寸稳定性等特性。以涤纶为芯，外包黏胶短纤维或棉的包芯纱，穿着舒适、耐用、外观酷似棉，可用作夏令服装、衬衫等面料。以弹力纤维或氨纶长丝作芯纱的包芯纱，由于弹性好，由此纱织成的针织物或牛仔裤料，使人体活动自如，舒适合体。以涤纶长丝为芯，外包棉纱或黏胶短纤维等纤维素纤维的包芯纱，利用两者对酸的不同反应，可制成外观特殊的烂花绒织物。还有以腈纶为芯纱，包覆棉纱所制成的包芯纱，具有棉织物的舒适性和腈纶的轻暖、柔软。以涤纶短纤维为芯，外包棉纱或两种色牢度的棉纱制成的包芯纱，由其制成的服装新颖别致。

（3）变形纱。变形纱是合成纤维发展后，于最近几年新发展起来的纱线。它是合成纤维在热和机械的作用下，或喷射空气的高压喷射作用下，由伸直变成卷曲而形成的。未经变形的合成纤维长丝，外观光滑、平直、不蓬松，表面无羽毛。经变形处理后纱线卷曲、蓬松，表面有羽毛，手感柔软，光泽柔和，改善了吸湿性、通气性、保暖性等服用性能。变形纱的加工方法较多，按加工方法不同有弹力纱、低弹纱、蓬松变形纱和假捻变形纱，锦纶弹力丝、涤纶低弹丝等属于假捻变形纱。

（4）花式纱线。用两根以上不同粗细、不同原料、不同结构或不同色泽的纱线捻并，或利用特殊的方法进行捻并制成的特殊形状或结构的股线。花式线的种类很多，随着新技术的发展层出不穷，如结子线、螺旋线、圈圈线、彩点线等。

按照纱线经历的染整及后加工过程，可分为本色纱、漂白纱、染色纱、色纺纱、丝光纱、烧毛纱等。

1. 本色纱（gray yarn） 又称原色纱，是保持纤维本色，供织造本色坯布用的纱线。

2. 漂白纱（bleached yarn） 指将原色纱经煮练、漂白制得的纱线。

3. 染色纱（dyed yarn） 指本色纱经煮练、染色制成的纱，供色织布用。

4. 色纺纱（colores yarn） 也叫混色纱，是先将纤维染成不同的颜色，然后纺制而成的纱，织成外观呈现不规则星点和花纹的织物。

5. 丝光纱（mercerized yarn，mercerized thread） 经过丝光处理的棉纱，有丝光漂白纱和丝光染色纱，供高档色织物用。

6. 烧毛纱（singed yarn，gassed yarn，genappe yarn） 将纱线用气体或者电热烧毛机，瞬时烧去纱线表面的毛绒或毛羽，制成表面光洁的纱线。烧毛纱由于工序多、损耗大，成本也高，织造特别高档品种。

二、纱线的捻度、捻向

（一）捻度

纱线加捻时，两个截面间的相对回转数，称为捻回数。纱线单位长度内的捻回数称为捻度（twist，符号 t）。我国棉型纱线采用特克斯制捻度（t_t），它以纱线 10cm 长度内的捻回数表示；英制支数制捻度（t_e）是以纱线 1 英寸长度内的捻回数表示；精梳毛纱、绢纺纱、化纤长丝采用公制支数捻度（t_m），是以纱线每米长度内的捻回数表示；粗梳毛纱的捻度可用 10cm 长度内的捻回数表示，也可用每米长度内的捻回数表示。

捻度影响纱线的强力、延伸性、刚柔性、捻缩率、光泽、手感等指标，从而影响织物性能。随着捻度的增加，纱线的紧密度增大，直径变小，在一定范围内强度增高，纱线及由其组成的织物的手感往往变得硬挺，而捻度低的纱线及其织物的手感却比较柔软蓬松。

（二）捻向

捻向是加捻的方向。因纤维加捻后在纱条中的倾斜方向不同，可分为 Z 捻和 S 捻两种捻向，如图 1-13 所示。一般单纱常采用 Z 捻，股线常采用 S 捻。

股线捻向的生产表示方法是用第一个字母表示单纱捻向，第二个字母表示股线捻向。经过两次加捻的股线，第一个字母表示单纱捻向，第二个字母表示初捻捻向，第三个字母表示复捻捻向。例如单纱捻向为 Z 捻，初捻捻向为 S 捻，复捻捻向为 Z 捻的股线，捻向以 ZSZ 表示，如图1-14 所示。

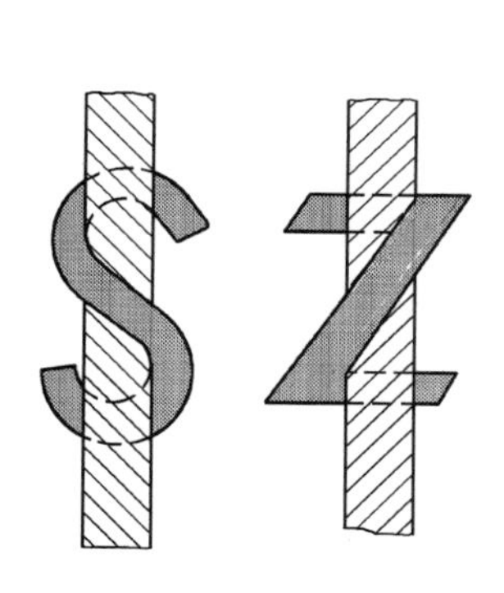

图 1-13 捻向示意图

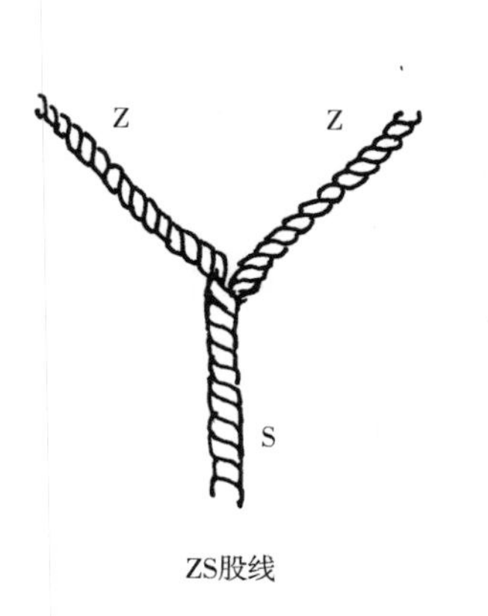

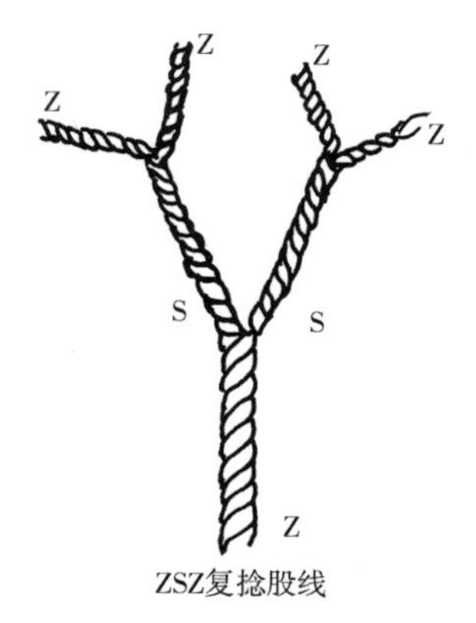

图 1-14 股线捻向示意图

第八节　织物基础

织物是指将纤维集合，制成一定尺寸规格的平板状的物体。它是纤维制品的重要种类。织物种类繁多，按照织造方法不同，一般人们习惯将织物分为机织物（梭织物）（woven fabric）、针织物（knitted fabric）、其他制品（如非织造布、编结物等）三大类。其他制品包括非织造布（non-woven fabric）、编结物（plait fabric）等多种纤维制品。

一、机织物及其基本组织

机织物是指相互垂直的经纬纱线在织布机上交织而成的各类织物，机织物经、纬纱相互浮沉交织的规律称为织物组织（weave，fabric structure）。织物组织对织物的力学性能和服用性能影响重大。这里简单介绍一下三原组织——平纹组织（plain weave）、斜纹组织（twill weave）和缎纹组织（satin weave）。原组织即基本组织，由原组织组合变化可得到各种各样的其他组织。原组织的特点是在一个单位组织循环内，一系统的每根纱线（经纱或纬纱）与另一系统的纱线（纬纱或经纱）只交织一次。

1. 平纹组织　由两根经纱和两根纬纱组成一个单位组织循环，经、纬纱每隔一根便交错一次。平纹组织是所有组织中交错次数最多的一种，织物正反面基本相同，断裂强度较大。棉织物中的平布、府绸、麻纱、帆布，毛织物中的凡立丁、派力司，麻织物中的夏布等均属平纹组织。

2. 斜纹组织　斜纹组织至少要有三根经、纬纱才能构成一个组织循环。斜纹织物表面呈现出由经纱或纬纱浮点[1]形成的斜向纹路，斜纹向左上方倾斜的称为左斜纹，向右上方倾斜的称为右斜纹。组织图中有阴影线的方框代表经浮点，无阴影线的方框代表纬浮点。织物表面经纱组织点[2]露在布面上多的称“经面斜纹”，反之则称“纬面斜纹”。斜纹织物正反面不同，交错次数比平纹织物少，可增大纱线密度使织物较紧密、厚实、硬挺，因浮线较长而具有较好的光泽。棉型织物中的卡其、华达呢，毛型织物中的哔叽等均属斜纹组织。

3. 缎纹组织　在缎纹组织中，有一个系统的纱线（经纱或纬纱）的浮点相距较远，织物表面由另一系统较长的浮点所覆盖，织物表面主要显露浮点较长的这一系统的纱线，因而形成明显的缎纹。经纱浮于织物表面多的称为“经面缎纹”，反之称为“纬面缎纹”。缎纹组织是三原组织中交错点最少的一种，织物手感最柔软，强度最低，正面特别平滑并富有光泽，反面则粗糙无光。棉织物中的直贡、横贡，毛织物中的贡呢等均属缎纹组织。

二、针织物及其分类

针织物是指在针织机上将一定顺序的纱圈相互串套而成的各类织物。针织物除了像机织

[1] 浮点：在机织物组织图中，当经纱在纬纱之上，称为经组织点或经浮点；反之称为纬组织点或纬浮点。

[2] 组织点：机织物的组织结构通常用组织图来表示，在织物组织图中，经纬纱交织之处称为组织点。

物一样按原料、设备与工艺、用途三个方面进行分类以外，由于针织机本身的不同，可分为纬编针织物和经编针织物两大类。

（一）纬编针织物

纬编针织物（weft knitted fabric）由纬编针织机编织而成。即将纱线由纬向喂入针织机的工作针上，使纱线顺序地弯曲成圈并相互串套而形成的针织物。它可以是平幅形的，如横机针织物；也可以是圆筒形的，如圆机针织物。纬编针织物的横向延伸性较大，有一定的弹性，但脱散性大，一般用于制作内衣、运动衣、袜类等。

（二）经编针织物

经编针织物（warp knitted fabric）由经编针织机编织而成。即将一组或几组平行排列的纱线在经编机的所有工作针上同时弯曲成圈并相互串套而形成的平幅形针织物。经编针织物延伸性小，弹性好，脱散性小，宜作外衣、蚊帐、渔网、头巾、花边等。

三、非织造织物及其分类

非织造织物根据其制造原理和方法的不同，大致有以下几类：

（1）毛毡。将羊毛通过梳毛机做成薄网状的毛卷，然后整理成平板状，加缩绒剂润湿，经压紧、搓揉使羊毛产生缩绒而黏结成扁平片状的毛毡。

（2）针刺非织造织物。采用数千枚特殊结构的钩针，穿过纤维网上下反复穿刺，使纤维忽上忽下反复转移而相互缠绕、纠结而形成致密的非织造织物。

（3）缝结非织造织物。用多头缝纫机对纤维网进行多路缝合，形成结构紧密的非织造织物。

（4）树脂黏着非织造织物。将合成纤维通过梳棉机或梳毛机做成薄膜状纤维网，重叠到必要的厚度，再经加热使合成纤维软化黏结或浸入树脂溶液使纤维黏结而形成非织造织物。

（5）纺黏非织造织物。在合成纤维原液从纺丝头喷出形成长丝的同时，利用静电和高压气流，使长丝无规则地、杂乱地散落在金属帘子上，然后经过加热滚筒进行热定形即可将长丝黏结成非织造织物。

复习指导

纺织纤维是纺织品的基础，欲合理制定染整工艺，必须先熟悉纤维的结构和性能。通过本章的学习，主要掌握以下内容：

1. 了解纺织纤维的分类、纺织纤维的共性。
2. 熟悉纺织纤维的结构特征：纤维大分子的分子链结构，聚集态结构，形态结构。
3. 熟悉典型纤维素纤维的结构和性能。
4. 熟悉典型蛋白质纤维的结构和性能。
5. 熟悉主要合成纤维的结构和性能。
6. 了解纤维鉴别的方法。

7. 了解纱线、织物基础知识。

8. 了解非织造织物及其分类。

思考题

1. 什么是纤维？纺织纤维应具备什么基本条件？
2. 纤维是如何影响纺织品的使用性的？
3. 纤维细度对纺织制品的性能有什么影响？表征纤维细度的常用指标有哪些？
4. 实际回潮率、标准回潮率、公定回潮率和商业回潮率的含义是什么？
5. 简述棉和黏胶纤维的形态结构和超分子结构。
6. 纤维素纤维的溶胀有什么特点？
7. 说明棉纤维丝光前后超分子结构的变化。
8. 分析说明氧化剂对纤维素的作用情况。
9. 了解棉、苎麻、黏胶纤维的弹性，并说明纤维素纤维弹性较差的原因。
10. 影响酸对纤维素作用的因素有哪些？为什么经酸处理的织物必须彻底洗净？怎样判断纤维素受到的损伤程度？
11. 比较棉纤维经酸和氧化作用的相似和相异处，并说明怎样能比较全面地了解棉纤维在漂白过程中所受的损伤程度，为什么？
12. 试述天然纤维素用烧碱溶液处理时，发生剧烈溶胀的主要原因，处理前后性能发生了哪些主要的变化？为什么？
13. 叙述棉、彩色棉、麻、黏胶纤维之间的性能差异。
14. 与普通黏胶纤维相比，富强纤维、Tencel纤维和Modal纤维分别有什么优点？
15. 竹原纤维和竹浆纤维一样吗？
16. 蛋白质纤维有哪些？
17. 了解羊毛、桑蚕丝丝素氨基酸组成的特点，并比较它们分子结构的异同。
18. 叙述羊毛纤维的形态结构和聚集态结构。
19. 试了解羊毛纤维的表观性状。
20. 羊毛空间结构有什么特点？
21. 试述永定和过缩现象的原理。
22. 试分析羊毛的缩绒性。
23. 说明蚕丝的形态结构和超分子结构。
24. 与丝素相比，丝胶有什么结构特点？
25. 试比较羊毛和桑蚕丝的拉伸性能。
26. 举例说明羊毛和蚕丝对酸、碱作用的稳定性。
27. 简述涤纶的优缺点。
28. 比较普通涤纶与棉纤维的拉伸性能。

29. 涤纶的弹性和耐磨性怎样?
30. 涤纶为什么染色比较困难? 可采用哪些有效方法?
31. 试了解涤纶对碱、酸、氧化剂和有机溶剂作用的稳定性。
32. 简要说明锦纶66的形态结构和超分子结构。
33. 分析说明聚酰胺纤维的物理机械性能。
34. 试说明水、酸、碱对锦纶的作用。
35. 说明氧化剂对锦纶的作用,锦纶织物漂白时应该选择哪一类漂白剂。
36. 试说明聚丙烯腈均聚物中加入第二、第三单体对纤维性能有哪些改进。
37. 侧序度的定义是什么? 试用侧序度分布描述腈纶的超分子结构。
38. 说明腈纶的热弹性。
39. 比较腈纶、锦纶和涤纶的弹性性质,并说明弹性对腈纶纺织品服用性能的影响。
40. 纱与线有什么不同?
41. 什么是三原组织?
42. 针织物可分哪几类?

参考文献

[1] 蔡再生. 纤维化学与物理 [M]. 北京: 中国纺织出版社, 2004.
[2] 姚穆. 纺织材料学 [M]. 4版. 北京: 中国纺织出版社, 2015.
[3] Akira N. Raw Material of Fiber. New Hampshire: Science Publishers, Inc., 2000.
[4] 吴宏仁, 吴立峰. 纺织纤维的结构与性能 [M]. 北京: 纺织工业出版社, 1985.
[5] 梁伯润. 高分子物理学 [M]. 北京: 中国纺织出版社, 1999.
[6] Warner S B. Fiber Science [M]. New Jersey: Prentice-Hall, Inc., 1995.
[7] 陶乃杰. 染整工程: 第一册 [M]. 北京: 中国纺织出版社, 1996.
[8] 王菊生, 孙铠. 染整工艺原理: 第一册 [M]. 北京: 纺织工业出版社, 1982.
[9] 范雪荣, 王强. 针织物染整技术 [M]. 北京: 中国纺织出版社, 2004.
[10] 肖长发, 尹翠玉. 化学纤维概论 [M]. 3版. 北京: 中国纺织出版社, 2015.
[11] 朱进中, 贺庆玉, 顾菊英. 实用纺织商品学 [M]. 北京: 中国纺织出版社, 2000.

第二章 练 漂

第一节 概 述

练漂的目的是去除纤维上所含的天然杂质，以及在纺织加工中施加的浆料和沾上的油污等，使纤维充分发挥其优良品质，并使织物具有洁白的色泽、柔软的性能和良好的渗透性，为染色、印花、整理提供合格的半成品。

纺织品上所含的杂质一般分成两大类。一类为天然杂质，如棉纤维、麻纤维上的蜡状物质、果胶物质、含氮物质、矿物质和色素等；蚕丝里的丝胶、色素等；羊毛纤维中的羊脂、羊汗和植物性杂质等。另一类为纺织加工过程中所用的浆料、油剂和沾染的污物等。上述杂质和浆料等的存在，不但使纺织品色泽欠白，手感粗糙，而且吸水性差。练漂主要是去除上述各种杂质，提高纺织品的服用性能，有利于后续加工的进行。此外，还包括了一些以改善纺织品品质为目的，又需要在染色、印花、整理前完成的加工过程，如丝光（mercerization）、液氨处理（liquid ammonia treatment）和热定形（heat setting）等。

由于纺织品品种很多，有棉、麻、蚕丝、羊毛、化学纤维等制成的各种纺织品。不同纺织品的加工要求有差异，采用的设备和生产条件又不尽相同，因此，练漂的工艺也不相同。

棉及棉型织物的练漂，主要包括原布准备、烧毛（singeing）、退浆（desizing）、煮练（scouring）、漂白（bleaching）、开轧烘、丝光和液氨处理工序，以去除纤维上的果胶、蜡质、棉籽壳和浆料等杂质，提高织物的外观和内在质量。麻及麻型织物的练漂，包括麻纤维的脱胶和麻织物的煮练、漂白工序，以去除果胶等杂质。羊毛的前处理，包括洗毛（wool scouring）、炭化（carbonizing）、洗呢（piece scouring）、煮呢（crabbing）、缩呢（milling）和烘呢定幅工序，以去除羊毛纤维中的羊脂、羊汗、尘土和植物性杂质，并改善织物手感，提高织物尺寸稳定性。蚕丝织物前处理，包括脱胶和漂白工序，以去除生丝中大部分丝胶、色素及其他杂质。化学纤维织物不含有天然杂质，只有浆料、油污等，因此练漂工艺比较简单。对于混纺和交织织物的前处理，要满足各自前处理加工的要求。含合成纤维织物都需进行热定形，以提高织物尺寸热稳定性。

第二节 水和表面活性剂

目前染整加工过程中，水和表面活性剂是必不可少的，它们对染整产品质量和生产工艺具有非常重要的作用。

一、染整用水要求

染整厂用水量很大，从退浆、煮练、漂白、丝光到染色、印花、整理都要耗用大量的水，其中练漂用水量约占一半以上。水质的好坏直接影响产品质量和染料、表面活性剂等的消耗，所以，染整厂必须建立在水源丰富、水质优良的地区。

能大量而又稳定利用的天然水主要是地面水和地下水，通常使用的自来水是经自来水厂加工后的天然水。染整厂对水质要求较高，除了无色、无臭、透明、pH = 6.3～7.2 外，还有以下要求，见表 2-1。

表 2-1　染整厂对水质要求

总硬度（以 $CaCO_3$）/mg · L^{-1}	0～60	总固含量/mg · L^{-1}	≤100
氧化铁/mg · L^{-1}	≤0.05	氯/mg · L^{-1}	≤10
灰分/mg · L^{-1}	40～60	有机物/mg · L^{-1}	≤6

天然水因来源不同而含有不同量的悬浮物和水溶性杂质。悬浮物可以通过静置、澄清或过滤等方法去除；水溶性杂质种类很多，其中最常见的是钙、镁的氯化物、硫酸盐及酸式碳酸盐等，它们含量的多少可以用硬度来表示。天然水的硬度有暂时硬度和永久硬度，但两者比例有所不同，通常以两者的总和表示，称为总硬度。由酸式碳酸盐所表示的硬度称为暂时硬度，经过加热煮沸后，酸式碳酸盐可以分解成不溶性的碳酸盐沉淀出来而被去除。由钙、镁的氯化物、硫酸盐、硝酸盐所表示的硬度称为永久硬度，经加热煮沸后也不发生沉淀，仍然保留在水中。

硬水用于染整加工或锅炉都会造成不良后果。在染整加工方面若使用硬水，当硬水遇到肥皂时会生成不溶性的钙皂、镁皂而沉积在织物上，不但造成肥皂的浪费，还会造成斑渍沾污织物，并影响织物的手感和光泽。硬水还能使某些染料发生沉淀，不但浪费染料，还会造成色泽鲜艳度差和牢度下降，并易导致染色不匀。若水中含有较多的铁、铜、锰等离子，不仅影响织物的白度，还可能在漂白时起催化作用，导致纤维的脆损。漂洗时使用色度和纯净度差的水，会使漂后织物发黄。锅炉中若使用硬水，能在锅体及炉管的内表面形成水垢，降低热传导率，浪费燃料，严重时还会由于导热不匀，酿成锅炉爆炸事故。

二、水的软化

染整厂用水的水质对产品质量和生产成本都有很大影响，为了保证染整用水的质量，应根据需要采用适当的方法降低水中钙、镁等离子的含量，这种处理过程称为水的软化。

染整厂用水量很大，若全部使用软水，费用很高，应根据不同用途使用不同水质的水。例如水洗用水，硬度中等的水就可以；双氧水漂白时用水玻璃作稳定剂，则可使用较高硬度的水；但在配制练漂液、染色液或印花色浆液时，以采用软水为宜。

水的软化方法大致有以下几种。

（一）化学软化法

化学软化法又称软水剂法，是在水中加入化学药品与水中钙、镁离子作用后，或生成不溶性沉淀，使之从水中去除，或形成稳定的可溶性络合物。

1. 沉淀法 通常使用石灰和纯碱，使水中的钙离子形成 $CaCO_3$ 沉淀、镁离子形成 $Mg(OH)_2$ 沉淀从水中去除，从而降低水的硬度，该法常称为石灰—纯碱沉淀法。工业上采用石灰—纯碱法进行软化处理时，可将水与需要量的化学药品在反应器中混合，处理后放出软水，沉淀物可由反应器底部排出，处理后水呈碱性。在进行软化处理时，水中的铁、锰盐也可以转变成不溶性的氢氧化物沉淀而去除。

硬水中只加纯碱，经煮沸也可以降低水的硬度。但由于 $MgCO_3$ 在水中尚有一定的溶解度，所以软化程度不高。磷酸三钠也是常用的软水剂，它能与硬水中的钙、镁离子作用，生成磷酸钙、磷酸镁沉淀，具有较好的软化效果。

2. 络合法 多聚磷酸钠如六偏磷酸钠作软水剂时，它能与水中钙、镁离子形成稳定的水溶性的络合物，在温度不高的情况下，不再具有硬水的性质，不会使肥皂、染料发生沉淀。用于络合法的软水剂效果最好的是有机膦酸钠，如羟基亚乙基二膦酸（HEDP）、氨基三亚甲膦酸（ATMP）。

（二）离子交换法

离子交换法是使用磺化煤或离子交换树脂等交换水中钙、镁等水溶性的离子，以降低水的硬度。

1. 磺化煤 磺化煤有 H 型和 Na 型两种产品，在 150～180℃ 的温度下用浓硫酸处理褐煤制得的为 H 型磺化煤，再用碱处理，则为 Na 型磺化煤，两种磺化煤都具有软水作用。水中钙、镁离子可分别与磺化煤中的 H^+ 或 Na^+ 发生离子交换作用。磺化煤使用一段时间后，离子交换能力下降，可用食盐溶液处理使之再生而反复使用。

2. 离子交换树脂 离子交换树脂是在合成树脂中引进酸性或碱性基团而制成的。前者称为阳离子交换树脂，可交换水中的各种阳离子，如 Ca^{2+}、Mg^{2+} 等；后者称为阴离子交换树脂，可交换水中的各种阴离子，如 SO_4^{2-}、OH^- 等。使用一段时间后，失去活性的阳离子交换树脂可用 HCl 溶液使其再生，失去活性的阴离子交换树脂可用 NaOH 溶液使其再生。离子交换树脂的机械强度较好，化学稳定性优良，交换效率高，使用周期长，正在逐步取代其他的离子交换剂，只是价格较贵。

三、表面活性剂的基本知识

（一）表面活性和表面活性剂

我们将不同物质溶解于水中，其浓度与水溶液表面张力间存在着如图 2-1 所示的关系。第一类物质是在较低浓度时，表面张力随浓度的增加而急剧下降（图2-1 中曲线 1），肥皂及各种合成洗涤剂等的水溶液具有此类性质；第二类物质是表面张力随浓度的增加而逐渐下降（图 2-1 中曲线 2），乙醇、丁醇、醋酸等的水溶液具有此类性质；第三类物质是表面张力随浓度的增加而稍有上升（图 2-1 中曲线 3），NaCl、KNO_3、NaOH、HCl 等无机物的水溶液具有此类性质。

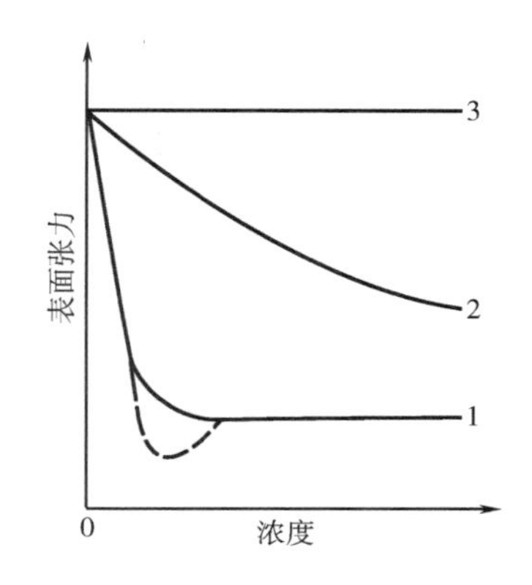

图 2-1 各种物质水溶液表面张力

原则上讲，凡能使溶液的表面张力降低的物质都具有表面活性，因此第一、第二两类物质称为表面活性物质，而第三类物质不具有表面活性，称为非表面活性物质。第一类物质的明显特点在于其以极低浓度存在于水溶液中，就能显著降低水溶液的表面张力，这类物质称为表面活性剂。因为表面活性剂能改变体系的界面状态，从而能产生润湿、洗涤、增溶、乳化、分散、起泡、消泡等一系列作用。表面活性剂广泛应用于纺织、染整、食品、采矿及日用化工等各个领域。在纺织染整加工中，表面活性剂可用作润湿剂、渗透剂、洗涤剂、乳化剂、分散剂、匀染剂、消泡剂、固色剂、整理剂等，是染整加工助剂的主要成分。

（二）表面活性剂的分子结构特征

表面活性剂的种类虽然很多，性质也各有区别。但无论哪种类型的表面活性剂，它们分子结构都有一个共同特点，即表面活性剂都是两亲化合物。其分子结构由两部分组成：一部分是易溶于水，具有亲水性质的极性基团，称为亲水基，又称为疏油基或憎油基；另一部分是不溶于水，具有亲油性质的非极性基团，称为亲油基，又称为疏水基或憎水基。表面活性剂的结构特征可用图 2-2 表示。表面活性剂的亲油基一般由长链烃基构成，结构上差别相对较小，而亲水基的基团种类很多，差别相对较大。

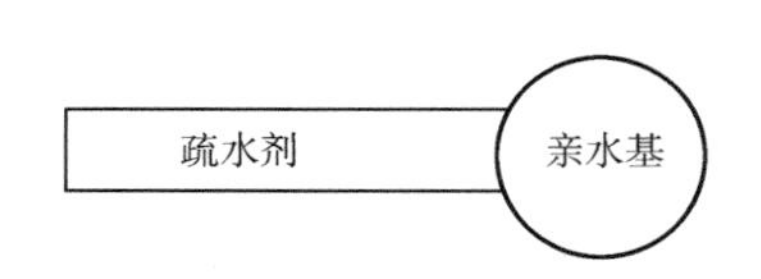

图 2-2 表面活性剂的分子结构特征示意图

四、常用表面活性剂的性能

（一）阴离子型表面活性剂

1. 肥皂 肥皂是最常用的表面活性剂，是高级脂肪酸的钠盐，其通式为 R—COONa。肥皂具有良好的润湿、乳化、增溶和洗涤性能，其中以洗涤作用最为突出。肥皂易在水中生物降解，是环境友好的洗涤剂之一。肥皂的缺点是对硬水和酸不稳定，遇硬水中的钙、镁离子生成不溶性的钙皂、镁皂，失去洗涤作用，不但造成浪费，还会影响产品质量，并给染整加工带来困难。

2. 太古油 太古油又名土耳其红油，简称红油。是蓖麻籽油经硫酸处理及中和所制成的产品。太古油因其亲水基团硫酸酯基在疏水基中间，所以洗涤能力较差，但具有较好的润湿、渗透和乳化能力。用于棉织物的煮练，利用太古油的乳化性能，将棉纤维上油蜡变成乳化液去除，可大大提高煮练效果。太古油中含有多量油脂，整理棉织物时加入太古油，能显著改善棉织物的手感，增加光泽，避免手感粗糙和由此引起的缝纫时“扎针”、针脚发毛、容易脱落等情况，提高织物的服用性能。

3. 渗透剂T 渗透剂T又称快速渗透剂T，学名为琥珀酸二异辛酯磺酸钠。渗透剂T分子中的亲水基位于疏水基之间，具有良好的渗透性，并且渗透迅速而均匀。渗透剂T处理的棉、麻、黏胶纤维及混纺制品，可不经煮练，直接进行漂白或染色（即生坯漂白和生坯染色），既节省工序，又可帮助改善因死棉而造成的染疵。染色后织物的手感也更柔软丰满。

4. 拉开粉BX 拉开粉BX学名为双异丁基萘磺酸钠。由于拉开粉BX在水溶液中形成胶束的能力差，所以洗涤效果差，但因分子中的疏水基带有一支链，所以有很好的润湿及渗透性能。拉开粉BX在染整加工中应用较广泛，如在酶退浆、煮练、漂白、染色、印花中经常用作润湿剂。

5. 分散剂NNO 分散剂NNO又名扩散剂NNO，学名为亚甲基双萘磺酸钠。主要用作还原染料、分散染料和可溶性还原染料染色用的分散剂以及印花色浆稳定剂。分散剂NNO还是还原染料、分散染料商品化的分散性填料。

6. 烷基苯磺酸钠（ABS） 烷基苯磺酸钠是家用洗涤剂的主要成分。烷基苯磺酸钠对酸、碱和硬水都很稳定，乳化和洗涤能力较好，主要用作洗涤剂，但洗涤后织物手感较差。

（二）非离子型表面活性剂

非离子型表面活性剂按亲水基的不同可分为聚氧乙烯和多元醇两大类。非离子型表面活性剂配伍性好，又有很好的润湿、渗透、乳化、增溶和低泡性能，它的用量仅次于阴离子型表面活性剂。在染整加工中常用作润湿剂、乳化剂、匀染剂和煮练助剂等。

1. 平平加O 平平加O又称匀染剂O或乳化剂O，是$C_{12}\sim C_{18}$脂肪醇与环氧乙烷的加成物。平平加O易溶于水，对酸、碱、硬水及重金属盐都很稳定，对各种纤维无亲和力，但对各种染料有较强的匀染性和缓染性，具有优良的乳化、分散性能。可与各类表面活性剂和染料同浴使用。平平加O在染整加工中应用较广，可用作匀染剂、缓染剂、乳化剂、洗涤剂、分散剂、剥色剂、防染剂等，并且易于生物降解。

2. 渗透剂JFC 渗透剂JFC是脂肪醇与环氧乙烷的加成物。渗透剂JFC易溶于水，耐酸、碱、硬水、次氯酸钠及重金属盐，具有良好的润湿渗透性能，可与各类表面活性剂、染料及树脂初缩体同浴使用。在染整加工中渗透剂JFC主要用作退浆、漂白、染色及树脂整理中的渗透剂，生物降解性良好。

（三）阳离子型表面活性剂

在这类表面活性剂中，绝大部分是有机胺的衍生物。简单的有机胺的盐酸盐或醋酸盐，都可以作为阳离子型表面活性剂。但它有很强的乳化、分散、起泡等作用，特别是有很强的杀菌力，在染整加工中常用作匀染剂、柔软剂、固色剂、防水剂、抗静电剂、杀菌防霉剂等。

1. 匀染剂1227 匀染剂1227学名为十二烷基二甲基苄基氯化铵。匀染剂1227可溶于水，耐酸、硬水和无机盐，但不耐碱。可与非离子型表面活性剂同浴使用，但不能与阴离子染料和阴离子表面活性剂同浴使用。匀染剂1227在阳离子染料染腈纶中作为匀染剂，并具有柔软、平滑和抗静电作用。此外，还可用作消毒杀菌剂。

2. 防水剂PF 防水剂PF学名为亚甲基硬脂酰胺氯化吡啶盐。防水剂PF耐酸和硬水，但不耐碱及大量的硫酸盐、磷酸盐等无机盐，不耐100℃以上高温。防水剂PF具有活性基团，能与纤维素纤维上的羟基发生化学结合，从而赋予织物耐久的防水性能和柔软性能。

（四）两性表面活性剂

两性表面活性剂主要是指同时兼有阴离子性和阳离子性，在等电点以上和以下的水溶液中，分别表现出阴离子型和阳离子型表面活性剂的性能，而在其等电点的水溶液中，则表现出非离子型表面活性剂的性能。

两性表面活性剂毒性低、刺激性小、生物降解性好，能与任何表面活性剂配伍，又有很好的乳化、渗透、洗涤、杀菌等性能。在染整加工中用作柔软剂、抗静电剂、金属络合染料的匀染剂等。

第三节 棉及棉型织物的练漂

棉及棉型织物是指纯棉及其混纺织物或交织物，如涤/棉、维/棉、棉/锦、棉/氨纶弹力织物等。

纺织纤维经过纺纱、织造等加工后被制成原色坯布，简称原布或坯布，原布中由于含有大量杂质，不仅手感粗糙，色泽泛黄，而且吸水性也很差。若要将原布加工成色泽鲜艳、绚丽多彩的面料，都必须进行练漂加工，以去除杂质，提高织物白度和吸水性能等，以满足后续加工的需要。

一、原布准备

原布准备是染整加工的第一道工序。原布准备包括原布检验、翻布（分批、分箱、打印）和缝头等工作。

（一）原布检验

原布在进行练漂加工之前，必须先进行检验，发现问题及时采取措施，以保证成品的质量和避免不必要的损失。由于原布的数量很大，通常只抽查10%左右，也可根据品种要求和原布的一贯质量情况适当增减。检验内容包括原布规格和品质两个方面。规格检验包括原布的长度、幅宽、单位面积质量、强力、经纬纱细度和密度等指标；品质检验主要是指纺织过程中所形成的疵病是否超标，这些疵病包括缺经、断纬、跳纱、油污纱、色纱、棉结、斑渍、筘条及破洞等。另外还要检查有无硬物，如铜、铁片和铁钉夹入织物。检验后发现疵病，应及时加以修理或作出适当的处理。一般漂白布对原布的油污，色布对原布的棉结、筘条和稀密路要求较严，而花布，由于其花纹能遮盖某些疵病，因此对原布的外观疵病要求相对低一些。

（二）翻布（分批、分箱、打印）

为了便于管理，常把同规格、同工艺原布划为一类加以分批分箱。每批数量主要是按照原布的特性和后加工要求而定。如煮布锅按锅容量，绳状连续机按堆布池容量。分箱原则按布箱大小、原布特性和有利于运送而定，一般每箱60~80匹。为了便于绳状双头加工，分箱数应为双数。卷染加工织物应使每箱布能分成若干整卷为宜。

翻布时将布匹翻摆在堆布板上，做到正反一致，同时拉出两个布头，要求布边整齐，布头不能漏拉。

为了便于识别和管理，在每箱布的两头或每卷布的两头，打上印记，部位离布头10~20cm处，印记标出原布规格、加工工艺、批号、箱号或卷号、发布日期、翻布工代码等。印油一般常用红车油与炭黑以5：1~10：1的比例充分拌匀、加热调制而成。打印用的印子是木刻或铜制的，做成活字，以便调换。

每箱布、每卷布都附有一张卡片，称为分箱卡，注明织物的品种、批号、箱号或卷号，便于管理。

（三）缝头

布匹下织机后的长度一般为30~120m，而印染厂的加工多是连续进行的。为了确保成批布连续地加工，必须将原布加以缝接。缝头要求平整、坚牢、边齐，针脚疏密一致，在两侧布边1~3cm处还应加密，防止在加工过程中产生开口、皱条、卷边。如发现坯布有开剪歪斜现象，应用手撕掉布头后再缝头，防止织物纬斜。

常用的缝接方法有环缝、平缝和假缝三种。环缝式缝头最常用，其特点是缝接平整、坚牢，适用于中厚织物，尤其适用于卷染、印花、轧光、电光等加工织物。但用线量多，约为幅宽的13倍。缝接时，每个接头要切除约1cm宽的切口。在机台，箱与箱之间的布用平缝连接，其特点是灵活、方便，用线量少，约为幅宽的3.2倍。但由于两端布层重叠，在卷染时易产生横档疵病，轧光、电光时对重型轧辊有损伤。假缝式缝接较为坚牢，特别适用于稀薄织物的缝接，不易卷边，用线较省，约为幅宽的3.6倍。但同样存在布层重叠的现象。

缝头用线多为14.5tex左右的合股强捻线，针脚密度以30针/10cm左右为宜。

二、烧毛

一般棉织物在练漂前都先经烧毛，烧去布面上的绒毛，使布面光洁，并防止在染色、印花时，因绒毛存在而产生染色和印花疵病。由于含化学纤维的棉型织物在烧毛时会熔融成熔珠，所以烧毛可在练漂前进行，也可在染色后进行。含有聚乙烯醇浆料的棉型织物，遇高温后，浆料分子的物理结构会发生变化，结晶变大，溶解度降低，这给退浆带来困难，因此烧毛常放在退浆后进行。

织物烧毛是将平幅织物迅速地通过火焰，或擦过赤热的金属表面，这时布面上存在的绒毛很快升温而燃烧，而布身比较紧密，升温较慢，在未升到着火点时，即已离开了火焰或赤热的金属表面，从而达到既烧去绒毛，又不使织物损伤的目的。烧毛质量评定分5级，一般织物要求达到3~4级，质量要求高的织物达到4级，稀薄织物达到3级即可。另外，烧毛还必须均匀，否则经染色、印花后便呈现色泽不匀，需重新烧毛。

烧毛前，先将织物通过刷毛箱，箱中装有数对与织物成逆向转动的刷毛辊，以刷去布面黏附的绒毛、杂物和纱头，并使织物上的绒毛竖立而利于烧毛。织物经烧毛后，往往沾有火星，如不及时加以熄灭，便会引起燃烧，所以烧毛后应立即将织物通过灭火槽或灭火箱，将残留的火星熄灭。灭火槽内有轧液辊一对，槽内盛有热水或退浆液，布通过时，火星即熄灭。灭火箱是利用蒸汽喷雾灭火，所以织物不经过浸轧，干落布，但灭火安全性有时稍差。

烧毛机的种类有气体烧毛机、圆筒烧毛机和热板烧毛机等。目前使用最广泛的是气体烧毛机（图 2-3），它可使布上的毛羽容易被烧净，布面纹路清晰光洁。气体烧毛机的主要机件为火口。一般气体烧毛机的火口为 2~4 个，织物正反面经过火口的次数随织物的品种和要求而定，可以是一正一反、两正两反或三正一反等。燃烧气主要有煤气、液化石油气、汽化汽油气 3 种。为使燃烧气发挥良好的燃烧作用，必须将燃烧气和空气按适当的比例进行混合，正常的火焰应是明亮有力的淡蓝色。气体烧毛机的车速一般为 80~150m/min。

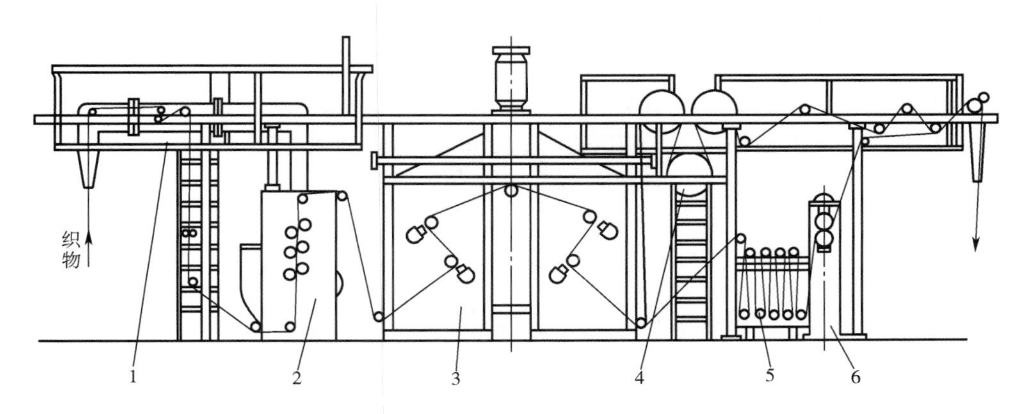

图 2-3 气体烧毛机结构示意图

1—吸尘风道 2—刷毛箱 3—气体烧毛机火口 4—冷水冷却辊 5—浸渍槽 6—轧液装置

粗支厚密织物及低级棉类织物常用接触式的圆筒烧毛机（图 2-4）烧毛，可以炭化和去除棉结（死棉），改善布面白芯。圆筒烧毛机圆筒的回转方向与织物运行方向相反，以充分利用赤热筒面。烧毛圆筒数量有 1~3 只不等，具有 2 只圆筒以上者可供织物双面烧毛。圆筒烧毛机的运行布速为 50~120m/min。

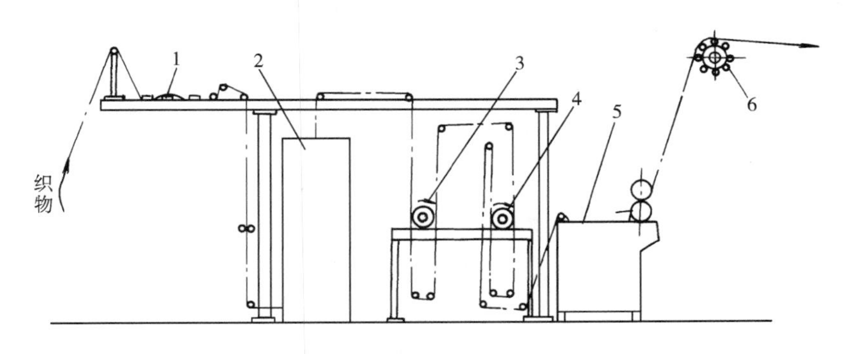

图 2-4 圆筒烧毛机结构示意图

1—平幅进布装置 2—刷毛箱 3，4—烧毛圆筒 5—浸渍槽 6—出布装置

三、退浆

织物织造前，为了降低经纱断头率，除一些股线、强捻丝及某些变形丝外，经纱一般都要经过上浆处理，使纱中的纤维黏着抱合起来，并在纱线表面形成一层薄膜，便于织造。棉织物一般用淀粉或变性淀粉浆料或淀粉与聚乙烯醇混合浆料上浆，涤棉混纺织物以聚乙烯醇浆料为主，另外，在浆液中还加有润滑剂、柔软剂、增稠剂、防腐剂等。

经纱上浆率的高低，视品种不同而异，通常是纱支细、密度大的织物上浆率高些，一般织物的上浆率在4%~15%，紧密织物如府绸上浆率可高达20%。经过并捻的纱线可以不上浆或采用1%~3%的上浆率。

由于浆料薄膜包住了经纱表面，影响了织物渗透性，阻碍染料等化学品与纤维接触，因此含有浆料的织物都要进行退浆加工。退浆是织物练漂的基础，要求把原布上大部分的浆料去除，以利于煮练和漂白加工，另外退浆时也能去除部分天然杂质。织物的退浆可根据原布的品种、浆料的组成情况、退浆要求和工厂设备选用适当的退浆方法，如酶退浆（enzymatic desizing）、碱退浆（alkali desizing）、酸退浆（acid desizing）和氧化剂退浆（oxidative desizing）等。退浆后，必须及时用热水洗净，否则分解产物等杂质会重新凝结在织物上，严重妨碍以后的染整加工过程。

（一）碱退浆

在热碱的作用下，淀粉或化学浆都会发生剧烈溶胀，然后用热水洗去。棉纤维中的含氮物质和果胶物质等天然杂质经碱作用也发生部分分解和去除，减轻了煮练的负担。

（1）棉布绳状退浆工艺。织物先在烧毛机的灭火槽中平幅浸轧温度为60~90℃、浓度为6~10g/L的烧碱溶液，接着再绳状浸轧温度为50~70℃、浓度为10g/L左右的烧碱溶液。然后，通过自动堆布器堆入保温保湿堆布池中，堆置6~12h，最后经绳状水洗机水洗。

（2）棉布平幅退浆工艺。织物先在烧毛机的灭火槽中平幅浸轧温度为70~80℃、浓度为5~10g/L的烧碱溶液，然后在平幅汽蒸箱汽蒸60min或打卷堆置（50~70℃，4~5h），再进行充分水洗。

（3）涤棉织物退浆工艺。烧毛后经过蒸汽灭火的织物在浸轧机中浸轧温度为80℃左右、碱浓度为5~10g/L、洗涤剂为1g/L的退浆液，然后在平幅常压汽蒸箱中汽蒸或保温30~90min，最后经平幅充分水洗。

碱退浆使用广泛，对各种浆料都有退浆作用，可利用丝光或煮练后的废碱液，所以退浆成本低。碱退浆对天然杂质的去除较多，对棉籽壳去除所起的作用较大，特别适合于含棉籽壳等天然杂质较多的原布。但碱退浆的退浆率较低，约为50%~70%，退浆废水的COD值较高，环境污染严重。由于碱退浆时，浆料不发生化学降解作用，水洗槽中水溶液的黏度往往较大，浆料易重新沾污织物，因此退浆后水洗一定要充分。

（二）酶退浆

酶是一种高效、高度专一、与生命活动密切相关的、具有蛋白质性质的生物催化剂。淀粉酶是一种对淀粉的水解有高效催化作用的酶制剂，主要用于淀粉和变性淀粉上浆织物的退浆。淀粉酶的退浆率高，不会损伤纤维素，但只对淀粉类浆料有退浆效果，对其他天然浆料和合成浆料没有退浆作用。

淀粉酶主要有 α-淀粉酶和 β-淀粉酶两种。α-淀粉酶可快速切断淀粉大分子链内部的 α-1,4-苷键，催化分解无一定规律，形成的水解产物是糊精、麦芽糖和葡萄糖。它使淀粉糊的黏度很快降低，有很强的液化能力，又称为液化酶或糊精酶。β-淀粉酶从淀粉大分子链的非还原性末端顺次进行水解，产物为麦芽糖，又称糖化酶。β-淀粉酶对支链淀粉处的 α-1,6-苷键无水解作用，因此对淀粉糊的黏度降低没有 α-淀粉酶来得快。

在酶退浆中使用的主要是 α-淀粉酶，但其中会含有微量的其他淀粉酶，如 β-淀粉酶、支链淀粉酶和异淀粉酶等。α-淀粉酶分为中温型和高温型两大类，我国长期以来使用的 BF—7658 淀粉酶是中温型淀粉酶，该淀粉酶的最佳使用温度为 55~60℃。目前商品化的高温型 α-淀粉酶多为基因改性品种，推荐的最佳使用温度很宽，在 40~110℃之间，在高温时退浆效果明显，特别适合于高温连续化退浆处理。

酶退浆工艺随着酶制剂、设备和织物品种的不同而有多种形式，如轧堆法、浸渍法、轧蒸法和卷染法等。尽管酶退浆工艺有多种，但总的来说，都是由 4 步组成：预水洗、浸轧或浸渍酶退浆液、保温堆置和水洗后处理。

1. 预水洗 淀粉酶一般不易分解生淀粉或硬化淀粉。预水洗可促使浆膜溶胀，使酶液较好地渗透到浆膜中去，同时可以洗除有害的防腐剂和酸性物质。因此在烧毛后，应先将原布在 80~95℃的水中进行水洗。为了提高水洗效果，可在洗液中加入 0.5g/L 的非离子型表面活性剂。

2. 浸轧或浸渍酶退浆液 经过预水洗的原布，在 70~85℃和微酸性至中性（pH 值为 5.5~7.0）的条件下浸轧或浸渍酶液。所用酶制剂的性能不同，浸轧或浸渍的温度和 pH 值也不同。酶的用量和所用的工艺有关，一般连续化轧蒸法的酶浓度应高于堆置和轧卷法。织物的带液率控制在 100%左右。

3. 保温堆置 淀粉分解成可溶性糊精的反应从酶液开始接触浆料就发生了，但淀粉酶对织物上的淀粉完全分解需要一定的时间，保温堆置可以使酶对淀粉进行充分水解。堆置时间与温度有关，温度的选择视酶的耐热稳定性和设备条件而定。织物在 40~50℃下堆置需要 4~6h，高温型淀粉酶在 100~115℃下汽蒸只需要 15~120s。轧堆法将织物保持在浸渍温度（70~75℃）下卷在有盖的布轴上或放在堆布箱中堆置 2~4h，堆置温度低时需堆置过夜。浸渍法多使用喷射、溢流或绳状染色机进行退浆。轧蒸法是连续化的加工工艺，适合于高温酶，可在80~85℃浸轧酶液，再进入汽蒸箱，在 90~100℃汽蒸 1~3min，或在 85℃浸轧酶液，在 100~115℃汽蒸 15~120s。一般卷染机退浆先在浸渍温度下卷绕 2~4 道，再逐步升高温度 15~20℃卷绕 2~4 道，总处理时间取决于交替卷绕的次数。

4. 水洗后处理 淀粉浆经淀粉酶水解后，仍然黏附在织物上，需要经过水洗才能去除。因此酶处理的最后阶段，要用洗涤剂在高温水中洗涤，对厚重织物可以加入烧碱进行碱性洗涤，以提高洗涤效果。轧堆法、浸渍法可用 90~95℃、含 10~15g/L 洗涤剂或烧碱的水进行洗涤，轧蒸法的洗涤条件应更剧烈一些，采用 95~100℃和 15~30g/L 的洗涤剂或烧碱洗涤。

（三）酸退浆

在适宜的条件下，稀硫酸能使淀粉等浆料发生一定程度的水解，转化为水溶性较大的产物而被去除。处理的温度、时间和酸浓度要严格控制好，工艺条件要尽量温和，以减轻棉纤维的损伤。为了减轻棉纤维损伤而又达到较好的退浆效果，酸退浆常与酶退浆或碱退浆联合使用。酸退浆一般工艺是将经过酶或碱退浆、充分水洗、脱水的湿棉织物，浸轧稀硫酸溶液（浓度4~6g/L、温度40~50℃），保温堆置45~60min，最后充分水洗。

酶—酸退浆和碱—酸退浆除了具有良好的退浆作用外，还能使棉籽壳膨化，去除部分矿物质，提高织物的白度，因此，特别适用于含杂质较多的棉织物。

（四）氧化剂退浆

在氧化剂的作用下，淀粉、聚乙烯醇等浆料发生氧化、降解直至分子链断裂，溶解度增大，经水洗后容易被去除。用于退浆的氧化剂有双氧水、亚溴酸钠、过硫酸盐等。

氧化剂退浆主要有冷轧堆和轧蒸两种工艺。冷轧堆的工艺流程是：室温浸轧→打卷→室温堆置（24h）→高温水洗，一般使用过氧化氢作为退浆剂。当织物上含浆率高或含有淀粉与PVA混合浆时，则使用过氧化氢与少量的过硫酸盐混合氧化剂进行退浆。

轧蒸一般单独使用过氧化氢或过硫酸盐进行退浆。过氧化氢轧蒸退浆的工艺流程为：浸轧退浆液（100%NaOH 4~6g/L，27.5%H_2O_2 10~12g/L，渗透剂2~4g/L，稳定剂3g/L，轧余率90%~95%，室温）→汽蒸（100~102℃，10min）→水洗。

过氧化氢与少量的过硫酸盐混合也可以用作冷轧堆工艺进行退浆。冷轧堆工艺是在室温下的加工过程，反应温度低，所用化学药品的浓度较高。冷轧堆工艺省去了相应的设备投资，节约能源、水和人力资源，占地面积小，适应小批量生产，工艺简单而且白度高。实际生产中，可在烧毛后（干进布）或预洗后（湿进布）浸轧氧化剂溶液。如果是湿进布，应采用较高的轧余率。原布的疏水性较高，在氧化剂退浆液中需加入高渗透和润湿性的、具有良好乳化和分散能力的表面活性剂。烧毛车速很快，在烧毛机的灭火槽中浸轧退浆液时，可加入少量的消泡剂。为了防止布卷的表层和边缘风干，浸轧打卷后要用塑料薄膜将布卷包住，并保持布卷在堆置期间一直缓慢旋转，以防止布卷上层溶液向下滴落而造成处理不匀。

氧化剂退浆多在碱性条件下进行，过氧化氢在碱性条件下不稳定，分解形成的过氧化氢负离子具有较高的氧化作用，因此氧化剂退浆兼有漂白作用。使用过氧化氢退浆时要加入稳定剂如硅酸钠、有机稳定剂或螯合剂等。

氧化剂退浆速率快，效率高，退浆率可达到90%~98%，织物白度增加，退浆后织物手感柔软。它的缺点是在去除浆料的同时，也能使纤维素氧化降解，如果工艺条件控制不好，要损伤棉织物。因此，氧化剂退浆工艺一定要严格控制好。

四、煮练

棉织物经过退浆后，大部分浆料、油剂及小部分天然杂质已被去除，但棉纤维中大部分天然杂质，如蜡状物质、果胶物质、含氮物质、棉籽壳及部分油剂和少量浆料等还残留在棉织物上，使棉织物布面较黄，吸水性和手感很差。同时，由于有棉籽壳、碎屑的存在，大大影响了棉织物的外观质量，不能适应染色、印花加工的要求。为了使棉织物具有良好的吸水性和一定的白度，有利于印染过程中染料的吸附、扩散，在退浆以后，还要经过煮练，以去除棉纤维中大部分天然杂质，同时也去除未退净的浆料和油剂。

棉织物煮练质量常用毛细管效应（简称毛效）来衡量织物渗透性，将棉织物一端垂直浸在水中，测量30min内水上升的高度，一般要求毛效在8~10cm以上，并且要匀。也可用蜡状物质的残留含量来反映煮练的效果，一般要求残留含量在0.2%左右，过多的蜡状物质存在于织物上，将影响织物的渗透性能。另外，煮练后织物的白度要有一定提高，检查织物外观，棉籽壳要基本去净，少量未去除棉籽壳要充分膨化。一般用以上指标来综合衡量煮练质量的优劣。

（一）碱煮练

1. 煮练用剂及其作用 棉织物煮练以烧碱为主练剂，根据需要还加入一定量的表面活性剂、亚硫酸钠、硅酸钠、软水剂等助练剂。

烧碱在高温下能使果胶物质和含氮物质水解成可溶性的物质而去除，使蜡状物质中的脂肪酸一类物质皂化、溶解，再经水洗去除，生成的脂肪酸钠是煮练液中乳化剂来源之一。另外，棉籽壳在碱煮过程中发生溶胀，变得松软，与织物的附着力降低，再经水洗和搓擦，棉籽壳解体而脱落下来。

棉织物坯布含有蜡状物质、果胶物质等天然杂质，润湿性很差，为了提高其润湿性，有利于碱液的渗透，往往加入一些表面活性剂。表面活性剂能降低表面张力，起润湿、净洗和乳化等作用。在表面活性剂的作用下，煮练液润湿织物，并渗透到织物内部，有助于杂质的去除，提高煮练效果。

肥皂是煮练中常用的表面活性剂，具有良好的润湿、乳化和净洗作用。但遇硬水，会生成不溶性的钙皂或镁皂，易在织物上形成斑渍。因此，在使用肥皂时，必须加入少量软水剂，如磷酸盐或纯碱。脂肪醇聚氧乙烯醚磷酸酯型表面活性剂具有润湿、渗透、乳化、分散、净洗和螯合等多种优良特性，并且耐碱、耐高温和耐电解质，尤其在碱性溶液中易溶解，常用于煮练加工中。平平加O是性能良好的非离子表面活性剂，与阴离子型表面活性剂拼混使用，具有协同效应，能进一步提高煮练效果。

亚硫酸钠有助于棉籽壳的去除，因为它能使木质素变成可溶性的木质素磺酸钠，又能使蛋白质和果胶物质发生水解变成氨基酸等有机酸钠盐，溶解于碱液中。这种作用对于含杂质较多的低级棉煮练尤为显著。亚硫酸钠还具有还原性，可以防止棉纤维在高温带碱情况下被空气氧化而受到损伤。亚硫酸钠在高温条件下，有一定漂白作用，可以提高棉织物的白度。

硅酸钠俗称水玻璃或泡花碱，易溶于水，在水中呈碱性，具有净洗和扩散作用，在煮练时，能吸附铁质防止棉织物上产生锈斑和锈渍。硅酸钠还能吸附棉纤维中天然杂质的分解产物，使织物的渗透性和白度得到提高。但用量不能过多，否则会引起织物毛细管效应下降和手感变硬。

2. 煮练工艺及设备 棉织物煮练工艺，按织物进布方式可分为绳状煮练和平幅煮练，按设备操作方式可分为间歇式煮练和连续汽蒸煮练。

（1）煮布锅煮练。煮布锅是一种劳动强度大的间歇式煮练设备，织物一般以绳状形式进行加工。因为这种设备去杂效果好，煮练匀透，灵活性大，特别是对一些紧密织物，效果更为显著，至今棉织物的煮练仍在使用。但由于它是间歇式操作，因此劳动生产效率较低。

一般轻薄和中等厚度的棉织物，浸轧10~15g/L烧碱溶液后置于煮布锅内，加入对织物质量2.5%~4%的烧碱。为了提高煮练效果，往往还加入适量精练剂、水玻璃和亚硫酸钠。随后升温，以汽排气1h后，在0.196MPa的压力下（锅内温度120~130℃），练液循环煮练3~6h，停止加热，降温到90℃后，放出废液，然后用热水和冷水充分淋洗，出锅后在绳状水洗机上作进一步水洗。厚密的棉织物由于煮练不易匀透，必须适当增加烧碱和助剂的用量，并适当延长煮练时间。

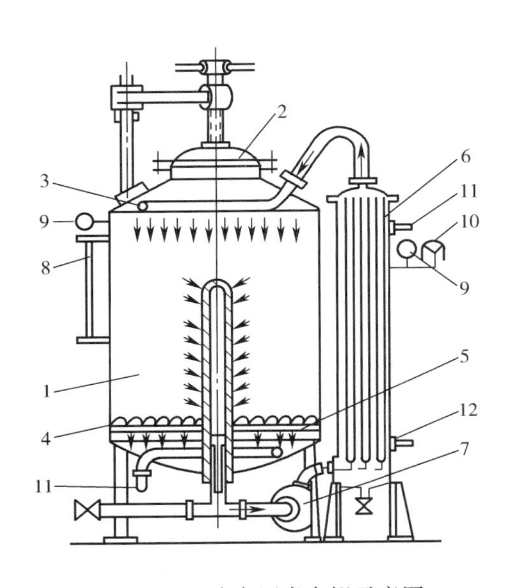

图2-5　立式高压煮布锅示意图

1—锅体　2—锅盖　3—喷液盘管　4—卵石
5—花铁板假底　6—列管式加热器　7—离心泵
8—液位管　9—压力表　10—安全阀
11—蒸汽进口　12—冷凝水出口

煮布锅以立式为多，由直立的钢质圆筒形锅身、加热器以及循环泵组成，如图2-5所示。煮布锅内的上部有淋洒管，离锅底不远处装有假底（有许多小孔的铁板），假底上堆有卵石，假底下面装有直接蒸汽管可以加热，作为煮练开始时加热煮练液用。棉织物堆在卵石上，这样布匹就不会将假底上的小孔塞没。锅身上有气压表、安全阀、排气管和液位指示计，下部有排液管。加热器上下端分别与锅身上下相通，内有数十根管子，管内通煮练液，管外通蒸汽加热，练液由锅身的下部通过循环泵抽入加热器，经加热器后再经淋洒管喷入锅内，煮练过程中，练液就这样不断循环，以达到均匀煮练去杂目的。检验煮练是否完成，除严格按照工艺规定操作外，还可以通过测定锅内煮练残液含碱量来判断，当测得含碱量为2~3g/L，并能稳定1h左右，即可认为煮练完毕。

（2）绳状连续汽蒸煮练。

①常压绳状连续汽蒸煮练。棉织物经过退浆后，便进入常压绳状连续汽蒸练漂机（一般双头）进行加工，其设备如图2-6所示。由于此机的汽蒸容布器呈J形，所以称J形箱式绳状连续汽蒸练漂机。J形箱体呈一定倾斜度，箱内衬光滑的不锈钢板，使其具有良好的光滑度，以防织物被擦伤。本机最大特点是快速，车速常为140m/min，生产效率高。其煮练工艺流程为：轧碱→汽蒸→（轧碱→汽蒸）→水洗（2~3次）。

中等厚度的棉织物，在绳状浸轧机上浸轧热碱液（烧碱25~30g/L，表面活性剂3~4g/L），轧液率120%~130%，温度70~80℃，然后由管形加热器通入饱和蒸汽，再由小孔分散喷射到织物上，使织物的温度迅速升到95~100℃，接着通过导布装置和摆布装置，织物均

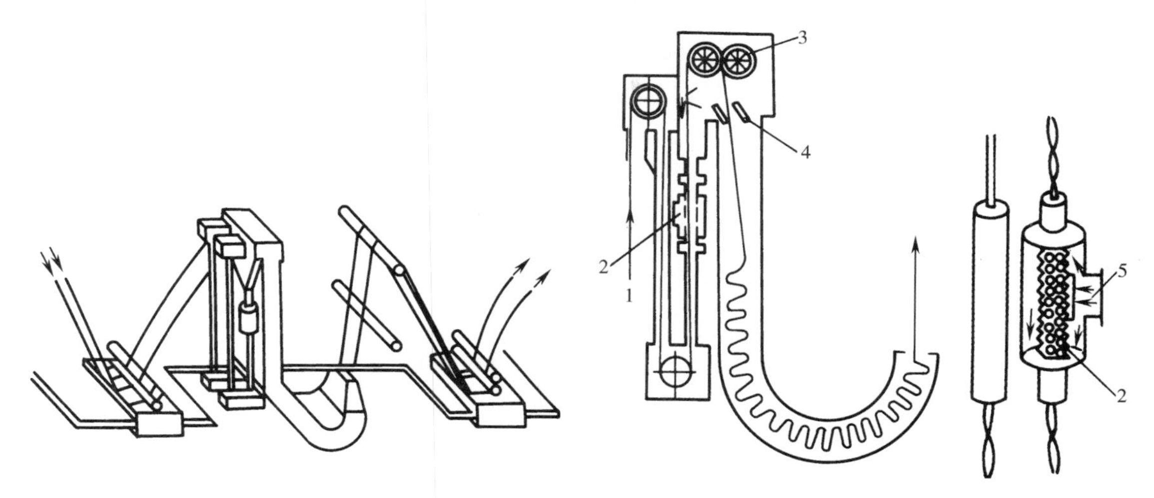

图 2-6 J 形箱式绳状连续汽蒸练漂机

1—织物 2—蒸汽加热器 3—导布辊 4—摆布架 5—饱和蒸汽

匀堆置于 J 形箱中，保温堆置 1~1.5h，使杂质与烧碱充分作用，以达到除杂的目的。最后，织物进入水洗槽水洗。为了使煮练效果更为匀透，在水洗前可再进行一次轧碱和汽蒸。

由于织物是以绳状进行加工，堆积于 J 形箱内沿其内壁滑动时极易产生擦伤和折痕，因此卡其等厚重织物不宜采用。此外，涤棉混纺织物也不宜采用，因为涤纶属于热塑性纤维，在高温中形成的绳状折痕很难去除。另外，稀薄织物易产生纬斜和纬移，也不宜采用。

②低张力绳状连续汽蒸煮练。低张力绳状连续汽蒸练漂机由四个相同单元组成，各个单元分别由两台低张力绳洗机（图 2-7）、绳状浸渍槽（图 2-8）、J 形箱组成，此设备是单头加工。棉织物浸轧 20g/L 左右烧碱后，汽蒸 60~90min，然后水洗。由于棉织物运行时张力很低，这样从根本上解决了紧式加工时织物伸长大且易产生绳状折痕、纬斜、纬移及擦伤等疵病，适合于各种规格棉及棉型织物的煮练。织物运行速度 100~180m/min，生产效率高。

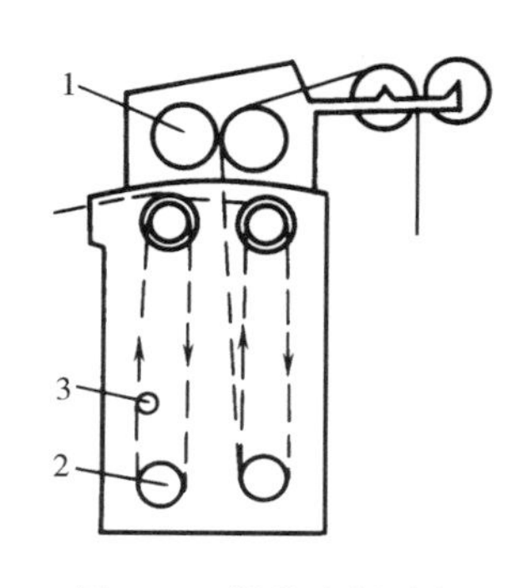

图 2-7 低张力绳洗机

1—槽轮 2—底辊 3—导布器

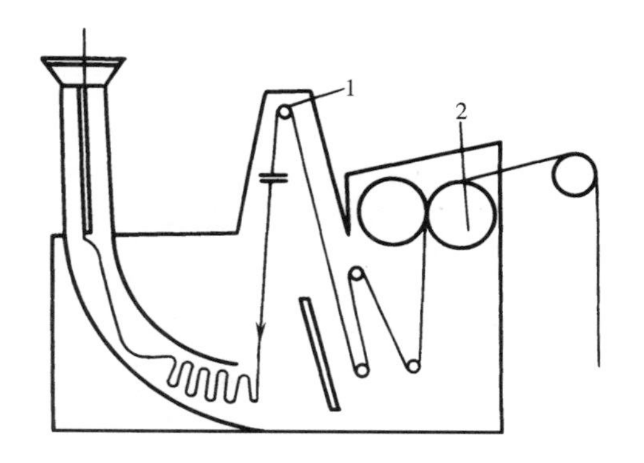

图 2-8 绳状浸渍槽

1—惰性辊 2—出布轧辊

（3）常压平幅汽蒸煮练。常压平幅汽蒸煮练的工艺流程为：轧碱→汽蒸→水洗。干布轧碱，碱液浓度一般为25~50g/L；湿布轧碱，碱液浓度可提高到40~80g/L。

常压平幅汽蒸煮练设备的类型较多，按汽蒸箱形式不同有履带式、R形式、J形箱、轧卷式、叠卷式和翻板式蒸箱。

①履带式汽蒸煮练。履带式汽蒸箱（图2-9）有单层和多层两种。织物经平幅浸轧碱液后进入箱内，先经蒸汽预热，再经摆布装置疏松地堆置在多孔的不锈钢履带上，缓缓向前运行。与此同时，继续汽蒸加热。织物堆积的布层较薄，因此，横向折痕、所受张力和摩擦都较小，目前一般稀薄、厚重和紧密棉织物都采用该设备。

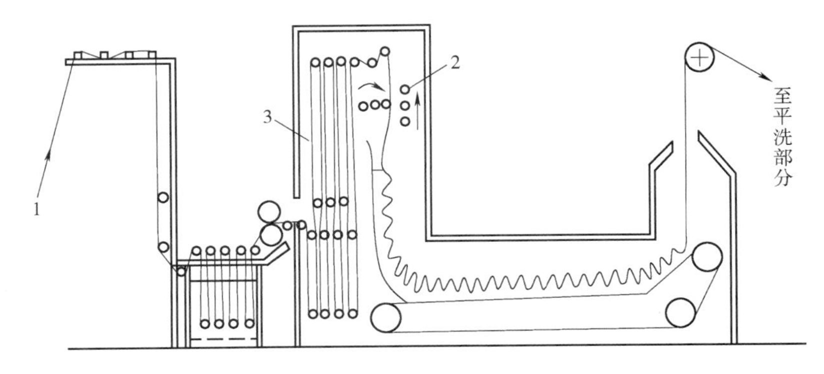

图2-9　履带式汽蒸箱

1—织物　2—摆布器　3—加热区

履带式汽蒸箱除采用多孔不锈钢板载运织物外，还有用间距很小的小滚筒来载运织物的。为了适应各种不同组织规格织物的煮练加工，可将导辊与履带组合使用，构成导辊—履带式汽蒸箱（图2-10）。箱体上方有若干对上下导布辊，下方有双层松式履带，箱底可储液。织物可单用导布辊（紧式加工）或单用履带（松式加工），也可导布辊和履带合用。所以该设备汽蒸作用时间可在0.5~2h很大范围内调节，使用较灵活，适用于不同品种的织物煮练。

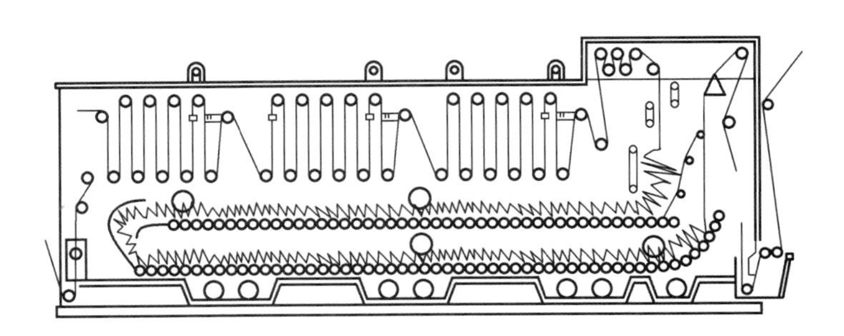

图2-10　导辊—履带式汽蒸箱

②R形汽蒸煮练。R形汽蒸箱是由半圆形网状输送带和中心大圆孔辊组成，如图2-11所示。其容布量随着大圆孔辊直径的大小而定，有2000~8000m不等。在网状输送带与圆孔辊之间有一支撑板，开始进布时呈水平状态，受热织物经摆布装置按一定宽度规则地落下，堆

置一定高度时，支撑板即绕中心按逆时针方向逐渐转动，板上的织物有条不紊地堆置在网状输送带上，织物被圆孔辊和网状输送带夹持着前进。圆孔辊轴以下是煮沸溶液部分，可以储放工作液，也可不放任何液体，由直接蒸汽管供给蒸汽对织物进行汽蒸。

R形汽蒸练漂机结构紧凑，采用液体煮沸，煮练效果好，堆布整齐，出布顺利，但有时织物仍有横档印产生。

（4）其他设备煮练。常压卷染机、常压溢流染色机、高温高压大染缸、高温高压溢流喷射染色机，这些设备可以染色，也可以用来煮练，只要选用合适的工艺，可以达到良好的煮练效果。

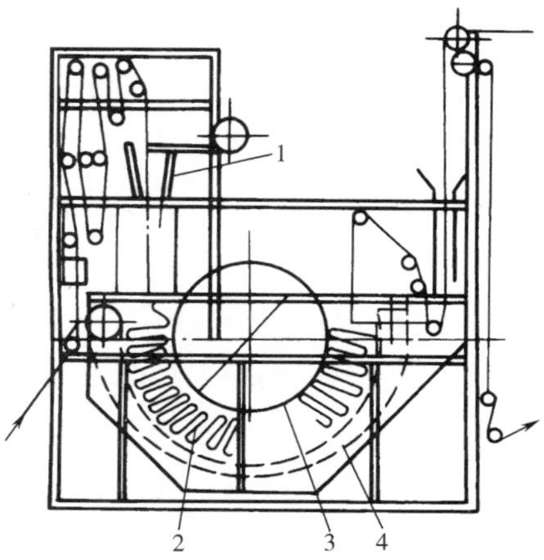

图2-11 R形汽蒸箱示意图

1—落布架 2—织物

3—中心圆孔辊 4—网状传送带

（二）酶煮练

近十几年来，随着生物技术的发展，棉织物的生物酶煮练（或称精练）已取得了许多进展。大量试验结果表明，利用酶的高效性、专一性和反应条件的温和性替代高温强碱煮练是可能的。在棉织物生物酶煮练的研究中，多采用单独用果胶酶或果胶酶与纤维素酶等混合酶的工艺。与碱煮练相比，酶煮练用水少，约为碱煮练的50%，处理废水对环境的污染少，COD值和BOD值约为碱煮练的25%~75%，但精练效果如吸水性略差一些，特别是对棉籽壳的去除效果较差。

1. 酶煮练的原理 棉纤维中的蜡状物质、果胶等杂质主要存在于棉纤维的表皮层和初生胞壁中，在棉纤维表面有许多微孔和裂缝，能使酶液渗透进去，接触到杂质并将其降解。在果胶酶的煮练中，一般要加入表面活性剂作为助练剂。果胶酶先与果胶形成复合物，然后，与这个复合物反应，使其变成水溶性产物而从纤维上溶解下来。纤维表面层的果胶和蜡状物质是相互附生的，果胶具有将蜡状物质黏附在纤维中的功能。随着果胶从纤维表面的表皮层和初生胞壁中溶解下来，残留的蜡状物质结构发生松动，很容易与表面活性剂接触而被乳化去除。处理温度对蜡的乳化非常重要，蜡的熔点在70℃左右，必须高于此温度，才能使棉蜡乳化。目前所用的果胶酶多为中温型，处理温度多在40~65℃之间。在酶煮练时处理温度为65℃，处理后将温度提高到80℃对蜡状物质的去除效果有一定提高，将温度升高到100℃左右时，纤维的吸水性有较大提高。为了提高酶的去杂能力，曾研究过将果胶酶分别与纤维素酶、脂肪酶和蛋白酶混合用于棉织物的精练，但其煮练效果与碱煮练相比还有一定差距。

果胶酶是能分解果胶的一类酶，主要包括以下四种类型：

（1）果胶酯酶。分解聚半乳糖醛酸甲酯中的酯键，使果胶水解成聚半乳糖醛酸。

（2）聚半乳糖醛酸酶。切断聚半乳糖醛酸中的α-1,4-苷键，又分为端解酶和内切酶。端解酶从聚半乳糖醛酸的末端切断α-1,4-苷键，形成D-半乳糖醛酸。内切酶从聚半乳糖醛酸的分子内部切断α-1,4-苷键，生成低聚半乳糖醛酸。

（3）果胶裂解酶。发生β-消除反应，分裂聚半乳糖醛酸的α-1,4-苷键，生成C_4～C_5的不饱和糖。

（4）原果胶酶。能将植物细胞彼此分开（离析），使不溶性的原果胶水解为水溶性的果胶。原果胶酶分为A型和B型两种，A型原果胶酶直接作用于原果胶的内部位置，切断原果胶中的聚半乳糖醛酸分子链，B型原果胶酶从原果胶的末端位置切断其与细胞壁组分的联接，而使果胶从纤维素分子上分离。

2. 酶煮练工艺 棉织物的生物酶煮练可以采用间歇式、半连续式和连续式等方式进行。由于目前的果胶酶多为中温型酶，处理温度在40～65℃之间，需要较长的处理时间，而且机械外力有助于果胶的水解和棉蜡的乳化。因此，在溢流、喷射或绞盘染色机上进行的间歇式煮练，效果好于半连续式或连续式的。酸性果胶酶的最适pH值在4.0～6.5之间，碱性果胶酶的最适pH值在9～10之间。目前市场上已有高温型的果胶酶出现，因此可采用浸轧和100℃汽蒸的连续化生产酶煮练工艺。如可以使用淀粉酶和果胶酶的混合试剂，在50～55℃和pH值为5.0～6.5的条件下浸轧，100℃汽蒸1～2min，90℃以上高温水洗。此工艺称为酶退浆和煮练一步法工艺。

五、漂白

棉织物煮练后，杂质明显减少，吸水性有很大改善，但由于纤维上还有天然色素存在，其外观尚不够洁白，除少数品种外，一般还要进行漂白，否则会影响染色或印花织物色泽的鲜艳度。漂白的目的在于破坏色素，赋予织物必要的和稳定的白度，同时要求纤维不受到明显的损伤。

棉纤维中天然色素的结构和性质，目前尚不十分明确，但它的发色体系在漂白过程中能被氧化剂破坏而达到消色的目的。目前用于棉织物和涤棉织物的漂白剂主要有过氧化氢、次氯酸盐和亚氯酸钠，其工艺分别简称为氧漂、氯漂和亚漂。使用上述漂白剂漂白时，必须严格控制工艺条件，否则纤维会被氧化而受到损伤。

漂白方法有浸漂、淋漂和轧漂三种，漂白方式有平幅与绳状，松式与紧式，连续与间歇之分。根据织物品种的不同及对白度要求不同，可采用氧漂—氧漂、氯漂—氧漂和亚漂—氧漂等不同漂白布生产工艺。

（一）过氧化氢漂白（hydrogen peroxide bleaching）

过氧化氢是一种比较缓和、性能优良的漂白剂，过氧化氢漂白产品的白度较高，而且比较稳定，不易泛黄，漂白织物手感较好，纤维损伤较小。在氧漂过程中无有害物质产生，有利于劳动保护，属于环境友好的漂白剂。氧漂在碱性中进行，温度又高，能去除部分棉籽壳等天然物质，因此对退浆和煮练要求相对较低，有利于练漂过程的连续化。过氧化氢可用于棉及棉型织物的初漂和复漂，也可用于蛋白质纤维或合成纤维织物的漂白。

1. 过氧化氢溶液性质 过氧化氢又名双氧水，是一种弱二元酸，在水溶液中电离成氢过氧离子和过氧离子。在强碱性和强酸性条件下，过氧化氢溶液的稳定性很差，商品双氧水呈弱酸性。影响过氧化氢溶液稳定的因素有很多，某些金属如Cu、Fe、Mn、Ni离子或金属屑，还有酶和极细小的带有棱角的固体物质，如灰尘、纤维屑、粗糙的容器壁等都对过氧化氢的分解有催化作用，不但降低过氧化氢溶液的有效浓度，催化分解的产物，还要引起纤维素纤维的严重损伤。因此，在用过氧化氢漂白时，为了获得良好的漂白效果，又不使纤维过度损伤，在漂液中一定要加入适量的过氧化氢稳定剂。

2. 过氧化氢漂白工艺

（1）轧漂蒸工艺流程。室温浸轧漂液（带液率100%）→汽蒸（95~100℃，30~90min）→水洗。

含水玻璃的漂液组成：H_2O_2（100%）3~6g/L，水玻璃（密度1.4g/cm^3）5~10g/L，渗透剂1~2g/L，硅垢分散剂1~2g/L，pH值10.5~10.8。

水玻璃是常用的氧漂稳定剂，其稳定作用佳，织物白度好。水玻璃本身是碱剂，对漂白的pH值有缓冲作用。但水玻璃有一个致命的缺点，在连续高温生产过程中会生成坚硬、难溶的沉淀物，俗称为硅垢，若沉积在设备上，会造成织物皱条、擦伤和手感粗硬，同时也给清洁工作带来麻烦。沉淀物进入织物内部，会影响织物的手感。除水玻璃外，有许多过氧化氢非硅稳定剂，主要是金属离子的螯合剂、高分子物吸附剂、镁盐等或它们的复配物，但价格比水玻璃高得多。也有的工厂把非硅稳定剂与水玻璃配合使用，减少硅酸钠的用量。

不含水玻璃的漂液组成：H_2O_2（100%）3~6g/L，稳定剂NC—6044g/L，精练剂NC—602 1g/L，pH值10~11。

连续汽蒸漂白常在平幅连续练漂机上进行，如履带式蒸箱等，间歇的轧卷式练漂机也可采用。

（2）冷堆法漂白工艺。在完全没有氧漂汽蒸设备的条件下，要进行氧漂，可采用冷堆法。冷堆法一般采用轧卷装置，用塑料薄膜包覆好，不使织物风干，在一种特定的设备上保持慢速旋转（5~7r/min），以防止工作液积聚在布卷的下层，造成漂白不匀。冬季适当通入一定量蒸汽，保持一定的温度，可提高漂白的均匀性和生产效率。

工艺流程：室温浸轧漂液→打卷→堆置（14~24h，30℃左右）→充分水洗。漂液组成：H_2O_2（100%）10~12g/L，水玻璃（密度1.4g/cm^3）20~25g/L，硅垢分散剂1~2g/L，过硫酸铵4~8g/L，pH值10.5~10.8。

（3）卷染机漂白工艺。在没有适当设备的情况下，对于小批量及厚重织物的氧漂，可在不锈钢的卷染机上进行。需要注意的是蒸汽管也应采用不锈钢管。

工艺流程：冷洗1道→漂白8~10道（95~98℃）→热洗4道（70~80℃，两道后换水一次）→冷洗上卷。漂白液组成：H_2O_2（100%）5~7g/L，稳定剂NC—604 4~5g/L，渗透剂2~4g/L，pH值10.5~10.8。

过氧化氢漂白还可以在间歇式的绳状染色机、溢流染色机中进行。

（二）次氯酸钠漂白（sodium hypochlorite bleaching）

次氯酸钠是强氧化剂，漂白成本低，工艺简单，但次氯酸钠对棉纤维共生物的去除能力很弱，因此必须有较好的退浆和煮练效果，“重煮轻漂”，否则会加重漂白的负担，影响棉纤维强力。漂白产品的白度不如过氧化氢漂白高，脱氯不尽易泛黄。目前氯漂工艺逐步被淘汰，改用氧漂工艺。

1. 次氯酸钠溶液性质 次氯酸钠是强碱弱酸盐，在水溶液中能水解，产生的HOCl要电离，遇酸则要分解。次氯酸钠溶液主要成分有ClO^-、HClO、Cl_2，各部分含量随pH值而变化，次氯酸钠漂白的主要成分是HClO和Cl_2。

次氯酸钠溶液的浓度用有效氯来表示。有效氯是指次氯酸钠溶液加酸后释放出氯气的数量，商品次氯酸钠含有效氯为10%～15%。

2. 次氯酸钠漂白工艺

（1）绳状连续轧漂工艺。绳状浸轧次氯酸钠溶液（有效氯1～2g/L，带液率110%～130%）→J形箱堆置（30～60min）→冷水洗→轧酸（H_2SO_4或HCl 2～4g/L，40～50℃）→堆置（15～30min）→水洗→中和（Na_2CO_3 3～5g/L）→温水洗→脱氯（硫代硫酸钠1～2g/L）→水洗。

（2）平幅连续轧漂工艺。平幅浸轧漂液（有效氯3～5g/L）→J形箱平幅室温堆置（10～20min）→水洗→脱氯→水洗。

（3）平幅连续浸漂工艺。平幅浸轧漂液（有效氯3～5g/L）→浸漂（有效氯3～4g/L，10min）→浸漂（有效氯1.5～2.5g/L，10min）→水洗→脱氯→水洗。

棉织物经次氯酸钠漂白后，织物上尚有少量残余氯，若不去除，将使纤维泛黄并脆损，对某些不耐氯的染料如活性染料有破坏作用。因此，次氯酸钠漂白后必须进行脱氯，脱氯一般采用过氧化氢、亚硫酸氢钠和硫代硫酸钠等还原剂。

由于许多重金属或重金属化合物对次氯酸钠具有催化分解作用，使纤维受损，其中钴、镍、铁的化合物催化作用最剧烈，其次是铜。因此，漂白设备不能用铁质材料，漂液中也不应含有铁离子。一般氯漂用塑料、石料或陶瓷作加工容器。另外，次氯酸钠漂白应避免太阳光直射，防止次氯酸钠溶液迅速分解，导致纤维受损。

（三）亚氯酸钠漂白（sodium chlorite bleaching）

亚氯酸钠是一种比较温和的氧化剂，亚氯酸钠漂白产品的白度好，达到洁白晶莹透亮，手感也很好，而对纤维损伤很小，去杂效果比过氧化氢和次氯酸钠好，特别是去除棉籽壳能力尤为显著。因此，亚漂对退浆和煮练要求较低，对涤纶等合成纤维有较好的漂白作用。但在酸性条件下亚氯酸钠会释放出ClO_2有害气体，侵害人的呼吸道和眼黏膜，严重时还会造成死亡事故，需要有良好的防护措施。另外，亚漂成本比较高。

1. 亚氯酸钠溶液性质 亚氯酸钠的水溶液在碱性介质中稳定，在酸性条件下不稳定，要发生分解反应。亚氯酸钠溶液主要组成有ClO_2^-、$HClO_2$、ClO_2、ClO_3^-、Cl^-等。一般认为$HClO_2$的存在是漂白的必要条件，而ClO_2则是漂白的有效成分。ClO_2含量随着溶液pH值的降低而增加，漂白速率也加快，但ClO_2是毒性很大的气体，因此在亚氯酸钠漂白时，必须加入一定量的活化剂，在开始浸轧漂液时近中性，在随后汽蒸时，活化剂释放出H^+，使漂液由碱性转变成弱酸性，pH值下降到5.5以下，促使$NaClO_2$较快分解出ClO_2而达到漂白的目的。常用的活化剂是有机酸与潜在酸性物质，如六亚甲基四胺、乳酸乙酯、硫酸铵等的复配物。

2. 亚氯酸钠的漂白工艺

（1）连续轧蒸工艺流程。浸轧漂液→汽蒸（95～100℃，pH 值 4.0～5.5，1h）→脱氯（$H_2O_2$1～2g/L）→水洗。漂液组成：$NaClO_2$（100%）15～25g/L，一定量活化剂（根据所用活化剂而定），非离子型表面活性剂 1～2g/L。

（2）冷漂工艺。在无合适漂白设备的条件下，亚氯酸钠还可用冷漂法。漂液组成与轧蒸工艺接近，因是室温漂白，所以常用有机酸直接活化。织物经室温浸轧打卷，用塑料薄膜包覆，布卷保持慢速旋转（5～7r/min），堆放 3～5h，然后脱氯、水洗。

由于二氧化氯对一般金属材料有强烈的腐蚀作用，亚漂设备应选用含钛 99.9%的钛板或陶瓷材料。

六、开幅、轧水、烘燥

经过练漂加工后的绳状织物必须回复到原来的平幅状态，才能进行丝光、染色、印花或整理。为此，必须通过开幅、轧水和烘燥工序，简称开轧烘。

（一）开幅（scotching）

绳状织物扩展成平幅状态的工序叫开幅，在开幅机上进行。开幅机有立式和卧式两种，卧式使用较多。开幅机的主要机构是快速回转的铜制打手和具有螺纹的扩幅辊。打手和扩幅辊的回转方向与绳状布匹行进的方向相反。当绳状布匹经导布圈进至打手时，即被扩展成平幅，再经螺纹扩幅滚筒将布进一步展开。平衡导布杆起调节作用，使织物保持中间位置。

（二）轧水（squeezing）

开幅后轧水，能较大程度地消除前工序绳状加工带来的皱折，在流水冲击下，可进一步去除杂质。湿态下织物经过重轧，使布面平整，织物含水均匀一致，有利于烘干，提高效率。轧水机主要机构为硬滚筒、软滚筒和轧水槽。硬滚筒通常为硬橡胶或金属辊，软滚筒为软橡胶制成。

（三）烘燥（drying）

棉织物经过轧水后，还含有一定量的水分，这些水分只能通过烘燥的方式才能去除。目前印染厂常用的烘燥设备有烘筒烘燥机、红外线烘燥机、热风烘燥机等，其中开轧烘工序一般采用烘筒烘干织物，常用的为立式烘筒烘燥机。

立式烘筒烘燥机装有多只不锈钢制的烘筒，其直径一般为 570mm。烘筒两端有空心的轴承，轴承装在烘干机左右两个支架上。支架中心可通过轴承与烘筒两端连接，从支架一侧送入蒸汽，通过热传导而烘燥织物。烘筒内冷凝水一般在进汽同一侧排出，在支架底部装有疏水器数个，可以使冷凝水排出而防止蒸汽外逸。为了防止蒸汽冷凝时因其压力降低而使烘筒凹陷损坏，在烘筒的一端还装有空气安全阀。当烘筒内部压力降低时，空气安全阀自动开启，使外界空气流入。

为了便于操作，开幅机、轧水机和烘筒烘燥机可连接在一起，组成开轧烘联合机。但必须将这三个单元机的线速度调好，使其互相适应。

七、丝光及液氨处理

（一）丝光

在张力条件下，用浓烧碱溶液处理纤维素纤维纺织品的加工工艺，有织物丝光和纱线丝光两种加工形式。棉织物或棉纱线经过丝光后，棉纤维的超分子结构和形态结构发生了变化，除了获得良好的光泽外，棉纺织品的尺寸稳定性、染色性能、拉伸强度等都获得一定程度的提高和改善。因此，丝光已成为棉织物染整加工的重要工序之一，绝大多数的棉织物在染色前都经过丝光处理。

1. 丝光原理 棉纤维在浓烧碱作用下生成碱纤维素，并使纤维发生不可逆的剧烈溶胀，其主要原因是由于钠离子体积小，不仅能进入纤维的无定形区，而且还能进入纤维的部分结晶区。同时钠离子又是一个水化能力很强的离子，钠离子周围有较多的水，其水化层很厚。当钠离子进入纤维内部并与纤维结合时，大量的水分也被带入，因而引起纤维的剧烈溶胀。一般来说，随着碱液浓度的提高，与纤维素结合的钠离子数增多，水化程度提高，因而纤维的溶胀程度也相应增大。当烧碱浓度增大到一定程度后，水全部以水化状态存在，此时若再继续提高烧碱浓度，对每个钠离子来说，能结合到的水分子数量有减少的倾向，即钠离子的水化层变薄，因而纤维溶胀程度反而减小。

2. 丝光工艺 布铗丝光时，棉织物一般在室温浸轧 180~280g/L 的烧碱溶液（补充碱 300~350g/L），保持带浓碱的时间控制在 50~60s 左右，并使经、纬向都受到一定的张力。然后在张力条件下冲洗去烧碱，直至每千克干织物上的带碱量小于 70g 后，才可以放松纬向张力并继续洗去织物上的烧碱，最后烘干落布。丝光后落布门幅达到成品门幅的上限，织物上 pH 值为 7~8。

影响丝光效果的主要因素是碱液的浓度、温度、作用时间和对织物所施加的张力。

（1）烧碱浓度。烧碱溶液的浓度对丝光质量影响最大，低于 105g/L 时，无丝光作用，高于 280g/L，丝光效果并无明显改善。衡量棉纤维对化学药品吸附能力的大小，可用棉织物吸附氢氧化钡的能力来表示，称为钡值：

$$\text{钡值}=\frac{\text{丝光棉纤维吸附 Ba(OH)}_2\text{ 的量}}{\text{未丝光棉纤维吸附 Ba(OH)}_2\text{ 的量}}\times 100$$

一般丝光后棉纤维的钡值为 130~150。

某棉织物在松弛状态下用不同浓度的烧碱溶液处理后的经向收缩和钡值情况如图 2-12 所示。从图中可知，单从钡值指标来看，烧碱浓度在 180g/L 左右就已经足够了（钡值 150）。实际生产中应综合考虑丝光棉各项性能和半制品的品质及成品的质量要求，确定烧碱的实际使用浓度。

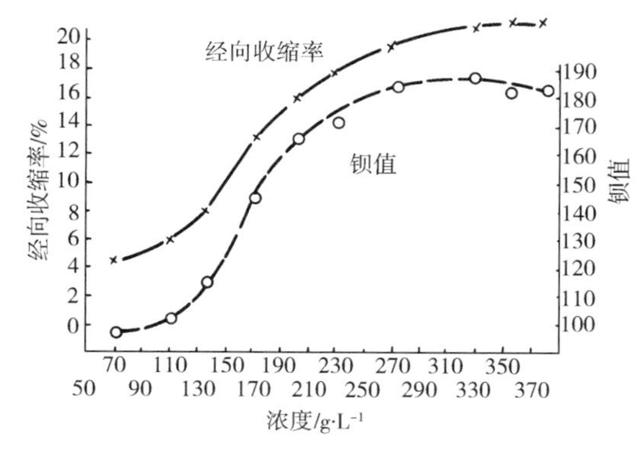

图 2-12　棉织物练漂半制品经不同浓度烧碱溶液处理后的经向收缩率和钡值（碱处理温度 10℃）

（2）温度。烧碱和纤维素纤维的作用是一个放热反应，提高碱液温度有减弱纤维溶胀的作用，从而造成丝光效果降低。所以丝光碱液以低温为好。但实际生产中不宜采用过低的温度，因为保持较低的碱液温度需要大功率的冷却设备和电力消耗。另一方面，温度过低，碱液黏度显著增大，使碱液难于渗透到纱线和纤维的内部去，造成表面丝光。因此，实际生产中多采用室温丝光，夏天通常采用轧槽夹层通入冷流水使碱液冷却即可。

（3）时间。丝光作用时间 20s 基本足够，时间过长对丝光效果虽有增进，但并不十分显著。另外，作用时间与碱液浓度和温度有关，浓度低时，应适当延长作用时间，所以生产上一般采用 50~60s。

（4）张力。棉织物只有在适当张力的情况下，防止织物的收缩，才能获得较好的光泽。虽然，丝光时增加张力能提高织物的光泽和强度，但吸附性能和断裂延伸度却有所下降，因此工艺上要适当控制丝光时的经、纬向张力，兼顾织物的各项性能。一般纬向张力应使织物门幅达到坯布幅宽，甚至略为超过。经向张力以控制丝光前后织物无伸长为好。

3. 丝光工序　棉织物的丝光按品种的不同，可以采用原布丝光、漂后丝光、漂前丝光、染后丝光或湿布丝光等不同工序。

对于某些不需要练漂加工的品种如黑布，一些单纯要求通过丝光处理以提高强度、降低断裂伸长的工业用布以及门幅收缩较大，遇水易卷边的织物宜用原布丝光，但丝光不易均匀。漂后丝光可以获得较好的丝光效果，纤维的脆损和绳状折痕少，是目前最常用的工序，但织物白度稍有降低。漂前丝光所得织物的白度及手感较好，但丝光效果不如漂后丝光。对某些容易擦伤或匀染性极差的品种可以采用染后丝光。染后丝光的织物表面无染料附着，色泽较匀净，但废碱液有颜色。

棉织物丝光一般是将烘干、冷却的织物浸碱，为干布丝光。如果将脱水后未烘干的织物浸碱丝光，为湿布丝光。湿布丝光省去一道烘干工序，而且丝光效果比较均匀。但湿布丝光对丝光前的轧水要求很高，带液率要低并且轧水要均匀，否则将影响丝光效果。

棉织物除用浓烧碱溶液丝光外，生产上也有以液氨丝光的。液氨丝光是将棉织物浸轧在-33℃的液氨中，在防止织物经、纬向收缩的情况下透风，再用热水或蒸汽除氨，氨气回收。液氨丝光后棉织物的强度、耐磨性、弹性、抗皱性、手感等物理机械性能优于碱丝光。因此，特别适合于进行树脂整理的棉织物，但液氨丝光成本高。

4. 丝光设备　棉织物丝光所用的设备有布铗丝光机、直辊丝光机和弯辊丝光机三种，阔幅织物用直辊丝光机，其他织物一般用布铗丝光机丝光。

（1）布铗丝光机。图 2-13 是布铗丝光机示意图，由轧碱装置、布铗链扩幅装置、吸碱装置、去碱箱、平洗槽等组成。

轧碱装置由轧车和绷布辊两部分组成，前后是两台三辊重型轧车，在它们中间装有绷布辊。前轧车用杠杆或油泵加压，后轧车用油泵加压。盛碱槽内装有导辊，实行多浸二轧的浸轧方式。为了降低碱液温度，盛碱槽通常有夹层，夹层中通冷流水冷却。为防止表面丝光，后盛碱槽的碱浓度高于前盛碱槽。为防止织物吸碱后收缩，后轧车的线速度略低于前轧车的线速度，绷布滚筒之间的距离宜近一些，织物沿绷布辊的包角尽量大一些，此外，还可加些扩幅装置。织物从前轧碱槽至后轧碱槽约 40~50s。

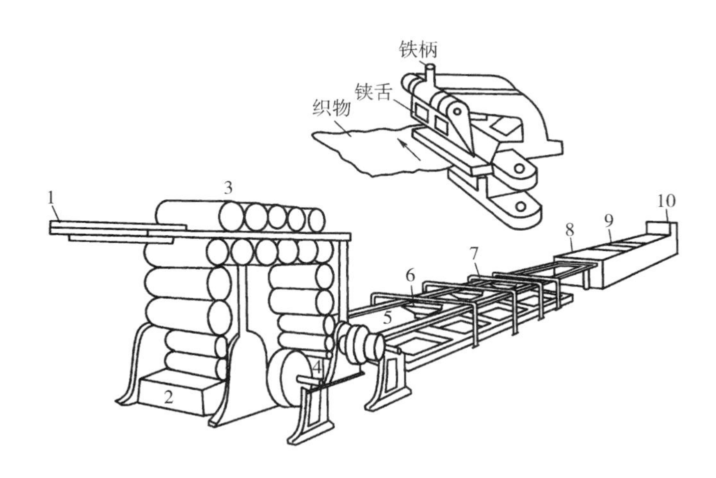

图 2-13　布铗丝光机示意图

1—进布架　2—前轧碱槽　3—绷布辊　4—后轧碱槽　5—布铗链　6—吸水板
7—冲洗管　8—去碱箱　9—平洗机　10—出布架

布铗链扩幅装置主要是由左右两排各自循环的布铗链组成。布铗链长度为14～22m，左、右两条环状布铗链各自敷设在两条轨道上，通过螺母套筒套在横向的倒顺丝杆上，摇动丝杆便可调节轧道口之间的距离。布铗链呈橄榄状，中间大，两头小。为了防止棉织物的纬纱发生歪斜，左、右布铗长链的速度可以分别调节，将纬纱维持在正常位置。

当织物在布铗链扩幅装置上扩幅达到规定宽度后，将稀热碱液（70～80℃）冲淋到布面上，在冲淋器后面，紧贴在布面的一面，有布满小孔或狭缝的平板真空吸水器，可使冲淋下的稀碱液透过织物。这样冲、吸配合（一般5冲5吸），有利于洗去织物上的烧碱。织物离开布铗时，布上碱液浓度低于50g/L。在布铗长链下面，有铁或水泥制的槽，可以储放洗下的碱液，当槽中碱液浓度达到50g/L左右时，用泵将碱液送到蒸碱室回收。

为了将织物上的烧碱进一步洗落下来，织物在经过扩幅淋洗后进入洗碱效率较高的去碱箱。箱内装有直接蒸汽加热管，部分蒸汽在织物上冷凝成水，并渗入织物内部，起着冲淡碱液和提高温度的作用。去碱箱底部呈倾斜状，内分成8～10格。冲洗下来的稀碱液在箱底逆织物前进方向流入布铗长链下的碱槽中，供冲洗之用。织物经去碱箱去碱后，每千克干织物含碱量可降至5g以下，接着在平洗机上再以热水洗，必要时用稀酸中和，最后将织物用冷水清洗。

（2）直辊丝光机。图2-14是直辊丝光机示意图，由进布装置、轧碱槽、重型轧辊、去碱槽、去碱箱和平洗槽等部分组成。

织物先通过弯辊扩幅器，再进入丝光机的碱液浸轧槽。碱液浸轧槽内有许多上下交替相互轧压的直辊，上面一排直辊包有耐碱橡胶，穿布时可提起，运转时紧压在下排直辊上，下排铸铁硬直辊浸没在浓碱中。由于织物是在排列紧密且上下辊相互紧压的直辊中通过，因此强迫它不发生严重的收缩，接着经重型轧辊轧去余碱，而后进入去碱槽。去碱槽与碱液浸轧

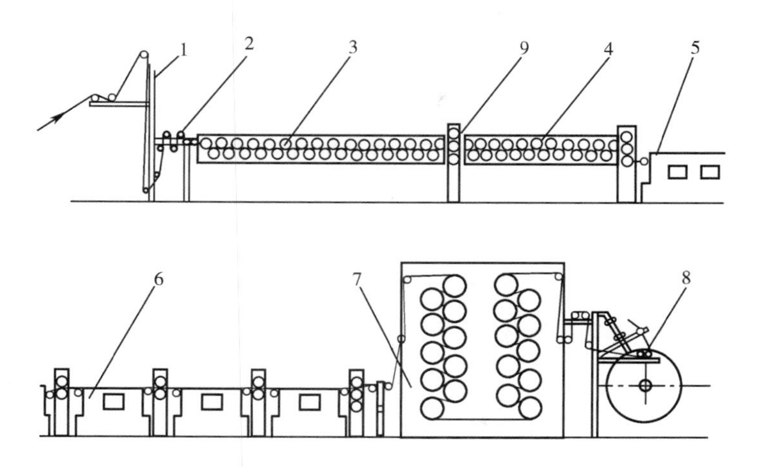

图 2-14 直辊丝光机示意图

1—进布装置 2—扩幅装置 3—直辊渗透区 4—直辊稳定区 5—去碱蒸箱
6—平洗机 7—烘燥机 8—落布装置 9—重型轧车

槽结构相似，也是由铁槽和直辊组成，下排直辊浸没在稀碱洗液中，以洗去织物上大量的碱液。最后，织物进入去碱箱和平洗槽以洗去残余的烧碱，丝光过程即完成。

近年来，使用布铗与直辊联用的丝光机，并取得了较满意的丝光效果。

5. 丝光棉的性质

(1) 光泽。光泽是指物体对入射光的规则反射程度，也就是说，漫反射的现象越小，光泽越高。丝光后，由于不可逆溶胀作用，棉纤维的横截面由原来的腰圆形变为椭圆形甚至圆形，胞腔缩为一点，如图 2-15 所示，整根纤维由扁平带状［图 2-16 (a)］变成了圆柱状［图 2-16 (b)］。这样，对光线的漫反射减少，规则反射增加，因而光泽显著增强。

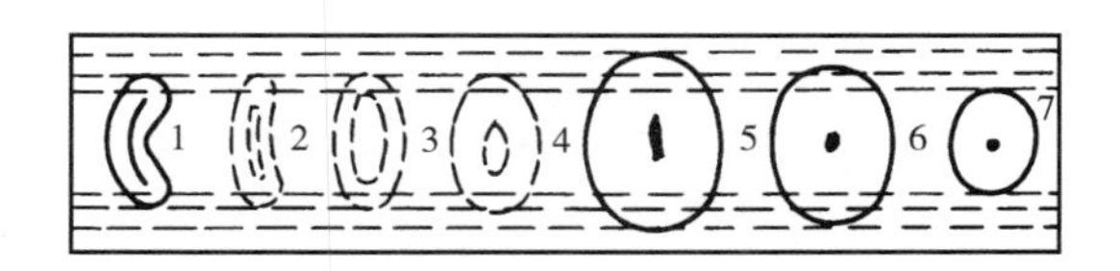

图 2-15 棉纤维在丝光过程中截面的变化

1~5—纤维在碱液中继续溶胀 6—溶胀后，再转入水中开始发生收缩 7—完全干燥后

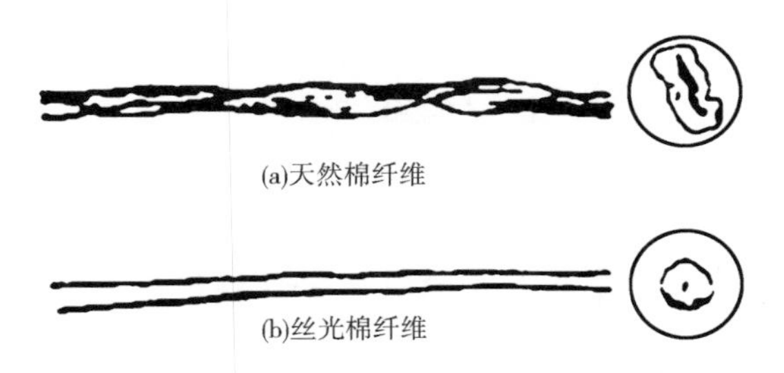

(a)天然棉纤维

(b)丝光棉纤维

图 2-16 棉纤维丝光前后的纵向和横截面

（2）定形作用。由于丝光是通过棉纤维的剧烈溶胀、纤维素分子适应外界的条件进行重排来实现的，在这个过程中，纤维原来存在着的内应力减少，从而产生定形作用，尺寸稳定，缩水率下降。

（3）强度和延伸度。在丝光过程中，纤维大分子的排列趋于整齐，取向度提高，同时纤维表面不均匀的变形被消除，减少了薄弱环节。当受外力作用时，就能由更多的大分子均匀分担，因此断裂强度有所增加，断裂延伸度则下降。

（4）化学反应性能。丝光棉纤维的结晶度下降，无定形区增多，而染料及其他化学药品对纤维的作用发生在无定形区，所以丝光后纤维的化学反应性能和对染料的吸附性能都有所提高。

（二）液氨处理

1. 液氨处理原理　棉纤维在生长及加工中受到了张力，纤维中氢键网络发生变形，应变就储存在纤维中，形成了内储应变。液氨的溶胀和收缩效应的基础是原纤维内部与原纤维之间氢键网络的断裂，形成纤维素和液氨的复合物，导致早先形成的应力应变的松弛。用液氨处理，由于进入纤维结构的是比较小的氨分子，因此溶胀过程迅速，在几秒钟内就已基本完成。织物前处理条件对反应速度的影响很小，在迅速发生的溶胀过程中，纤维的厚度有了增加，纱线和织物收缩，产生缩力，又由于纤维溶胀而使之更加互相紧贴，消除了滑移和断裂的机会。同时，由于氨与纤维素形成的是氢键结合物，氮原子的孤电子对能与纤维素的羟基反应成 N—OH，取代 O—OH 而形成较好的膨润性合成物。当氨去除时，合成物分解。因此液氨处理其溶胀能力强，同时能明显地改善织物的机械服用性能。

2. 液氨处理工艺　图 2-17 为液氨处理设备，织物进入桑福瑟特整理联合机后，先通过 3 个烘干烘筒，使织物上的含潮率在 3%左右，避免影响织物上的液氨浓度。为了防止热的织物进入液氨槽中，导致液氨过度挥发，所以在进入氨化前，一定要先经冷却。氨化室的进布缝道有双层封口和一道 240Pa 的真空封口，防止氨气逸出。织物进入氨化室，即在一台内装定

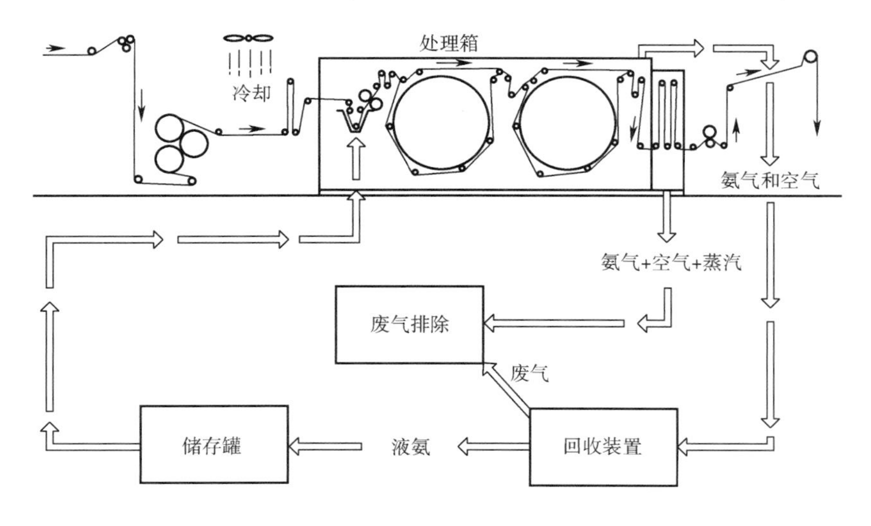

图 2-17　液氨处理设备

量液氨的两辊浸轧槽中浸轧，液氨温度保持在−33.4℃沸点左右，这时织物已被99%的氨气所包覆，浸轧后先在氨气中定时透风，使织物在液氨和氨气中暴露时间共5～10s。此后即在氨化室的剩余部分中进行加热处理，先经合成纤维呢毯式烘干机，用蒸汽加热，去除织物上的90%～95%的氨，氨气用排气装置抽送至冷冻压缩机中，将氨气压缩冷冻，重新液化以备再用。液氨大约有5%～10%被织物吸收并与棉纤维化学结合，但可用水取代去除。因此织物离开氨化室后即用饱和蒸汽汽蒸，汽蒸出来的氨导入氨气处理设备。织物出蒸箱后再经透风和喷射蒸汽以去除残余的氨味。

第四节 麻及麻型织物的练漂

麻纤维也是天然纤维，主要化学成分也是纤维素，但在物理结构和性质上与棉相比较有较大的差异，同时两者在含杂方面也有着很大的不同。麻纤维的特点是纤维素含量低，果胶杂质含量高。麻品种不同，纤维中杂质的含量和各种杂质的比例也不同。因此，麻类纤维的练漂比棉困难，具有独特工艺。

一、苎麻织物的前处理

苎麻可纯纺加工成麻织物，其织物制成成衣后，穿着挺括、吸湿和散湿快、不贴身、透气、凉爽，是夏季服装的良好面料，也是抽绣工艺品如床单、被罩、台布、窗帘的理想材料。

苎麻收割后，从麻茎上剥取麻皮，并从麻皮上刮去表皮，得到苎麻的韧皮，经晒干后就成为苎麻纺织厂的原料，称为原麻。原麻中含有大量杂质，其中以多糖胶状物质为主，这些胶状物质大都包围在纤维的表面，把纤维胶合在一起而呈坚固的片条状物质。纺纱前必须将韧皮中的胶质去除，并使苎麻的单纤维相互分离，这一过程就称为脱胶（degumming）。苎麻纤维胶质的含量一般在15%以上，必须把胶质含量降低到2%左右，才能进行纺纱。织成织物后，视含杂质的情况和产品要求，再进行不同程度的练漂。

（一）苎麻纤维的脱胶

苎麻化学脱胶分为预处理、碱液煮练和后处理三个阶段。苎麻脱胶的工艺流程为：扎把→浸酸→冲洗→高压二次煮练→水洗→打纤→酸洗→冲洗（→漂白→精练）。

1. 预处理工艺 预处理工艺主要包括拆包、扎把、浸酸等工序。拆包、扎把是把质量相近的麻束扎成0.5～1.0kg的小把，为碱液煮练做好准备。然后在40～50℃、浴比为1∶10、2g/L的硫酸溶液中浸1h。浸酸后及时进行冲洗和煮练。

2. 碱液煮练工艺 碱液煮练是苎麻化学脱胶中最重要的环节，原麻中绝大部分胶质都是在这一过程中去除的。多数工厂采用高压二煮法工艺，高压煮练的压力一般为0.196MPa，温度120～130℃，头煮时间为1～2h，二煮时间为4～5h。二煮烧碱用量为原麻的10%左右，二煮的残液作为下一批头煮碱液用。

3. 后处理工艺 后处理工艺主要包括打纤、酸洗、水洗、漂白和精练等。打纤又称敲麻，它是利用机械的槌击和水的喷洗作用，将已被碱液破坏的胶质从纤维表面清除，使纤维松散、柔软。酸洗是用1~2g/L的硫酸中和纤维上的残余的碱液以及纤维上残胶等有色物质，使纤维进一步松散、洁白。随后再洗去纤维上残留酸和残留胶质。若用于纺高特纱，脱胶后即可；若用于纺高档纱，还要用次氯酸钠浸漂，用稀烧碱液进行精练，进一步降低残留胶质，改善纤维的润湿和柔软性，提高纤维白度，加工成精干麻。

（二）苎麻织物的练漂

苎麻织物的练漂，基本上与棉织物的练漂相似，由烧毛、退浆、煮练、漂白和半丝光等工序组成。

1. 烧毛 苎麻纤维织物一般用接触式圆筒烧毛机烧毛。由于苎麻纤维刚性大，纤毛粗，毛羽较多，若烧毛不净，在服用中苎麻纤维织物有刺痒感。必要时，半丝光前再进行第二次烧毛。

2. 退浆 根据织物上浆料的种类和性质，选择合适的退浆工艺，如是淀粉浆，可采用淀粉酶退浆工艺。

3. 煮练 苎麻织物的煮练液由18g/L烧碱、7g/L纯碱组成，在0.196MPa压力（120~130℃）下，煮练5h。对于稀薄织物，可在常压溢流染色机上进行，煮练液由5g/L烧碱、5g/L纯碱和3g/L肥皂组成，浴比为1∶10，在95~100℃下，煮练2h。

4. 漂白 苎麻织物漂白可以绳状或平幅方式进行。绳状漂白织物先浸轧1.8g/L有效氯的次氯酸钠溶液，然后堆置1h。平幅漂白可避免折皱条痕，而且不易造成漂斑。氯漂后用H_2O_2脱氯，可获得良好的漂白效果。

5. 半丝光（semi-mercerizing） 苎麻纤维的结晶度和取向度明显高于棉纤维，本身已有较好的光泽。强度高，延伸度低，用较高浓度碱处理，反而会降低织物的强度，并使手感粗硬。因此苎麻织物一般用150~180g/L烧碱溶液进行半丝光。通过半丝光可明显提高纤维对染料的吸附能力，从而提高染料的上染率。如果进行常规丝光，苎麻渗透性会大大提高，染料易渗透入纤维内部，使苎麻织物表观得色量降低，染色效果反而不好，这也是苎麻织物丝光工艺与棉织物的不同之处。

二、亚麻织物的前处理

亚麻也是重要的纺织原料之一，亚麻织物具有吸湿散热快、透气性好、纹理自然、色调柔和、挺括大方等独特风格，广泛用于服装、服饰等领域。

（一）亚麻纤维的脱胶

亚麻纤维的浸渍脱胶是利用某些以果胶物质、半纤维素等胶杂质为碳素营养的微生物，将其转化为低分子的简单物质这一特性实现脱胶的；亚麻纤维也可采用化学物质破坏麻茎中的黏性物质进行脱胶。亚麻纤维的脱胶按浸渍方法可分为雨露浸渍法、冷水浸渍法、温水浸渍法、空气沤麻法和汽蒸沤麻法。其中温水浸渍法得到普遍采用，处理后亚麻纤维质量比较稳定，可纺性好。按微生物的呼吸作用可分为好氧性微生物脱胶法、厌氧性微生物脱胶法和兼厌氧性微生物脱胶法三种。

（二）亚麻织物的练漂

亚麻织物的练漂，基本上与苎麻织物的练漂相似，其工艺流程一般为：翻缝→烧毛→退浆→煮练→漂白→烘干→烧毛→半丝光。

第五节 丝及丝型织物的练漂

丝织物主要指由桑蚕丝、柞蚕丝、化纤丝等长丝加工成的织物。一般化纤丝含有的杂质很少，但蚕丝织物含有较多的杂质，这些杂质主要是纤维本身固有的丝胶、油蜡、色素、无机物及碳水化合物等。此外，还含有生丝在捻丝和在织造过程中施加的泡丝浆料，以及为识别捻向所用的着色剂和操作过程中沾上的油污等人为杂质。这些天然的和外来的杂质的存在，不仅有损于丝织物特有的柔软手感，悦目的光泽，影响织物的服用性能，而且还使坯绸很难被水及染化料溶液所润湿，妨碍染整加工的顺利进行。因此，蚕丝坯绸一般都要经过前处理，即精练和漂白，简称练漂，其目的主要在于去除丝胶，与此同时附着在丝胶上的其他杂质也随着丝胶的去除而脱离织物。因此蚕丝织物的精练习惯上又称为脱胶。桑蚕丝所含的天然色素很少，而且大部分存在于丝胶中，所以桑蚕丝织物在脱净丝胶后已很洁白，一般无需进行漂白，只有对白度要求高的产品才另外进行漂白，甚至再要进行增白。柞蚕丝的色素含量较高，其色素不但存在于丝胶中，而且还存在于丝素中。所以，即使丝胶脱净，也不能完全将色素去除。因此柞蚕丝织物脱胶后必须经过漂白，才能获得洁白的白度。

一、丝织物的脱胶

（一）脱胶原理

丝胶与丝素虽然都是蛋白质，但它们的氨基酸组成、大分子中氨基酸剩基的排列以及超分子结构都存在着很大的差异。丝胶蛋白属球形蛋白，其中的极性氨基酸含量比丝素蛋白质高得多，而且分子间的排列远不如丝素整齐，结晶度低，几乎是无取向。而丝素蛋白分子呈直线形，结构简单且紧密，取向度和结晶度均较高。由于丝素与丝胶的上述差异，导致两者性质上的不同。丝素在水中不能溶解，而丝胶在水中，特别是在近沸点的水中发生剧烈溶胀，以至溶解。丝素对酸、碱等化学品及蛋白水解酶等有较高的稳定性，而丝胶的稳定性很低。利用这一特点，采用适当的化学品和工艺条件，去除丝胶而保留丝素，从而达到脱胶的目的。

（二）脱胶方法和工艺

蚕丝织物的脱胶主要有皂碱精练、酶精练（enzymatic scouring）、复合精练剂精练、碱精练、酸精练和高温高压水精练等多种方法。

1. 皂碱精练 丝胶具有两性性质，而且丝胶蛋白质的等电点偏酸性，因此，丝胶在碱性溶液中能吸碱膨化溶解或水解成可溶性的氨基酸盐。碱也能使纤维上的油脂皂化。因而碱既可以脱胶，也可以去除油脂。

肥皂属于高级脂肪酸盐，能水解生成游离碱而使溶液呈碱性（pH 值为 9~10），当精练液的 pH 值降低时，由肥皂分解出的游离碱可起缓冲作用而控制练液的 pH 值。肥皂又是一种表面活性剂，它不仅能减小溶液的表面张力而有助于均匀脱胶，还能通过乳化作用去除丝纤维上的油脂。皂碱法精练不仅脱胶效果好，而且精练后织物的强力、弹性和手感等性能优良，所以皂碱法精练作为一种传统的蚕丝精练方法经久不衰，并沿用至今。

皂碱法常以肥皂为主练剂，碳酸钠、磷酸三钠、硅酸钠和保险粉为助练剂，并采取预处理、初练、复练和练后处理等工序对蚕丝织物进行精练。预处理使丝胶溶胀，有助于均匀脱胶和缩短精练时间。初练是精练的主要过程，在较多的精练剂和较长的时间中去除大部分丝胶。复练的主要目的是漂白，以及除去残留的丝胶和杂质。练后处理则为水洗、脱水和烘干等，以除去黏附在纤维上的肥皂和污物等。皂碱精练后的蚕丝织物手感柔软滑爽，富有弹性，光泽柔亮，但精练时间较长，不适用于平幅精练，而且精练后的白色织物易泛黄。用皂碱法精练蚕丝织物时，由于练液中的钙、镁盐容易与肥皂反应，钙、镁皂会黏附在纤维上，并影响染色、印花和整理加工，因此，皂碱法精练时最好使用软水。

2. 酶精练 酶精练是将蛋白质分解酶应用于蚕丝织物的脱胶，又称为微生物精练法。与皂碱法精练相比，酶精练使废水中的 COD 值和 BOD 值明显降低。随着生物技术的发展和对环境保护的重视，蚕丝织物的酶精练工艺会得到新的进展。酶精练对丝纤维作用温和，脱胶均匀，手感柔软，精练效果好于传统的酸或碱性介质中沸煮精练的效果，特别是在降低起毛方面尤为明显。目前国内用于蚕丝织物精练的酶主要有 ZS724、S114、1398 中性蛋白酶，209、2709 碱性蛋白酶和胰酶等。各种酶皆有最适宜的作用条件。

由于酶的专一性强，精练又是在较低的温度和弱酸或弱碱的条件下进行，所以不能完全去除天然蜡质、油污和浸渍助剂。若先用碱性溶液对蚕丝织物进行短时间的预处理，则将有助于丝胶的膨化，还能去除蜡质和油剂，从而获得较好的精练效果。因此往往在酶精练的基础上再结合其他精练方法，如酶—皂精练、酶—合成洗涤剂精练和碱预处理—酶精练等，以符合各自的优势，提高精练效果。

3. 复合精练剂精练 由于丝织物的精练不仅是脱胶，还要去除多种杂质，所以需要在精练液中加入多种起不同作用的精练剂。为了便于精练操作和提高精练质量，国内外推出了不少复合型精练剂。按主要成分来分，可分为以肥皂为主和以合成洗涤剂为主的复合精练剂。复合精练剂又可分为普通复合精练剂和适用于平幅精练机的快速复合精练剂。

（三）精练设备

脱胶一般在挂练槽中进行，它是一种间歇式的生产设备，劳动强度较大，所需时间长，并易产生皱印、擦伤、白雾等疵病。脱胶还可以在绳状染色机、溢流染色机等间歇式染色设备中进行。

较新型的松式平幅连续精练机，适用于不能用绳状脱胶的丝织物。这样在挂练槽中脱胶所产生的疵病大有改善。另外，还有一种松式绳状连续练漂机，只适用于不怕皱印的织物，如乔其纱等织物的脱胶。

二、丝织物的漂白

一般桑蚕丝所含天然色素不多，并可随丝胶一同去除，所以蚕丝织物脱胶后已很洁白。而且桑蚕丝织物也不需要漂得太白，否则失去了蚕丝织物的风格特点。为了提高织物白度，常在脱胶液中加入适量的漂白剂如保险粉、双氧水等，以破坏色素和织造时施加的着色剂。所以实际生产中桑蚕丝织物的脱胶和漂白是同时进行的。但对白度要求特别高，或特别厚重难以练白的桑蚕丝织物，则需进行漂白处理。柞蚕丝、污染了的桑蚕丝、着色丝和绢丝等织物往往白度较低，甚至呈黄色或褐色，也需要进行漂白处理。因此应根据坯绸质量和最终产品的需求确定是否进行漂白加工。

适用于蚕丝织物的漂白剂分为氧化性、还原性两大类。还原性漂白剂主要用保险粉，蚕丝织物经保险粉处理后虽然白度得到提高，但白色中略带黄光，而且在空气中长久放置后已被还原的色素有重新被氧化复色的倾向，因此对白度要求较高的产品需用氧化性漂白剂漂白。氧化性漂白剂常用双氧水，漂白后蚕丝织物的白度好而且稳定持久。次氯酸钠不能用来漂白丝织物，因为它会损伤丝素且使织物泛黄。

第六节 毛及毛型织物的湿整理

从绵羊身上剪下来的羊毛，称为原毛。原毛中含有大量的杂质，通常杂质的含量约占原毛的20%~50%。原毛中的杂质可分为天然杂质和附加杂质两类，天然杂质主要为羊毛身上的分泌物羊脂和羊汗。附加的杂质主要为草屑、草籽及尘土等。因此，原毛必须经过选毛、洗毛和炭化等羊毛初步加工，去除原毛中的各种杂质，成为符合毛纺生产要求的、比较纯净的羊毛纤维。

一、洗毛

原毛在纺织前，要先洗毛以去除羊毛脂、羊汗及尘土杂质。羊毛脂主要是高级脂肪酸、高级一元醇及其复杂混合物，其熔点一般为40~45℃。羊汗主要是碳酸钾等盐类。

洗毛的方法一般有皂碱法、合成洗涤剂/纯碱法和溶剂法等。

（一）皂碱洗毛

皂碱洗毛一般用含4%油酸肥皂和2%纯碱（对原毛重）、pH值9~10、温度50℃的皂碱液，在耙式洗毛机（图2-18）上进行洗毛，时间10~20min。该机一般由四个洗毛槽组成，通常前两槽为洗涤槽，利用皂碱洗除羊毛上的绝大部分羊毛脂、羊汗和其他杂质，后两槽为漂洗槽，以清水洗涤羊毛上残余的杂质和皂碱液。

皂碱洗毛时，肥皂起主要作用。洗毛时肥皂液润滑纤维表面并渗入羊毛纤维和羊毛脂及污物之间，改变两者之间的接触角，再借机械作用使羊毛脂及污物脱离纤维，转移到洗液中，在洗液中分散成稳定的乳化体，不再重新沉积到纤维表面上去。

洗液的pH值和温度对洗毛作用及纤维的损伤度有很大影响。pH值低于9，其乳化去污

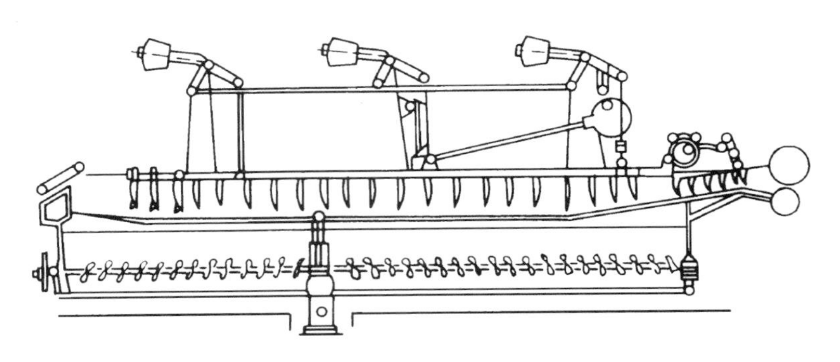

图 2-18 耙式洗毛机

能力不佳，pH 值高于 10，即使在较低的温度，也能使羊毛的强度和弹性受到损伤。从洗涤效果考虑，在碱性条件下，温度越高越有利于羊毛脂和其他杂质的去除，但羊毛的损伤越严重，还容易发生毡缩和结块，因此洗毛的温度稍高于羊毛脂熔点即可，确定为 50℃左右。

洗毛质量的好坏用羊毛含脂率来衡量。羊毛中所含的非脂杂质越少越好，而羊毛脂则保留一定量，一般国产毛羊毛脂保持在 1.2%左右，使羊毛的手感柔软丰满，并有利于梳毛和纺织过程的进行。

（二）合成洗涤剂/纯碱洗毛

由于肥皂不耐硬水，而且易于水解。因此，选用合成洗涤剂，如净洗剂 LS、209 洗涤剂、烷基磺酸钠来代替肥皂，并加一定量的纯碱进行洗毛，称为合成洗涤剂/纯碱洗毛，属于轻碱型洗毛。

（三）溶剂洗毛

溶剂洗毛的基本原理是将开松过的羊毛用有机溶剂洗涤，使羊毛脂溶解其中，然后将有机溶剂回收并分离出羊毛脂。脱脂后的羊毛经水洗去除羊汗及其他杂质。溶剂法洗毛，羊毛不发生碱损伤，不毡缩，不泛黄，洗净毛上残留的羊毛脂分布均匀，纤维松散，梳毛时纤维断裂较少，羊毛脂能回收，耗水量少，对环境友好，但设备投资费用大。

二、炭化

炭化就是用化学方法从羊毛中除草去杂。经过洗毛后，大部分天然杂质及尘土已被去除，但羊毛纤维还缠结着植物性杂质，如枝叶、草籽和草刺等碎片杂质。这些杂质的存在，不但会给后道工序带来麻烦，还有损于羊毛织物的外观，易造成染疵，特别是在染深色时尤为明显，所以必须经炭化处理将植物性杂质去除。

炭化是基于羊毛纤维和纤维素物质（植物性杂质的主要成分）对强无机酸具有不同的稳定性而实现的。在酸性条件下，纤维素分子中的 1,4-苷键迅速水解，使纤维素大分子降解成相对分子质量较小的分子，在烘干和焙烘阶段，酸浓度加大，纤维素脱水成为质脆的炭或水解的纤维素，强度降低，再通过碾碎、除尘而除去，只要控制好工艺条件，羊毛本身并不会受到明显的损伤。

根据炭化时纤维制品的形态不同，炭化的方式有散毛炭化、毛条炭化和匹炭化三种。这里重点介绍散毛炭化，其次是毛条炭化，但不论哪种炭化，其工艺流程都是由浸轧酸液、脱酸、烘干、焙烘、碎炭除杂、中和、水洗和烘干等工序组成。

（一）散毛炭化

1. 浸酸 浸酸是炭化的关键工序，直接影响炭化质量。干羊毛在室温的水中浸渍 20～30min，经离心机脱水后，在 32～55g/L 的硫酸溶液中室温浸渍 15～20min，然后再用离心脱水机脱酸，使羊毛带液率为 36%～38%，含酸量为 6%～8%。羊毛和植物性杂质的吸酸量随酸浓度的增加而增加，在其他条件相同的情况下，酸浓度越高，羊毛纤维损伤越大，因此酸液浓度应根据羊毛的品种、粗细和植物性杂质含量的多少适当调节。酸液温度升高，羊毛的吸酸量随之增加，但植物性杂质的吸酸量影响不大，因此，浸酸槽中酸液的温度应采用室温。延长浸酸时间，羊毛的吸酸量逐渐增加，而草等杂质的吸酸量变化不大。所以，浸酸时间不宜过长，一般为15～20min。

2. 烘干和焙烘 脱酸后羊毛在 60～80℃烘干，使羊毛含水率降至 15%，再在 100～110℃焙烘，羊毛的含水率在 3%以下，羊毛中的植物性杂质炭化，变成焦黄色或黑色的易碎物质。烘干和焙烘时间一般为 30～45min，烘干温度过高、时间太长都会引起羊毛降解，损伤纤维。但另一方面，烘干必须充分，否则在焙烘过程中会引起羊毛水解。焙烘温度过高，时间过长，羊毛的损伤越严重，因此焙烘温度不要超过 110℃，时间不宜太长。

3. 碎炭除杂 自烘房出来的羊毛上混有已炭化的纤维杂质，经过压炭机将焦脆的草屑、草籽碾碎，再通过机械作用和风力使碾碎的尘屑脱离羊毛纤维。

4. 中和与水洗 羊毛经水洗后，再用 1%～2%的纯碱溶液中和，最后用水洗去碱，使羊毛达到中性。

5. 烘干 中和水洗的羊毛通常在帘式烘干机上以 60～70℃的温度进行烘干，烘至规定的回潮率，然后成包。

散毛炭化通常在散毛炭化联合机上进行。

（二）毛条炭化

毛条炭化的工艺流程与散毛炭化相似，在改进后的毛条复洗机上进行。毛条炭化设备简单，占地面积小，水电耗用量低，劳动生产率高，炭化质量好。炭化处理前的毛条由于预先经过梳理及针梳，纤维比较松散，大的草杂已在梳毛中去除，因此可以采用较低浓度的硫酸、较短的浸渍时间和在较低的焙烘温度下进行炭化。毛条炭化对纤维损伤小，植物性杂质的炭化比较彻底，并可大大减少织物的修补工时。

三、洗呢

（一）洗呢的目的和原理

毛织物在洗涤液中洗除杂质的加工过程称为洗呢。原毛在纺纱之前已经过洗毛加工，毛纤维上的杂质已被洗除，但在染整加工之前，毛织物上含有纺纱、织造过程中加入的和毛油、抗静电剂、蜡液和浆料等物质，烧毛时留在织物上的灰屑，在搬运和储存过程中所沾污的油污、灰尘等，这些杂质的存在，将会影响毛织物的光泽、手感、吸水性以及染色性能，所以必须在洗呢过程中将其除去。

洗呢是利用表面活性剂对毛织物的润湿、渗透、洗涤、乳化和分散等作用，再经过一定的机械挤压、揉搓作用，使织物上的污垢脱离织物并分散到洗涤液中加以去除。洗呢过程中除要洗除污垢和杂质外，还要防止羊毛损伤，更好地发挥其固有的手感、光泽和弹性等特性，减小织物摩擦，防止呢面发毛或产生毡化现象。适当保留羊毛上的油脂，一般精纺织物的洗净呢坯含油脂率0.6%，粗纺织物的洗净呢坯含油脂率为0.8%，使织物手感滋润。最后，还要用清水洗净织物上残余的净洗剂等，以免对织物的染色等加工造成不利影响。

（二）洗呢设备及工艺

1. 洗呢设备 洗呢加工方式不同，所使用的设备也有区别，洗呢设备有绳状洗呢机、平幅洗呢机和连续洗呢机。图2-19是绳状洗呢机示意图。绳状洗呢机有上、下两只滚筒，其中下滚筒为主动，上滚筒为被动，上、下滚筒形成一个挤压点，绳状织物通过该挤压点时受到挤压作用，使污物被洗脱。机槽的作用是储存洗液和呢坯，机械正常运转时，织物在机槽内不会缠结。分呢框的作用是分开运转中的呢坯，该机构与自动装置相连接，当呢坯打结时，可使机械停止运转。污水斗在大滚筒之下，其作用一是向机内加洗涤剂时，通过污水斗，洗涤剂均匀地分散在机槽内；二是冲洗织物时，把污水斗下面的水口关闭，将呢坯中挤出的污水排出机外，以洗净织物。现在已从自动控制、提高洗效、提高车速等方面进行了改造。绳状洗呢机每次可洗4~8匹织物，洗呢效果好，洗后织物手感好。但费时、耗水、生产效率低，适合于粗纺呢绒及中厚精纺织物的洗呢。若操作不当，易产生折痕。

为了提高洗呢效率，开发了高速洗呢机，在洗呢机的挤压滚筒后加装挡板，织物通过挤压滚筒后，以较高的速度撞击挡板，提高了织物中水的交换效率，减少了洗涤时间。图2-20是高速绳状洗呢机的基本结构示意图，高速洗呢机呢坯运行速度可以高达600m/min，有些高速设备甚至可达到1000m/min。

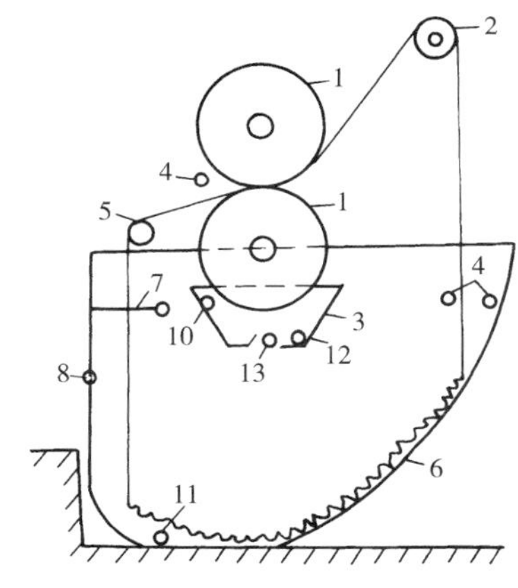

图2-19 绳状洗呢机示意图

1—上、下滚筒 2—后导辊 3—污水斗
4—喷水管 5—前导辊 6—机槽 7—分呢框
8—溢水口 9—放料口 10—加料口
11—出水口 12—保温管 13—污水出口管

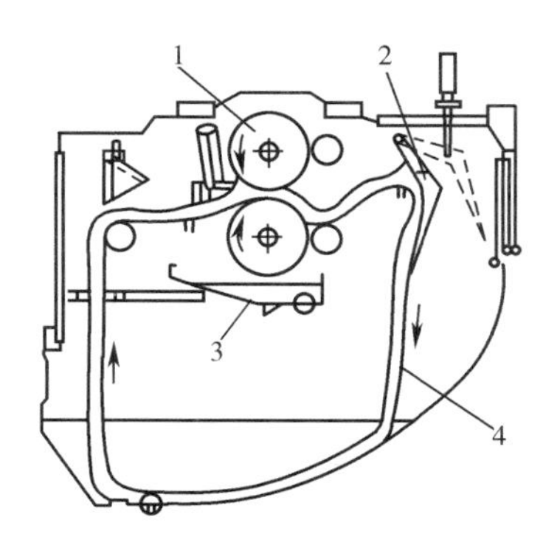

图2-20 高速绳状洗呢机示意图

1—挤压滚筒 2—挡板
3—污水斗 4—织物

2. 洗呢工艺 洗呢效果和洗后织物的风格与洗涤剂种类、洗呢工艺条件有密切的关系，因此，应根据织物的含杂情况、品种和加工要求等合理制定洗呢工艺条件。

（1）温度。从理论上讲，提高温度，可以提高洗呢效果。因为提高洗液温度，可以提高洗液对织物的润湿和渗透能力，增强纤维的膨化，削弱污垢与织物间的结合力，因而可提高净洗效果。但温度超过某一限度，尤其在碱性介质中，往往会损伤羊毛纤维，使织物呢面发毛毡化、手感粗糙、光泽不好。因此，合适的洗呢温度应当既满足净洗效果的要求，同时又不损伤羊毛，在保证洗净效果的前提下，洗呢温度越低越好。一般情况下，纯毛织物及毛混纺织物的洗液温度为40℃左右；纯化纤仿毛织物，尤其是含黏胶纤维成分的织物，洗呢温度应控制在50℃左右。

（2）时间。洗呢时间是根据纤维原料的含杂情况、坯布的组织规格以及产品的风格而确定的。洗呢时间的长短影响净洗效果、织物的风格和手感。在洗呢过程中，全毛精纺中厚织物不但要求洗净织物，而且要洗出风格，所以洗呢时间一般比较长，为40~120min。匹染的薄型织物和毛混纺织物，对手感的要求相对较低，所以洗呢时间稍短些，一般为40~90min。粗纺毛织物洗呢的目的，主要是洗净织物，其产品风格是靠缩呢工艺来实现的，所以洗呢时间较短，一般为30min。高速洗呢的时间则相应缩短。

（3）浴比。洗呢浴比主要决定于织物的种类和洗涤设备。洗呢浴比不仅影响洗呢效果，而且也影响原料的消耗。浴比大，匹呢运转时变动大，为保持洗液浓度，就需要使用较多的洗涤剂，而且引起织物的漂浮；浴比小，使用的洗涤剂相对较少，而且对于精纺织物还有轻微缩绒作用，洗后织物手感更佳。但浴比过小，则织物浸渍不透，会造成洗呢不匀而容易产生条形折痕，容易引起呢面收缩不匀形成缩斑，使手感粗糙，花型模糊和纹路不清等。总之，生产时采用的浴比以洗液浸没织物并且织物运转顺畅为宜，精纺织物因要求纹路清晰，手感柔软，富有弹性，浴比要大些，一般为1∶5~1∶10。粗纺织物结构较疏松，洗后还需缩呢，浴比可小些，一般为1∶5~1∶6。

（4）pH值。从洗涤效果来讲，pH值越高，净洗效果越好，因为碱性物质能使和毛油中的动、植物油脂皂化，同时又抑制肥皂的水解作用，并增强其乳化能力，使肥皂充分发挥洗涤作用。实际生产中，含油污较多的呢坯，使用洗剂为肥皂和纯碱，pH值控制在9.5~10；而油污较少的呢坯一般用合成洗涤剂，pH值控制在9~9.5。用于调节pH值的碱剂有纯碱、氨水等，其中以使用氨水的效果更好，因为氨水碱性低于纯碱，而且洗后产品的手感、光泽较好。pH值较高时，虽有利于洗净呢坯，但如果温度较高，羊毛纤维易受损伤，从而影响羊毛制品的光泽、手感以及强力。因此，加工时应从净洗效果和羊毛损伤两方面综合考虑，控制洗液的pH值在9~10。

（5）压力。洗呢机上有一对大滚筒，织物经过时要受到挤压作用，以促使污垢脱离织物。挤压作用强，洗呢效果好。挤压力的大小是由上滚筒的质量决定的。洗呢时压力的控制应视织物的品种而定。一般来讲，纯毛织物压力可大些，毛混纺织物的压力要适当小些，尤其含有腈纶和黏胶纤维的混纺织物，因纤维的弹性差，压力更应小些，甚至可以不加，压力过大易产生折痕。

（6）洗后冲洗。洗呢完毕必须用清水冲洗，以去掉织物上的洗呢残液。洗后冲洗是一道非常重要的工序，因为如果呢坯冲洗不净，将直接影响后道加工的质量。冲洗时间和冲洗次数应根据织物的含污情况和水流量而定，生产上多采用小流量多次冲洗工艺。第1道、第2道流量小些，水温稍高些（比洗液温度高3~5℃），以后水量逐渐加大，水温逐渐降低，冲洗5~6次，每次10~15min。呢坯出机时，pH值应接近中性，温度与环境温度相同即可。

（7）呢速。洗呢时的车速对洗呢效果也有很大的影响，特别是在冲洗时，冲洗效果的好坏与水的流量有关，也与呢坯前进速度有关。呢速过快，呢坯容易打结；呢速过慢，影响净洗效率，所以要控制呢速。精纺织物呢速一般采用90~110m/min，粗纺织物呢速一般采用80~100m/min。

四、煮呢

（一）煮呢的目的和原理

羊毛纤维在纺纱、织造过程中，经常受到外力的作用，织物内部存在着不平衡的内应力，当坯布下机后，若进行松式加工，如洗呢、缩呢、染色等，在湿热条件下，会导致纤维不均匀收缩，使呢面呈现皱缩、不平整及尺寸不稳定的现象。

煮呢就是将呢坯浸入高温水浴中给予一定的张力定形，获得平整、挺括的外观和丰满柔软的手感。由于作用时间充分和煮呢后的冷却，其定形效果比较持久，可以防止在后续湿整理过程中呢坯产生组织歪斜、折痕、皱印等疵点，有利于提高产品质量。煮呢是精纺毛织物整理的重要工序，化纤仿毛产品经过煮呢处理，也可使织物平整，手感和光泽得到改善。

煮呢会使织物缩呢性降低，所以粗纺织物很少采用，基本用于精纺毛织物，而且可以安排在洗呢前后或染色前后进行。

煮呢时，毛织物在一定的温度、湿度、张力、压力共同作用下经过一定时间，羊毛蛋白分子中的二硫键、氢键和盐式键等逐渐被减弱、拆散，内应力减小，以致呢坯不均匀收缩的缺陷也随之消除。羊毛蛋白分子在较长时间的湿处理中，还会在新的位置上建立起新的交键。如果在张力下羊毛经受较高温度和较长时间处理，纤维分子间在新的位置上建立的交联则能稳定下来，从而获得定形的效果。

（二）煮呢设备

毛织物煮呢是在专用的煮呢机上进行，煮呢机主要有单槽煮呢机和双槽煮呢机，此外还有蒸煮联合机等。

1. 单槽煮呢机 单槽煮呢机是最普通的一种煮呢设备（图2-21）。其结构简单，在煮呢过程中织物受到较大的压力和张力作用，因此煮后织物平整，光泽好，手感挺括，富有弹性。单槽煮呢机主要用于薄织物及部分中厚型织物。

用单槽煮呢机煮呢时，在槽内先放入适量的水（浸至下滚筒2/3处），开蒸汽调节水温，根据加工品种，调整上滚筒压力。平幅织物经张力架、扩幅板进机，然后正面向内反面向外卷绕在下滚筒上。卷绕时要保证织物呢边整齐、呢坯平整。卷呢完毕，再绕以细布数圈，煮呢辊在槽内缓缓转动。加上上滚筒压力并开始用蒸汽加热，按工艺条件煮呢，第一次煮呢完

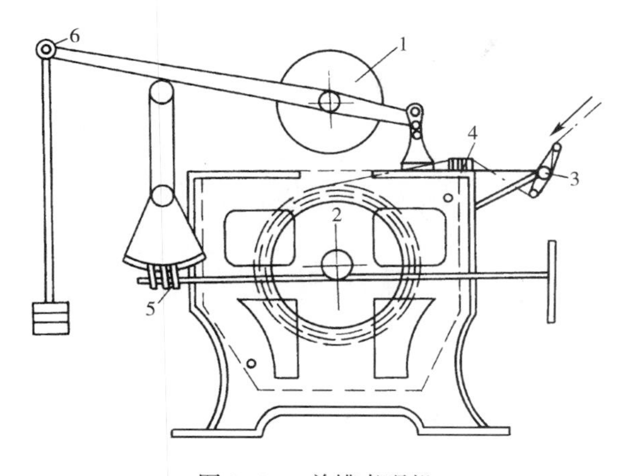

图 2-21 单槽煮呢机

1—上滚筒 2—下滚筒 3—张力架 4—扩幅板 5—蜗轮升降装置 6—杠杆加压装置

毕，将织物倒头反卷，在相同的条件下进行第二次煮呢，以获得均匀的煮呢效果，然后冷却出机。单槽煮呢由于煮呢过程中要翻身调头，所以生产效率低，而且当温度、压力过高时织物易产生水印。

2. 双槽煮呢机 双槽煮呢机的结构与单槽煮呢机相似（图 2-22），可以看作是由两台单槽煮呢机并列组成。煮呢时，呢坯往复在两个煮呢槽的下滚筒上进行，所以生产效率高。平幅织物在双槽煮呢机中煮呢，所受的张力、压力较小，所以煮后织物手感丰满、厚实，织纹清晰，并且不易产生水印，但定形效果不及单槽煮呢机好。该型机械主要用于华达呢等要求织纹清晰的织物。

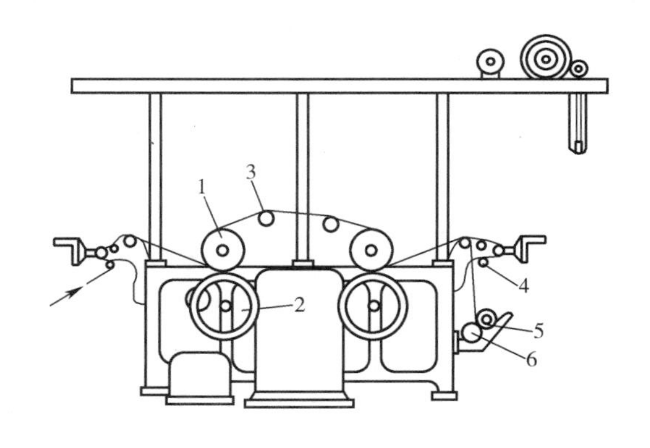

图 2-22 双槽煮呢机

1—上轧辊 2—下轧辊 3—扩幅板

4—张力架 5—牵引辊 6—卷呢辊

3. 蒸煮联合机 为了增强定形效果，将毛织物进行蒸呢、煮呢联合加工，可获得不同的手感和光泽。蒸煮联合机由拉幅装置、蒸煮槽、蒸煮辊、成卷辊和退卷出呢装置等组成（图 2-23）。利用蒸煮机对毛织物煮呢时，平幅织物经电动吸边，针板拉幅后，和包布共同卷绕在蒸煮辊上，吊入蒸煮槽内，蒸煮时可通热水内外循环，均匀穿透织物进行热煮，热煮后可通蒸汽由里向外汽蒸。一般是先热煮，后汽蒸，蒸毕再以冷水内外循环冷却或抽气冷却。可以单独热水煮呢或汽蒸，也可以两者结合进行。利用蒸煮联合机煮呢，呢匹经纬张力均匀，煮呢匀透，冷却彻底，煮后织物具有良好的定形效果及手感，弹性足，并且生产效率高，适用于薄型及中厚织物。其缺点在于操作不当时易产生呢边深浅或水印。

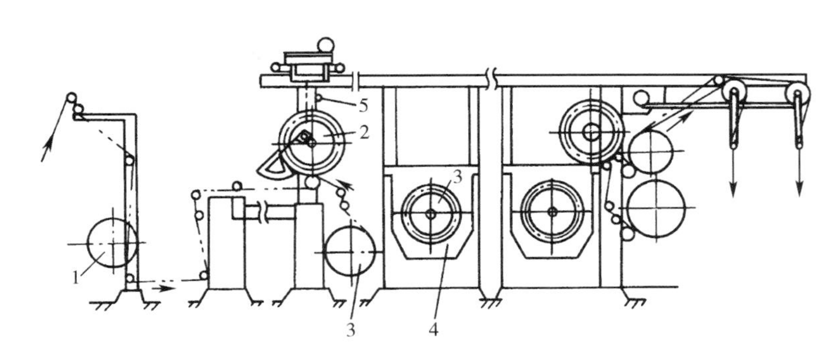

图2-23　蒸煮联合机

1—成卷辊　2—蒸煮辊　3—包布辊　4—蒸煮槽　5—吊车

（三）煮呢工艺

1. 温度　从羊毛定形的角度来讲，煮呢温度越高，定形效果越好。从实验结果来看，当温度接近100℃时，羊毛才会获得稳定的定形效果。但温度越高，羊毛所受损伤越大，表现为强度下降，手感发硬，而且色坯会褪色、沾色、变色。实际生产中的煮呢温度视纤维性质、织物结构、风格要求、染色性能及后面工序而定，一般高温约95℃，中温约90℃，低温约80℃。低于80℃定形效果甚微。白坯煮呢一般选取较高温度；色坯煮呢一般选择的温度宜低些。粗而刚性较强的纤维，纱线捻度较大或轻薄硬挺的织物，温度可高些；细而柔软的纤维，松软丰厚的织物，温度可低些。

2. 时间　一般煮呢时间越长，定形效果越好。因为煮呢时间长，旧键拆散较多，新键较稳定，因而定形效果好。如果煮呢时间过短，原有交键被拆散，而新键未建立或建立不完全，定形稳定性差，会产生“过缩”或“暂时定形”的现象。但是煮呢时间过长，在高温下处理，羊毛会受到损伤，而且时间越长，强力损失越多，所以煮呢时间的选择要均衡考虑。

煮呢时间与温度有直接关系，煮呢温度高，煮呢时间短，而煮呢温度低，则所需时间长。高温短时，生产效率高，定形效果好，但易引起煮呢效果不匀，易于煮呢过重，损伤纤维，颜色萎暗。低温长时，纤维不受损伤，但定形效果差。一般采用稍低温度、较长时间煮呢，可获得较好的定形效果。正常煮呢温度下，煮呢时间约需1h。

3. pH值　从煮呢效果来看，煮液pH值偏高，定形效果好，但高温碱性煮呢易使羊毛损伤，羊毛角朊大分子主键水解，纤维强力降低，手感粗糙，色泽泛黄。煮呢液pH值低，定形效果差，而且易造成“过缩”现象。白坯煮呢时，pH值大多控制在6.5~7.5。色坯煮呢时，为防止某些色坯在煮呢过程中颜色脱落，并使织物获得良好的光泽和手感，应在弱酸性条件下煮呢，可以在煮呢液中加入少量有机酸，调节煮液的pH值为5.5~6.5。

4. 张力和压力　煮呢时织物上机张力和上滚筒压力对产品风格和手感有很大影响。织物上机张力越大，伸长越多，内应力降低越快，越有利于定形。张力大小可通过张力架角度调节。张力过大，会使织物幅宽收缩过多，手感过于板硬；张力过小，则会引起上机不平，易生成鸡皮皱，而且手感松软。张力的大小可根据织物品种不同，要求手感、风格不同而定。

要求手感丰厚的，如中厚花呢等，张力可小些，以便于织物加热时，可产生一定的回缩；要求手感挺括的，如薄花呢等，张力可大些，有利于薄滑平整。但要注意的是上机张力应始终保持一致。

织物煮呢时，经受上滚筒的压力，使织物表面平滑而有光泽，手感挺括。但对要求呢面丰满或纹路凹凸清晰或易生水印的织物，则应减小压力，甚至卸压煮呢。滚筒两端的压力要与中央均匀一致，否则会使呢面凸起，或造成水印。所谓水印，是由于织物中纱线变形移位，引起光线反射不一致而给人以波纹斑块不匀的光学效果。斜纹织物如华达呢、哔叽、贡呢等容易产生，颜色越深越明显。为了避免产生水印，应适当降低压力和温度或采用衬布。

5. 冷却方式 煮呢完毕需要冷却，冷却不仅对定形效果起着重要作用，而且对织物的手感有重要影响。冷却方式主要由冷却温度和时间控制，冷却温度越低，冷却时间越长，定形效果越好，但要与煮呢温度配合，煮呢温度越高，降温的效应越为显著。目前使用的冷却方式有突然冷却、逐步冷却和自然冷却三种。突然冷却是煮呢后将槽内热水放尽，放满冷水冷却，或边出机边加冷水冷却。突然冷却的织物挺括、滑爽、弹性好，适用于薄型织物。逐步冷却为煮呢后逐步加冷水，采取冷水溢流的方式冷却，用这种方法冷却的织物手感柔软、丰满，适用于中厚织物。自然冷却为煮呢后织物不经冷却，出机后卷轴放置在空气中自然冷却8~12h，自然冷却的织物手感柔软、丰满、弹性好，并且光泽柔和、持久，适用于中厚高档织物。总之，煮呢后的织物冷却越透，定形效果越好。降温速度对织物手感有明显影响，急速降温手感挺括，缓慢降温手感柔软而有弹性。

（四）煮呢工序的安排

煮呢的工序根据产品不同品种设计风格的要求和染整设备来确定，有先煮后洗、先洗后煮和染后复煮三种选择。

1. 先煮后洗 可使织物先初步定形，在以后的洗呢、染色加工中可减少织物的皱折和收缩变形，一般用于要求挺括风格和一些带格子的品种，可起到提高织物平整度，改善织物身骨的效果。薄型织物如凡立丁、派力司等，呢面平整度要求高，须强调洗呢前煮呢的预定形作用，煮呢时温度应高些，张力应大些，时间应长些，防止以后洗呢时呢面发皱。有些品种煮呢一次达不到要求，常采用先煮后洗、洗后复煮的方式进行两次煮呢。洗后复煮可提高定形效果，呢面平整，并可改进手感。先煮后洗适用于呢坯质量好、纱疵织疵少、呢面洁净、少油疵的呢坯。否则纺织疵点暴露更加明显，呢坯上的油污一经高温处理更难去除，甚至发生沾污。

2. 先洗后煮 可使织物手感柔软，丰厚，滑细而有弹性，光泽柔和。国内采用这种工序安排的较多。特别是对于织疵和含油污较多的呢坯更加适宜，一般用于毛哔叽、中厚花呢等织物。其缺点是对于薄平纹及疏松结构织物易产生呢面不平整和发毛等疵病，而对于条格花色织物容易变形。

3. 染后复煮 在染色完成后再次定形，可以消除染色出现的折痕，提高织物的平整度。一般用于对定形要求较高的品种，用以补充染色过程中所损失的定形效果，去除染色过程中所产生的折痕，从而增进织物的平整度，有利于刷毛、剪毛，可使手感活络，光泽好。但如果复煮条件控制不当，容易使呢坯褪色、沾色或变色，所以染色牢度较差的毛织物不宜采用染后复煮工艺。但也可以利用复煮褪色这个特点，对一些染色色差进行修正。但因为多了一道湿热处理工序，容易引起纤维损伤，成本也有所提高。

五、缩呢

（一）缩呢目的

在水和表面活性剂作用下，毛织物经受反复挤压的湿处理，使织物变得结构紧密、手感柔软丰满、尺寸缩小、表面浮现一层致密绒毛的加工过程叫作缩呢。粗纺毛织物下机呢坯结构疏松，手感僵硬，外观粗糙，缩呢前后呢坯外观变化较大。精纺织物一般不缩呢，少数需要呢面有轻微绒毛的品种如啥味呢，可进行轻度缩呢。

缩呢的目的是使毛织物收缩，质地紧密，厚度增加，弹性及强力获得提高，保暖性增强，手感柔软丰满。缩呢还可使毛织物表面产生一层绒毛，从而遮盖织物组织和某些织造疵点，改进织物外观，并获得丰满、柔软的手感。粗纺毛织物通过缩呢作用，可达到规定的长度、幅宽和单位质量等，是控制织物规格的重要工序。

（二）缩呢设备

毛织物的缩呢加工，是在专用的缩呢设备上进行的。缩呢机有多种类型，其中常用的有滚筒式缩呢机和洗缩联合机两种。滚筒式缩呢机应用更为普遍，我国生产的缩呢机有轻型缩呢机和重型缩呢机，这两种缩呢机的结构、织物运转及缩呢方式基本相同。

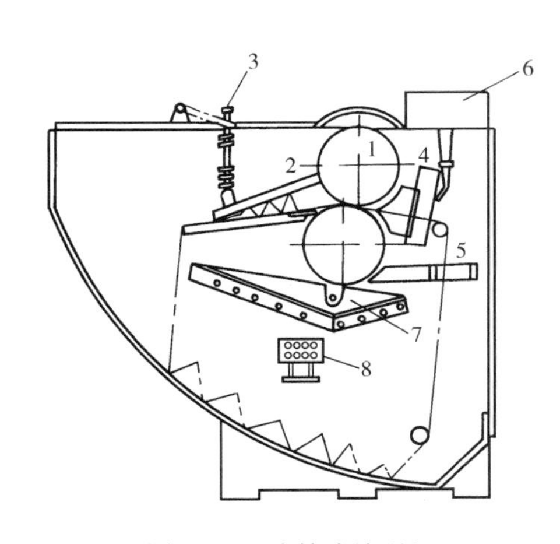

图 2-24　滚筒式缩呢机

1—滚筒　2—缩箱　3—加压装置　4—缩幅辊　5—分呢框　6—储液箱　7—污水斗　8—加热器

1. 滚筒式缩呢机　滚筒式缩呢机的结构如图 2-24 所示。缩呢机有上、下两只大滚筒，下滚筒为主动辊，可牵引织物前进，上滚筒为被动辊，绳状织物经过两滚筒间时受到挤压作用，从而促进缩呢加工。滚筒压力的大小可用手轮进行调节。缩箱是由两块压板组成的，上压板采用弹簧加压，调节活动底板和上压板之间的距离，即可控制织物径向所受到的压力大小，从而控制织物的长缩。而织物的幅缩是由缩幅辊完成的。缩幅辊由一对可以回转的立式小辊组成，两辊之间的距离可以调节。当两辊之间距离较小时，织物纬向受到压缩，所以可通过调节两辊间的距离来调节缩幅。分呢框的作用是防止在缩呢机中运转的织物纠缠打结。呢坯打结时，抬起分呢框便可自动停车。在操作缩呢机时，必须注意机内清洁卫生，检查机件，保证设备正常运转。缩呢加工时，要经常检查呢坯的长缩、幅缩和呢面情况，以保证缩呢质量。如发现呢坯有破洞、卷边及折卷问题，要停机进行处理，不可在运转中用手加以纠正。用硫酸作缩剂时要及时洗净呢坯，防止发生风印及纤维损伤。织物进行缩呢时的运转流程为：大滚筒→缩箱→机槽→导辊→分呢辊→导辊→缩幅辊→大滚筒。

缩呢时，呢匹以绳状由滚筒带动在设备中循环，并把呢匹推向缩呢箱中，由缩箱板的挤压作用使织物长度收缩，织物出缩箱后滑入底部，然后再由滚筒牵引经分呢框和缩幅辊后，重复循环，完成缩呢加工。

2. 洗缩联合机　洗缩联合机是洗呢机和缩呢机的结合，在同一机器上达到既缩呢又洗呢的目的。洗缩联合机的结构如图 2-25 所示。

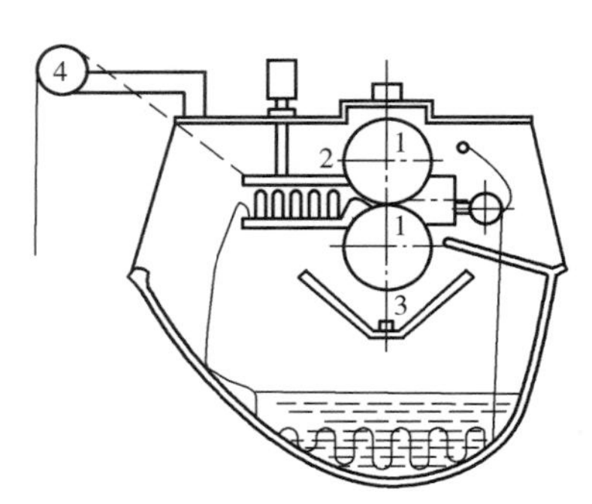

图 2-25　洗缩联合机
1—滚筒　2—缩箱
3—污水斗　4—出呢导辊

在洗呢机的上下滚筒前后分别装有缩呢板和压缩箱等缩呢机构。洗缩联合机多用于轻缩产品，洗呢时，伴以适当的缩呢作用，如法兰绒和要求呢面丰满的中厚型精纺织物，加工时间短，效果较好，但不宜用于单纯的缩呢加工，不仅效率低，而且缩后织物的绒面较差。

（三）缩呢工艺

羊毛织物缩呢时，其缩呢效果与缩呢剂的种类、缩呢液的 pH 值、温度及机械压力有密切的关系。

1. 缩呢剂　干燥的羊毛是不能进行缩呢的，织物必须在含有缩呢剂的水溶液中才能获得缩呢效果。因为缩呢剂水溶液可以使羊毛润湿膨胀，鳞片张开，增强羊毛纤维的定向摩擦效应，利于纤维的相互交错，提高其弹性和润滑性等，同时也可提高羊毛的延伸性和回缩性，使纤维之间易于相对运动，从而利于缩呢加工的进行。

常用的缩呢剂有肥皂、合成洗涤剂及酸类物质等。缩呢剂的浓度应视织物品种及含污情况而定。重缩呢或含污较大时，缩呢剂浓度应高些，但浓度过高，缩呢速度慢而且不均匀。而浓度过低则润湿性差，缩呢过程中落毛多，缩呢后织物的绒面手感松薄，效果不好。一般干坯缩呢时，肥皂浓度为 30~60g/L，湿坯缩呢时，肥皂浓度为 80~150g/L。当缩液中加入的纯碱或缩剂有效成分高时，可以适当减少缩呢剂用量。

2. pH 值　按照所用缩呢剂和 pH 值不同，毛织物缩呢可分为酸性缩呢、中性缩呢和碱性缩呢三种方法。在 pH 值小于 4 或大于 8 的介质中，羊毛伸缩性能好，定向摩擦效应大，织物缩绒性好，面积收缩率大，而 pH 值为 4~8 或大于 10 时，缩绒性较差，且 pH 值大于 10 时羊毛也易受损伤。因此，一般碱性缩呢 pH 值以 9~10 为宜，酸性缩呢 pH 值在 4 以下较好。若有良好的缩呢剂配合，在中性条件下也可获得较好的缩呢效果。

3. 温度　缩呢温度对缩呢效果影响也很大，提高缩呢液的温度，可促进羊毛织物的润湿、渗透，使纤维溶胀，鳞片张开，从而加速缩呢的进行。但当温度过高时，纤维的拉伸、回缩能力较差，负荷延伸滞后现象越来越明显，回缩性能降低，反而不利于缩呢。所以碱性缩呢温度一般控制在 35~40℃左右，酸性缩呢温度可高些，一般在 50℃左右。但需注意，这一温度是由缩呢的热量、毛织物本身热量以及机械运转摩擦所产生的热量共同维持的。

4. 压力　羊毛纤维虽然具有缩绒性，但缩呢时如果不施加外力使纤维发生相对运动，是不会产生明显的缩呢效果的。施加外力可以使毛纤维紧密毡合。一般来讲，机械压力越大，缩呢速度越快，缩后织物越紧密；而压力小时，缩呢速度慢，缩后织物较蓬松。缩呢时压力的大小，要根据织物的风格要求来控制，既要使织物的长、宽达到规格要求，同时又要保证呢面丰满，并且不损伤羊毛。

5. 其他因素 影响缩呢效果的其他因素包括原料、纺织加工工艺及染整加工工艺等。例如：纯羊毛织物、细毛织物、短毛织物的缩呢效果比混纺织物、粗毛织物、长毛织物的要好。毛纱细、捻度大的织物缩呢效果不如毛纱粗、捻度小的织物缩呢效果好；经纬纱密度小的松结构织物比密度大的紧密织物缩呢效果差；交叉点多、浮毛短的织物比交叉点少、浮毛长的织物缩呢困难；起毛后织物有利于缩呢；炭化毛、染色毛的织物缩呢效果不如原毛好等。

毛织物经缩呢整理后，粗纺织物经向缩率一般为10%~30%，纬向缩率为15%~35%；精纺织物经向缩率一般为3%~5%，纬向缩率为5%~10%。

六、脱水及烘呢定幅

（一）脱水

脱水的目的是去除染色或湿整理后织物上的水分，便于运输和后续加工。烘呢前脱水应尽量降低织物含湿量，以缩短烘干时间和节省能源，提高效率。常用的脱水设备有离心脱水机、真空吸水机和轧水机。离心脱水机的脱水效率高，织物不伸长，但脱水不均匀，加工效率低，织物容易产生折痕，脱水后织物含湿率一般控制在30%~35%。真空吸水机脱水较均匀，织物平幅脱水，不会产生折皱。能连续操作，加工效率高，劳动强度低，脱水时织物经向受到一定张力的作用，所以脱水后织物伸长1%~2%。脱水效率较低，脱水后织物含湿率为35%~45%，一般适用于精纺织物。轧水机的脱水效率高，脱水均匀，多用于精纺织物，轧水后织物含湿率为40%左右。

（二）烘呢定幅

1. 烘呢定幅目的及要求 毛织物在进入干整理加工前都要进行烘呢定幅，其目的是烘干织物并保持适当的回潮率，同时将织物幅宽拉伸到规定的要求。烘呢加工时不能将织物完全烘干，否则毛织物手感粗糙，光泽不好；但烘干不足，会使织物收缩，呢面不平整。所以烘干时要保持一定的回潮率，全毛织物及毛混纺织物回潮率一般控制在8%~12%左右。

2. 烘呢设备 毛织物一般较厚，烘干较慢，烘干所需的热量较多，所以宜采用多层热风烘干。生产上一般使用多层热风针铗拉幅烘干机（图2-26），适用于精纺、粗纺织物的烘干。

该机的工作幅宽为1140~1830mm。用于粗纺织物的车速为5.3~15.9m/min，用于精纺织物的车速为6.25~18.75m/min，烘房内存呢为30m，烘房温度70~110℃，织物采用针板拉幅，具有自动进呢、脱针自停和超喂装置，超喂率为0~18%。烘呢定幅时呢匹运行路线为：张力架→自动吸边器→超喂装置→呢边上针毛刷压盘→随链条进入烘房烘呢→烘后出机。

3. 烘呢工艺

（1）温度。烘呢温度过高，回潮率过低，手感粗糙，浅色织物易于泛黄；烘呢温度过低，则回潮率过高，使烘干织物幅宽不稳定。烘干温度应根据织物的松紧、厚薄、轻重以及

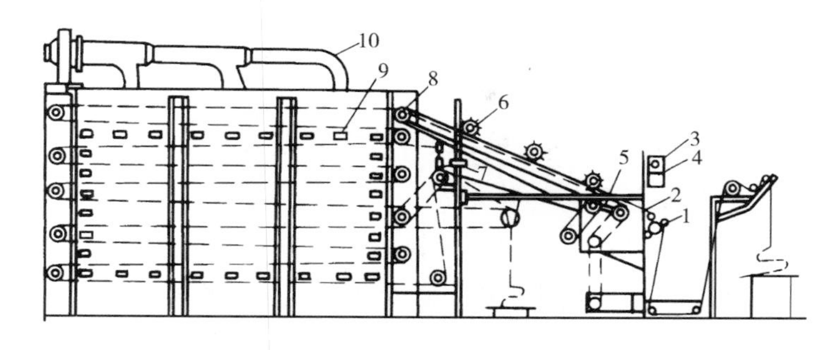

图 2-26 多层热风针铗拉幅烘干机

1—张力架 2—自动调幅、上针装置 3—无级变速调节开关 4—按钮 5—超喂装置
6—呢边上针毛刷压盘 7—调幅电动机 8—拉幅链条传动盘 9—蒸汽排管 10—排气装置

纤维类别而定。精纺织物对手感要求高，烘呢温度可低些，一般为 75~80℃；粗纺织物的含水率高些，烘呢温度应高些，一般为 80~90℃；化纤织物则可高温烘干，但需注意染料的升华牢度。

（2）呢速。呢速的选择应视烘房温湿度、织物结构和含潮率及烘呢后织物定形效果、织物风格等因素权衡而定。对于薄型织物，车速可快些，温度可低些；而丰厚织物，温度要高些，车速慢些。

精纺织物烘呢有三种方法：一种是高温快速烘呢，烘房温度 90~110℃，呢速 16~20m/min，产量虽高，但烘呢质量较差；一种是中温中速，烘房温度 70~90℃，呢速 10~15m/min，适用于含水率低的薄型织物；还有一种是低温低速，烘房温度 60~70℃，呢速 7~12m/min，适用于中厚型全毛及混纺织物。粗纺织物较为厚重，不易烘干，一般采用高温低速，烘房温度以 80~90℃、呢速 5~8m/min 为宜。

烘干结束，纯毛织物的回潮率应控制在 8%~13%，混纺织物应考虑各混纺组分的标准回潮率，取其加权平均并照顾回潮率较大的组分。

（3）张力。烘呢张力对产品质量和风格有较大影响。对于要求薄、挺、爽风格的精纺薄型织物，应增大伸幅和经向张力，一般拉幅 6~10cm，精纺中厚织物要求丰满、厚实的风格，伸幅不宜过大，经向张力也应低一些，一般拉幅控制在 2~4cm。为增加丰厚感，粗纺织物一般拉幅 4~8cm，对于精纺中厚织物、松结构织物及粗花呢经向需适当超喂，一般为 5%~10%。

第七节 化学纤维的练漂

化学纤维在制造过程中，已经过洗涤、去杂甚至漂白，因此化学纤维比较洁白无杂质。但化学纤维织物在织造过程中要上浆且可能沾上油污，因此仍需进行一定程度的练漂。为了改善织物的服用性能，通常将化学纤维与天然纤维混纺或将一种化学纤维与另一种或多种化学纤维混纺，以便相互取长补短。本节对几种常见的化学纤维及其混纺织物的前处理做一简要介绍。

一、再生纤维素纤维织物的前处理

（一）黏胶纤维织物的前处理

黏胶纤维对化学试剂敏感性较大，湿强度较低，而且易产生变形，在加工时，不能使用过分剧烈的工艺条件，同时要采用松式设备，以免织物受到损伤和发生变形。

黏胶纤维织物的练漂加工工序与棉织物基本相同。一般需烧毛、退浆、煮练、漂白等。黏胶纤维织物烧毛条件应缓和，可用气体烧毛机进行烧毛。退浆是黏胶纤维织物前处理的重要工序，根据所上浆料的种类，采用不同的退浆方法。黏胶纤维织物一般多用以淀粉为主的浆料上浆，淀粉浆有各种退浆方法，但因黏胶纤维对化学试剂的稳定性比棉纤维差，适宜采用淀粉酶退浆，退浆率要求在80%以上。纯黏胶纤维织物一般不需要煮练，必要时可用少量纯碱或肥皂轻煮。如果黏胶纤维织物上的是化学浆，则可把退浆、煮练合在一起。工作液组成为：纯碱1g/L，磷酸钠0.3g/L，净洗剂5g/L。黏胶纤维织物经退浆、煮练后已有较好的白度，一般不必漂白。若要求较高的白度，可用过氧化氢或次氯酸钠或亚氯酸钠漂白，其漂白方式与棉织物基本相同。用次氯酸钠漂白时，漂液中有效氯含量一般不超过1g/L。漂后再水洗、酸洗、脱氯并充分水洗。黏胶纤维织物本身有光泽，由于耐碱性差，一般不丝光。若与棉混纺，练漂时应采用无张力机械，如绳状松式浸染机。

（二）Lyocell纤维织物的前处理

Lyocell纤维为新一代绿色再生纤维素纤维，纤维湿模量大，易于原纤化，在染整加工中易产生死折痕、擦伤、露白等疵病。因此，对Lyocell纤维织物来说，原纤化的控制是染整加工成败的关键，在前处理过程中有时需采用专门的防原纤化助剂进行处理。

Lyocell纤维织物的前处理工艺流程为：烧毛→碱氧一浴法退浆→原纤化→纤维素酶处理。

1. 烧毛 Lyocell纤维在织造过程中由于机械摩擦会产生大量长的绒毛，这些长绒毛是产生初次原纤化的主要位置，在烧毛工序中必须彻底去除，否则会加重原纤化及纤维素酶处理的负担。烧毛采用二正二反气体烧毛，车速70～80m/min，使用预刷毛装置，烧毛质量应达到4～5级。

2. 退浆 Lyocell纤维本身无杂质，在织造过程中施加了以淀粉或变性淀粉为主的浆料，可采用酶或碱氧一浴法退浆。采用碱氧一浴法退浆时，加入的氧化剂为双氧水，双氧水不仅有退浆作用，而且对Lyocell纤维织物还有一定的漂白作用，使后续的染色得色鲜艳。碱氧一浴法的退浆液中应加入具有良好润湿、渗透和分散作用的表面活性剂，如GJ—101。退浆液的组成为：烧碱（100%）20g/L，双氧水（100%）7g/L，GJ—101 10g/L，精练剂6～10g/L。40℃浸轧，轧余率90%～100%，堆置16～18h。退浆率高，有利于后续的原纤化加工。

3. 原纤化 Lyocell纤维是一种易原纤化的纤维。原纤化是微纤维沿纤维表面开裂伸出，并相互捻接。微纤维绒毛很容易起球，严重影响织物的外观，必须均匀而彻底地去除。原纤化的目的是在松弛和揉搓状态下，将纱线内部的短纤维末端尽量释放出来。机械控制和助剂的选用是控制原纤化程度的基本手段。同时采用低浴比，升高温度，加强机械摩擦等方法均有利于原纤化。

原纤化加工在气流染色机中进行，织物在气流染色机中不断频繁地变换接触面。为了防止擦伤和折痕的产生，需要加入润滑剂。工作液组成为：润滑剂 Cibafluid C 2~4g/L，Na_2CO_3 2~5g/L，温度 95~105℃。机械的运转速度一般在 300m/min，时间 60~100min，保证一次原纤化充分。暴露出来的绒毛，在以后的工序中用纤维素酶去除，形成光洁表面。原纤化是酶处理的基础。

4. 纤维素酶处理 酶处理的目的是去除原纤化过程中形成的绒毛，这一过程对需要光洁织物来说非常重要。以丹麦诺和诺德公司生产的纤维素酶进行加工为例，酶液的组成为 Culousil P 3~5g/L，润滑剂 2~3g/L，浴比 1∶10，pH 值 4.5~5.5，温度 60~65℃，运转 45~60min。处理完毕后加入 NaOH 2g/L，使 pH 值在 9~10，然后升温至 80℃，运转 10~15min，使酶失活，再在 60℃清洗。生产中一定要控制好温度和 pH 值，否则会影响处理效果，使织物表面不光洁，或过度降解使织物强力受到损伤。

（三）Modal 纤维织物的前处理

Modal 纤维系第二代再生纤维素纤维，具有高湿模量、高强力，因此，Modal 纤维织物对染整加工设备适应性强，无特殊工艺要求。

Modal 纤维织物的练漂加工工序与黏胶纤维织物基本相同，一般需烧毛、退浆、煮练、漂白等，由于 Modal 纤维具有高湿模量，可进行半丝光加工。Modal 斜纹织物的前处理一般工艺流程为：冷堆→烧毛→漂白→半丝光。

冷堆液组成：烧碱（100%）35~45g/L，双氧水（100%）10~15g/L，精练剂 8g/L，渗透剂2g/L,螯合剂 1~2g/L，稳定剂 6~8g/L。多浸二轧（轧余率 100%），旋转堆置 24h。堆置结束后烧毛。

烧毛采用二正二反气体烧毛机烧毛，车速 100m/min，烧毛等级 4 级。

漂液组成：双氧水（100%）3~4g/L，螯合剂 1~2g/L，稳定剂 4~5g/L，烧碱（100%）0.6~0.9g/L，pH 值 10.5。多浸一轧，轧余率 90%，汽蒸 100℃、45min，汽蒸后充分清洗。

（四）竹纤维织物的前处理

第一章已述及，目前市场上竹纤维，主要是竹浆纤维，实质是竹浆黏胶纤维。竹纤维的韧性和耐磨性较好，但强力较差，尤其是湿强力低，在染整加工中要特别注意减少其强力损伤。

竹纤维织物的练漂加工工序与黏胶纤维织物基本相同，一般需烧毛、退浆、漂白等。竹纤维由于强力低，常与棉等纤维混纺，竹/棉织物一般还需要进行丝光。纯竹纤维织物的前处理一般工艺流程为：烧毛→退浆→漂白。

竹纤维表面存在着不同程度的绒毛，为了提高竹纤维织物表面的光洁度，需要进行烧毛处理。烧毛工艺为二正二反，烧毛等级 4 级以上。

竹纤维所含杂质较少，主要含有织造时上的淀粉浆料，因此需要退浆。由于竹纤维不耐碱，一般采用淀粉酶冷轧堆工艺进行退浆处理。退浆液组成为：淀粉酶 2g/L，渗透剂 1~2g/L，织物二浸二轧退浆液，在30~35℃堆置8~10h。退浆后应充分水洗，以洗去布面残留浆料。

由于竹纤维表面含有微黄色素，在染浅色及鲜艳色泽前，需进行漂白处理。漂白液组成为：双氧水（100%）2.5~3g/L，纯碱3g/L（调节pH值），稳定剂4g/L，95~98℃汽蒸40~60min。汽蒸后应充分水洗，使白度均匀，毛效好。

二、合成纤维织物的前处理

（一）精练、漂白

合成纤维织物的练漂在于去除纤维在制造过程中施加的油剂，织造时所黏附的油污和上的聚丙烯酸酯或PVA等合成浆料，使织物更加洁白。

纯涤纶织物可用3~5g/L肥皂、1g/L纯碱和0.3g/L硅酸钠溶液进行退浆、煮练，在100℃处理60min左右，然后充分水洗。如需漂白，可平幅浸轧双氧水漂液（100% H_2O_2 1~3g/L、硅酸钠2~5g/L、pH值10~11）或亚氯酸钠漂液（$NaClO_2$ 5~20g/L，pH值3~4），然后汽蒸、水洗。

纯锦纶织物可在卷染机上精练，工艺为：在含有5g/L纯碱、5g/L 613净洗剂和2.5g/L渗透剂JFC的溶液中，在80~90℃处理2道，98~100℃处理4道，60℃水洗2道，室温水洗1道。如需漂白，可用0.5~2g/L亚氯酸钠溶液，用醋酸调整pH值为3~4，然后在80℃处理30~60min，再充分水洗。

（二）热定形

1. 热定形目的 热定形是利用合成纤维的热塑性，将织物保持一定的尺寸和形态，加热至所需的温度，使纤维分子链运动加剧，纤维中内应力降低，结晶度和晶区有所增大，非晶区趋向集中，纤维结构进一步完整，使纤维及其织物的尺寸热稳定性获得提高的加工过程。

合成纤维的大分子结构中一般不含有亲水基团，分子链排列紧密，结构紧凑，在常温下合成纤维的缩水现象不明显。但合成纤维在纺丝成型中热处理时间短，存在内应力；在织造和染整加工中，又受到拉伸和扭曲等机械力的反复作用，发生某种程度的变形，也存在内应力。这使得合成纤维及其织物遇热会发生收缩和起皱。

热定形的主要目的是消除织物上已有的皱痕、提高织物的尺寸热稳定性（主要指高温条件下的不收缩性）和不易产生难以去除的折痕。此外，热定形还能使织物的强力、手感、起毛起球现象和表面平整度等性能获得一定程度的改善或改变，对染色性能也有一定的影响。因此，合成纤维织物及其混纺或交织织物，在染整加工过程中都要经过热定形处理。而且根据品种和要求的不同，有些合成纤维织物还需要经过两到三次的热定形处理。

从处理效果看，定形有暂时定形和耐久定形（习惯上称为永久定形）两种。经过耐久定形后的纤维、纱线或织物，在后续加工或服用过程中，遇到湿、热和机械单独或联合作用，都能保持定形时的状态。根据热定形工艺有水与否，定形又分为湿热定形和干热定形两种。对同一品种的合成纤维织物来说，达到同样定形效果时，采用湿热定形的温度可比干热定形的温度低一些。锦纶和腈纶及其混纺织物，往往多用湿热定形工艺，而涤纶由于吸湿溶胀性很小，因此涤纶及其混纺织物采用干热定形工艺。

2. 热定形机理 含有合成纤维的织物维持一定的形状经过热定形后，织物尺寸热稳定性提高的根本原因是由于在热定形过程中纤维大分子链段发生了重排，微结构单元产生了变化。在玻璃化温度（T_g）以下，纤维无定形区大分子链中的原子或原子团只能在平衡位置上发生振动，分子间作用力不被拆散，链段亦不能运动。当温度高于 T_g时，分子链段热运动加剧，分子间作用力被破坏，这时若对纤维施加张力，分子链段便能够按外力的作用方向进行蠕动而重排，保持在张力冷却过程中。相邻分子链段间在新的位置上重新建立起分子间作用力，冷却后这种新的状态便被固定下来，原有的应力则减小。在热定形过程中，涤纶、锦纶的结晶度随热定形温度的提高而提高，结果使纤维的热稳定性也得到提高。

一般认为涤纶或锦纶中晶粒的大小和完整性各不相同，其分布状态如图 2-27 中“原来”曲线所示。在某一温度下进行热定形时，纤维中比较小而完整性又比较差的晶体（原来曲线阴影部分）发生了熔化，比较大而且完整的晶体非但不熔化，相反还会得到增长，即增大和变得完整，从而纤维的结晶度得到提高，这样就使晶粒的大小及完整性分布达到一个新的状态，如图2-27T_1 以后所示。假如将经 T_1 定形后的纤维，再经过更高温度 T_2 热处理，则可在新的状态下，获得更高的尺寸热稳定性。

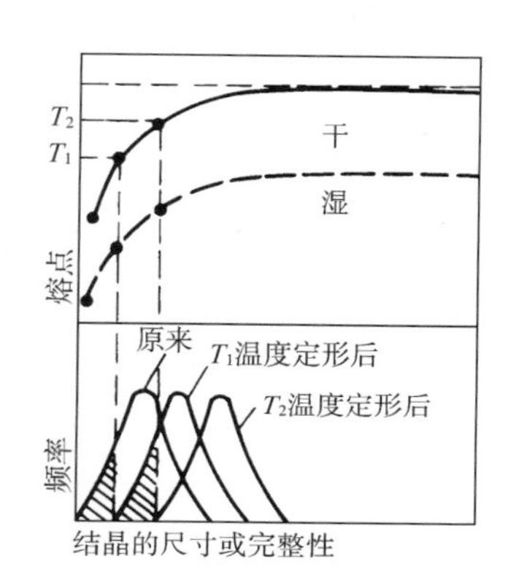

图 2-27 纤维中晶区的大小和完整性示意图

水分或其他溶剂会使整个熔点曲线往下移，这就是达到同样的定形效果，采用湿热定形时的温度，可比干热定形温度低的缘故。

热定形过程中，腈纶的蕴晶区尺寸变大，取向度无变化，重建一些更为强固的新的联结点，蕴晶区完整性提高，非晶区侧序度中取向度随热定形温度的提高而下降，非晶区因大分子运动加剧而重排，内应力减小，热稳定性得到提高。

3. 热定形设备 目前合成纤维热定形设备主要是以热空气为介质的热风焙烘机，按热空气的受热方式可分为：电热式、油热式、燃气式；按织物的运送方式可分为：针铗式、导辊式、悬挂式。其中用于合成纤维干热定形的主要设备是针铗式热风拉幅定形机，如图 2-28 所示。针铗式热风拉幅定形机主要由进布装置、超喂装置、探边器、扩幅装置、加热及风道系统、烘房、出布装置等组成。

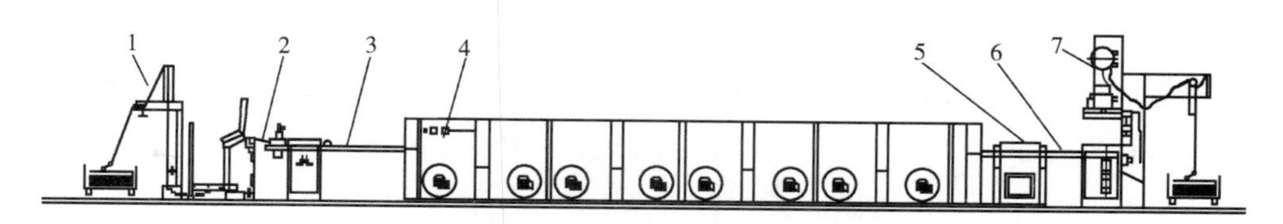

图 2-28 针铗式热风拉幅定形机结构示意图

1—进布架 2—超喂装置 3—布铗链伸幅装置 4—烘房 5—冷风 6—输出装置 7—冷却装置

（1）超喂装置。超喂是指织物喂入针铗的速度大于针铗本身运行的速度时造成的超量喂布状态。它可以降低进布时织物的经向张力，便于纬向扩幅。

（2）扩幅装置。进布端左右各有一支调节轨板间距的调幅丝杆，该调幅丝杆由可变转向的专用电动机拖动，而两台专用电动机的运转状态分别由同侧探边器传感，按上述运行织物边缘位置的变化来控制。

（3）烘房。定形机烘房呈热风循环设计，如图2-29所示。在烘房出布端上下各有一组轴流风机，供上、下风道喷风。由轴流风机吹出的热风，经楔形风道均匀从上、下各喷嘴喷出，垂直吹向织物的两面。织物在一定经、纬向张力作用下，受到上、下对吹的热风焙烘，从而完成定形过程。

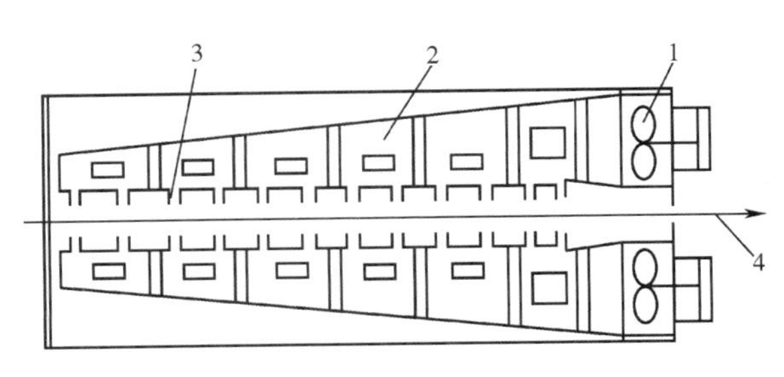

图2-29　烘房结构示意图

1—轴流风机　2—风道　3—喷嘴　4—织物

（4）出布、冷却装置。织物热定形后出烘房，进入出布、冷却阶段。冷却方式大致有两种：一种是直接向布面表面喷吹冷风，使织物温度下降；另一种是冷水辊冷却，织物绕过冷水循环空心滚筒，使织物直接与冷水循环滚筒表面接触而降温。一般落布温度控制在50℃以下。为了保证良好的冷却效果，通常可采用喷吹冷风和冷水辊冷却相结合的办法。织物出烘房后，先由上、下几组窄缝喷口喷冷风降温，然后脱离针板，再经夹套式冷水辊冷却，最后落布。

4. 热定形工艺　涤纶或涤棉混纺织物进行热定形加工时，一般是使具有自然回潮的织物，以一定的超喂进入针铗链，两串针铗刺住布边并调节针铗链间距离，使织物伸幅。一般将织物的幅宽拉伸到比成品要求略大一些，如大2~3cm，然后织物随针铗链的运动进入热烘房，在一定的张力下进行热定形处理。热定形温度通常根据织物品种和要求等确定，纯涤纶织物往往在180~220℃，涤棉混纺织物在180~210℃，时间为20~30s。锦纶及其混纺织物干热定形温度为190~200℃（锦纶6）或190~230℃（锦纶66），处理时间为15~20s。腈纶织物经170~190℃，处理15~16s后，可以防止后续加工中形成难以消除的折皱，并能防止织物发生严重的收缩，但纤维有泛黄倾向。含氨纶弹力织物的热定形温度一般在150~185℃之间，如超过195℃，会引起纤维弹力的较大损失。织物离开热烘房后，要保持定形时的状态进行强制冷却，可以采用向织物喷吹冷风或使织物通过冷却辊的方法，使织物温度降到50℃以下落布。

含锦纶织物多采用湿热定形，定形后织物手感较干热定形丰满、柔软。湿热定形可分为热水浴和汽蒸两类。热水浴定形最普通的方法是将织物在沸水中处理 2~6h，定形效果稍差；汽蒸定形一般是在高压釜中进行，温度可达 125~135℃，处理 20~30min 可获得较好的定形效果。汽蒸定形若采用饱和蒸汽，则定形效果与水浴法接近，若采用过热蒸汽，则接近于干热定形，加工时通常将织物卷绕在多孔的可抽真空的辊上，然后放入汽蒸设备在 130~132℃汽蒸 20~30min。针织物多采用这种定形方法。

影响织物热定形效果及其性能的主要因素有热定形温度、时间和张力等。热定形温度越高，织物的尺寸稳定性也越高。热定形温度对织物染色性能的影响随纤维品种、染料性能和染色方式不同而异。对热定形不敏感的染料，涤纶织物在热熔染色时多随定形温度的升高，其上染百分率降低。对热定形比较敏感的染料，涤纶织物在浸染时，开始随热定形温度的升高，对染料的吸收不断降低，在 175℃时吸收率最低，超过 175℃后又上升，甚至超过未定形的织物。锦纶织物采用湿热定形时，其上染率提高，使用干热定形处理时，其上染率下降，在定形温度高于 150℃后对染料的吸收开始下降，超过 170℃后则显著下降。另外，干热定形易使锦纶泛黄。热定形时间取决于热源的性能、织物结构、纤维导热性和织物含湿量等。热定形过程中织物所受的张力对织物的尺寸稳定性、强力和延伸度都有一定影响，经向尺寸热稳定性随定形时超喂量的增大而提高，而纬向尺寸热稳定性则随门幅拉伸程度的增大而降低。定形后织物的平均单纱强力略有提高。

热定形工序的安排一般因织物品种、结构、染色方法和工厂条件等不同而不同，大致有四种安排：坯布定形、碱减量前定形、染色或印花前定形、染色或印花后定形。一般合成纤维及其混纺和交织织物需要经过两至三次热定形，即坯布定形、碱减量前定形或染色和印花前定形一次或两次。属于前处理的范畴，常称为预定形，在染色或印花以后再进行一次拉幅热定形，这样对染色、印花质量和成品的尺寸稳定性以及平整的外观都有保证。

在预定形中如果采用坯布定形，由于织物在进行染整加工前已经过热定形，处于一种比较稳定的状态，因此在后续加工中不致发生严重的变形。但织物上的 PVA 等浆料被固化，使其水溶性变差，而难以除去，另外一些纺丝油剂经高温挥发后，污染设备，并带来废气问题。

采用碱减量前定形和染色或印花前定形的品种较多，如经编织物、长丝机织物和涤/棉织物等。对于需采用碱减量处理的涤纶仿真丝织物，有采用三次热定形的工艺，即在精练（预缩）后和碱减量处理前先定形（预定形）一次，碱减量后和染色或印花前再定形（预定形）一次；然后在染色或印花后再经过一次拉幅热定形。

染色或印花后定形的工序，可以消除前处理及染色或印花过程中所产生的一些折痕；而且染色或印花后的工序较少，可使成品保持良好的尺寸稳定性和平整的外观。如果只采用染色或印花后定形，而在前处理中未经过热定形（预定形）的织物，则要求定形前的加工过程要用平幅设备，尽量少产生折痕，因为绳状高温染色时若造成折痕，在热定形时难以去除。并且所采用的染料要求在热定形条件下不变色，而且升华牢度要高。如涤/毛织物可采用染色后热定形，并且常将热定形过程安排在更后一些，如在剪毛后进行。

三、混纺和交织织物的前处理

（一）涤棉混纺和交织织物的前处理

涤纶和棉以一定比例混纺或交织，既保持了涤纶的优点，又改善了穿着不透气等缺点。涤纶与棉的比例，通常以涤为主的品种为涤65/棉35，代号T/C；以棉为主的品种为棉55/涤45或棉60/涤40，也有涤50/棉50的，这类织物习惯上称之为低比例涤/棉，代号CVC。

涤/棉织物的前处理工序一般包括：烧毛、退浆、煮练、漂白、丝光和热定形等。

1. 烧毛 涤/棉织物使用气体烧毛机，一般采用一正一反烧毛工艺。由于涤纶的燃烧温度为485℃，熔点为250~265℃，为了获得良好的烧毛效果，涤纶烧毛必须高温快速，绒毛的温度高于485℃，但布身的温度低于180℃，落布时布身温度要低于50℃。

2. 退浆 涤棉混纺织物上的浆料，是以聚乙烯醇为主的混合浆料。在各种浆料中，聚乙烯醇的退浆是比较困难的，可采用热碱退浆或氧化剂退浆。热碱退浆工艺为：织物浸轧80℃的含5~10g/L的烧碱溶液，堆置或汽蒸30~60min，然后用热水或冷水充分洗涤至织物上的pH值为7~8。氧化剂退浆工艺为：织物浸轧含H_2O_2 4~5g/L、适量烧碱、非离子表面活性剂的溶液，然后进行汽蒸，热水洗，冷水洗。

3. 煮练 涤/棉织物因含有棉的成分，必须通过煮练去除棉纤维中的天然杂质及涤纶上的油剂和低聚物。涤/棉织物煮练一般工艺为：织物浸轧含烧碱8~10g/L、渗透剂2~5g/L的煮练液后，在95~100℃汽蒸，然后用热水和冷水充分洗涤。如涤/棉织物中棉的比例高，则烧碱用量适量增加。但烧碱对涤纶有一定的损伤，因此应严格控制好工艺条件，既使棉纤维获得良好的煮练效果，同时又使涤纶的损伤限制在最低点。

4. 漂白 涤/棉织物的漂白主要是去除棉纤维中的天然色素，所以用于棉织物的各种漂白剂均可用于涤/棉织物漂白，其漂白的工艺条件与棉织物基本相同，但漂白剂用量相对低一些。例如用亚氯酸钠轧漂涤/棉织物的工艺为：浸轧含亚氯酸钠12~25g/L、适量活化剂的漂液，在100℃左右汽蒸45~60min，可获得良好的漂白效果。

由于涤纶耐碱性差，不可能进行充分的煮练，而漂白剂具有去杂能力。因此，涤/棉织物退浆、煮练、漂白三道工序应统筹考虑，根据不同品种和加工要求，采用一步、二步或三步法工艺。

（1）漂白涤/棉织物：亚—氧双漂工艺、碱煮加氧—氧双漂工艺。

（2）中浅色涤/棉织物：亚漂工艺、碱煮—氧漂工艺、碱煮加氧—氧双漂工艺。

（3）深色涤/棉织物：碱煮—氧漂工艺、碱煮—氯漂工艺。

5. 丝光 涤/棉织物丝光是针对其中棉纤维组分而进行的，其工艺条件基本可参照棉织物丝光。考虑到涤纶不耐碱，因此涤/棉织物丝光时碱液浓度可适当降低一些，去碱箱的温度低一点，为70~80℃。

6. 热定形 涤/棉织物热定形是针对其中的涤纶组分而进行的，其工艺条件基本上可参照纯涤纶织物热定形。涤/棉织物干热缩率一般都比纯涤纶织物低。另外，高温下棉纤维易泛黄，所以涤/棉织物热定形温度宜低一些，一般为180~200℃。

（二）黏棉混纺和交织物的前处理

黏棉混纺和交织织物的前处理工艺随粘棉的比例不同而有差异，通常比例为黏 50/棉 50 或黏 25/棉 75 等。棉成分高，其前处理工艺与棉织物相同；棉成分低，前处理的条件应缓和些。工艺流程一般为：烧毛→退浆→煮练→漂白→丝光。烧毛时，如黏胶纤维比例大，烧毛速度要稍快一些。黏/棉织物一般上淀粉浆，由于黏胶纤维对酸、碱稳定性差，所以多采用酶退浆。黏/棉织物需煮练去除棉纤维上的天然杂质。棉纤维比例高的可用烧碱进行低压煮练，压力为 0.0784～0.098MPa；棉纤维比例低的可采用烧碱和纯碱的混合碱剂进行开口煮练。黏/棉织物一般用次氯酸钠漂白，漂白工艺可参照棉织物漂白工艺。丝光时，由于黏胶纤维的耐碱性差，碱液浓度应适当降低。

（三）涤粘中长混纺和交织物的前处理

中长纤维织物混纺比例一般涤/黏织物为涤 65/黏 35 或涤 70/黏 30；涤腈织物为涤 60/腈 40、涤 65/腈 35 和涤 50/腈 50；涤/腈/黏织物为涤 50/腈 33/黏 17。由于化学纤维含杂较少，所以中长化纤织物的练漂工艺比较简单，只需要进行烧毛、退浆、煮练、定形等工艺，其工艺总的要求是简单并且为松式加工，中心是“松”。涤/黏织物的前处理工艺一般为：采用强火快速一正一反烧毛。如果烧毛不匀，将导致染色时上染不匀。采用高温高压染色的织物，最好采用染后烧毛。烧毛后直接用过氧化氢进行一浴法前处理，不但退浆率高，而且还有煮练和漂白作用，退煮后在松式烘燥设备上烘干，再在 SST 短环烘燥热定形机上，在 190℃适当超喂条件下进行热定形。

第八节 短流程前处理

退浆、煮练、漂白三道工序并不是截然隔离的，而是相互补充的，如碱退浆的同时，也有去除天然杂质、减轻煮练负担的作用。而煮练有进一步的退浆作用，对提高白度也有好处，漂白也有进一步去杂的作用。传统的三步法前处理工艺稳妥，重现性好，但机台多，能耗大，时间长，效率低。从降低能耗、提高生产效率出发，可以把三步法前处理工艺缩短为两步或一步，这种工艺称为短流程前处理工艺。由于短流程前处理工艺把前处理练漂工序的三步变为两步或一步，原三步所要除去的浆料、棉蜡、果胶质等杂质要集中在一步或两步中去除，必须采用强化方法。与常规氧漂工艺相比，碱浓度要大大提高，双氧水用量也要提高 2.5～3 倍，同时还需添加各种高效助剂。因此，一方面对棉蜡的乳化、油脂的皂化、半纤维素和含氮物质的水解、矿物质的溶解及浆料和木质素的溶胀十分有利，但另一方面在强碱浴中双氧水的分解速率显著增加，增大了棉纤维损伤的危险性，所以，短流程前处理需严格掌握工艺条件。

一、两步法前处理工艺

两步法前处理工艺分为织物先经退浆，再经碱氧一浴煮漂和织物先经退煮一浴，再经常规漂白两种工艺。

（一）织物先经退浆，再经碱氧一浴煮漂工艺

这种工艺由于碱氧一浴中碱的浓度较高，易使双氧水分解，需选用优异的双氧水稳定剂。另外，这种工艺的退浆和随后的洗涤必须充分，以最大限度地去除浆料和部分杂质，减轻碱氧一浴煮漂的负担。这种工艺适用于含浆较重的纯棉厚重紧密织物，其工艺举例如下：

烧毛→轧退浆液→打卷常温堆置3～4h［亚溴酸钠（以有效溴计）1.5～2g/L，NaOH 5～10g/L，PD—820 3～5g/L］→95℃以上高效水洗→浸轧碱氧液（100%双氧水15g/L，100% NaOH 25～30g/L，稳定剂15g/L，PD—820 8～10g/L，渗透剂8～10g/L）→履带汽蒸箱100℃汽蒸60min→高效水洗→烘干。

（二）织物先经退煮一浴，再经常规漂白工艺

这种工艺是将退浆与煮练合并，然后漂白。由于漂白为常规工艺，对双氧水稳定剂的要求不高，一般稳定剂都可使用。而且，由于这种工艺碱的浓度较低，双氧水分解速度相对较慢，对纤维的损伤较小。但浆料在强碱浴中不易洗净，会影响退浆效果，因此，退煮后必须充分水洗。这种工艺适用于含浆不重的纯棉中薄织物和涤棉混纺织物，其工艺流程举例如下：

烧毛→浸轧碱氧液及精练助剂→R形汽蒸箱100℃汽蒸60min进行退煮一浴处理→90℃以上高效水洗→浸轧双氧水漂液（pH值10.5～10.8）→L汽蒸箱100℃汽蒸50～60min→高效水洗。

二、一步法前处理工艺

一步法前处理工艺是将退浆、煮练、漂白三道工序并为一步，采用较高浓度的双氧水和烧碱，再配以其他高效助剂，通过冷轧堆或高温汽蒸加工，使半制品质量满足后加工要求。其工艺分为汽蒸一步法和冷堆一步法两种。

（一）汽蒸一步法

退煮漂汽蒸一步法工艺，由于在高浓度的碱和高温条件下，易造成双氧水快速分解，引起织物过度损伤。而降低烧碱或双氧水浓度，又会影响退煮效果，尤其是对重浆和含杂量大的纯棉厚重织物有一定难度，因此，这种工艺只适用于涤棉混纺织物和轻浆的中薄织物。

（二）冷堆一步法

冷堆一步法工艺是在室温条件下的碱氧一浴法工艺，由于温度较低，尽管碱浓度较高，但双氧水的反应速率仍然很慢，所以需长时间的堆置才能使反应充分进行，使半制品达到质量要求。冷堆工艺的碱氧用量要比汽蒸工艺高出50%～100%。由于作用条件温和，对纤维的损伤相对较小，因此该工艺广泛适用于各种棉织物。

棉织物冷轧堆一步法工艺举例如下。

1. 工艺流程 烧毛→浸轧碱氧液（常温二浸二轧，轧余率100%～110%）→打卷室温转动堆置（5～7r/min，25h）→98℃以上热碱处理→高效水洗→烘干。

2. 工艺条件 冷轧堆浸轧液组成：NaOH（100%）46～50g/L，H_2O_2（100%）16～20g/L，水玻璃14～16g/L，精练剂10g/L，渗透剂2g/L。

热碱洗液组成：NaOH（100%）18~28g/L，煮练剂5g/L。

冷堆后必须加强热碱处理，以提高氧化裂解后的浆料、果胶质、蜡质等杂质在碱溶液中的溶解度，并促使这些杂质在碱性溶液中进一步水解、皂化和去除，提高织物的毛效和白度。

复习指导

练漂是纺织品加工过程中的重要环节之一，是后续染色、印花、整理的基础，练漂加工的好坏直接影响成品的质量。通过本章的学习，主要掌握以下内容：

1. 了解练漂的目的和主要工序。
2. 熟悉染整厂对水质的要求，硬水对染整加工质量的影响，水的软化方法，表面活性剂的结构特征和染整加工中常用表面活性剂的性能。
3. 熟悉棉及棉型织物的练漂工序、典型工艺及设备。
4. 熟悉丝光及液氨处理的目的、原理和工艺。
5. 了解麻及麻型织物的练漂加工工艺。
6. 了解丝及丝型织物的练漂工艺和特点。
7. 熟悉毛及毛型织物的湿整理的一般工艺。
8. 了解化学纤维织物练漂加工特点和工艺。
9. 熟悉热定形的目的、原理和工艺。
10. 了解短流程前处理工艺。

思考题

1. 试述练漂加工的目的和主要工序。
2. 试述染整厂对水质的要求。为什么说水质对染整产品质量和生产工艺具有非常重要的作用？
3. 试述表面活性剂的分子结构特点，表面活性剂在染整加工中起哪些主要作用？
4. 烧毛的目的和作用原理是什么？生产中常用的烧毛机有哪几种类型？
5. 退浆的方法有哪几种？试述酶退浆的一般工艺及其优缺点。
6. 试述棉煮练加工的目的和煮练质量评价方法。举例写出一个煮练工艺流程和条件。
7. 简述酶精练加工的原理和工艺。
8. 分别写出过氧化氢、次氯酸盐、亚氯酸盐漂白工艺各一个。
9. 写出布铗丝光的工艺条件，棉纤维经丝光处理后其性能发生了哪些变化？
10. 试述液氨处理的原理和工艺。
11. 与棉相比，麻类织物的练漂有哪些特点？
12. 分别简述丝织物皂碱精练、酶精练、复合精练剂精练的原理。
13. 试述洗呢加工的目的，精纺毛织物与粗纺毛织物洗呢加工工艺有哪些不同？
14. 试述影响煮呢加工的主要因素。

15. 简述缩呢的原理，影响缩呢加工的因素有哪些？
16. 试述再生纤维素纤维织物前处理的一般工艺条件。
17. 合成纤维织物为什么要进行热定形处理？热定形的目的是什么？
18. 写出合成纤维织物热定形的工艺条件，试述涤纶热定形的机理。
19. 试述涤/棉织物前处理的一般工艺流程和工艺条件。
20. 什么是短流程前处理工艺？有哪些特点？

参考文献

[1] 阎克路. 染整工艺学教程：第一分册［M］. 北京：中国纺织出版社，2005.
[2] 范雪荣. 纺织品染整工艺学［M］. 3版. 北京：中国纺织出版社，2017.
[3] 王菊生，孙铠. 染整工艺原理：第二册［M］. 北京：纺织工业出版社，1982.
[4] 吴立. 染整工艺设备［M］. 2版. 北京：中国纺织出版社，2010.
[5]《棉纺织工艺简明手册》编写组. 棉纺织工艺简明手册：织造部分［M］. 北京：纺织工业出版社，1988.
[6] 周文龙. 酶在纺织中应用［M］. 北京：中国纺织出版社，2002.
[7] 陶乃杰. 染整工程：第二册［M］. 北京：纺织工业出版社，1991.
[8] 杨静新. 染整工艺学：第二册［M］. 北京：中国纺织出版社，2004.
[9] 徐谷仓. 染整织物短流程前处理［M］. 北京：中国纺织出版社，1999.

第三章　染　色

第一节　染色概述

一、概述

染色是把纤维制品染上颜色的加工过程，是借染料与纤维发生物理或化学的结合，或者用化学的方法在纤维上生成颜色，使整个纺织物成为有色物体。染色是在一定温度、时间、pH 值和所需染色助剂等条件下进行的。各类纤维制品的染色，如纤维素纤维、蛋白质纤维、再生纤维和合成纤维制品的染色，都有各自适用的染料和适应的工艺条件。

按纺织品形态的不同，染色主要有：织物染色、内衣染色、纱线染色、散纤维染色四种。应用最多的是织物染色。纱线染色多用于纱线制品和色织物或针织物所用的纱线。散纤维染色则多用于混纺织物、交织物和厚密织物所用的纤维。

染色方法主要分浸染和轧染两种。浸染是将染品反复浸渍在染液中，使织物和染液不断相互接触，经过一段时间把织物染上颜色的染色方法。它适用于散纤维、纱线和小批量织物的染色。轧染是先把织物浸渍染液，然后使织物通过轧辊的压力，把染液均匀轧入织物内部，再经过汽蒸或热处理的染色方法。它适用于大批量织物的染色。

二、染料的基本知识和分类

染料一般是有色的有机化合物，大多溶于水，或通过一定化学药剂处理，转变成可溶于水的物质。它们能与纤维发生物理或化学的结合，而染着在纤维上，使纤维材料具有一定染色牢度的颜色。颜料也是一种有色物质，不溶于水，与纤维没有亲和力，因而不能染着于纤维，但能依靠黏着剂的作用，机械地附着在纤维表面或内部。

（一）染料的颜色和吸收光谱

各种物质对光所引起的反射、折射及吸收等作用不同，肉眼的感觉也不同，因而形成不同的颜色。如果不同波长的可见光波，都透过物体，则该物体是无色透明的；如果光都被物体反射，该物体是白色的；倘若光都被吸收，则物体是黑色的。只有当物体选择吸收可见光波中某一波段的光波，反射出其余各波段光波时，物体才呈现赤、橙、黄、绿、青、蓝、紫等相应的彩色。因此，染料有颜色是由于染料对可见光的选择吸收的结果。例如，黄色染料溶液所吸收的主要是可见光谱中波长为 450~475nm 的蓝色光波，紫红色染料溶液所吸收的主要是可见光谱中波长为 500~540nm 的绿色光波。如果把染料所吸收的光波和反射的光波混在一起，又得到白光，两束光线相加呈白光的关系，称为补色关系。这两束光线的颜色互成补色。染料的颜色是被染料所吸收光色的补色。如果染料溶液对不同波长的波，都有同样地强烈吸收，这种染料是灰色或黑色染料。

染料在稀溶液中的浓度，可根据朗伯—比尔定律测定。将光强 I_0 的单色光，透过染液浓度为 c、厚度为 l 的稀染液液层，经染液吸收后，从染液射出的出射光强度减弱为 I。根据朗伯—比尔定律，它们之间的关系如下：

$$D=\lg\frac{I_0}{I}=\varepsilon cl$$

式中：D——吸光度；

I_0——入射光线强度；

I——透过溶液后的光线强度；

ε——吸收度或摩尔吸光系数，L/(mol·cm)；

c——溶液浓度，mol/L；

l——液层厚度，cm。

由此可见，光的吸收与染料溶液的浓度有关。可通过分光光度计在不同波长的单色光下，测定某一浓度溶液的光密度值即可表示染料在这个浓度下对不同波长光线的吸收强度，并且以波长为横坐标，吸收强度为纵坐标作图得到该染料的吸收光谱曲线。图3-1为酸性单偶氮染料（酸性红G）的吸收光谱曲线。

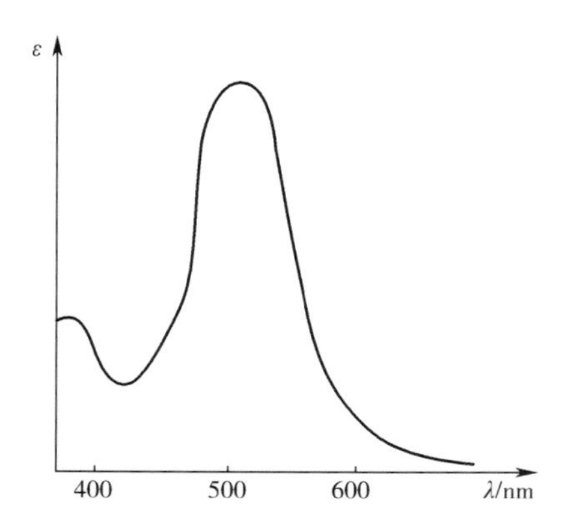

图3-1 酸性红G（C.I. 酸性红1）的吸收光谱图

（二）染料颜色的色调（hue of color）、明度（brightness）和饱和度（degree of saturation）

染料颜色有三种特性：色调、明度和饱和度。可见光谱不同波长的辐射，在视觉上表现为各种色调，如红、黄、蓝。红、黄、蓝三色是染料颜色中的基本色，称三原色，各种色调的颜色都可由三原色拼混得到。明度是人眼感觉到染料颜色的明亮程度，决定于染料反射率的高低。饱和度相当于颜色的纯度。染料颜色中加入白光，颜色饱和度减低，明度增高；染料颜色中加入黑光，颜色饱和度增加，明度下降。人眼是从这三种特性来区分各种颜色的。

（三）染料应用分类

根据染料的化学性质、染色对象和染色方法，通常将染料分为以下几种。

1. 直接染料（direct dyes） 这类染料分子多数为偶氮结构并含磺酸基、羧酸基等水溶性基团，可溶于水，一般染料对纤维素有亲和力，染料分子与纤维素纤维分子之间以范德瓦尔斯力和氢键相结合，在中性盐存在的水溶液中，可直接上染纤维素纤维，应用方便。这类染料主要用于纤维素纤维的染色。但染色牢度不够好。直接染料也可用于真丝的染色。

2. 活性染料（reactive dyes） 这类染料结构中含有一个或几个反应性官能团，称为活性基团，在适当条件下，能与纤维素纤维、蛋白质纤维等发生化学反应，而生成坚牢的结合。它们具有良好的湿处理牢度和摩擦牢度，色泽也很鲜艳，所以有较多的应用。主要用于棉、麻、合成纤维等纤维的印染，也可用于羊毛、蚕丝等蛋白质纤维的染色、印花。

3. 还原染料（vat dyes） 这类染料不溶于水，分子中含有羰基（ $-\overset{\displaystyle O}{\overset{\|}{C}}-$ ），需在碱性条件下经还原剂还原成羟基钠盐（又称隐色体钠盐），才能溶解于水。隐色体钠盐上染纤维后，经过氧化，再回复成不溶性还原染料。染色过程为染料还原氧化过程。这类染料的日晒牢度、皂洗牢度一般都很好，色谱比较齐全，主要用于纤维素纤维的染色。

4. 暂溶性还原染料（temporarily solubilized vat dyes） 它是还原染料的衍生物，可溶于水，上染纤维后，需在酸液中经过氧化剂处理，使染料水解、氧化，回复成不溶性的还原染料而染着在纤维上，主要用于纤维素纤维染色。

5. 硫化染料（sulphur dyes） 它与还原染料类似，染色前需要还原、溶解才能上染纤维，然后氧化，恢复成不溶性硫化染料。这类染料用于纤维素纤维的染色。

6. 不溶性偶氮染料（azoic dyes） 这类染料由两个有机化合物组成，它们在纤维上偶合，生成偶氮染料而染着纤维。这类染料又称冰染染料，皂洗牢度良好，曾是纤维素纤维制品的重要染料之一。限于安全方面的考虑，现已禁止使用。

7. 酸性染料（acid dyes） 这类染料可溶于水，分子结构中有磺酸基或羧基。可在酸性或中性介质中上染蛋白质纤维和聚酰胺纤维，湿处理牢度随品种而异。

8. 酸性媒染染料（acid mordant dyes） 染料分子中含有磺酸基或羧基，具有酸性染料的性质，而在偶氮基上的邻位上又含有羟基，染色后又可与金属离子在纤维上螯合，具有媒介染料的性质。这类染料在染色前或上染纤维以后，需将织物用媒染剂处理，才能获得良好的染色牢度和预期的色泽。这类染料的日晒牢度和湿处理牢度均比酸性染料好，但色泽较暗。主要用于羊毛的染色。含有媒染剂的络合金属离子的酸性染料，称为酸性含媒染料。

9. 阳离子染料（cationic dyes） 这类染料分子溶于水呈阳离子状态，故称阳离子染料，主要用于腈纶的染色。但早期的染料分子中，具有碱性基团，常以盐形式存在，可溶于水，能与蚕丝等蛋白质分子以盐键形式相结合，故又称碱性染料或盐基染料。

10. 分散染料（disperse dyes） 这类染料在水中溶解度很低，是非离子型染料，染色时用分散剂将染料分散成极细颗粒，在染浴中呈分散状态对纤维染色，所以称分散染料，是涤纶和醋酯纤维染色的常用染料，染色牢度好。

各种不同类别的纤维制品，根据所需染色色泽、染色牢度和染色成本，可选用多种染料品种。纤维素纤维可用直接染料、活性染料、还原染料、暂溶性还原染料、硫化染料和不溶性偶氮染料染色。蛋白质纤维羊毛可用酸性染料、酸性含媒染料和酸性媒染染料染色。蚕丝可用酸性染料、酸性含媒染料、直接染料和活性染料染色。涤纶可用分散染料染色。锦纶可用酸性染料、酸性含媒染料和分散染料染色。腈纶可用阳离子染料染色。维纶可用硫化染料、还原染料和酸性媒染染料染色，也可用直接染料和分散染料染色。

（四）染料的结构分类

1. 偶氮染料（azo dyes） 这类染料的结构中，由偶氮基（—N═N—）连接芳环，成为一个共轭体系。根据染料分子中含有偶氮基的数目可分单偶氮染料、双偶氮染料和多偶氮染料。具有这类结构的染料品种最多，有直接染料、活性染料、不溶性偶氮染料、酸性染料、酸性媒染染料、酸性含媒染料、阳离子染料和分散染料等，色谱较为齐全。

2. 蒽醌染料（anthraquinone dyes） 这类染料中含有蒽醌结构，包括酸性染料、酸性媒染染料、活性染料、还原染料、分散染料和阳离子染料等。

3. 三芳甲烷类染料（triarylmethane dyes） 这类染料以三芳甲烷结构为共轭体系的骨干，由一个碳原子连接三个芳环形成共轭体系。这类染料包括酸性染料、阳离子染料等，染料色谱主要是紫、蓝、绿等浓色。如结晶紫的结构如下：

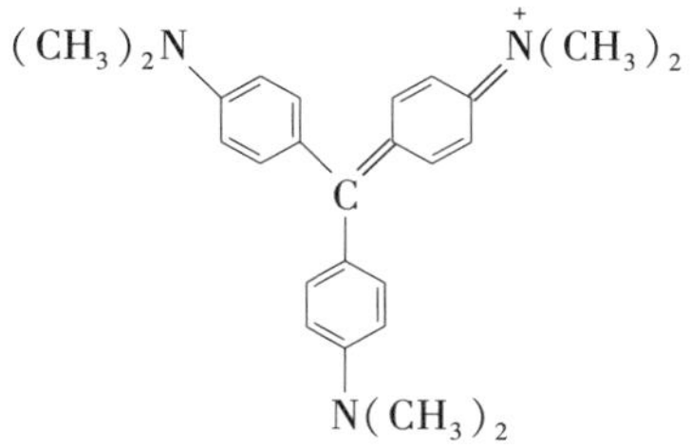

4. 靛类染料（indigoid dyes） 这类染料分子中有 $-\overset{O}{\overset{\|}{C}}-\underset{|}{C}=\overset{|}{C}-\overset{O}{\overset{\|}{C}}-$ 结构，包括靛蓝和硫靛染料两种类型。

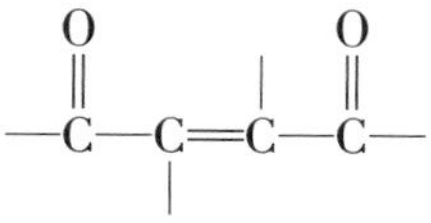

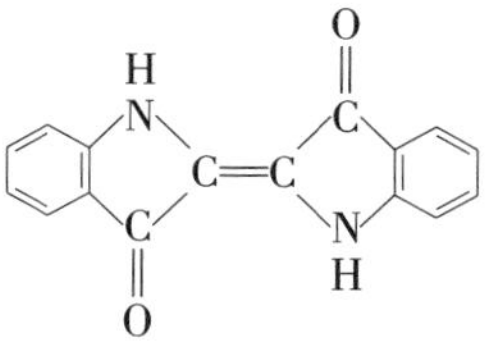

靛蓝 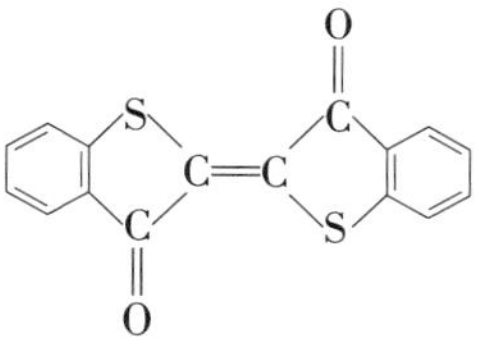　　　　硫靛

5. 硫化染料（sulfuration dyes） 这类染料具有比较复杂的含硫结构，能在硫化钠溶液中对纤维素纤维染色。

6. （多）次甲基类染料（polymethine dyes） 这类染料又称为多甲川类染料，其分子的共轭体系中具有链段 $\left(CH=CH\right)_n$（式中 n 为正整数）。其品种主要是碱性染料（阳离子染料）。

在多次甲基类染料结构中，有一个或几个次甲基（—CH═）为—N═所代替而成的染料，称氮杂次甲基染料，主要为阳离子染料。

染料结构类别除上述外，还有酞菁染料、硝基和亚硝基染料、杂环结构染料等。

三、染色牢度

染色牢度是指染色产品在使用或染色以后的加工过程中，在各种外界因素的作用下，能保持原来色泽的能力（或不褪色的能力）。保持原来色泽的能力低，即容易褪色，则染色牢度低，反之，称为染色牢度高。因此染色牢度是衡量染色产品质量的重要指标之一。

染色牢度的种类很多，以染色产品的用途、所处的环境和后续加工工艺而定，主要有耐晒色牢度、耐气候色牢度、耐洗色牢度、耐汗渍色牢度、耐摩擦色牢度、耐升华色牢度、耐熨烫色牢度、耐漂色牢度、耐酸色牢度、耐碱色牢度等，此外根据产品的特殊用途，还有耐海水、耐烟熏等牢度。

染色产品的用途不同，对染色牢度的要求也不同，例如，衬里布与日光接触机会少，而摩擦机会较多，因此对摩擦色牢度要求较高，而对耐晒色牢度要求较低。夏季服装用布则应具有较高的耐晒、耐洗和耐汗渍色牢度。

染料在某一纤维上的染色牢度，除了与染料的化学结构有关外，染料在纤维上的物理状态（如染料的分散或聚集程度，染料在纤维上的结晶形态等）、染料的浓度、染料与纤维的结合情况、染色方法和工艺条件等对染色牢度也有很大的影响。此外，纤维的性质对染色牢度的关系也很大，同一染料在不同的纤维上往往具有不同的染色牢度。为了对产品进行质量检验，国际标准化组织（International Organization for Standardization，简写为 I. S. O.）参照纺织物的服用情况，制定了一套染色牢度的测试方法和染色牢度标准。各个国家也根据其国情和具体情况制定了相应的染色牢度国家标准，我国的国家标准是 GB ××××—××（GB 编号—年份）。由于纺织物的实际服用情况很复杂，所以这些试验方法只能是一种近似的模拟。

1. 耐晒色牢度 耐晒色牢度（light fastness）是指被染物在日光照射下保持不褪色的能力。染色产品在光的照射下，染料吸收光能，能级提高，分子处于激化状态，导致染料分解而褪色。日晒褪色是一个比较复杂的过程，与染料结构、纤维种类、染色浓度、外界条件等都有关系。

一般来说，以蒽醌、酞菁为母体的染料耐晒色牢度较好，硫化染料中以硫化黑、硫化蓝的耐晒色牢度较好，金属络合染料的耐晒色牢度也比较高。各类偶氮染料的耐晒色牢度相差较大，许多近代的不溶性偶氮染料的耐晒色牢度较高，而一般联苯胺型的偶氮染料耐晒色牢度较低，三芳甲烷类染料一般都不耐晒。

耐晒色牢度分为 8 级。1 级最低，约相当于在太阳光下暴晒 3h 开始褪色；8 级最高，约相当于暴晒 384h 以上开始褪色。每级有一个用规定染料染成一定浓度的蓝色羊毛织物标准，将试样和 8 块蓝色标样在同一规定条件下进行暴晒，看试样褪色情况与哪一个标样相当而评定其耐晒色牢度。

2. 耐洗色牢度 耐洗色牢度（washing fastness）是指染色物在肥皂等溶液中洗涤时的牢度。耐洗色牢度包括原样变色及白布沾色两项，原样变色即织物在皂洗前后的褪色情况，白布沾色是指与染色织物同时皂洗的白布，因染物褪色而沾色的情况。

水溶性染料如直接染料、酸性染料等，若染色后未经固色处理（改变其溶解性能），则耐洗色牢度一般较差，经固色后处理的染色织物，耐洗色牢度可以提高。水溶性较差或水不溶性的染料，耐洗色牢度一般均较高。活性染料可与纤维发生共价键结合的化学反应，因而耐洗色牢度较好。

耐洗色牢度与染色工艺有密切的关系，染料染着不良、浮色多、染色后水洗及皂煮不良，均会导致耐洗色牢度下降。

耐洗色牢度的变色和沾色等级，分别按“染色牢度变色样卡”（俗称灰卡）及“染色牢度沾色样卡”的规定评定，样卡分5级、9档，每档相差半级，所以耐洗牢度分5级，以1级最差，5级最好。

3. 耐摩擦色牢度 耐摩擦色牢度（rubbing fastness）一般分为耐干摩擦色牢度和耐湿摩擦色牢度两种，前者指用干的白布在一定压强下摩擦染色织物时白布的沾色情况，后者指用含水率100%的白布在相同条件下的沾色情况，因此耐湿摩擦色牢度一般均比耐干摩擦色牢度差。染色织物的耐摩擦色牢度与染色工艺有密切关系，染料渗透均匀，染料与纤维结合得好，表面浮色除净，则耐摩擦色牢度可以提高。染色的浓度高时，常常容易造成浮色，并且在单位时间及单位面积内掉下的染料数量常比浓度低时多，故耐摩擦色牢度较差。耐摩擦色牢度评级方法同耐洗色牢度沾色法，共分5级，5级最好。

其他染色牢度除耐气候色牢度分8级外，均分5级，各种试验方法可参见国家标准。

四、染色方法

根据把染料施加于染物和使染料固着在纤维上的方式不同，染色方法可分为浸染（或称竭染）和轧染两种。

（一）浸染（dip dyeing）

将染物浸渍在染液中，经一定时间使染料上染纤维并固着在纤维上的染色方法，称为浸染。浸染时，染液和染物可以同时循环，也可以只循环一种。

浸染设备较简单，操作较容易，适用于各种类型染物的染色，广泛用于散纤维、纱线、针织物、真丝织物、丝绒织物、毛织物、稀薄织物、网状织物等不能经受张力或压轧的染物的染色。浸染一般是间歇式生产，劳动生产率较低。

浸染时染物质量与染液体积之比叫做浴比。浸染时的染料用量一般用对纤维质量的百分数表示，称为染色浓度，例如，被染物50kg，浴比1∶20，染色浓度为2%，则染液体积为1000L，所用染料质量为1kg。

浸染时，染液各处的温度和染料助剂的浓度要均匀一致，被染物各处的温度也要均匀一致，否则就会染色不匀，因此染液和染物的相对运动是很重要的。浴比的大小对染料的利用率、能量消耗和废水量等都有影响。浸染法所用染料通常采用分次加入的方法以求染色均匀，并加促染剂以提高染料的利用率。

（二）轧染（pad dyeing）

轧染是将织物在染液中经过短暂的浸渍后，随即用轧辊轧压，将染液挤入纺织物的组织空隙中，并除去多余的染液，使染料均匀分布在织物上，染料的上染是在以后如汽蒸或焙烘等处理过程中完成的。织物浸在染液里一般只有几秒到几十秒，浸轧后织物上带的染液（通常称轧余率，以干布质量的百分率计）不多，在30%~100%之间（合成纤维织物的轧余率在30%左右，棉织物轧余率在65%~70%，黏胶纤维织物的轧余率约为90%），不存在染液的循环流动，没有移染过程。轧染一般是连续染色，染物所受张力较大，通常用于机织物的染色，丝束和纱线有时也用轧染染色。

轧液要求均匀，前、后、左、右的轧余率要求均匀一致。目前，较理想的染色轧车是均匀轧车（也叫浮游轧车），这种轧车在轧辊的两端用压缩空气加压，在轧辊内部用油泵加压，通过调节使整个幅度上压力相同，不易造成织物边部和中间的深浅疵病。均匀轧车的一对轧辊都是软辊。

浸轧一般有一浸一轧、一浸二轧、二浸二轧或多浸多轧等几种形式，视织物、设备、染料等情况而定。织物厚，渗透性差，染料用量高，则一般不宜用一浸一轧。浸轧时织物轧余率一般宜低些，轧余率太高，以后烘干时水分蒸发的负荷重，并易造成染料泳移而产生染色不匀，这种染色不匀在以后的加工过程中是无法纠正的。泳移是指织物在浸轧染液以后的烘干过程中，染料随水分的移动而移动的现象。染料分子随水分从含水高的地方向含水低的地方移动，造成由烘燥速率不同而引起的色泽深浅。织物含湿量越大，染料就越易泳移，因此浸轧时轧余率越高，烘干过程中产生泳移的情况越严重，织物上含湿量在一定数值以下时（例如棉织物大约在30%以下，涤棉混纺织物大约在25%以下），泳移现象就不显著。

浸轧后的烘干有红外线烘燥、热风烘燥、烘筒烘燥三种。红外线烘燥为无接触烘燥，是利用红外线辐射，使织物表面及内部同时受热，烘干较均匀，致使染料从织物内部向织物表面的泳移较少。红外线烘燥占地面积小，在织物含湿量高的情况下，烘燥效率高，但在织物含湿量较低的情况下，烘燥效率低。

热风烘燥是用热空气使织物上的水分蒸发，一般采用导辊式热风烘燥机（有直导辊式和横导辊式两种）。空气先经蒸汽管加热，各喷风口的风量要相等，左右要一致，以免引起烘燥不匀。由于从织物上蒸发的水分直接散逸在热空气中，使热空气的含湿量增高，又由于其属于对流传热，因此烘燥效率较低。热风烘燥时温度不宜过高，否则容易造成烘燥不匀，尤其是浸轧过染液的织物刚进入热风室时更甚。热风烘燥也是无接触烘燥，为了提高烘燥速度，可将热风烘燥分为几室，逐渐提高温度，即用较低的温度将织物烘至一定的含湿量，然后用较高温度将织物烘干。

烘筒烘燥是将织物贴于里面用蒸汽加热的金属圆筒表面，使织物上的水分蒸发，烘燥效率高。烘筒烘燥是接触烘燥，由于烘筒壁的厚薄不一致以及表面平整程度的差异，织物浸轧染液后直接用温度高的烘筒烘干，极易造成烘干不匀和染料泳移，因此开始几只烘筒的温度宜低些或烘筒外面包布，待烘至一定温度后再使织物接触温度高的烘筒。

在实际生产中，上述三种烘燥方式往往联合使用，既可提高烘燥效率，又使烘干均匀。例如用红外线+烘筒，红外线+热风，红外线+热风+烘筒，热风+烘筒等。

轧染中使染料固着的方法一般有汽蒸、焙烘（或热熔）两种。汽蒸在汽蒸箱中进行，根据所用染料，有时用水封口，有时用汽封口，汽蒸时间一般较短，约50s，温度为102～105℃。汽蒸就是利用水蒸气使织物温度提高，纤维溶胀，染料和助剂，或染料或染料与化学品作用后，扩散进入纤维内部与纤维固着。除常压汽蒸外，还有高温高压汽蒸和常压高温汽蒸。高温高压汽蒸是用130℃左右的饱和蒸汽汽蒸，可用于涤纶及其混纺织物的分散染料染色。常压高温汽蒸是用常压的过热度较高的蒸汽汽蒸，温度较高（约170~190℃），需配备过热炉，一般也用于涤纶及其混纺织物的分散染料热熔染色。

焙烘是以干热气流作为传热介质使织物升温，染料扩散进入纤维而固着。焙烘箱一般为导辊式，与热风烘燥机相似，但温度较高，一般是利用可燃性气体与空气混合燃烧，也有用红外线加热焙烘的。焙烘法特别适用于涤纶及其混纺织物的分散染料热熔染色，也可用于活性染料、酞菁染料的固色。焙烘箱及汽蒸箱内各处温度及风量应均匀一致，温差较大就会造成色差。

汽蒸或焙烘后再根据不同要求进行水洗、皂洗等后处理，最后经烘筒烘干。

五、染色设备

染色机械设备应具有优良的性能，不但使纺织物获得匀透、坚牢的色泽，而且不损伤或少损伤纤维。染色机械根据染物状态的不同可分为散纤维染色机械、纱线染色机械和织物染色机械；根据染物染色所需温度的不同，可分为常压染色机械和高温高压染色机械；根据织物染色方式的不同，可分为间歇性生产的浸染机械和连续性生产的轧染机械。

用浸染机械浸染染色，是将纤维制品反复浸渍在染液中使染料逐渐扩散入纤维内部而染着纤维制品的染色方法。浸染机械适用于小批量纤维制品的染色，属间歇性运转的染色设备，可用于散纤维、绞纱、筒子纱、经纱和小批量织物的染色。为使染色过程中纤维制品得色均匀，在浸染机械中染色，务必使纤维制品和染液做相对运动。它们的相对运动有三种形式：第一，染色时，纤维制品不断运动，染液不循环流动，如绳状染色机染色；第二，染液循环流动，纤维制品不做运动，如散纤维染色机染色；第三，纤维制品不断运动，染液也循环流动，如溢流染色机染色。

用轧染机械轧染染色，是纤维制品先在染液中浸轧，然后进入汽蒸箱中汽蒸，使染料逐渐扩散到纤维内部的染色方法。轧染染色机适用于大批量织物的染色，如棉和涤/棉织物的连续轧染。

以下为一些生产中常见的散纤维染色机、纱线染色机和织物染色机。

（一）散纤维染色机

散纤维染色机主要用于染混纺织物或交织物用的纤维，常用的是吊筐式染色机。

吊筐式散纤维染色机如图3-2所示，主要由吊筐、染槽、循环泵及贮液槽等部分组成。在吊筐的正中有一个中心管，在吊筐的外围及其中心管上布满小孔。

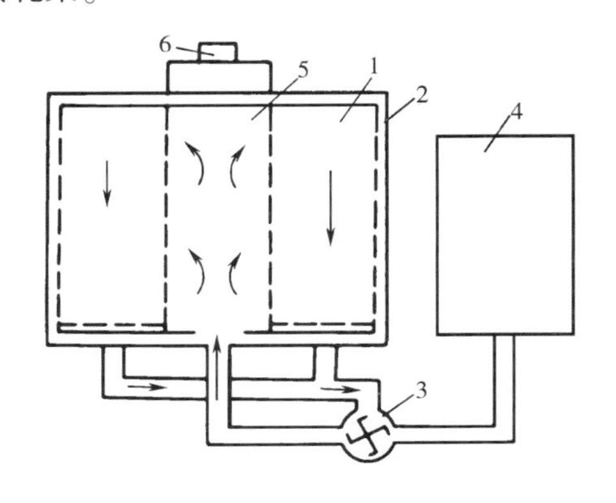

图3-2　吊筐式散纤维染色机

1—吊筐　2—染槽　3—循环泵

4—贮液槽　5—中心管　6—槽盖

染色前，将散纤维置于吊筐内，吊筐装入染槽，拧紧槽盖，染液借循环泵的作用，自贮液槽输至吊筐的中心管流出，经过纤维和吊筐外壁，回到中心管形成染液循环，进行染色。染液也可做反向流动。染毕，将残液输送到贮液槽，放水环流洗涤。最后将整个吊筐吊起，直接放置于离心机内，进行脱水。

（二）纱线染色机

纱线染色机械用于纱线，如棉纱、棉线、毛线和织物经纱的染色。纱线染色机的类型较多，有筒子纱染色机、绞纱染色机和经轴染色机等。

1. 筒子纱染色机 筒子纱染色机如图 3-3 所示，由染槽、筒子架、循环泵、循环自动换向装置、贮液槽和加液泵组成。

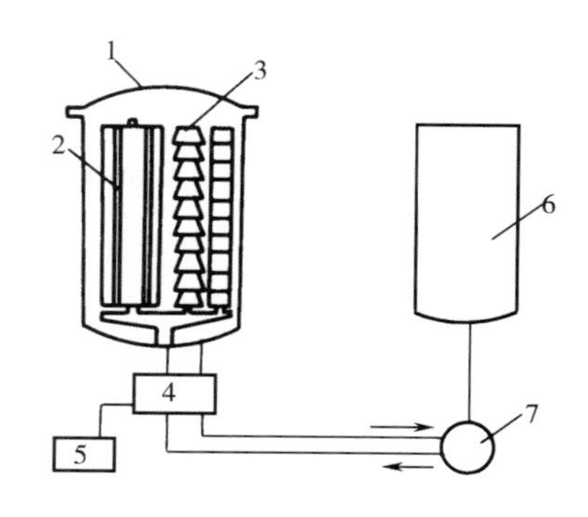

图 3-3 筒子纱染色机

1—染槽 2—筒子架 3—筒子纱 4—循环泵 5—循环自动换向装置 6—贮液槽 7—加液泵

染色前，纱线先卷绕在特定的筒管上。染色时，将筒子纱安装到筒子架上，先使纱线均匀用水湿透，除尽纱线内的空气，然后将染液从贮液槽加液泵送入染槽，染液自筒子架内部喷出，穿过筒子纱层流入贮液槽。染色一定时间后，通过循环泵由循环自动换向装置使染液做反向流动。染毕，排去残液和清洗筒子纱。

如果改变筒子纱染色机的染槽支架，还可染散纤维、长丝束、绞纱和管纱等。筒子纱染色机的优点是染色加工容量大，浴比小，但染色过程中筒子纱染色不易均匀。

2. 绞纱染色机 绞纱染色机用于棉纱线、绒线、膨体纱的染色。该机由染槽、绒线架、蒸汽加热管、染液循环泵、液位管、加料箱和取样器组成。

3. 经轴染色机 经轴染色机用于色织物经纱的染色。经轴染色机如图 3-4 所示，能在 130℃高温下染涤纶经纱。它由染槽、布满小孔的空心经轴、循环泵、加热器和配料槽组成。

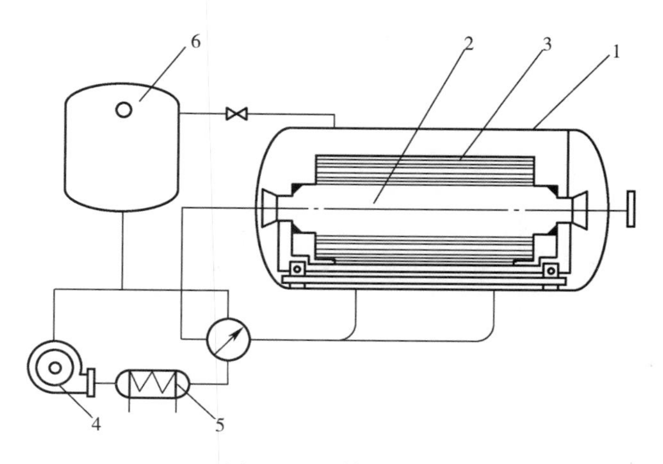

图 3-4 经轴染色机

1—染槽 2—经轴 3—经纱 4—循环泵 5—加热器 6—配料槽

染色前，将已卷满经纱的经轴装入机内，开启循环泵，使染液从配料槽流入染槽。染色时，染液经循环泵、加热器，通过经轴小孔，穿过卷绕在经轴上的经纱，反复循环。染液也可按逆向循环方式循环。膨胀槽盛集高温染色胀出的染液。

经轴染色机也常用于轻薄型织物，如头巾、经编衬衣织物的染色。轻薄型织物以平幅打卷状染色，不易伸长，不易生成折痕，染色效果好。疏松织物染色，一般只采用染液自内向外的正向循环，经轴本身不宜旋转，以防产生织物的皱缩现象。

（三）织物染色机

织物染色机可分为间歇性生产、染小批量织物的浸染机和连续性生产、染大批量织物的轧染机（连续轧染机）。浸染机的种类多，有绳状浸染机（绳状染色机）和卷染机、溢流染色机、喷射染色机和平幅浸染机。

1. 绳状浸染机 绳状染色机是织物绳状浸染设备。染色时，织物所受张力较小，多用于毛、丝、黏胶纤维织物和针织物的染色。

绳状染色机如图3-5所示，由染槽、椭圆形或圆形主导布辊、导辊、分布档、直接或间接蒸汽加热管和加液槽组成。染色前，染料溶液倒入加液槽流至染槽中。染色时，织物经椭圆形主动导布辊的带动送至染槽中，在染槽中间向前自由推动，逐渐染色。然后穿过分布档，通过导布辊继续运转，直至染成所需的色泽。染毕，织物由导布辊导出机外。

2. 卷染机 卷染机是织物平幅浸染设备，适用于多品种、小批量织物的染色。卷染机如图3-6所示，由染缸、导布辊、卷布辊、布卷支架、直接或间接蒸汽加热管组成。染色前，先将需染色的布卷放在布卷支架上，然后卷绕到一卷布辊上。染色时，白布进入染缸浸渍染液后，带染液被卷到另一只卷布辊上，直到织物快要卷完，称为第一道。然后两只卷布辊反向旋转，织物又入染缸进行第二道染色。在布卷卷绕过程中，由于布层间的相互挤压，染料逐渐渗入纤维内部。织物染色道数根据染色织物色泽浓、淡需要决定。染毕放出染液，织物再进入清洗。两只卷布辊中，退卷的一只为被动辊，卷布的一只为主动辊。染槽底部有直接蒸汽或间接蒸汽加热管。

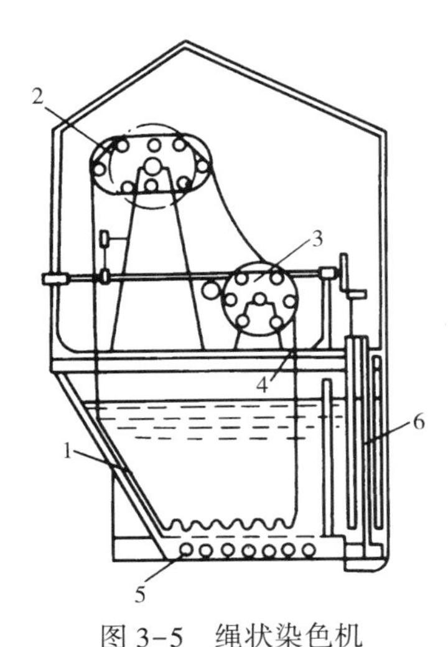

图3-5 绳状染色机

1—染槽 2—主动导布辊 3—导辊
4—分布档 5—蒸汽加热管 6—加液槽

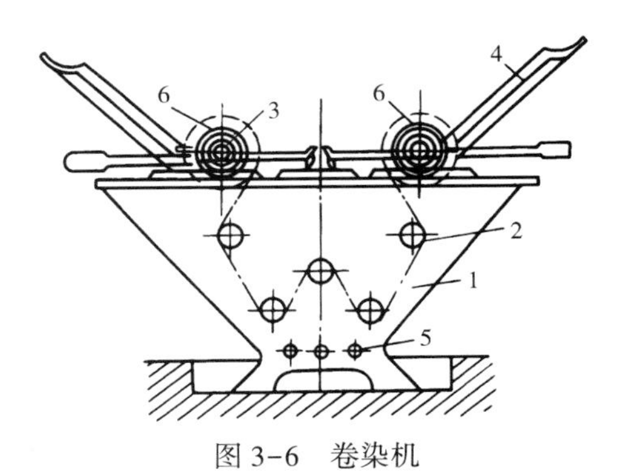

图3-6 卷染机

1—染缸 2—导布辊 3—卷布辊
4—布卷支架 5—蒸汽加热管 6—布卷

3. 连续轧染机　连续轧染机是织物平幅连续染色机，生产效率高，多用于大批量织物，如棉和涤/棉织物的染色加工。连续轧染机由多台单元机联合组成。不同染料染色适用的轧染机，由不同单元机排列组成。棉织物染色常用的轧染机，如还原染料悬浮体轧染机、不溶性偶氮染料轧染机和活性染料轧染机等，它们的单元机组成并不完全相同，按各自的染色工艺要求而定。例如，还原染料悬浮体轧染机的单元机组成如图3-7所示。

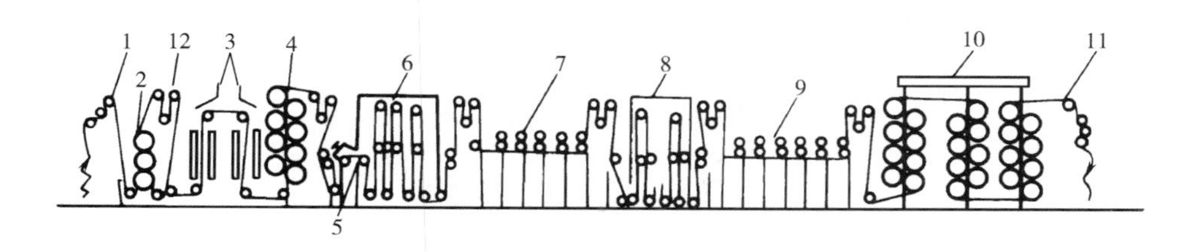

图3-7　连续轧染机

1—进布架　2—三辊轧车　3—煤气红外线　4—单柱烘筒　5—升降还原槽　6—还原蒸箱　7—氧化平洗槽　8—皂煮蒸箱　9—皂洗、热洗、冷洗槽　10—三柱烘筒　11—落布架　12—松紧调节架

织物轧染时，常用两辊或三辊轧车，使织物浸轧染液。带染液织物先用红外线预烘，再用烘筒（或热风）烘干，然后织物进入蒸箱还原汽蒸，使染料向纤维内部扩散，最后织物经皂煮和水洗。

涤纶织物染色使用的热熔轧染机的单元机组成如图3-8所示。织物热熔轧染时，先经浸轧、预烘、烘干，然后进入热熔室（200℃左右）热熔染色，最后皂煮和水洗。

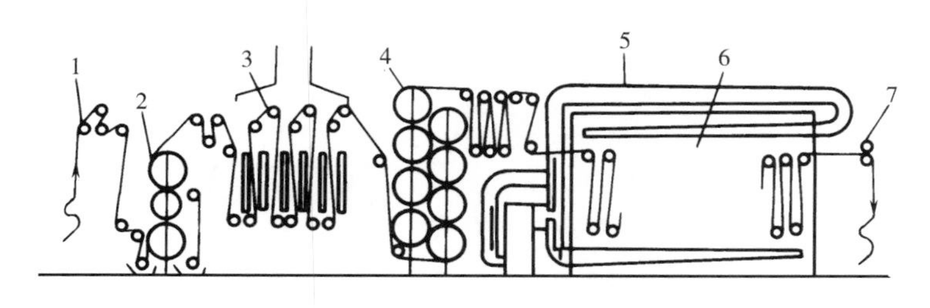

图3-8　热熔染色机

1—进布架　2—三辊轧车　3—煤气红外线　4—单柱烘筒　5—热风道　6—热熔室　7—落布架

4. 高温高压溢流染色机和高温高压喷射染色机　高温高压溢流染色机和高温高压喷射染色机是随着合成纤维及其混纺织物的发展而出现的染色设备，染色温度可达140℃。这类染色机发展较快，型式多样，在针织合纤织物的染色中尤为多用。

高温高压溢流染色机如图3-9所示，由卧式高温高压染槽、导布辊、溢流口、溢流管、浸染槽、循环泵和加热器组成。织物在密封的高温高压容器中，由主动导布辊带动，以绳状松弛状态经过溢流口，送入倾斜的溢流管，然后织物通过倾斜的输送管道进入浸染槽，在浸染槽中以疏松堆积状态缓缓通过，再经导布辊循环运行。机内染液在密封加压器中，由循环泵输送入加热器加热后，通过溢流口流入溢流管。机内织物则受液体的流动推动运行，织物

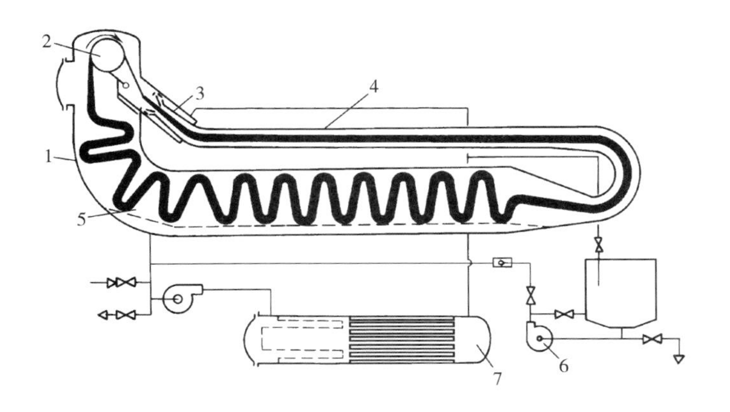

图 3-9　高温高压溢流染色机

1—染槽　2—导布辊　3—溢流口　4—溢流管　5—浸染槽　6—循环泵　7—加热器

在染色过程中，不断受到高压染液的冲击和浸渍，得色匀透，手感柔软丰厚。溢流染色时，织物和染液的移动方向相同。但是，染液流动的速度比织物运动的速度快。因而该机称为溢流染色机。

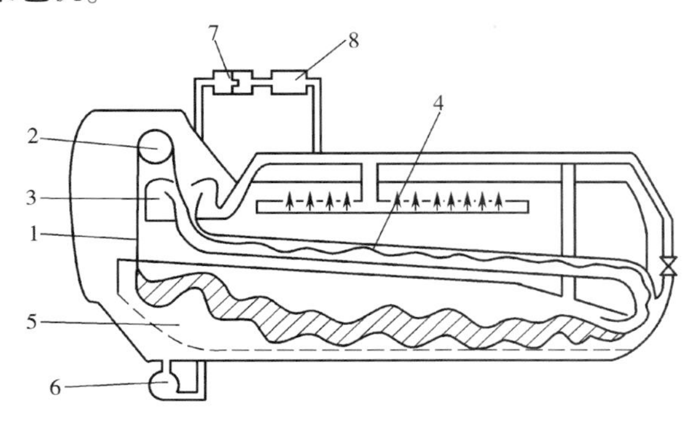

图 3-10　高温高压喷射染色机

1—织物　2—导布辊　3—喷嘴　4—输布管道　5—浸染槽　6—循环泵　7—滤液器　8—加热器

高温高压喷射染色机的结构（图 3-10）与高温高压溢流染色机的结构相似，高温高压喷射染色机仅比高温高压溢流染色机多一个矩形喷射箱，如图 3-11 所示。染色时，织物由主动导布辊带动进入矩形喷射箱，先通过温和喷浸区（Ⅰ），再通过高压振荡喷射区（Ⅱ），使织物反复受到高压染液流的冲击以及涡流的振荡，织物时受压时松弛，染液容易向织物内部渗透，获得良好的染色效果。

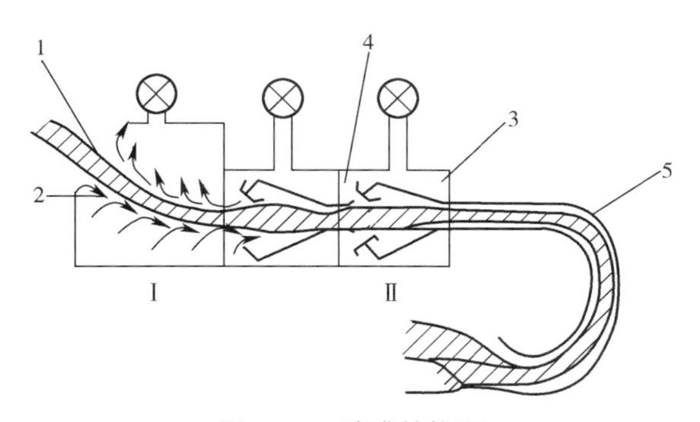

图 3-11　喷嘴结构图

1—织物　2—多孔管　3—喷嘴　4—喷嘴细腰　5—输布管道

Ⅰ—温和喷射区　Ⅱ—高压振荡喷射区

第二节 染色基本原理

一、染色过程

各类纤维的染色需用各自适用的染料，各类染料又有不同的染色方法，但它们的染色都有一个上染过程。

将纤维投入染浴中，染料选择性地转移到纤维上，被纤维吸附，并逐渐扩散入纤维内部，这种染料从染浴向纤维转移的过程，称为染色过程，或上染过程。

在染料上染织物的过程中，染料随染液流动靠近纤维界面，染料分子便迅速被纤维表面分子吸附。由于纤维表面和纤维内部形成的染料浓度差，吸附在纤维表面的染料分子不断向已溶胀的纤维内部扩散。因此，染料是通过吸附和扩散上染到纤维上的。纤维具有紧密的微结构组织，染料在纤维内部扩散是一个比较缓慢的过程。随着染色时间的延长，染料上染纤维会逐渐增加，由于吸附和扩散是可逆的，最后两者之间呈平衡状态。

纤维润湿性能是染料上染的一个重要因素。织物是一个多孔体系，纱线、纤维里有大小不等的空隙，里面充满空气。当染液进入纤维，把里面的空气取代出来，使纤维充分溶胀，染料才能上染到纤维上去。所以在上染过程中，染液中的染料应与纤维充分接触，将染液搅拌或使织物在染液中不断运动，染料就能均匀地上染到纤维上。

在染料上染纤维的过程中，影响染料上染的因素较多，如染料在溶液中的状态，染色温度、助剂、染液 pH 值等染色工艺条件，都会影响染料在纤维上的吸附、扩散和染色平衡。

（一）染料在溶液中的状态

水溶性染料在水溶液中是以单离子或单分子以及不同数目的离子或分子聚集体形式存在的。它们之间可以互相转换，呈动态平衡。以下以直接、酸性等阴离子染料为例，说明染料离子、分子及其聚集体之间互相转换的关系。

$$(nD)^{n-} + (nNa)^{n+}$$

$$\swarrow\!\!\nearrow \qquad \searrow\!\!\nwarrow$$

$$nD^{-}Na^{+} \rightleftharpoons [(mDNa)\cdot(n-mD)]^{(n-m)-} + (n-mNa)^{(n-m)+}$$

$$\downarrow\!\uparrow$$

扩散进入纤维内部

式中：DNa——染料单分子；

D^{-}——染料阴离子；

$(nD)^{n-}$——平均聚集数为 n 的染料阴离子胶束；

$[(mDNa)\cdot(n-mD)]^{(n-m)-}$——在中性胶核上吸附一部分染料阴离子形成的聚集体；

m、n——平均聚集数。

在上染过程中，染料以单分子或单离子状态进入纤维无定形区，而染料聚集体是不能扩散到纤维内部去的。随着染料分子的不断上染，染料聚集体不断解聚，直到上染达到平衡为止。

染料分子结构较大，分子之间有比较强的分子引力，染料在溶液中的聚集倾向便较大，聚集度较高。染色选用的染色温度，染液中加入的食盐和助剂，都会影响染料在溶液中的聚集状态。提高染色温度，染料聚集降低。聚集程度较大的染料染色时，需要较高的染色温度。染液中加入过量食盐，会使染液中染料聚集增高，甚至还会使染料发生沉淀。染浴中加入助剂，对染料聚集也有影响，影响程度随助剂性质而不同。有的助剂如尿素，会减少染料分子的聚集，因为尿素能与染料分子上的某些基团发生氢键结合，也能与水分子发生氢键结合，从而减少染料分子本身间的聚集。有的助剂如平平加O，会与染料作用，从而减缓染料的上染，起到缓染作用。

（二）染料的吸附

染料的吸附是染色时染料分子从染液中到达纤维表面，借染料分子和纤维分子间的引力，在纤维表面发生吸附。染料的吸附过程，在染色过程中所需时间很短。纤维上染料的吸附过程是一个可逆的过程。吸附和解吸过程同时存在。在染料上染初期，吸附占优势；随着上染过程的进行，染料的吸附和解吸速率相等，上染百分率不再增加，这时达到上染平衡。染色时染料能够从染浴中向纤维转移的特性，称为染料对纤维的直接性。

（三）染料的扩散

染料的扩散，是在染色过程中染料吸附到纤维表面后，再不断逐渐扩散到纤维内部的过程。染料经吸附并扩散到纤维内部染透纤维，才可获得良好的染色牢度。

在染色开始阶段，染料吸附在纤维表面，形成纤维表面和内层的浓度梯度，使染料向纤维内部扩散。根据菲克定律，单位时间内染料扩散通过垂直平面的数量与染料浓度梯度成正比。

$$\frac{\mathrm{d}s}{\mathrm{d}t}=-DA\frac{\mathrm{d}c}{\mathrm{d}x}$$

式中：$\frac{\mathrm{d}s}{\mathrm{d}t}$——单位时间内垂直通过面积$A$的染料扩散量；

D——扩散系数；

$-\frac{\mathrm{d}c}{\mathrm{d}x}$——染料浓度梯度。

染料在纤维中的扩散速率比染料在纤维上的吸附速率要缓慢得多，所以纤维染透需要的时间主要视染料在纤维中的扩散速率而定。

染色温度升高，染料的扩散速率便上升，从而缩短上染时间。染色温度和扩散速率之间的关系可以下式表示：

$$D=D_0^{-\frac{E}{RT}}$$

式中：D——扩散系数；

D_0——常数；

E——染料的扩散活化能；

R——气体常数；

T——染色温度。

上式表示提高染色温度，可有效提高染料的扩散速率。因为提高染色温度，增加了染料分子的动能，使更多的染料分子具有克服能垒、进行扩散的能量，这部分能量称为染料的扩散活化能。染料扩散活化能的大小表示染料分子在扩散过程中所需克服能垒的大小。染料的扩散活化能值大，提高染色温度，染料扩散系数（D）的值显著增大。

纤维结构和染料结构都会影响染料的扩散。生产过程中抽伸不匀的黏胶纤维或由合成纤维长丝织成的织物，纤维微结构不均匀，染色后往往会出现竹节状的染色不匀现象。纤维“微隙”小，染料分子通过的机会比较少，扩散就比较缓慢，需要较长的时间，才能把纤维染透。“微隙”较大，染料分子通过的机会就比较多，扩散就比较快，较短的时间就能把纤维染透。

染料对纤维直接性的大小，也影响染料的扩散。在其他染色条件相同的情况下，直接性低的染料扩散速率较高，直接性高的染料扩散速率较低。

扩散性能比较好的染料，容易染得均匀。染色过程中染料吸附到纤维上以后，通过解吸和扩散，会从纤维上重新转移到染液里，然后再上染到织物上，这就是染料的移染现象。移染性能高的染料，具有良好的匀染性，容易染得均匀的色泽。

（四）染料的固着

染料的固着是指扩散到纤维内部的染料与纤维结合的过程。纤维材料不同，固着方式也不同。

二、纤维与染料分子之间的作用力

关于染料为什么能上染纤维并固着在纤维中的问题，可以从纤维与染料分子之间引力及能量变化两方面去研究。纤维和染料分子之间的吸引力是染料上染和固着的本质。染料离开溶液上染纤维，拆散了纤维与水、染料与水的结合，生成了染料与纤维的结合，并使染料与水的规整度发生变化，从而造成能量上的变化。

纤维与染料分子之间的吸引力主要有范德瓦尔斯力、氢键力、库仑力、共价键结合力、配价键结合力等。

（一）范德瓦尔斯力

范德瓦尔斯力是分子间引力，可分为取向力、诱导力、色散力三种。取向力是两个具有永久偶极的分子之间的作用力。诱导力是一个具有永久偶极的分子与另一个被它诱导极化的分子（产生诱导偶极）之间的作用力。色散力是在两个没有偶极的分子之间，由于电子的运动和原子核的振动，电子云对原子核发生瞬时位移，结果产生瞬时偶极，这时瞬时偶极又可以引起邻近分子的极化，产生诱导偶极，于是在两者之间就产生相互吸引力。色散力在任何分子之间都存在。

染料和纤维之间的范德瓦尔斯力大小取决于分子的结构和形态，并和它们的接触面积及分子间的距离有关，染料的相对分子质量越大，共轭系统越大，分子呈直线长链形，同平面性好，并与纤维的分子结构相适宜，则范德瓦尔斯力一般较大。

范德瓦尔斯力在各种纤维、各类染料染色时都是存在的，但它的作用的重要性却各不相同。

（二）氢键

氢键是一种定向的较强的分子间引力，它是由两个电负性较强的原子通过氢原子而形成的结合，若 A、B 为两个电负性较强且原子半径较小的原子（或原子团），当 A—H 和 B 接近时，形成 A—H···B 的相互结合，这就是氢键。这里 A—H 称为供氢基团（或称供质子基团），B 称为受氢基团（接受质子基团），A—H 的供氢性越强或 B 的受氢性越强，即 A、B 两原子的电负性越强，两者间形成的氢键的键能就越大。常见的氢键结合能量见表 3-1。

表 3-1　常见氢键的平均键能

结合情况	平均键能/($kJ \cdot mol^{-1}$)	结合情况	平均键能/($kJ \cdot mol^{-1}$)
—O—H···N	29.26	N—H···O	9.61
—O—H···O	25.08	N—H···N	8.36~16.72
C—H···O	10.87	N—H···F	20.93

范德瓦尔斯力和氢键结合的能量较低，一般在 41.8kJ/mol 以下，但在染色中起着重要作用，是染料对纤维具有直接性的重要因素。范德瓦尔斯力和氢键引起的吸附属于物理吸附，吸附位置很多，是非定位吸附。

（三）库仑力

有些纤维具有可以电离的基团，在染色条件下，这些基团发生电离而使纤维带有电荷，当具有相反符号电荷的染料离子与纤维接近时，产生静电引力（库仑力），染料因库仑力的作用而被纤维吸附，生成离子键形式的结合，离子键也称盐式键。例如，酸性染料染羊毛时，羊毛中的氨基在酸性染色条件下吸酸（吸收 H^+）成 $W—N^+H_3$，带有正电荷，可与电离成 $D—SO_3^-$ 的酸性染料通过库仑力结合，染色时由于库仑力作用而生成离子键结合：

$$W—N^+H_3 + D—SO_3^- \longrightarrow W—N^+H_3O_3^-S—D$$

用阳离子染料染腈纶时也生成离子键结合。生成的离子键的强弱与两者的电荷强弱成正比。

（四）共价键

染料和纤维发生共价键结合主要发生在含有活性基团的染料和具有可反应基团的纤维之间。例如活性染料和纤维之间可在一定条件下发生反应而生成共价键结合的染色产物：

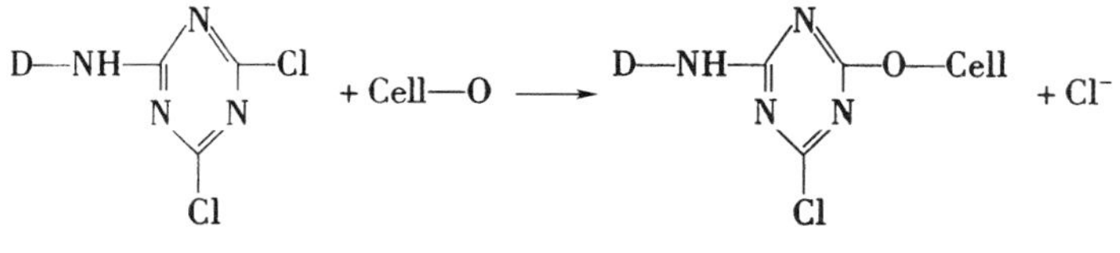

D—NH—[三嗪环：N, N, N; 取代基 Cl, Cl] + Cell—O ⟶ D—NH—[三嗪环：N, N, N; 取代基 O—Cell, Cl] + Cl^-

共价键的作用距离为 0.07~0.2nm，共价键一般具有较高的键能，即生成的键比较稳定。

（五）配价键

配价键一般在酸性媒染染料及金属络合染料染色时发生，例如 1∶1 型金属络合染料可与羊毛生成配价键结合。

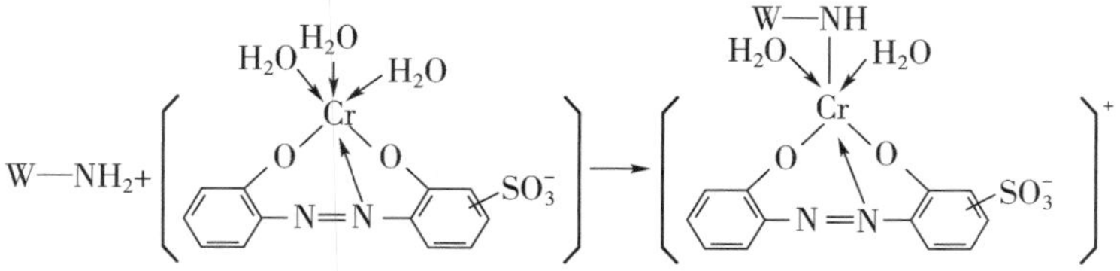

H_2O H_2O H_2O Cr O O $W—NH_2+$ N=N SO_3^- → W—NH H_2O H_2O Cr O O N=N SO_3^- +

配价键的键能较高，作用距离较短。

离子键、共价键、配价键结合的键能均较高，在纤维中有固定的吸附位置，由这些键引起的吸附称为化学吸附或定位吸附。

上述不同性质（或结合）往往是同时存在的，但纤维—染料系统不同，它们的重要性也各不相同。例如用直接染料染纤维素纤维时，主要由于范德瓦尔斯力和氢键的作用使染料上染和固着。阳离子染料上染腈纶主要是由库仑力和离子键的作用，氢键和范德瓦尔斯力作用较小。强酸性染料染羊毛主要是库仑力上染，以离子键固着。弱酸性染料上染羊毛时范德瓦尔斯力和氢键起重要作用。活性染料染棉主要依靠范德瓦尔斯力、氢键上染，但在纤维中的固色则主要是形成共价键。

三、促染和缓染

染色时根据不同情况，往往需要使用一定的助剂，以加速染料的上染或延缓染料的上染。凡是具有加速染料上染作用的助剂称为促染剂（accelerating agent）。凡是具有延缓染料上染作用的助剂称为缓染剂（retarding agent）。由于染料与纤维的种类很多，染色原理也不一样，实际染色时，有的要加促染剂，有的则要加缓染剂。同一助剂在一种情况下可以作为促染剂，但在另一情况下，往往又可作为缓染剂。加促染剂除了为提高染色速率外，提高上染百分率也是主要目的。加入缓染剂是为了获得匀染效果，一般会降低染料的上染百分率，所以要注意控制用量。

（一）中性电解质

在促染和缓染中常用的中性电解质有氯化钠（食盐）、硫酸钠（元明粉）等。根据染色情况不同，中性电解质有时起促染作用，有时则起缓染作用。

在染液中表面带负电荷的纤维，例如纤维素纤维，用阴离子染料染色，在染料对纤维素的亲和力较低的情况下，通常可用中性电解质作促染剂。在染液中加入中性电解质后，染液内的钠离子和氯离子（或硫酸根离子）的浓度提高，氯离子受到纤维表面阴电荷的斥力，而钠离子受到纤维表面阴电荷的引力，造成在纤维表面附近的溶液内的钠离子浓度比距离纤维表面较远的溶液内的钠离子浓度高，氯原子的情况则相反，这样的变化，使染料阴离子向纤维表面移动时所受到的电荷斥力减小。另一方面，染料阴离子从染液向纤维表面移动时，即被纤维吸附，为了维持电荷中性，势必伴有相应数量的钠离子一起移动。由于纤维表面附近钠离子的浓度高，在较远的地方浓度低，钠离子从浓度低的地方向浓度高的地方移动需要克服一定的阻力，消耗一定的能量。在染液内加入电解质后，由于钠离子浓度大大增加，降低了纤维附近与其他地方钠离子的浓度差，因此钠离子伴随染料阴离子向纤维表面移动需要消耗的能量比较小。

染料分子结构中酸性电离基越多，即在水溶液中染料阴离子所带阴电荷越多，电解质的促染作用就越显著。

在染液中带正电荷的纤维用阴离子染料染色或带负电荷的纤维用阳离子染料染色时，在染液中加入中性电解质起缓染作用。例如，羊毛用强酸性染料，腈纶用阳离子染料染色时，染料上染速率较快，为了获得较好的匀染效果，常使用中性电解质作缓染剂。

羊毛用强酸性染料染色时，染液的 pH 值在羊毛的等电点以下，纤维带正电荷，酸性染料是阴离子染料，染料阴离子与纤维之间存在静电引力、范德瓦尔斯力和氢键，吸附速度较快。染液中加入中性电解质后，电解质的阴离子被纤维所吸引，在纤维表面附近的溶液中（吸附层）的浓度较高，使纤维与染料阴离子之间的静电引力降低，吸附速度降低。电解质的阴离子扩散较快，将先于染料阴离子扩散到纤维中，与纤维离子化的氨基结合。电解质浓度越高，这种结合的可能性就越大。但染料阴离子对纤维的亲和力大于无机阴离子对纤维的亲和力，因此随着染料阴离子的不断被吸附和扩散，将逐渐取代与纤维结合的电解质阴离子而与纤维结合，由于电解质阴离子和染料阴离子之间发生了这种对染色位置的竞争（称之为竞染），因而降低了染料的上染速率。

腈纶用阳离子染料染色时，腈纶中的酸性基团发生电离，纤维带负电荷。染料阳离子受到纤维的静电引力，吸附速度较快。染液中加入中性电解质后，使纤维与染料阳离子之间静电引力减弱，从而使吸附速率降低。电解质的阳离子扩散速率较快，也能与纤维中的酸性基团结合，竞争染色位置，因而降低染料的上染速率。

（二）酸

染液的 pH 值对于染料的上染速率也有很大的影响，根据染色机理的不同，染液中加入酸或增加酸的用量，降低染液的 pH 值，对有些染料起促染作用，对另一些染料则起缓染作用。

蛋白质纤维或聚酰胺纤维用酸性染料染色时，增加酸的用量，可提高染料的上染速率。蛋白质纤维和聚酰胺纤维分子中含有氨基，增加酸的用量，使离子化的氨基增加，纤维与阴离子染料之间的静电引力增强，吸附速率和固着速率都提高。

在染液中表面带负电荷的纤维用阴离子染料染色时，染液中加入酸也起促染作用。当染料分子中含有羧基等弱的酸性电离基时，加入酸使染料的电离降低，所以纤维与染料之间的静电斥力下降，染料的上染速率提高，例如维纶用中性染料染色时，就会发生这种现象。

腈纶用阳离子染料染色时，增加酸的用量会抑制纤维中酸性基团的电离，使纤维中的染色位置减少，纤维和染料阳离子之间的静电引力下降，因而降低染料的上染速率。

（三）起缓染作用的表面活性剂

这种表面活性剂根据作用机理可以分成两类：一类主要通过与纤维的作用降低染色速率，称为纤维亲和性缓染剂；另一类主要通过与染料的作用降低染色速率，称为染料亲和性缓染剂。

1. 纤维亲和性缓染剂 当纤维所带的电荷和染料离子所带的电荷符号相反时，使用与染料离子电荷符号相同的表面活性剂，由于表面活性剂离子与染料离子竞争染色位置，从而使染料上染速率降低。

例如，腈纶用阳离子染料染色时，使用阳离子缓染剂。缓染剂使阳离子染料上染速率降低的机理与中性电解质缓染机理相同，但缓染剂阳离子对纤维的亲和力比电解质阳离子高，因此缓染作用较显著，但对上染百分率的影响也较大。又如，羊毛用强酸性染料染色和锦纶用弱酸性染料染色时，使用含有磺酸基的阴离子表面活性剂，也起降低染料上染速率的作用。

2. 染料亲和性缓染剂 染色时，使用非离子或与染料离子的电荷符号相反的表面活性剂，也起缓染作用。非离子型表面活性剂除了有润湿、分散等作用外，它能与染料形成氢键结合而延缓染料的上染。例如，腈纶用阳离子染料染色、纤维素纤维用还原染料隐色体染色、蚕丝用酸性染料染色时，染液中加入平平加 O 都能起缓染作用。

当使用的表面活性剂的电荷符号与染料离子相反时，表面活性剂的离子就会与染料离子相结合，使染液中的染料离子浓度及移动速率降低，因而降低上染速率。例如，腈纶用阳离子染料染色时，在染液中加入阴离子表面活性剂，能显著地降低染料上染速率。表面活性剂离子与染料离子形成的结合物的溶解度一般较低，容易凝聚、沉淀，因此在加入这种表面活性剂前要加入非离子型表面活性剂。

四、匀染和透染

广义的匀染（level dyeing）就是指染料在染色产品表面以及在纤维内各部分分布的均匀程度。染料在被染物表面各部分是否均匀分布比较容易观察到，习惯上所称的匀染就是指这一种。在纤维内染料是否均匀分布，虽然通常不易观察到，但其对产品的质量也有很大影响，这种染料在纤维内的均匀分布习惯上则称为透染（penetration dyeing）。图 3-12 表示纤维束（如纱线）染色时，染料在纤维束内的分布情况。第一种情况是理想的状态，染料在纤维束及每根纤维内部都均匀分布；第二种情况，染料在纤维束内均匀分布，但对每一根纤维来说，染料只分布在纤维的表面，称为纤维环染，这种情况的染色可近似看作匀染，而且得色一般比第一种情况浓；第三种情况是外层纤维染色，里层纤维不染色，是纤维束环染（白芯）；最后一种情况是纤维束外围的纤维不均匀环染染色，而内部纤维基本不能上染。第三、第四种情况都属于匀染和透染性差，有些产品不耐摩擦和洗涤，常与未透染有关。

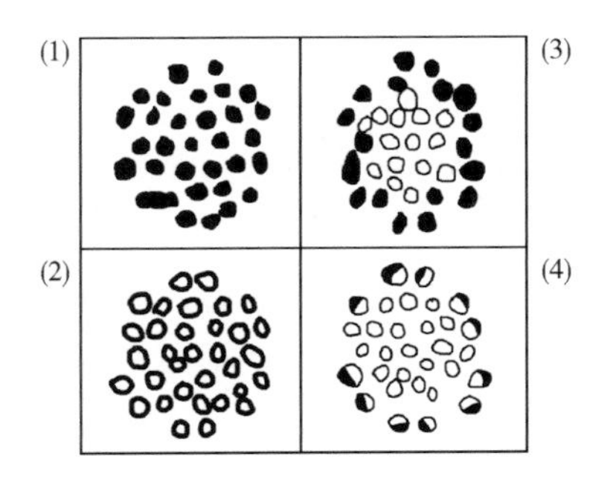

图 3-12 纤维束中染料的分布情况

造成染色不匀的原因很多，以下仅就造成染色不匀的主要原因及预防措施举例加以说明。

（一）被染物

被染物本身不均匀是造成染色不匀的很重要的因素。棉纤维由于成熟度不同，染色性能有很大不同。羊毛的品种产地、生长部位不同，染色性能各不相同，羊毛纤维的毛尖和毛根的染色性能也不一样。化学纤维在制造时由于聚合组分的不同以及由于牵伸热处理等条件的差异而造成纤维微结构的不同，都会导致染色性能的不同。不同染色性能的纤维即使在理想条件下染色，其颜色也不一致，因而造成染色不匀。例如锦纶长丝织物染色时容易造成的“条花”（如经绺、色纬档）往往与纤维本身有很大的关系。

被染物的染色前处理，如退浆、煮练、漂白不均匀都会造成染色不匀。棉纱或棉布在染色之前大都要经过丝光，丝光会影响纤维的微结构，如丝光不均匀或丝光时碱液浓度等条件的差异，就会造成各部分染色性能的差异，从而产生染色不匀。涤纶由于热定形的温度和张力不同，染色性能就不一样。

针对上述情况，可以采取一些措施以缩小被染物不匀对染色的影响，例如，加强织造前的原料管理；提高与改善染色半制品的质量；改善前处理设备和热定形设备的运转情况；选择扩散性能好，遮盖性好的染料等。

（二）染料

浸染时，上染纤维的染料可以解吸下来，解吸下来的染料又可以重新上染纤维，这种转移的过程称为移染。染料从纤维上解吸下来再上染纤维的性能称为染料的移染性。染料的移染性可以用半匀染时间来衡量。

染料的移染有利于克服染色初期所造成的染色不匀，获得匀染的产品。温度高，染料的扩散速率增加，解吸和重新上染的速率都增加，染料移染性能好。延长染色时间可使染色更为均匀。染液中加入非离子型表面活性剂，一般使染料的移染性提高。亲和力低，扩散性能好的染料，通常具有好的移染性。

移染性好的染料，经染色后，对被染物染色的不均匀不易暴露，通常称之为遮盖性好的染料。但它们的某些染色牢度常较差，所以必须根据染物要求慎重选择。

染料分子较复杂，对纤维的亲和力高，上染速率（尤其是初染速率）高，在纤维上扩散性能差，则染料的移染性差，容易造成染色不匀。拼色时所用的染料如果上染速率不一致（称为不配伍）也容易造成色差。

（三）染色方法

染色条件对染色均匀性有很大的影响。水溶性染料如果在染液内溶解不好，以及染液不稳定都可能引起染色不匀。染色时，染液各部分所含的染料浓度和助剂浓度不一致会造成染色不匀。染物及染液各部分的温度不一致也会造成染色不匀。

在浸染中，上染速率太快或初染速率太快是造成染色不匀的重要原因。上染速率太快，使染液及被染物各部分的染料浓度、助剂浓度和温度有差异，对染料上染的影响更显著。始染温度太高，促染剂、膨化剂等使用不当，升温速度太快等都是造成上染速率太快，初染率高的原因。在热塑性纤维染色时，如果在玻璃态转化温度左右（此时上染速率迅速增加）升温速度太快，就极易造成染色不匀。升温太快也容易造成染液及被染物各部分的温度差异。

为了获得匀染，一是尽可能使染料均匀地上染，二是对染色初期的上染不匀，在以后的染色阶段通过染料的移染而使其均匀，即在染色后期提高染色温度，延长染色时间。这种方法时间较长，经济性较差，所以应尽可能设法使染料均匀地上染，而移染一般只作为获得匀染的辅助手段。

要使染料均匀地上染，要求染色时有良好的搅拌或循环，染色速率不能太快，控制染色速率包括始染温度不宜太高，升温速率不能太快，尤其在纤维的玻璃化温度时要缓慢升温；使用缓染剂降低上染速率；注意促染剂的加入时间；注意染浴 pH 值的控制；采用大的浴比；选用上染速率相同或相近的染料拼色等。

在轧染中若浸轧不匀，如轧辊两端与中间压力不等，会产生左、中、右色差；轧槽始染液配制不当，固色液使用不当，机械使用状态不佳，均会造成染色不匀。浸轧染液后的烘燥不当会引起染料泳移，更易造成染色不匀。为了降低或抑制烘干时染料的泳移，可降低轧染时的轧余率，采用无接触烘燥设备和在轧染液中加适量的抗泳移剂。染液加抗泳移剂后，染液的黏度提高，降低了烘干时水分子及染料分子的移动速率。抗泳移剂分子和染料分子可以通过范德瓦尔斯力、氢键形成一定的结合，阻碍染料分子的移动。对于不溶于水的染料，抗泳移剂会使染料颗粒增大，烘干时增大了的染料颗粒，使其在毛细管中随水移动的速度降低，从而改善泳移现象。选择的抗泳移剂要求在用量较少时就有较好的效果，这样对染料固着影响小，不影响染液稳定性。抗泳移剂还应不粘滚筒。

第三节 纤维素纤维染色

一、直接染料染色

直接染料能溶解于水，分子中含有磺酸基、羧酸基等可溶性基团，在水中能电离成染料阴离子。其相对分子质量较大，整个分子呈狭长扁平的线状结构，具有较好的共平面性和线性状态；分子中含有羟基、氨基等能生成氢键的基团，因此对纤维素纤维有较高的亲和力，不需借助媒染剂的作用就能直接上染纤维素纤维。直接染料的优点是染色简便，价格便宜，色谱齐全，曾广泛用于棉织物的染色。直接染料的染色牢度，特别是湿处理牢度较低，可以通过固色后处理来提高。

根据直接染料的染色牢度及固色后处理方法的不同，通常把直接染料分成三类：直接染料、直接耐晒染料和直接铜盐染料。直接耐晒染料的日晒牢度较高，一般在 5 级以上，直接铜盐染料在染色后要用铜盐固色处理，以提高其染色牢度。

（一）直接染料对纤维素纤维的染色原理和染色性能

直接染料染色的特点是直接染料分子之间、直接染料与纤维素分子之间的范德瓦尔斯力和氢键作用力较大，在染液中具有较大的聚集倾向，能被纤维表面所吸附，在染液中加入中性电解质起促染作用。直接染料的分子较大，在纤维内扩散时所受到的机械阻力较大，染料分子与纤维分子之间的范德瓦尔斯力和氢键作用力也阻碍染料的扩散，所以染料从纤维表面向纤维内部的扩散是较慢的。为了提高扩散速率，直接染料染色时一般要用较高的温度。直接染料通过纤维的孔隙扩散到纤维内部后，通过与纤维分子之间的范德瓦尔斯力和氢键而固着在纤维内部。

直接染料化学结构相差很大，因此染色性能也不相同。根据染色性能的不同，直接染料可以分成三类。

1. A类 这类染料的分子结构比较简单，在染液中的聚集倾向较小，对纤维的亲和力较低，在纤维内的扩散速率较高，匀染性好，食盐的促染作用不很显著。在常规的染色时间内，它们的平衡上染百分率往往随染色温度的升高而降低，因此染色温度不宜太高，一般在70~80℃染色即可。这类染料的湿处理牢度较低，一般仅适宜于染浅色。A类染料习惯上也称为匀染性染料。

2. B类 这类染料的分子结构比较复杂，对纤维的亲和力较高，且分子中有较多的水溶性基团，染料在纤维内的扩散速率低，匀染性较差，食盐等中性电解质对这类染料的促染效果显著，所以必须注意控制促染剂的用量、加入时间和加入速度，以获得匀染和提高上染百分率。若使用不当，则因初染率太高，容易造成染花。B类染料也称为盐效应染料，这类染料的湿处理牢度较高。

3. C类 这类染料的分子结构复杂，对纤维亲和力高，扩散速率低，匀染性差。染料分子中含有的磺酸基少。中性电解质对上染百分率的影响较小，染色时要用较高的温度，以提高染料在纤维内的扩散速率，提高移染性和匀染性。在实际的染色条件下，上染百分率一般随染色温度的升高而增加，但始染温度不能太高，升温速度不能太快，否则容易造成染色不匀。C类染料也称为温度效应染料。这类染料的湿处理牢度高。

（二）直接染料对纤维素纤维的染色工艺

直接染料的染色方法比较简单，通常以浸染、卷染为主，轧染则应用较少。

直接染料会与硬水中的钙、镁、铁等离子作用生成沉淀，降低染料的利用率，并可能造成色斑等疵病。所以溶解染料及染色用水宜用软水。浸染时染液内一般含有染料、纯碱、食盐或元明粉。染料用量视颜色要求而定。纯碱可帮助染料溶解，兼有软化水的作用，用量一般为1~3g/L。也可用磷酸三钠或六偏磷酸钠，后者是优良的软水剂。食盐或元明粉可用来促染，用量一般为0~20g/L，主要用于B类染料。对于促染作用不显著的染料或染浅色时，可少加或不加食盐。染色浴比一般为1∶20~1∶40。染色时，水中先加入纯碱，染料先用温水调成浆状，然后用热水溶解，必要时可在染液中加入适量的软水剂、润湿剂及匀染剂，如肥皂、雷米邦A、胰加漂T、太古油、平平加O等。将染液稀释至规定体积，升温至50~60℃开始染色，逐步升温至所需染色温度，染色10min后加入食盐，继续染30~60min，染色后进行后处理。

在直接染料浸染中，控制染料上染的工艺因素主要是中性电解质和温度。对于中性电解质来说，除了注意控制其用量外，还要注意电解质的加入时间。中性电解质应该在染色一定时间，即待染液中的染料大部分上染纤维后再分次加入，否则容易造成染色不匀。染色温度包括始染温度、升温速率和最后染色温度。始染温度和升温速率在前面已谈及，最后染色温度影响上染百分率和匀染性，染色温度高，平衡上染百分率低，匀染性好。在常规染色时间（例如 1h）内，扩散性能好的染料基本上已达到染色平衡，上染百分率随温度升高而降低，所以染色温度不宜太高。扩散性能差的染料，在常规的染色时间内如果未达到染色平衡，则上染百分率一般随染色温度的升高而升高。在常规染色时间内，得到最高上染百分率的温度称为最高上染温度。根据最高上染温度的不同，生产上常把直接染料分成：最高上染温度在 70℃以下的低温染料；最高上染温度为 70~80℃的中温染料；最高上染温度为 90~100℃的高温染料。

卷染的情况基本上与浸染相同，浴比为（1∶2）~（1∶3），染色温度根据染料性能而定，染色时间 60min 左右。染料溶解后开始和第一道末分两次加入，食盐在染色的第三、第四道末分次加入。

轧染时，轧液内一般含有染料、纯碱（或磷酸三钠）0.5~1.0g/L，润湿剂 2~5g/L。开车时轧槽始染液应适当稀释，以保持织物前后色泽一致。凡亲和力高的直接染料，稀释程度宜大；亲和力低者宜小。稀释程度大者应适当补充除染料外的其他助剂。轧液温度为 40~60℃，溶解度小的染料温度可适当提高，较高的轧染温度有利于匀染。工艺流程一般为：二浸二轧→汽蒸（102~105℃，45~60s）→水洗→（固色处理）→烘干。汽蒸时间长有利于提高上染百分率，获得均匀的染色。染料浓度高时，汽蒸时间应较长。

（三）直接染料染物的固色后处理

直接染料可溶于水，上染纤维后，仅仅依靠范德瓦尔斯力和氢键固着在纤维上，当染物与水接触时，染物上部分染料便有可能重新溶解、扩散在水中，因而直接染料染物湿处理牢度较低。根据直接染料的分子结构，采用不同的后处理方法，可以使直接染料染物的牢度得到一定程度的提高。

1. 金属盐后处理 当直接染料分子中具有能与金属离子络合的结构，染物用金属盐后处理，纤维上的染料与金属离子生成水溶性较低的稳定络合物，从而提高染物的湿处理牢度。常用的金属是铜盐，例如硫酸铜、醋酸铜、酒石酸铜。因此，把这类染料称为直接铜盐染料。经铜盐处理后，颜色一般比未处理时略深而暗。所以一般适用于深色品种。

铜盐用量随织物上染料的多少和处理浴比大小而定，但要维持固色液中有一定的固色剂浓度。铜盐用量不足，不能使染料完全络合；用量过多，染物上过量的铜盐洗除较困难。

例 1：

硫酸铜	0.5%~2.5%（owf）
30%醋酸	2%~3%（owf）
或 85%甲酸	0.4%~0.6%（owf）

温度 50~60℃，时间 15~25min，浴比 1∶2，固色后要充分水洗。

例 2：

铜盐 B（Copratex B）	50%（对染料重）

温度 80~85℃，时间 25~35min，浴比 1∶2。

铜盐B是含铜的阳荷性三聚氰胺甲醛树脂，专用于直接铜盐染料染物的固色后处理，除可提高湿处理牢度外，还可显著提高耐晒牢度。

连续轧染的固色可在平洗槽内浸轧硫酸铜5~10g/L，醋酸（30%）1~1.7mL/L，然后透风10~20s，再充分水洗。

2. 阳离子固色剂后处理 直接染料是阴离子染料，当用阳离子固色剂处理时，阳离子固色剂和阴离子染料结合，封闭了水溶性基团而生成沉淀，从而提高染物的湿处理牢度。阳离子固色剂和染料阴离子的作用可用下式表示：

$$D—SO_3^-Na^+ + Fix^+X^- \longrightarrow D—SO_3^- \cdot Fix^+ \downarrow + NaX$$

这种处理方法简便，对各种结构的直接染料都适用，处理后没有显著的颜色变化。

常用的阳离子固色剂有树脂型固色剂和反应性固色剂。其中，树脂型多胺化合物是无甲醛固色剂的典型代表，这类固色剂能与染料中阴离子基团形成离子键结合，且呈网状结构，因此能有效地提高染色的湿处理牢度。但是，该固色剂需要经过高温固化（180℃）处理，容易产生色变现象。反应性固色剂除了与阴离子型染料结合外，还能与纤维及染料进行反应交联，全面提高染色的湿处理牢度，固色交联剂DE是代表性助剂，其结构式如下：

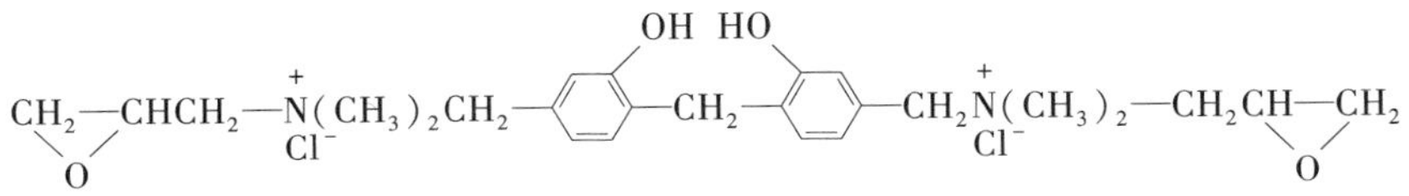

$$\underset{\backslash O /}{CH_2—CHCH_2}—\overset{+}{N}(CH_3)_2CH_2—C_6H_3(OH)—CH_2—C_6H_3(OH)—CH_2\overset{+}{N}(CH_3)_2—\underset{\backslash O /}{CH_2CH—CH_2}$$
$$Cl^- \qquad\qquad Cl^-$$

3. 阳离子交联剂固色处理 阳离子交联剂除具有阳离子固色剂的作用外，还能与纤维和染料发生反应，交联成膜，从而提高湿处理牢度。

例如：

固色交联剂DE 1%~2%（owf）

浴比1∶2，温度50~55℃，时间20~30min。

用其他交联剂，如交联剂EH、交联剂P处理，也有提高染色牢度的作用。

二、活性染料染色

活性染料是水溶性染料，分子中含有一个或一个以上的反应性基团（习称活性基团），能在适当条件下与纤维素纤维分子上的羟基、蛋白质纤维及聚酰胺纤维上的氨基等发生键合反应，在染料和纤维之间生成共价键结合。活性染料也称为反应性染料。

活性染料制造较简便，价格较低，而且颜色鲜艳，色谱较全。自1956年开始作为商品染料以来，得到了很大的发展。我国在1958年开始生产活性染料，现已成为染色和印花的主要染料之一。国产活性染料的品种有X型、K型、KN型、M型、KD型、F型、P型、KE型、KP型、PW型、R型等。它们具有不同的反应性能和应用性能。

活性染料的分子结构较简单，并含磺酸根基团，水溶性良好。扩散性和匀染性较好，染色方便。活性染料与纤维反应的同时，还能与水发生水解反应，水解产物一般不再能与纤维发生反应，因此在染色中，应尽量减少活性染料的水解，纤维上的水解活性染料应充分洗除，否则影响染色牢度。

活性染料的染色一般包括吸附、扩散、固着几个阶段，在固着阶段活性染料与纤维发生键合反应，称为固色，而把固色前的过程称为染色，以便区别。

（一）活性染料的化学结构及性能

活性染料的化学结构通式可以表示为：

W—D—B—R

式中：W——水溶性基团，一般为磺酸根基团；

D——染料发色体；

B——桥基或称连接基；

R——活性基。

活性基通过桥基与染料母体相连接。活性基主要影响染料的反应性及染料—纤维键的稳定性。染料母体对染料的亲和力、扩散性、颜色、耐晒牢度等有较大的影响。桥基对染料的反应性和染料—纤维键的稳定性也有一定的影响。

根据活性染料分子结构中活性基团的不同，活性染料可分为以下几类。

1. 均三嗪型活性染料（*s*-triazinyl reactive dyes）

（1）二氯均三嗪型活性染料（简称 X 型染料）。二氯均三嗪型活性染料，因它的活性基团是二氯均三嗪而得名。它的活性基团上有两个氯原子，染料的化学性质活泼，反应能力较强，能在室温碱性介质中与纤维素纤维反应。这类活性染料染液稳定性差，在室温上染可以减少染料的水解损失。染料结构通式为：

D—NH—(均三嗪环，N N N)—Cl，环上另一位 Cl 可简写为 D—NH—▽—Cl（下方 Cl）

国产的 X 型，国外的普施安（Procion）M 等均属此类。

（2）一氯均三嗪型活性染料。这类活性染料活性基团是一氯均三嗪，活性基团上只有一个氯原子。化学活泼性较低，必须在较高温度下才能和纤维素纤维发生反应，染液也比较稳定，在常温下染料水解损失较少。染料结构通式为：

D—NH—(均三嗪环，N N N)—Cl，环上另一位 NHR 可简写为 D—NH—▽—Cl（下方 NHR）

国产的 K 型，国外的普施安（Procion）H 等均属此类。

（3）一氟均三嗪型活性染料。这类活性染料的活性基团是一氟均三嗪，活性基团上只有一个氟原子。它与一氯均三嗪型活性染料在相同条件下比较，其反应速率高出 50 倍左右，染料—纤维键的稳定性与一氯均三嗪型类同。染料结构通式简写为：

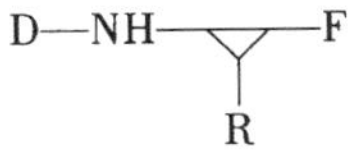

D—NH—(triazine)—F, R

Cibacron F 型活性染料即具有这种活性基团。

（4）烟酸基均三嗪型活性染料。这类染料反应性高，直接性大，可在高温中性条件下和纤维素纤维发生反应。用于涤/棉、涤/粘等混纺织物的分散/活性染料一浴染色。染料结构通式为：

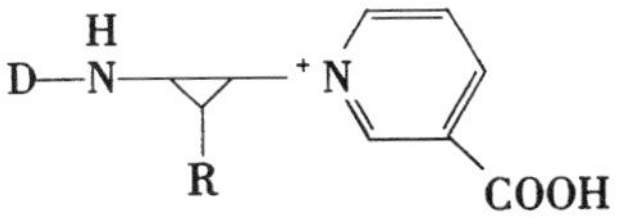

H, D—N—(triazine)—$^+$N(pyridine)—COOH, R

国产的 R 型，日本化药的 Kayacelon React 均属此类。

2. **卤代嘧啶基型活性染料**（halogenopyrimidine reactive dyeing） 卤代嘧啶基型活性基又称二嗪型活性基，按嘧啶基上氯原子的种类和数目又分为三氯、二氯、一氯以及氟代嘧啶等几类活性染料。其中以氟代嘧啶和三氯嘧啶较为重要。二氟一氯嘧啶和三氯嘧啶型活性染料的结构通式为：

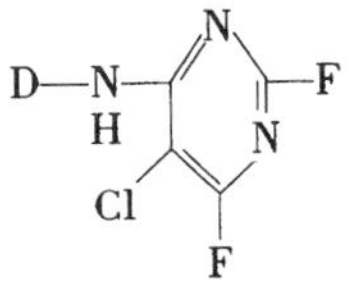

二氟一氯嘧啶型

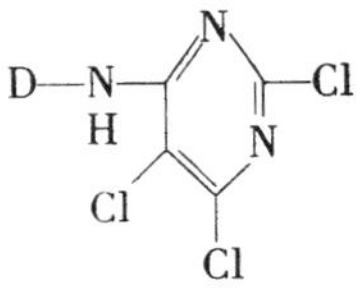

三氯嘧啶型

3. **乙烯砜型活性染料**（**vinyl sulphonyl reactve dyeing**） 这类活性染料的活性基团为乙烯砜基，结构通式为：

$$D—SO_2CH_2CH_2OSO_3Na$$

国产的 KN 型，国外的雷玛唑（Remazol）均属此类，化学活性介于 X 型和 K 型活性染料之间，宜在 60℃左右较弱的碱性介质中染色。

4. 双活性基活性染料 染料分子中含有两个相同或不同的活性基团，因此当其中一个活性基团水解后，另一个活性基团能继续与纤维反应，所以含双活性基的活性染料固色率较高。根据活性基团的不同，常分为以下几类：

（1）双一氯均三嗪。国产的 KE 型，国外的 Procion H—E、Procion H—EXL 均属此类。

（2）一氯均三嗪和乙烯砜型。国产的 ME 型、Megafix B 型，国外的 Sumifix supra、Remazol S、Basilen FM 等均属此类。

（3）一氟均三嗪和乙烯砜型。Cibacron C 型属此类。

（二）活性染料对纤维素纤维的染色原理

各类活性染料和纤维素纤维能发生共价键结合，结合反应的类型可分成两类。第一类是二氯均三嗪和一氯均三嗪等活性染料与纤维素纤维的结合反应；第二类是乙烯砜型活性染料和纤维素纤维的结合反应。

二氯均三嗪和一氯均三嗪型活性染料在碱性介质中与纤维素纤维的化学反应，是纤维素负氧离子取代染料活性基团上的氯原子，使染料与纤维发生共价键结合。水中氢氧根离子也会取代染料活性基团上的氯原子，使染料水解生成水解染料，水解染料失去了对纤维素纤维的反应能力。二氯均三嗪型活性染料和纤维素纤维以及和水的反应式如下：

$$\text{D—NH—}C_3N_3Cl_2 \xrightarrow{+\text{纤维素—}O^-H^+} \text{D—NH—}C_3N_3Cl\text{—O—纤维素} + HCl \xrightarrow{H^+OH^-} \text{D—NH—}C_3N_3Cl\text{—OH} + HCl$$

当染料上第一个氯原子与纤维素纤维反应以后，第二个氯原子的反应活泼性就降低，需要在比较剧烈的条件下才能与纤维素负氧离子或与水中的氢氧离子发生化学反应。一氯均三嗪活性染料与纤维素纤维的反应活泼性，比二氯均三嗪型活性染料要低，染色时反应温度要高一些，所用碱剂的碱性要较强些。

乙烯砜型活性染料和纤维素纤维在碱性介质中的化学反应如下：

$$\text{D—}SO_2\text{—}CH_2CH_2OSO_3Na \xrightarrow{OH^-} \text{D—}SO_2\text{—}CH{=}CH_2$$

$$\text{D—}SO_2\text{—}CH{=}CH_2 \xrightarrow{+\text{纤维素—}O^-H^+} \text{D—}SO_2\text{—}CH_2CH_2\text{—O—纤维素} \xrightarrow{H^+OH^-} \text{D—}SO_2\text{—}CH_2CH_2\text{—OH}$$

以上所述的两种反应，都需要在碱性条件下进行。所以，染料上染纤维素纤维以后，染浴中需要加入碱剂，使纤维素纤维成负氧离子而和染料反应。

活性染料在染色过程中，染料与纤维的反应及染料与水的反应同时存在，但在正常染色条件下，染料与纤维的反应速率仍远远大于染料与水的反应速率。但如条件控制不当，染液pH值过高或温度过高，都会促使染料水解加剧，使染料的固色率降低。如何提高染料的利用率是活性染料染色的重要课题。

（三）活性染料对纤维素纤维的染色工艺

活性染料的染色有浸染、卷染、轧染、冷轧堆等方法，大多用于中浅色泽的染色，设计活性染料染色工艺时应尽可能考虑在染色结束时，固色率高，染色时间较短，染物的匀染性好。

活性染料的种类很多，各类活性染料的反应性和染色条件各不相同，以下以国产X型、K型、KN型、M型活性染料为例说明一般的染色工艺。

1. 卷染 卷染采用的方法大致可以分为三种。

（1）一浴一步法。也称全料法，是将染料、促染剂、碱剂等在开始染色时全部加入染浴的简便染色方法。此法由于水解染料较多，不适宜续缸染色。

（2）一浴二步法。先中性染色，后加电解质促染，再加入碱剂固色。这种方法主要适用于小批量、多品种的染色，染浴吸尽率较高，不再续缸使用，其染物牢度较好。

（3）二浴法。在中性浴中染色，再在另一不含染料的碱性浴中固色。由于其染料吸着和固色在两个浴中分别进行，因而染料水解较低，能续缸使用，染料利用率高。

在以上三种染色方法中，通常采用一浴二步法染色。染色工艺流程为：卷染（4~6道）→固色（4~6道）→冷水洗（2道）→70~90℃热水洗（2~3道）→皂煮（4~6道95℃以上）→80~90℃热水洗（2道）→冷水洗（1~2道）→上卷。染液组成和染色条件见表3-2。

表3-2 活性染料卷染工艺处方及条件

处方、工艺条件 \ 染料类型		X型	K型	KN型	M型
染料		视色泽要求而定			
食盐/$g \cdot L^{-1}$		20~30	25~40	25~40	25~40
碱剂/$g \cdot L^{-1}$		Na_2CO_3 10~20 或 Na_3PO_4 4~6	Na_2CO_3 15~30 或 Na_3PO_4 10~20	Na_2CO_3 15~25 或 Na_3PO_4 10~15	Na_2CO_3 15~25 或 Na_3PO_4 10~15
浴比		1∶2~1∶3			
染色	温度/℃	室温或30	90	60~65	60~65
	道数	4~6	6~8	6~8	6~8
固色	温度/℃	室温或30	90	60~65	60~65
	道数	4~6	6~8	6~8	6~8
皂洗	肥皂/$g \cdot L^{-1}$	5（或用合成洗涤剂）			
	液量/L	120			
	温度/℃	95以上			
	道数	4~6			

注 每道5~8min。

染料用量视色泽要求而定，染料分两次加入，一般在染色开始加60%染料，第一道末再加余下的40%染料。染深色时如有必要，染料可分4次加入。食盐、碱剂的用量视染料用量、染料的亲和力和反应性而定，通常X型活性染料多采用纯碱，而K型活性染料除了用纯碱外，以采用磷酸三钠为宜。

染色和固色一般可采用相同的温度，以便于控制。X型活性染料可用30℃，K型染料90℃，KN型、M型为60~65℃。酞菁母体结构的活性染料一般需用较高的染色和固色温度，如翠蓝 KN—G、翠蓝 M—GB 用 85℃，翠蓝 K—GL 用 95℃。均根据染料的反应性能而定。

为了使染料的初染率较低，获得均匀的上染，通常在染色一定时间后加入电解质，必要时还可以分两次加入。也有一开始就加入染液的。电解质应事先用水溶解后再加至染液，并搅拌均匀。

难于染得均匀的颜色可考虑采用二浴法染色。

2. 轧染　活性染料的轧染有一浴法轧染和二浴法轧染两种。一浴法轧染是将染料和碱剂放在同一染液里，织物浸轧染液后，通过汽蒸或焙烘使染料固着。二浴法轧染是织物先浸轧染料溶液，再浸轧含碱剂的溶液——固色液，然后再汽蒸使染料固着。轧染时采用亲和力较低的染料对匀染、透染、前后色泽一致均有利，但必须注意，亲和力低的染料在烘干时更容易发生泳移。

（1）一浴法轧染。一浴法轧染的染液组成及工艺条件见表 3-3。工艺流程是：浸轧染液→烘干→汽蒸或焙烘→冷水洗 2 格→75～80℃热水洗 2 格→95℃以上皂洗 4 格→80～90℃热水洗 2 格→冷水洗 1 格→烘干。

表 3-3　一浴法轧染的工艺处方条件

处方、工艺条件 \ 染料类型		X 型	K 型	KN 型	M 型
染料		视色泽要求而定			
碱剂/g·L^{-1}		$NaHCO_3$ 5～20	Na_2CO_3或 Na_3PO_4 10～30	$NaHCO_3$ 5～20	Na_2CO_3 10～30
尿素/g·L^{-1}		0～30	30～60	0～30	30～60
防染盐 S/g·L^{-1}		0～5			
润湿剂/g·L^{-1}		1～3			
抗泳移剂		酌量			
汽蒸	温度/℃	100～103			
	时间/min	0.25～1	3～6	1～2	1～2
焙烘	温度/℃	120～160			
	时间/min	2～4			

碱剂的种类和用量应根据染料的反应性和用量而定，反应性低的染料，要用较强的碱剂，用量要多。染料用量高，碱剂的用量也高。对于反应性高的 X 型活性染料一般采用小苏打作碱剂，染液的 pH 值在 8 左右，这样，在染液内染料的水解较少，在烘干、汽蒸或焙烘时，小苏打分解出二氧化碳，生成纯碱，pH 值提高，促使染料和纤维发生反应。

乙烯砜型活性染料的本身及其染料—纤维键耐碱性水解的能力均较差，一般也采用较弱的碱剂，如小苏打，也可采用释碱剂三氯醋酸钠。

K 型活性染料的反应性较低，一般宜用较强的碱剂，如碳酸钠。M 型活性染料可以根据具体情况选择用碳酸钠或用碳酸钠+碳酸氢钠作碱剂。

在一浴法轧染中，染液内含有碱剂，反应性强的活性染料易发生水解，制备染液时，碱剂宜临用前加入，染液制备好后，放置时间不宜过长，否则染料水解比较多，使染料的利用率降低。

尿素能帮助染料的溶解、纤维的吸湿和溶胀，有利于染料在纤维中的扩散，提高染料的固着率。

防染盐S即间硝基苯磺酸钠，是弱的氧化剂，与还原性物质作用，分子中的硝基被还原成氨基：

$$O_2N-C_6H_4-SO_3Na + 6[H] \longrightarrow H_2N-C_6H_4-SO_3Na + 2H_2O$$

防染盐S的作用是防止活性染料在汽蒸过程中，因受还原性物质（纤维素纤维在碱性条件下汽蒸时有一定的还原性）或还原性气体的影响使颜色变萎暗。

海藻酸钠是一种常用的抗泳移剂，可减少在烘干时织物上染料的泳移。此外，尚可采用其他的抗泳移剂。

轧槽初染液视染料直接性大小加水冲淡0~20%，以保持前后颜色一致。轧液温度一般为室温。浸轧采用一浸一轧或二浸二轧，轧余率不宜太高。

汽蒸及焙烘的温度和时间主要根据染料的反应性、扩散性而定。对于反应性高的X型活性染料，温度较低，时间较短；对于反应性低的K型活性染料，所用温度较高，时间较长，故一般不用此工艺。

（2）二浴法轧染。二浴法轧染的染液组成及工艺条件见表3-4。

表3-4　二浴法轧染的染液组成和固色液组成

处方 \ 染料类型		X型	K型	KN型	M型
轧染液	染　料	视色泽要求而定			
	尿素/$g \cdot L^{-1}$	0~30	30~60	0~30	30~60
	碱剂/$g \cdot L^{-1}$	$NaHCO_3$ 0~15	Na_2CO_3或Na_3PO_4 10~30	$NaHCO_3$ 0~15	Na_2CO_3或Na_3PO_4 10~30
	润湿剂/$g \cdot L^{-1}$	1~3			
	抗泳移剂	酌量			
固色液	碱剂/$g \cdot L^{-1}$	Na_2CO_3 10~20	NaOH 15~25	Na_2CO_3 10~20	NaOH 15~25
	食盐/$g \cdot L^{-1}$	20~30	50~60	20~30	50~60

工艺流程：浸轧染液→烘干→浸轧固色液→汽蒸（100~103℃，1min）→水洗、皂洗

（同一浴法轧染）。

在二浴法轧染的轧染液中一般不加碱，这样，染液稳定性较好。但轧染液中也可加一定量的弱碱剂，以提高固色率。在固色液中一般用较强的碱，使能在较短时间内完成固色。固色液中加食盐是为了浸轧固色液时减少织物上染料的溶落。为了避免初开车得色较浅，一般在固色液中加 5%~10%轧染液。

3. 轧卷—室温堆置染色（冷堆法）（pad-batch cold dyeing） 活性染料轧卷—冷堆法染色具有设备简单、匀染性好的特点，因不经汽蒸，所以具有能耗低，染料利用率较高，匀染性好等优点。工艺流程为：浸轧染液→打卷后转动堆置→后处理（水洗、皂洗、烘干）。

轧液中含有染料、碱剂、助溶剂、促染剂、渗透剂等。

同轧染一样，轧卷—冷堆法也是通过压轧使染料吸附在纤维表面。X 型、KN 型、M 型、K 型均可应用。轧卷—冷堆法采用在低温情况下固色，为了提高染料的反应性，往往需要选择较强的碱剂，pH 值可以比卷染工艺高。

使用时根据所用染料类型选用碱剂。X 型的一般用纯碱，用量为 5~30g/L。K 型活性染料一般适用烧碱 12~15g/L。KN 型和 M 型活性染料反应性介于两者之间，染料用量在 10g/L 以下时，可以采用磷酸三钠作碱剂，其用量为 10g/L 加染料克数之和。染料用量在 10g/L 以上时，可用混合碱剂，即磷酸三钠 5~7g/L 加烧碱 3~4g/L，也可以单用烧碱，可用 0.441×（1/5×染料克数+8） g/L 这一经验公式来计算。使用水玻璃—烧碱法，对提高染液稳定性、消除风印有利，用量一般为浓度约 45%的水玻璃（Na_2O ∶ SiO_2 = 1 ∶ 2.6） 100g/L；氢氧化钠 6~13g/L。上面介绍的仅为一般原则，使用时还应根据染料性能、工艺要求等因素调节使用。

促染剂如食盐、硫酸钠有利于堆置时纤维吸附染料，提高固色率。轧卷—冷堆法必须严格控制轧余率，轧余率以低些为宜，一般控制在 60%以下。带液过多，固色率低，并且容易产生有规律的深浅横档。

浸轧染液后，织物在打卷装置上成卷，打卷要求平整，布层之间无气泡。堆置时，布卷要密封，包上塑料薄膜，并不停地缓缓转动，防止布卷表面水分蒸发或染液向下的重力流淌而造成染色不匀。在堆置时，浸轧在织物上的染料被纤维吸附，向纤维内扩散、固着。其原理相当于极小浴比的浸染，因温度较低，堆置时间较长，有较长的扩散和固着时间，所以固色率高，匀染性好，没有在轧染烘干时由于染料泳移而造成的染疵，布面比轧染光洁。堆置时间根据所用染料的反应性和用量，所用碱剂的种类和用量而定，一般 X 型活性染料堆置 2~4h，K 型活性染料堆置16~24h，KN 型、M 型活性染料堆置 4~10h。铜酞菁结构的翠蓝染料扩散性差，反应性低，要适当增加碱剂用量和堆置时间。

三、还原染料和暂溶性还原染料染色

还原染料不溶于水，含有羰基结构，染色时，需在碱性还原液中还原成为可溶于水的钠盐结构的隐色体上染纤维。染料隐色体在纤维上经氧化后，回复成不溶性的染料固着于纤维。

还原染料色泽鲜艳、色谱齐全、耐水洗色牢度好，耐日晒色牢度一般也很好，主要用于染纤维素纤维，是纤维素纤维染色中一种高档染料。还原染料又称士林染料，最常用的还原染料有紫、蓝、绿、棕、灰、橄榄等色。

还原染料染色工艺较复杂，染料价格较贵，缺少红色品种，还原染料的某些黄、橙品种（如黄GCN、金黄GK）有光敏脆损作用，会使被染着的纤维在日晒过程中发生严重氧化损伤。

暂溶性还原染料大都是还原染料隐色体的硫酸酯钠盐。染料结构上有硫酸酯水溶性基团，染料能溶于水中，上染纤维后，用稀硫酸和氧化剂处理，还原染料隐色体硫酸酯结构发生分解，氧化成为不溶性的还原染料，固着在纤维上。暂溶性还原染料染色，不需经过还原步骤，染色工艺比使用还原染料简单，染液比还原染料稳定，对纤维素纤维的直接性比还原染料低，匀染性较好，染色牢度高，日晒牢度也很好。

暂溶性还原染料价格较贵，主要用于纤维素纤维染淡色，染料品种没有还原染料多。

（一）还原染料染色性能和染色方法

还原染料的染色需要经历以下四个过程：

（1）染料的还原，使不溶性的还原染料转变为可溶性的隐色体。

（2）染料的隐色体上染纤维。

（3）上染在纤维上的隐色体经氧化转变为原来不溶性的还原染料。

（4）皂洗处理，以获得稳定的色光和良好的染色牢度。

以上的每一个过程均会直接影响染色的质量。

根据上染时还原染料的形态不同，可以采用以隐色体形态上染的隐色体染色法（即隐色体浸染或卷染法）或以不溶染料形态上染的悬浮体轧染法。

1. 隐色体染色法 隐色体染色法是将还原染料预先还原为能直接上染纤维素纤维的隐色体，在染浴中上染纤维，然后在纤维上进行氧化、皂洗的染色方法。

（1）染料的还原。染料的还原一般是在碱性介质中进行的。染色时最常用的还原剂为保险粉，即连二亚硫酸钠（$NaSO_2—SO_2Na$），它的化学性质很活泼，在烧碱溶液中即使在室温或浓度较低时，也有强烈的还原作用。染料还原为隐色酸，溶于碱液中生成隐色体。

染浴中应保持适当过量的烧碱和保险粉，以保持染料呈隐色体状态。还原染料还原时，要注意烧碱及保险粉用量并选用不同的还原方法，对还原速率较慢的染料，如还原桃红R必须在较浓的保险粉和烧碱溶液及较高温度下进行预还原，称为“干缸还原”，即染料还原时，把烧碱和保险粉加入所需染液总量1/3量的水中，使染料在较浓的还原液中，于较高温度（80~90℃）下还原15min，还原完毕，加入其余2/3量的水，制备成染料还原液。对于一些还原速率较高的染料如还原蓝RSN还原时，将烧碱和保险粉加入全量水中，然后在60~63℃还原（称为全浴法还原）10min。

（2）染料隐色体的上染。为了得到均匀而坚牢的色泽，染色时各种染料应适当选择烧碱用量、食盐用量以及还原温度。根据染料性质的不同，浸染（染料用量2%，染色浴比1∶20）时，上染条件大致可分为甲、乙、丙三种。

甲法：染浴中烧碱（30%）用量12~15mL/L，保险粉（85%）2.5~3.5g/L，不加盐，染色温度60℃。

乙法：染浴中烧碱（30%）用量为 6～8mL/L，保险粉（85%）2～3g/L，元明粉 10～15g/L，染色温度 50℃。

丙法：染浴中烧碱（30%）用量为 5～6mL/L，保险粉（85%）2～2.5g/L，元明粉 15～25g/L，染色温度 20～25℃。

为了使隐色体上染比较均匀，可在染浴中加入适当的匀染剂，如平平加 O 等，它在硬水和碱性溶液中都很稳定，能与染料分子发生聚集，因而降低了染料的上染速率，达到匀染的目的。

用隐色体染色法在卷染机上染色时，浴比较小，一般为 1∶3～1∶4。

例如“190 号士林”深蓝还原染料棉布卷染染液配方如下：

还原蓝 RSN（粉状）	1560g
还原艳紫 2R（粉状）	62.5g
烧碱（30%）	7900mL
保险粉（85%）	1440g
总染液量	250L

染色时，染料于 60～63℃进行还原，约 10min，然后棉布（丝光棉布约 50kg）进入染缸染色。染色开始时，先加保险粉 800g，以后在上染过程中（7～10 道）分 3 次加入补充保险粉，每次约 150g。上染后冷水洗 4 道，再用硼酸钠或空气氧化 4 道，然后皂洗 4～6 道，热水洗 2 道，冷水洗 1 道。

（3）染料隐色体的氧化。被纤维吸附的染料隐色体经氧化作用，转变为原来不溶性的还原染料。有些还原染料如还原蓝 RSN 等氧化比较迅速，能在染后水洗过程中被空气氧化，有些还原染料如还原桃红 R 等氧化就比较困难，需在氧化剂中氧化。而用氧化剂氧化的染料，氧化处理条件为：

过硼酸钠	2～4g/L
醋酸	2～4g/L
温度	55～60℃

或

双氧水（过氧化氢）	1.5g/L
温度	40～50℃

（4）皂洗。还原染料染色后的皂洗具有重要作用。在皂洗过程中，呈不溶状态的染料会发生分子移动而聚集，或进而形成微晶体，从而能改进染品的色光，耐氯牢度有所增加，有时日晒牢度也有所改进。

2. 悬浮体轧染法　有些还原染料用上述隐色体染色法染色的织物会产生白芯现象。这是因为还原染料染色时，染浴中所用烧碱浓度很高，会起促染作用，染料的初染率很高，使染料在短时间内被织物的纱线外层吸尽，染色织物的外层纱线颜色浓，内部纱线颜色淡，或几乎无色，形成织物中纱线的白芯现象。

为克服这种现象，还原染料常用悬浮体轧染法染色。悬浮体轧染法染色，是将研磨得很细（一般在2μm以下）的染料，靠轧辊间产生的均匀压力浸轧到织物上，再使染料还原成隐色体上染纤维。由于染料颗粒甚小，在浸轧时，染料便进入纱线、纤维的空隙里面去。这样，就可以克服隐色体染色时产生的白芯现象。

织物悬浮体染色多在连续轧染机上进行。将织物在浸轧机上，室温浸轧还原染料悬浮液，浸轧过染液的织物依次经红外线预烘，烘筒或热风烘燥，透风冷却。再将烘干的织物进入还原蒸箱，使织物上悬浮体染料还原。汽蒸时还原温度为102～105℃，蒸箱内应无空气存在，以减少保险粉的分解，促使织物上染料充分还原。最后织物经水洗、氧化和皂洗。织物悬浮体浸轧烘干后的还原、氧化、皂洗也可在卷染机上进行。

（二）暂溶性还原染料染色性能和染色方法

暂溶性还原染料能溶于水中，是还原染料隐色体的硫酸酯，通常称为印地科素染料。暂溶性还原染料可直接上染纤维素纤维，然后在织物上经过一定的处理，转变成不溶性还原染料。

暂溶性还原染料的染色工艺比较简单，染色比较匀透，染色牢度很好，但这种染料的价格较贵，主要用于浅、中色棉织物的染色。

暂溶性还原染料的染色分两步进行：先是染料上染纤维，然后染料在纤维上水解氧化即显色。

暂溶性还原染料的上染性能与直接染料上染性能相似。但对纤维素纤维的直接性比较低。上染温度随染料结构的不同而不同。还原蓝BC分子结构上有四个水溶性基团，直接性较低，宜在25～30℃上染，还原桃红IR可在40～50℃上染。

暂溶性还原染料是在酸性介质中进行氧化显色的。酸和氧化剂都是显色的必要条件。纤维素纤维染色时，经常用亚硝酸钠和硫酸作为显色剂。不同的暂溶性还原染料显色难易不同。容易显色的染料，可在室温下显色；显色较难的染料，需在60～70℃进行显色。

棉织物的染色可在卷染机或轧染机上进行。卷染时，染液中含有染料0.3～5g/L，亚硝酸钠0.7～5g/L，纯碱0.5～1.5g/L和食盐10～30g/L，浴比1∶3～1∶5，染色温度为室温（或60～90℃），染色6～8道。染毕过缸，以硫酸（98%）10～20mL/L 30～70℃显色2～3道。然后水洗3～4道，用2～3g/L纯碱中和1～2道，用肥皂3g/L和纯碱2g/L皂洗5～6道，热水洗2道，冷水洗1道后上卷烘干。

轧染时，轧染液内含染料0.5～10g/L、亚硝酸钠5～10g/L和渗透剂T 0.2～0.5g/L。为了减少织物通过酸浴显色时的染料溶落，织物浸轧染液后缓缓烘干，再用98%硫酸10～20mL/L浸轧显色，显色温度根据染料显色难易而定。轧酸后透风，冷水洗，中和，皂煮，水洗和烘干。

四、硫化染料染色

硫化染料不溶于水，分子结构中具有多种硫化合物，一般商品染料中含杂较多。硫化染料生产过程比较简单，价格低廉，应用方便，主要用于纤维素纤维制品深色产品染色。硫化染料的色泽大多不鲜艳，也不耐氯漂。硫化染料中某些染料，在织物存放过程中逐渐氧化，产生硫酸，氧化纤维，使纤维脆损。染色织物可用碱性化合物处理，降低脆损。黄、橙色硫化染料往往对纤维有光脆性。另有一类硫化还原染料，结构与硫化染料相似，但色泽比较鲜艳，各项坚牢度如氯漂牢度较一般硫化染料为佳，要加保险粉作还原剂。

硫化染料是以一些芳胺、羟基芳胺和硫、硫化钠等在溶剂里一起加热制得。硫化染料结构复杂，确切分子结构尚不清楚。按 S 的存在形式分为两种：

（1）杂环结构，决定硫化染料的颜色。其中噻唑结构以黄、橙、棕色为主；吩噻嗪酮结构以黑、蓝、绿为主；噻蒽结构以棕色为主。

噻唑 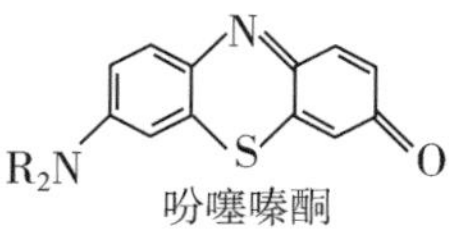　　吩噻嗪酮 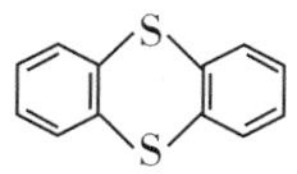　　噻蒽

（2）开链结构，决定硫化染料的染色性能。

开链结构主要以二硫键（—S—S—）、硫巯基（—SH、 $-\overset{\overset{\displaystyle O}{\|}}{S}-$ ）和多硫键（$-S_x$）、亚砜基存在。

硫化染料不溶于水，在碱性介质中经还原剂作用，生成可溶性的隐色体，能被纤维素纤维吸附。纤维上的染料隐色体经氧化后，变成不溶性的染料，显出应有的色泽而固着在纤维上。硫化染料染色过程如下：

$$\text{D—S—S}'\text{—D} \xrightarrow{Na_2S} \text{D—SH+D—S}'\text{H} \longrightarrow \underset{\text{可溶，上染纤维}}{\text{D—SNa+D—S}'\text{Na}} \xrightarrow[\text{过硼酸钠}]{[O]} \text{D—S—S}'\text{—D}$$

硫化染料染色时用硫化钠作还原剂，硫化钠的还原能力比保险粉弱得多，也不会像保险粉那样容易分解。硫化钠在硫化染料的还原过程中既是还原剂，又是强碱。硫化钠在染浴中的用量随不同染料而定。用量不足时，染料的还原溶解不完全；过多时，染液碱性过高，影响染料的上染。硫化钠用量一般为染料的 70%～200%。

硫化染料染色时，温度一般较高，棕色、黑色为 90～95℃，黄色、绿色为 70～75℃。为了提高染料的上染率，可在染浴中加入食盐或元明粉起促染作用。硫化染料对纤维素纤维的直接性较低，染料的上染百分率不高，染料用量较多，如硫化黑卷染，染料用量一般为布重的 9%～11%。

硫化染料隐色体上染纤维后，经氧化而固着在纤维上。大多数硫化染料隐色体的氧化是比较容易的。染液中染料隐色体上染纤维后，经水洗和透风，纤维上染料隐色体就能充分氧化。少数染料隐色体的充分氧化，需要过硼酸钠或重铬酸盐和醋酸等氧化剂氧化。染色后，也可用金属盐或阳离子固色剂处理，以提高染色牢度和日晒牢度。

海昌蓝和印特黑是两种比较高级的硫化染料，它们的染色性能介于还原染料和硫化染料之间，称为硫化还原染料。硫化还原染料染色，需要保险粉（或加硫化钠代替部分保险粉）—烧碱还原溶解。用保险粉—烧碱还原时，得色较鲜艳；用硫化钠代替部分保险粉还原，成本较低。硫化还原染料比硫化染料色泽鲜艳，染色牢度如氯漂牢度也较好。

第四节　蛋白质纤维染色

一、酸性染料染色

凡含有酸性基团，能在酸性、弱酸性或中性染液中直接上染蛋白质纤维和聚酰胺纤维的染料，称为酸性染料。其酸性基团绝大多数为磺酸基，少数为羧基，易溶于水，在水溶液中电离成为染料阴离子。

与直接染料相比，酸性染料的结构比较简单，分子中缺乏较长的共轭双键系统，因此对纤维素纤维缺乏亲和力。

根据酸性染料的化学结构、染色性能、染色工艺条件的不同，酸性染料可分成三类：强酸性染料、弱酸性染料和中性染色的酸性染料。强酸性染料，要求在强酸性条件下染色，颜色鲜艳，染物的湿处理牢度较低，一般用于羊毛的中、浅色染色；弱酸性染料，一般在弱酸性条件下染色，染物的湿处理牢度比强酸性染料高，用于羊毛、蚕丝、锦纶的染色；中性染色的酸性染料，在中性或弱酸性的条件下即可上染蛋白质纤维。这三类染料的性能比较见表3-5。

强酸性染料又称为匀染性酸性染料，弱酸性和中性染色的酸性染料耐羊毛缩绒处理，又称为缩绒性酸性染料。

表3-5　三种类型酸性染料的比较

项　　目	强酸性染料	弱酸性染料	中性染色的酸性染料
分子结构	较简单	较复杂	较复杂
相对分子质量	低	较高	较高
磺酸基在分子中占的比例	较大	较小	小
颜色鲜艳度	好	较差	差
溶解度	大	较小	小
在染液中的状态	不聚集或很少聚集	有较大的聚集倾向	有较大的聚集倾向
亲和力	低	中	较高
移染性	好	较差	差
匀染性	好	中	差
中性电解质的作用	缓染	等电点以上为促染	促染
上染时的作用力	静电引力	范德瓦尔斯力、氢键、离子键	范德瓦尔斯力、氢键
与纤维的结合	离子键	范德瓦尔斯力、氢键、离子键	范德瓦尔斯力、氢键
湿处理牢度	较差	较好	较好
染浴pH值	2~4	4~6	6~7
调节pH值常用酸剂	硫酸或甲酸	醋酸	硫酸铵或醋酸铵

（一）酸性染料对羊毛的染色原理

羊毛分子中既含有氨基，又含有羧基，可以用下面的简式表示：

$$H_2N—W—COOH$$

氨基是碱性基，羧基是酸性基，在水中，氨基和羧基发生离解，形成两性离子：

$$^{+}H_3N—W—COO^{-}$$

在中性溶液中，羧基电离的数量多于氨基电离的数量，此时纤维带负电荷。若在溶液中逐步加入酸，使溶液 pH 值逐渐降低，则氨基电离的数量上升，而羧基的电离受到抑制，纤维所带的负电荷逐步降低。当溶液的 pH 值达到某一值时，纤维中电离的氨基和羧基数目相等，纤维则呈电中性，此时溶液的 pH 值称为该纤维的等电点。据测定，羊毛的等电点为：pH＝4.2～4.8。羊毛中氨基的含量为 0.8～0.9mol/kg。溶液的 pH 值进一步降低时，纤维中电离的氨基数量超过电离的羧基数，此时纤维带正电荷。

综上所述，当溶液的 pH 值在等电点以下时，纤维带正电荷，纤维中—NH_3^+含量较高；当溶液 pH 值在等电点以上时，纤维带负电荷，纤维中—COO^-含量较高；在等电点时，纤维中—NH_3^+和—COO^-的含量相等，纤维不带电荷。

1. 强酸性染料染色 强酸性染料分子结构较简单，磺酸基在整个分子中所占的比例较大。在一般的染色浓度下，染料在染液中电离成为阴离子，很少聚集。在染液中还存在无机酸的酸根阴离子，如 Cl^-、SO_4^{2-}。随着溶液中 H^+被羊毛吸附，染料阴离子和无机酸根阴离子由于库仑力的作用也必然被羊毛吸附。由于无机阴离子在染液和纤维中的扩散速率远大于染料阴离子，因此首先是无机阴离子进入纤维，与纤维中的—NH_3^+结合，此时溶液中无机酸根阴离子浓度的降低速率大于染料浓度的降低速率。随后，由于染料分子与纤维之间除了静电引力外，还有范德瓦尔斯力和形成氢键的能力，因此染料阴离子逐渐取代无机阴离子与纤维中的—$^{+}NH_3$发生离子键结合，整个吸附过程可简单表示如下：

$$\begin{array}{c}NH_3^+\\|\\W\\|\\COO^-\end{array} \underset{}{\overset{H^+}{\rightleftharpoons}} \begin{array}{c}NH_3^+\\|\\W\\|\\COOH\end{array} \overset{A^-}{\rightleftharpoons} \begin{array}{c}NH_3^+\cdot A^-\\|\\W\\|\\COOH\end{array} \overset{D^-}{\rightleftharpoons} \begin{array}{c}NH_3^+\cdot D^-\\|\\W\\|\\COOH\end{array} +A^-$$

式中：A^-——无机酸根阴离子；

D^-——染料阴离子。

在整个染色过程中染液内 H^+、D^-和 A^-的浓度变化如图 3-13 所示。

上述分析也同时说明，当羊毛用强酸性染料染色时，在染液中加入中性电解质，以提高无机阴离子的浓度，具有缓染作用，并能促进染料的移染，有利于获得匀染。硫酸根阴离子对羊毛的亲和力比氯离子大，所以元明粉的缓染作用比食盐强。同理可知，在染液中加入阴离子表面活性剂也起缓染作用。

强酸性染料上染羊毛的速率与染液的 pH 值有关，图3-14 是在不同酸性的染浴中的上染速率曲线。强酸性染料结构简单，与纤维之间的范德瓦尔斯力和氢键力较小，它与纤维的结合主要是离子键结合。在酸性较弱时，纤维所带的正电荷少，纤维中的—NH_3^+少，所以上染速度和上染百分率均较低。

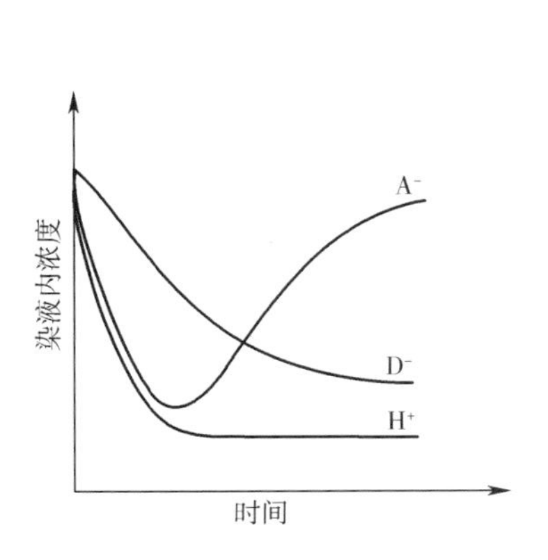

图 3-13　染色过程中溶液内离子浓度变化示意图

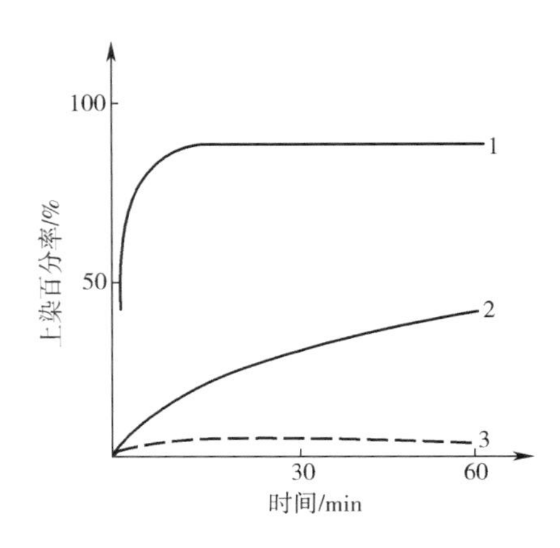

图 3-14　酸对酸性染料上染的影响（染料为酸性蓝 BS）
1—染液中含 3%H_2SO_4　2—染液中含 3%HAc　3—染液不含酸

羊毛表面有鳞片层，结构比较紧密，对染料的扩散有较大的阻力，所以羊毛的染色一般要在近沸的条件下进行。染色饱和值相当于按羊毛中氨基含量计算所得的数值。由于羊毛中氨基含量较高，所以染色饱和值是相当高的。强酸性染料与纤维之间的范德瓦尔斯力、氢键力较小，离子键也有一定的离解性，因此移染性较好，而染物的湿处理牢度则相应较低。

2. 弱酸性染料的染色　弱酸性染料的分子结构较复杂，磺酸基在整个分子中所占的比例比较小，纤维和染料之间有较大的范德瓦尔斯力和氢键力，所以除了离子键结合外，还能以范德瓦尔斯力和氢键固着在纤维中。羊毛用弱酸性染料染色时，染液的 pH 值一般为 4~6，在羊毛等电点附近或略高于羊毛的等电点。当染液的 pH 值为等电点时，纤维不带电荷，染料依靠范德瓦尔斯力和氢键上染纤维。上染后，染料阴离子再与纤维中的—NH_3^+成离子键结合。此时在染液中加入中性电解质，对染料被纤维的吸附影响较小，却能延缓染料阴离子与—NH_3^+的结合，起缓染作用。在羊毛等电点以上染色时，羊毛带负电荷，酸性染料阴离子从染液向纤维表面靠拢时，受到静电斥力的作用，所以这时染料上染的原理与强酸性染料不同。当染色时染料阴离子通过热运动靠近纤维时，范德瓦尔斯力和氢键发生作用，克服静电斥力而使染料被纤维吸附。

弱酸性染料染色的饱和值，超过纤维中按氨基含量计算的饱和值。说明此时染料除了离子键外，还通过范德瓦尔斯力和氢键与纤维结合。

在染浴中加入中性电解质，会使纤维上染时受到的静电斥力下降，提高上染速率和上染百分率。

增加染液中酸的用量，会使纤维中—NH_3^+增加，纤维所带的负电荷减少，上染速率和上染百分率提高。

在染浴中加入阴离子表面活性剂可起缓染作用。

3. 酸性染料中性染色　中性染色的酸性染料在中性或近中性的条件下染羊毛时，纤维带有较多的负电荷，染料阴离子必须克服较大的静电斥力才能上染纤维。此时酸性染料上染羊毛的情况与直接上染纤维素纤维相似，染料靠范德瓦尔斯力和氢键上染纤维，并以此两种力固着在纤维中。在染液中加入中性电解质起促染作用，能提高上染速率和上染百分率，在染液中加入酸，显然也能提高上染速率和上染百分率。

（二）酸性染料对羊毛的染色工艺

1. 强酸性染料的染色工艺 染液一般处方：

染料	x（owf）
元明粉	10%～20%（owf）
98%硫酸	2%～4%（owf）

pH＝2～4，浴比 1∶20～1∶30。

染色工艺过程：染物于 30～50℃入染，以每 1～1.5min 升温 1℃的速率升温至沸，再沸染 45～75min，然后水洗烘干。

元明粉起缓染作用，并有利于移染。染浅色时，用量应高些。染液中加入阴离子型或非离子型表面活性剂，均有缓染作用，并有利于匀染。染浅色时，硫酸的用量可少些，使上染速率较低，有利于匀染，染深色时，硫酸用量应高些，以获得较高的上染百分率。

强酸性染料上染羊毛的始染温度一般宜 30℃入染，并采用缓慢升温以控制上染速率。沸染的时间影响染料的扩散、透染性、上染百分率、移染及匀染性。如果沸染时间太短，透染性差，则不能通过移染而匀染，会影响染色牢度；沸染时间太长，有些染料得色浅、萎暗，并且织物易发毛，毛线易毡并。一般染深色时，沸染时间宜长些。

2. 弱酸性染料的染色工艺 染液一般处方：

染料	x（owf）
扩散剂、渗透剂 （如平平加 O、拉开粉 BX 等）	0.2%～0.5%（owf）
98%醋酸	0.5%～2%（owf）

pH＝4～6，浴比 1∶20～1∶40。

染色工艺过程：染物于 50～60℃入染，以每 1.5min 升温 1℃的速率升温至 70℃，再以每 2～4min 升温 1℃的速率升温至沸。再沸染 45～75min，然后水洗。

扩散剂、渗透剂有利于纤维的润湿、膨化及染料扩散，并有缓染和匀染作用。醋酸用来调节 pH 值。pH 值根据染料的性能及颜色深浅决定。匀染性差的染料，pH 值适当高些，也可用硫酸铵代替部分醋酸，或分两次加入醋酸。匀染性较好的染料，染液 pH 值应低些。染液中是否加中性电解质可按具体情况决定，例如在 pH 值为 5 以上染深色时，可加 10%～15%（对染物重）元明粉促染，但元明粉应在染色一段时间后加入。

弱酸性染料在 60℃以下时上染羊毛的速率很低，对匀染性的影响较小，始染温度可比强酸性染料染色时高，一般为 50℃。弱酸性染料的移染性低，在染色初期造成的上染不匀不容易通过移染而获得匀染，因此升温速率宜慢些。沸染时间也根据颜色深浅而定，颜色深的沸染时间要长。

3. 中性染色的酸性染料的染色工艺 染液处方举例：

染料	x（owf）
结晶元明粉	10%~15%（owf）
硫酸铵	1%~2%（owf）
或醋酸铵	2%~4%（owf）

pH=6~7，浴比1∶20~1∶40。

染色工艺过程与弱酸性染料相同。

元明粉起促染作用，在染色一段时间后加入。硫酸铵在染液中水解，使染液带微酸性，在温度较高时，氨挥发逸出，染液pH值逐渐降低，有利于获得匀染和较高的上染百分率。

在近中性条件下染色时，羊毛具有一定的还原能力，对还原作用较敏感的染料，在染液中可加入少量的氧化剂，如重铬酸钠0.25%~0.50%，但用量不宜太高，最后染色温度不宜超过95℃。

（三）酸性染料对蚕丝的染色原理及工艺

与羊毛相似，蚕丝分子中既含有氨基，又含有羧基，属于两性纤维。丝朊中氨基的含量为0.12~0.20mol/kg纤维，比羊毛氨基含量低。丝朊等电点的pH值为3.5~5.2。

酸性染料是蚕丝染色的主要染料，丝朊对酸的稳定性比羊毛低，在强酸性条件下染色时，蚕丝的光泽、手感、强力都受到影响，因此强酸性染料在蚕丝染色中应用很少，大都用弱酸性染料染色。

弱酸性染料染蚕丝时，染液pH值一般控制在4~5.5，常用醋酸调节。染料阴离子依靠范德瓦尔斯力和氢键上染纤维，在纤维中与$—NH_3^+$生成离子键结合，也以范德瓦尔斯力和氢键固着在纤维上。

中性染料染蚕丝时，染液pH值一般控制在6~7，用醋酸铵控制。染料阴离子与蚕丝纤维间最终以氢键、范德瓦尔斯力相结合。

染液处方：

弱酸性染料或中性染料	x（owf）
匀染剂	0.05~0.25g/L
元明粉	0~10%（owf）
或冰醋酸	0.4%~0.5%（owf）

染色温度为90~95℃。

蚕丝绸染色既要求有良好的鲜艳度，也应兼有较高的染色牢度。

影响弱酸性染料蚕丝织物染色的因素是多方面的。对于印染工作者来说，要根据来样色泽和织物组织规格合理选择染料及加工设备，认真研究染料的各种染色性能，制定合理的染色工艺。影响产品质量的工艺因素如下。

1. 染液pH值 蛋白质纤维在酸性介质中能抑制羧基电离或增加正电荷。酸性越强，纤维上带正电荷的染座越多，酸性染料的上染就越快、越多。因此，酸在染色过程中起促染作用。为了提高染料的上染百分率，并控制一定的染色速率，达到均匀染色的目的，生产上应根据酸性染料的结构（包括染料分子大小、形态和生成氢键基团、磺酸基团的多少等），或者说按照染料亲和力的大小，分别采用不同的染色 pH 值。如分子较简单的弱酸性染料卡普仑桃红 BS 等，一般可用冰醋酸调节染液 pH 值在 4~5.5 左右。但冰醋酸不宜在染色开始时加入，否则也会因上染快产生染色不匀。而对于分子结构较大、扩散性能较差的弱酸性染料，最好在中性浴染色。

2. 电解质 对于在弱酸浴或中性浴染色的酸性染料来说，食盐起促染作用。

3. 温度 弱酸性染料由于分子结构相对比较复杂，聚集程度较大。升高温度可降低染料在水溶液中的聚集度，还可以增加染料分子在染浴中以及在纤维上的动能，提高染色速率，增加上染百分率。此外，纤维在高温染浴中可以获得充分的膨化，便于染料分子进入纤维内部，使染色更加匀透。所以温度对染色质量的影响是很大的。若染色温度或升温过程控制不好，则容易产生色差、色花等染色疵病。由于蚕丝绸长时间沸染后容易引起灰伤，光泽变暗，所以染色时，一般宜采用 95℃左右的温度，时间为 1h 左右。

4. 坯绸质量 坯绸质量是指坯绸前处理质量，它对色泽鲜艳度和匀染效果的影响也不可忽视。俗话说，染整加工，坯绸是基础，工艺是关键。对于蚕丝绸的前处理，首先要求脱胶程度均匀一致。若脱胶不匀或不充分，则易产生染色不匀，而且染色绸的手感、光泽也差。为了克服蚕丝染色绸的灰伤疵病，除了注意选择设备和工艺操作外，还应控制染色坯绸的练减率为 21%左右，稍低于练白绸（23%左右）。因为在高温染色时，坯绸中的丝胶还可以进一步脱除，倘若坯绸精练过度，染色时就更容易造成擦伤、茸毛等疵病。

5. 水质 一般来说，水的硬度对酸性染料的染色可以带来三方面的影响。酸性染料遇硬水中 Ca^{2+}、Mg^{2+} 等重金属离子，便生成难溶性的染料钙盐或镁盐，染色时不仅浪费染化料，而且容易造成色斑色块，引起色泽萎暗。对于一些分子结构比较大的弱酸性染料，如普拉黄 R 等，当水质硬度在 100mg/L 时，便有沉淀析出。硬度越高，析出的沉淀越多，结果使染色绸得色降低，色泽变淡而萎暗，以至影响染色的正常进行。硬水使染料沉淀析出，这是第一方面的影响。事实上，硬水中 Ca^{2+}、Mg^{2+} 对染料还存在促染作用。当水质硬度小于 100mg/L（实际生产用水大多小于 100mg/L）时，硬水的主要作用便是促使染料有较高的上染。如卡普仑桃红染色时，水质硬度高时得色浓，硬度低得色淡。所以水质不稳定，用水硬度忽高忽低，则染色绸批与批之间极易产生色差。硬水中的 Ca^{2+}、Mg^{2+} 等离子的促染效果比电解质中的 Na^{+} 还要显著，不过促染过快，特别对浅淡色很容易产生色花。所以，染色用水的硬度以控制在 10mg/L 以下为宜。其次，水的硬度不同往往也是造成染液 pH 值不稳定的因素，硬度高的染液，高温沸染时其 pH 值会有显著提高，这对于染色也是一种不利因素。

二、酸性媒染染料和酸性含媒染料染色

有许多染料对植物或动物纤维并不具有亲和力，因此不能获得坚牢的颜色，但可用一些方法使它与某些金属盐形成络合物坚牢地固着在纤维上，这样的染料叫媒染染料或媒介染料。使用的金属盐称为媒染剂。不同的金属盐，可得到不同的颜色，这就是媒染染料的多色性。天然的植物染料大多是媒染染料。

酸性媒染染料含有磺酸基、羧基等水溶性基团，是一类能与某些金属离子生成稳定络合

物的酸性染料。酸性媒染染料既是酸性染料，又具有媒染染料的基本结构和性质，能像酸性染料那样上染羊毛。

酸性媒染染料染色时若未用媒染剂处理，湿处理牢度很差。经媒染剂处理后，在染料、纤维、金属离子之间生成络合物，才使染物具有良好的湿处理牢度。常用的媒染剂是重铬酸钾或重铬酸钠。

酸性媒染染料色谱较全，价格便宜，耐晒牢度和湿处理牢度都很高，耐缩绒和煮呢的性能也较好，匀染性好，是羊毛染色的重要染料，常用于羊毛的中、深色染色，在散毛、毛条和匹染染色中都有广泛的应用。但染色时工艺较复杂，染色时间较长，颜色不及酸性染料鲜艳，常排放出较多的含铬废水。

染色方法有预媒染法、后媒染法及同浴媒染法三种。预媒染法是羊毛先用媒染剂处理，然后用酸性媒染染料染色。后媒染法是羊毛先用酸性媒染染料染色，再用媒染剂处理。同浴媒染法是将染料和媒染剂放在同一浴中，染色和媒染同时进行。实际生产中最常用的是后媒染法。

酸性媒染染料的染色需经染色和媒染两个步骤来完成，所以工艺较繁复。为了应用方便，可事先把某些金属离子以配位键形式引入酸性染料母体中，成为金属络合染料，称为酸性含媒染料，一般分成1∶1型和1∶2型两种。前者要在强酸性条件下染色，称为酸性络合染料。后者在弱酸性或近中性条件下染色，称为中性络合染料，简称中性染料。

酸性络合染料易溶于水，颜色较鲜艳，耐晒牢度一般为5~6级，有的可达7级。湿处理牢度大部分优于酸性染料而稍低于酸性媒染染料，对羊毛的亲和力较高，上染速率快，移染性较低，匀染性较差，染物经煮呢、蒸呢后色光变化较大。

中性染料分子体积较大，在水中溶解度较低，在染液中电离成染料阴离子，与纤维分子间生成氢键，并有较大的范德瓦尔斯力。

中性染料染毛织物，各种染色牢度较高，中、浅色耐晒牢度也较好，染物经煮呢、蒸呢后色光变化较小，各染料之间的扩散性能的差异较小，但颜色鲜艳度不及酸性络合染料，匀染性、遮盖性也较差。

（一）酸性媒染染料染色

1. 酸性媒染染料对羊毛的染色原理　预媒染法染色时，羊毛先用媒染剂处理，然后在酸性溶液中用酸性媒染染料染色。

用重铬酸钾或重铬酸钠作媒染剂时，重铬酸根离子和铬酸根离子有如下的平衡：

$$Cr_2O_7^{2-}+H_2O \rightleftharpoons 2CrO_4^{2-}+2H^+$$

溶液的pH值降低，重铬酸根离子增加；pH值升高，铬酸根离子增加。

当pH=3~4时，羊毛带正电，纤维中—NH_3^+含量较高，所以$Cr_2O_7^{2-}$及$HCrO_4^-$很容易被吸附，并与—NH_3^+成离子键结合。$Cr_2O_4^{2-}$及$HCrO_4^-$是相当强的氧化剂，可以氧化羊毛中胱氨酸基和蛋氨酸基中的二硫键，或酪氨酸基中的羟基，本身被还原成Cr^{3+}。总的反应可写成下式：

$$Cr_2O_7^{2-}+14H^++6e \longrightarrow 2Cr^{3+}+7H_2O$$

在反应过程中要消耗大量的 H^+，所以溶液的 pH 值会升高。上述氧化反应在 60℃以下时进行得很慢，温度升高，反应速度提高。为了获得比较匀透的媒染效果，要缓慢升温，在溶液中加还原性的有机酸，有利于 $Cr_2O_7^{2-}$ 的还原，也有利于维持溶液的 pH 值，并可减少羊毛的损伤。

媒染处理后，必须将羊毛充分水洗，除去羊毛上残剩的重铬酸盐，防止羊毛进一步被氧化损伤，然后用酸性媒染染料染色。酸性媒染染料依靠与纤维之间的静电引力、范德瓦尔斯力和氢键上染纤维，并与纤维上的 Cr^{3+} 发生络合。Cr^{3+} 与邻，邻′-二羟基偶氮染料形成 1∶1 型和 1∶2 型两种络合物。一般认为 pH 值较低时，主要生成 1∶1 型络合物，在 pH 值较高时，主要生成 1∶2 型络合物。Cr^{3+} 与水杨酸衍生物类染料，理论上可形成 1∶1 型、1∶2 型、1∶3 型三种类型的络合物，目前大多数人倾向于形成 1∶2 型络合物。

总之，金属原子与酸性媒染染料络合物沉积在羊毛纤维上，与羊毛纤维的结合有以下几种形式。

（1）羊毛纤维上离子化的氨基与染料分子中的磺酸基以离子键结合。

（2）铬离子（Cr^{3+}）与羊毛纤维上电离的羧基（$—COO^-$）络合。

（3）铬离子（Cr^{3+}）与羊毛纤维上未离子化的氨基形成配位键。

（4）羊毛纤维与染料之间的氢键、范德瓦尔斯力结合。

羊毛与铬及染料三者的结合情况如图 3-15 所示。

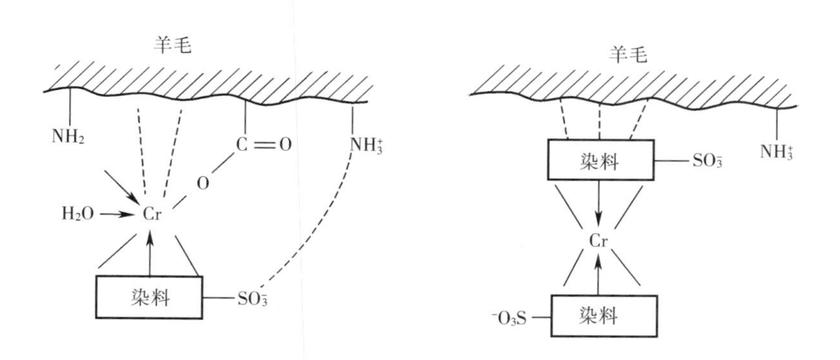

图 3-15 酸性媒染染料在羊毛上固着的示意图

染料与纤维的上述结合，使染物具有较高的染色牢度。

预媒染法染色时，染料上染纤维后即可与 Cr^{3+} 发生络合而难以扩散，因此透染性和匀染性较差。实际生产中已基本被淘汰。

后媒染法先用酸性媒染染料在弱酸性条件下（pH 值为 4~6）染色，然后用媒染剂处理。染色时染料上染的原理与弱酸性染料染色时相同，染料在纤维中比较容易扩散，透染性和匀染性比预媒染法好。媒染剂处理一般也在弱酸性浴中进行，$Cr_2O_7^{2-}$、$HCrO_4^-$ 等被羊毛吸附，被还原成 Cr^{3+} 后即与染料发生络合。

同浴媒染法一般在近中性的条件下染色，染料的上染、$Cr_2O_7^{2-}$ 的吸附及还原，染料与

Cr^{3+}的络合这些过程在染色阶段先后完成。

2. 酸性媒染染料对羊毛的染色工艺

（1）后媒染法染色。工艺过程：染色→在染液中加入媒染剂，媒染处理→水洗。

染液处方：

酸性媒染染料	x（owf）
98%醋酸	1%～3%（owf）
或98%硫酸	0.3%～1%
元明粉	10%～15%（owf）

染色过程：40～50℃开始染色，5min后开始升温，在45～90min内缓慢升温至沸，沸染30～60min。

酸的用量可因染料性能而异，匀染性差的染料，用酸量宜较少；匀染性好而上染百分率低的染料，用酸量宜多些。深色时的用酸量也宜高些。染色时应尽可能使染料充分上染，以提高染料的利用率，并避免加入重铬酸盐后产生沉淀，造成色花。

（2）媒染剂处理。将上述染液降温至70℃左右，加入重铬酸钾，用量一般为染料量的1/2～1/3。对氧化敏感的染料，重铬酸钾的用量为染料量的1/4，但最少不得低于染物重的0.4%，使染液中保持一定的重铬酸钾浓度。用量太少，影响络合，得色浅，染色牢度低。但最多不得高于染物重的2.5%，否则损伤羊毛，染物手感粗糙。某些染料也会被氧化破坏，影响色光。加入重铬酸钾后，在20～30min内升温至沸，沸处理45～69min，染后水洗。

后媒染法染色时染物的颜色要到媒染剂处理后才能确定，媒染剂处理前（即染色后）很难判断染物的颜色是否符合要求，若媒染处理后染物的色泽不符合要求，复染时又需经染色和媒染剂处理两个阶段，因此仿色较困难。后媒染法较适用于深色品种的染色。

3. 同浴媒染法染色

染液处方：

同浴媒染染料	x（owf）
元明粉	10%（owf）
同浴媒染剂	1%～5%（owf）

浴比1∶20～1∶40。

同浴媒染剂组成：$K_2Cr_2O_7$∶$(NH_4)_2SO_4$＝1∶2。染液中还可加适量氨水，使pH值在6～8.5。

染色过程：40～50℃开始染色，在40～50min内升温至沸，沸染1～1.5h，水洗。

同浴媒染法的工艺较简单，染色时间短，羊毛的损伤少，仿色较容易，但适用的染料品种较少。染液pH值较高，上染百分率较低，染深色时摩擦牢度较差。

（二）酸性含媒染料染色

1. 酸性含媒染料对羊毛的染色原理

（1）酸性络合染料（酸性金属络合染料）。酸性络合染料染羊毛，一般在强酸性条件下进行，此时染液的pH值在羊毛的等电点以下，羊毛带正电，在染液中染料以两性离子或阴离子形式存在。纤维与染料带负电部分或与染料阴离子间的静电引力，纤维与染料之间的范德瓦尔斯力和氢键以及染料分子中的铬与纤维上的某些基团（如—NH_2、—COOH）发生络合，使染料很易被纤维表面所吸附，初染率较高，一开始就容易造成染色不匀。由于染料与纤维之间存在配价键结合，因此染料在纤维中的扩散性较差。

酸性络合染料能以多种形式固着在纤维上：

①染料分子中的铬与纤维上的—NH_2、—OH、—COOH等发生络合，生成配价键结合。

②染料分子中的磺酸基与纤维上的—NH_3^+生成离子键结合。

③染料与纤维之间的范德瓦尔斯力、氢键。

（2）中性染料。中性染料染羊毛一般在pH值为6~7的条件下进行，这时羊毛带负电，中性染料在染液中成为阴离子，染料阴离子依靠范德瓦尔斯力和氢键被纤维吸附，由于染料分子体积较大，在纤维中的扩散性能较差。

在染液中加入中性电解质起促染作用，在染液中加入酸或增加酸的用量，也起促染作用。

2. 酸性含媒染料对羊毛的染色工艺

（1）酸性络合染料。

染液处方：

染料	x（owf）
98%硫酸	5%~7%（owf）
元明粉	10%~15%（owf）

pH=1.5~2，浴比1∶20。

染色过程：35~40℃开始染色，以每1~1.5min升温1℃的速率升温至沸，沸染60~90min，逐步降温清洗至pH值为4~5，再加碱中和处理。

硫酸的用量以调节pH值为1.5~2.0为准，pH值是获得较高的上染百分率和较好匀染的关键因素，必须很好控制。元明粉起缓染和匀染作用，对于染料分子中含两个或两个以上磺酸基的染料作用较大，对于分子中只含一个磺酸基的染料作用较小。

若染液中加1.5%~2%平平加O，则硫酸用量可降至4%~4.5%（owf），控制pH值为2.2~2.4，以后中和时可适当降低中和剂的用量。

酸性络合染料初染速率高，所以始染温度宜低，升温速率要慢，沸染时间要长些，以获得较好的匀染，否则易造成色花等疵病。

中和处理前染物一般先冲洗到pH值为4~5，中和后洗液pH值为6~7。中和时的用碱量应根据pH值作调整。中和后若染物pH值过低，以后蒸呢时用的包布易脆损，长期贮存时，羊毛会损伤。

（2）中性染料。

染液处方：

染料	x（owf）
硫酸铵	1%~3%（owf）
或醋酸铵	2%~5%（owf）
非离子型匀染剂	0.3%~0.5%（owf）

pH=6~7，浴比1∶20~1∶40。

染色过程：40~50℃开始染色，在45~70min内升温至沸，沸染30~60min，逐步降温清洗。

羊毛在中性染液中长时间沸染易受损伤，所以调节染液pH值至6~7较好。

若在染液中加少量醋酸，得色较鲜艳，并有促染作用，加入中性电解质一般也有促染作用。

第五节　合成纤维染色

一、分散染料染色

分散染料是一类分子结构较简单，几乎不溶于水的非离子型染料，染色时依靠分散剂的作用以微小颗粒状均匀地分散在染液中，所以称分散染料。主要用于聚酯等合成纤维的染色和印花。

分散染料的应用分类各厂都有一套分类标准，通常以染料的尾注字母来表示。如瑞士山德士公司的产品，按染料升华牢度的高低分为E、SE、S三类。

E类：表示染料匀染性好而升华牢度差。低温型，适合于吸尽法染色。

S类：表示染料匀染性差而升华牢度好。高温型，适合于热熔法染色。

SE类：表示染料性能介于上述两者之间，中温型。

又如英国卜内门公司生产的分散染料分为以下五类：

A类：升华牢度低，主要用于醋酯纤维和聚酰胺纤维织物的染色，或用于聚酯纤维的转移印花。

B类：升华牢度不高，适用于各类合成纤维的染色，特别适合于载体染色。

C类：升华牢度较高，可在125~140℃条件下染色。

D类：升华牢度较高，适合于热熔染色，但匀染性差。

P类：适合于印花。

国产分散染料按照升华牢度的高低通常分为高温型（S、H）、中温型（SE）和低温型三类。

（一）分散染料的染色性能

1. 溶解性　分散染料分子不含磺酸基、羧酸基等水溶性基团，因而难溶于水，在水中不电离，是非离子型染料。另一方面，在分散染料分子中含有一些极性基团，如羟基、氨基、取代氨基、取代羟基、偶氮基等。由于这些极性基团的存在，染料仍能以微量的单分子状态分散在水中，从而有利于上染纤维。

分散染料的溶解度随染液温度的升高而提高，在超过100℃时作用更明显。但商品染料中通常加有较多可使染料增溶的分散剂，若调制染液时温度过高，反而会使染料凝结成块，所以实际生产中调制染液时的温度一般不宜超过45℃。

2. 分散染料染液的稳定性 分散染料的染液是悬浮液，其稳定性的高低与染色质量有很大关系。在染液中若染料颗粒容易相互碰撞而凝聚成大的颗粒，或容易沉降，染色时则易造成染色不匀，甚至产生色点。

分散染液的稳定性与多种因素有关。染料颗粒越大，在染液中越易沉降。为了制备稳定的分散染液，要求染料颗粒的直径小于2μm，而且颗粒大小均匀。染料颗粒直径若超过5μm，染色时易产生色点。但颗粒太小也是不必要的，若颗粒直径小于0.5μm，增加了不稳定性，在高温高压染色时容易产生染色不匀。

分散染液的稳定性与所用的分散剂有很大的关系。分散剂被吸附在染料颗粒的表面，提高了分散染液的稳定性。因此，选择合适的分散剂和染料匹配，常常是获得高稳定性的关键。

当温度升高，会降低分散剂对染料的吸附，使染料颗粒之间碰撞、凝聚的机会增加。另一方面，温度升高，使小颗粒的溶解度和大颗粒的增长速率提高，这些都会使分散染液的稳定性降低，因此配制好的染料溶液温度宜低，在染色前应避免长时间加热染液。用于高温高压染色的染液，不但要求在低温时稳定，还要求在高温时稳定。

此外，染液中染料浓度高，循环速度快，升温速率也快，一般会使分散染液的稳定性降低。染液中存在钙、镁离子及中性盐类，也会使分散染液稳定性降低。

3. 分散染料的稳定性 分散染料在某些条件下结构会发生变化，使染料的水溶性、色光、上染性能、染色牢度等都发生变化。可能的原因是：

（1）染料分子中某些基团的水解。例如，分子中含有酯基、酰氨基、氰基的染料在高温碱性条件下易发生水解：

$$—CH_2CH_2OCOCH_3+H_2O \xrightarrow[\triangle]{OH^-} —CH_2CH_2OH+CH_3COOH$$

$$—NHCOCH_3+H_2O \xrightarrow[\triangle]{OH^-} —NH_2+CH_3COOH$$

$$—CN+H_2O \xrightarrow[\triangle]{OH^-} —COOH+NH_3\uparrow$$

在常用的分散染料中，分散蓝HGL、福隆深蓝S—2GL、红玉SE—GFL，容易发生上述情况。

（2）染料分子中某些基团被还原。染料分子中的硝基容易被还原：

$$—NO_2+6[H] \longrightarrow —NH_2+H_2O$$

偶氮类分散染料在还原剂作用下会发生分解：

$$—N{=}N—+4[H] \longrightarrow —NH_2+—NH_2$$

在高温碱性条件下，纤维素纤维有一定的还原性，因此如果在高温碱性下用分散染料染涤棉或涤粘混纺织物，就可能会发生这些情况，所以常在染液中添加一定量缓和的氧化剂，如间硝基苯磺酸钠来减弱这一影响。

（3）染料分子中羟基的离子化。染料分子中如果含有羟基，在碱性条件下，羟基能发生离子化，使染料的水溶性增加，上染百分率降低。

（4）染料分子中氨基的离子化。在pH值较低时，染料分子中的氨基会发生离子化，使染料的上染性能和色光等发生变化。

因此，分散染料染色时，染液的pH值控制在弱酸性范围（如pH值为5~6或4.5~5.5）较为适宜，此时染物颜色较鲜艳，上染百分率较高。

（二）染色原理与方法

分散染料按常规方法在90~100℃染色1h，染料上染速率很低，纤维得色很浅。要提高涤纶的上染率，通常有三种方法：在100℃条件下加有载体的载体染色法；提高到120~130℃高温高压染色法；200℃左右干热条件下的热熔染色法。

1. 高温高压法（high-temperature-high-pressure dyeing process） 高温高压法是涤纶（尤其是纯涤纶）纺织物的一种主要的染色方法。散纤维、毛条、纱可以在高温高压染纱机中进行，纱也可用高温高压筒子纱染色机染色，涤纶针织物可以在溢流染色机或喷射染色机中染色，而涤纶机织物则可用高温高压卷染机染色。

高温高压法染物得色鲜艳、匀透，可染制浓色，织物手感柔软，适用的染料品种比较广，染料利用率较高，但它是间歇生产，生产效率较低，需要压力染色设备。

不管纤维的形态及其所用染色机械是否相同，高温高压染色的共同特点是涤纶在100℃以上，通常是在130℃左右的温度下进行染色。

分散染料的悬浮液中，有少量分散染料溶解成为单分子，因此在染料的悬浮液中存在着大小不同的染料颗粒和染料单分子，染料溶液呈饱和状态。染色时，染料分子到达纤维表面，被纤维表面所吸附，并在高温下向纤维内部扩散，随着染液中染料单分子被吸附，染液中的染料颗粒不断溶解，分散剂胶束中的染料也不断释放出来，不断提供单分子染料，再吸附、扩散，直至完成染色过程。这一过程可以简单地表示为图3-16。

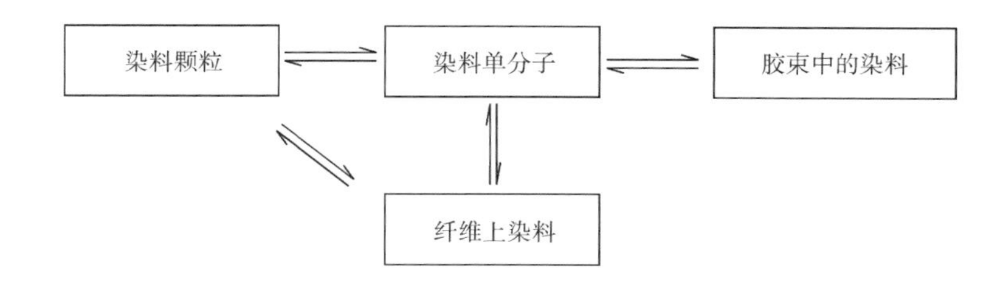

图3-16 分散染料染色过程

分散染料之所以能从溶液中上染纤维，是由于染料和纤维之间存在引力，主要是范德瓦尔斯力、氢键。

提高扩散速率的最常用和最有效的办法是提高染色温度。温度高，染料分子的动能大，纤维无定形区内分子链段运动较剧烈，微隙增大和形成的机会增加。此外，温度高时，水对纤维的增塑膨化作用也增加。

溢流染色机染色举例如下。

染液处方：

分散染料	x
高温匀染剂	0.5～1g/L
用醋酸调节 pH 值	5～6

55～60℃起染，30min 升温至 130℃，染 40～60min，水洗，皂洗，水洗，必要时在染色后要进一步还原清洗。

所选用的分散染料必须具有较高的分散稳定性和较好的移染性，染色工艺条件如 pH 值、升温速率等变化时，对上染百分率和色光的影响较小。

用于高温高压染色的助剂主要有两类：分散剂和高温匀染剂。分散剂在染色过程中起分散作用，商品分散染料中一般都加有大量的分散剂，如果染料本身的扩散性能较好，染料浓度又比较高，则染液内一般不需再另加分散剂，如染料扩散性差或染料用量又较少，则在染液中必须另加分散剂，以便保持分散剂必要的浓度。分散剂用量必须适当，过多会降低染料上染量或产生焦油状物；用量过少，则分散液稳定性差。常用的分散剂是磺酸盐类的阴离子表面活性剂，如分散剂 NNO、胰加漂 T，它们的扩散效果好，在高温时比较稳定，对得色量的影响小。高温匀染剂在染色中起匀染作用，它由阴离子型表面活性剂和非离子型表面活性剂两部分组成。其中阴离子型表面活性剂起缓染作用，非离子型表面活性剂起移染作用。高温匀染剂选择是否恰当，对染色质量影响很大。

某些分散染料在高温及碱性条件下会分解破坏或发生离子化，涤纶在高温碱性条件下也容易受损伤。分散染料中所含的分散剂在弱酸性染液中扩散性较好，如酸性过强，也会影响染料的色光和上染百分率，因此高温高压染色时，一般控制染液在弱酸性范围内，pH 值为 5～6（或在 4.5～5.5）之间，用酸或强酸弱碱盐调节。常用的是醋酸或磷酸二氢铵等，冰醋酸用量为 0.5mL/L 左右，磷酸二氢铵用量为 1～2g/L。它们的效果比硫酸、氯化铵、硫酸铵等好。如果不控制染液的 pH 值，在中性条件下染色，则得色较萎暗，且由于 pH 值不稳定，容易造成色差。

染色时，始染温度不宜太高，升温速率不宜太快，否则易造成染色不匀。升温速率太慢，总的染色时间长，生产效率低。分散染料高温高压法染涤纶，升温上染速率曲线如图 3-17 所示，温度在 T_1 以下时，上染速率过低。染色温度在 T_1、T_2 之间时，上染速率快，此时，若温度有差异，极易造成染色不匀，这是控制匀染的关键阶段，称为控温区。在这一温度范围内，升温速率要控制得慢一些。当染色温度逐渐升到 T_2 以上时，染料已大部分上染，上染速

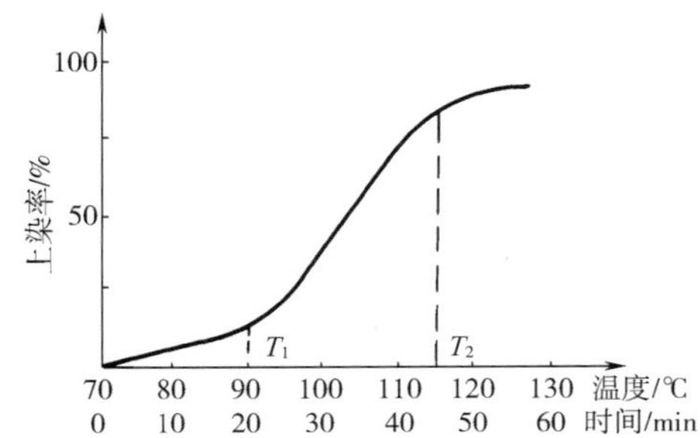

图 3-17 分散染料染涤纶时的升温上染曲线示意图

70℃入染，升温 1℃/min

率也较低，这时升温速率可快些。

高温高压染色法的最后染色温度一般以 130℃左右比较适宜，此时上染百分率较高，得色较鲜艳，而且大多数染料之间的上染百分率的差别较小。若温度太低会降低上染百分率；温度太高，对设备的耐压要求较高。

在升温到达 130℃以后的保温染色时间一般为 30~40min，对扩散速率快的染料或染浅色时染色时间可以短些。

2. 热熔法（thermosol dyeing process） 热熔染色是连续生产，生产效率高，适宜于大批量生产，能染浅、中色，染料利用率比高温高压法染色低，特别是染深浓色时，对染料的升华牢度要求较高。染色时织物所受张力较大，热熔染色主要用于涤纶机织物的染色，是目前分散染料染纯涤和涤棉混纺织物的主要方法。

热熔染色是用浸轧的方法使染料附着在纤维表面，烘干后热熔时，由于温度高，纤维无定形区的分子链段运动剧烈，形成较多较大的瞬时孔隙；染料颗粒解聚或发生升华形成染料单分子而被纤维吸附，并能迅速向纤维内扩散。

在热熔时，没有水的增塑溶胀作用，并且热熔时间较短，所以热熔温度比高温高压染色温度高，约在 170~220℃之间。

热熔染色法工艺举例如下。

染液处方：

分散染料	x
抗泳移剂	y
润湿剂	0~1g/L

用醋酸或磷酸二氢铵调节 pH 值至 5~6。

工艺流程及条件：浸轧→预烘→热熔（180~215℃，1~2min）→后处理。

用热熔法染色拼色时所用染料的升华牢度要接近，染液内一般可加入抗泳移剂，但必须不影响染液的稳定性。染液内一般可不加或加很少量的润湿剂，否则会影响色泽鲜艳度和得色量。轧染液 pH 值一般控制在 5~6 时，色光鲜艳；pH 值高，色淡而萎暗；pH 值过低得色也较淡。可用醋酸或磷酸二氢铵调节 pH 值。

分散染料热熔染色时，最好使用均匀轧车，轧余率宜保持在 65%左右，轧液温度以室温为宜。

烘干时主要应防止染料的泳移，一般采用红外线预烘，再热风或烘筒烘干。也可红外线、热风和烘筒联合使用。为防止泳移，开始以无接触烘燥较适宜，在织物烘干至一定程度后（含水率在 25%或 30%以下），再用接触烘燥或升高热风温度，以提高烘燥速率。

织物烘干后应立即进行热熔，以保持织物的热量，缩短升温时间，热熔时，分散染料扩散进入纤维内部而固着。热熔温度和时间，对于染料的扩散和固着起关键性的作用。涤纶在 260℃熔融，同时有短链聚合物生成。在 238~240℃时涤纶软化，丧失全部机械性能。在 235℃纤维发生消定向作用；而棉纤维在高于 230℃温度下处理 2min，纤维的物理机械性能会受到影响，并可能发生分解。所以，理论上热熔温度必须在 225℃以下，热熔温度除与被染物的纤维性质有关外，还应与染料的性能相适应，即不同的染料，要求不同的热熔温度。有些染料耐热性能较好，升华牢度较高，热熔温度越高，一般得色越好。升华牢度中等的染料，开始时随热熔温度的提高，固色率增加，到一定温度以后，温度增加，固色率不再增加，甚至可能下降。升华牢度很差的染料，热熔温度提高，固色率反而下降。这三类染料的固色率与热熔温度的关系大致如图 3-18 所示。

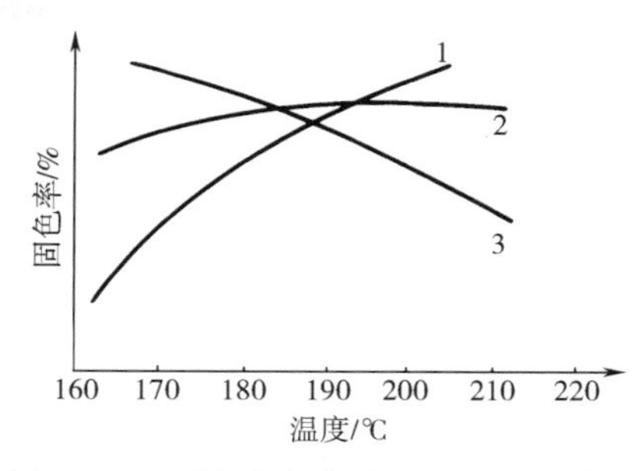

图 3-18 固色率与热熔温度的关系曲线

1—升华牢度高的染料 2—升华牢度中等的染料 3—升华牢度差的染料

3. 载体法（carrier dyeing process） 在染液中加入一些称为载体或携染剂的助剂，使分散染料在温度为 100℃左右就能较好地上染涤纶，可以采用常用设备在常压下进行染色。载体大多是一些简单的芳香族化合物。关于载体作用的解释有多种，可归纳如下：载体对纤维有较大的亲和力，染液内的载体很快地被纤维表面吸附，在纤维表面形成一载体层，并不断扩散到纤维中，载体分子与纤维分子之间的作用力减弱了纤维分子之间的引力，使纤维的玻璃化温度降低。载体进入纤维时引起纤维增塑溶胀，同时，分散染料较易溶解于载体，吸附在纤维表面的载体层可溶解较多的染料，使纤维表面的染料单分子浓度增加，提高了纤维表面和内部的染料浓度差，因此促进染料扩散。载体和染料相互作用形成复合物，此复合物比染料本身的溶解度高。

在染液中加入载体，可提高染料在纤维内的扩散系数，并随载体浓度提高而提高。对载体的要求是价格低，使用方便，没有毒性，染色效果好，不引起纤维脆化，染后容易从纤维上洗除，不影响染色牢度等。但目前还没有能完全满足上述要求的产品。

二、阳离子染料染色

阳离子染料是一种色泽十分浓艳的水溶性染料，在溶液中能电离生成色素阳离子，因此称为阳离子染料，是含酸性基团的腈纶染色的专用染料。

腈纶是聚丙烯腈纤维的简称，是含 85%以上的丙烯腈共聚物的纤维，丙烯腈的含量如果在 35%~85%之间，则称为变性或改性聚丙烯腈纤维。

按照第三单体所含基团的类型，腈纶大致可分为三类：含酸性基团的腈纶、含碱性基团的腈纶和不含第三单体的腈纶。国产的腈纶用丙烯酸甲酯作第二单体，用衣康酸钠或丙烯磺酸钠作第三单体，因此是含酸性基团（—COOH 或—SO_3H）的腈纶。

腈纶的染色性能与所用第二、第三单体，特别是第三单体的种类和用量有很大的关系。第二单体的含量高，纤维结构松弛，染料容易扩散进入纤维。如果第三单体含羧基、磺酸基等酸性基团，则可与阳离子染料结合，即纤维可用阳离子染料染色。如果第三单体含吡啶、氨基等碱性基团，则可与阴离子染料结合，即纤维可用酸性染料染色。

对于含酸性基团的腈纶，纤维中的酸性基团是阳离子染料的固着点。纤维内酸性基团的含量高，染料的上染速率高，染色饱和值也高。

阳离子染料的品种较多，根据配伍值 K 的大小，通常分为普通型（K=1.5~2.5）、X型（K=2.5~3.5）、M型（K=3~4）和分散型四类。

由于早期开发的普通型、X型阳离子染料对腈纶的亲和力高，容易造成染色不匀。近年来开发的迁移性阳离子染料，即M型，其相对分子质量较小，对腈纶亲和力低，扩散速率高，在沸染过程中具有良好的迁移性。对于解决某些容易色花的难染色泽如咖啡色、豆沙色、浅棕色、红棕色等具有特殊的意义。

为了解决腈纶与其他纤维混纺织物的一浴法染色，近年来又研制了分散型阳离子染料。分散型阳离子染料是将阳离子染料与阴离子物质反应，使阳离子染料的阳离子基团封闭，得到不溶于水的分散型液状染料。

（一）阳离子染料的染色性能和原理

1. 阳离子染料的一般性能 阳离子染料在弱酸性介质中一般比较稳定，溶解度较好，若溶液的pH值过高，尤其在碱性条件下，容易发生色光变化，甚至分解沉淀。例如阳离子桃红FG、阳离子黄3GL、橄榄绿BL、艳蓝RL等在pH值大于6时即开始变色，以至沉淀和破坏。pH值过低也往往会引起染料色光的变化和分解。因此阳离子染色时，一般用热的稀醋酸溶液溶解，pH值一般控制在4~5。

腈纶用阳离子染料染色，色泽鲜艳，上染率高，给色量好，湿处理牢度和耐晒牢度均较高，但匀染性能较差，尤其是在染浅色时。

2. 阳离子染料对腈纶的染色机理 由于酸性基团的存在，在染浴中，腈纶表面带有负电荷。而阳离子染料在染浴中形成染料阳离子，并在染液中扩散，由于库仑引力使染料被纤维表面吸附，随着染料的上染，纤维表面所带的负电荷逐渐减少，染料的吸附速率也随之减慢。当纤维表面的负电荷为零时，染料的上染仍可继续进行，但其动力则主要依靠氢键和范德瓦尔斯力，直到纤维表面所带的正电荷与染料阳离子之间的电荷斥力大于染料与纤维之间的氢键和范德瓦尔斯力时，染料便停止上染。此后随着染浴温度的升高，至腈纶的玻璃态转化温度（T_g）时，染料阳离子开始从纤维表面向纤维内扩散，纤维表面继续吸附染料，最后染料阳离子和纤维上的酸性基团（即阴离子位置）结合成盐而固着。

在腈纶用阳离子染料的染色中，关于饱和值可分为纤维的饱和值、染料的饱和值（又称染料在纤维上的饱和浓度）两种。

腈纶的饱和值是指某腈纶用指定的标准染料（一般用相对分子质量为400的纯孔雀绿），在100℃，pH=4.5±0.2，浴比1∶100，回流染色4h，上染百分率为90%~95%时，纤维上的染料质量对纤维质量的百分数。不同的腈纶（分子中有不同种类的酸性基团或含量不同），其纤维饱和值也不相同，但对某一特定的腈纶，其饱和值是一个常数。

染料的饱和值是指商品阳离子染料在上述规定条件下，在某一种腈纶上的染色饱和值，染料的饱和值对某一阳离子染料—腈纶系统是一个常数。

将纤维的饱和值除以染料的饱和值，所得的商称为染料的饱和系数，是指不同染料对标准染料在同一纤维上的饱和值的相互关系。如果用 S_f 代表某腈纶的饱和值，S_D 代表某阳离子染料在该纤维上的饱和值，f 代表染料的饱和系数，则：

$$\frac{S_f}{S_D}=f$$

饱和系数对某一阳离子染料是一个常数。根据染料的饱和系数和纤维的饱和值，即可算出该染料在该腈纶上的饱和值。

纤维的饱和值和染料的饱和值是衡量腈纶的染色性能和制定合理染色工艺的重要参数之一。饱和值低的腈纶，难于染得深色。染色时，所用染料量不能超过此染料在该纤维上的饱和值，否则会造成浪费并影响染色牢度。拼色时，所用各染料的总和不应超过纤维的饱和值。

3. 匀染性 在腈纶的玻璃化温度以下染色时，染料的上染速率很慢；在高于玻璃化温度时，染料在较短的时间内迅速上染纤维。但高亲和力也使阳离子染料在纤维中的扩散性和移染性变差。初染时造成的上染不匀在以后的染色过程中较难克服。

要获得均匀的染色，必须注意控制染色速率。控制染色速率的方法有温度控制、pH 值控制和在染液中加上中性电解质、缓染剂等。实际的经验表明，使用某种类型的缓染剂，加上温度等控制，常常是获得匀染的有效方法。

（1）温度控制。腈纶用阳离子染料染色时，在 75℃以下上染很少，在染色温度达到纤维的玻璃化温度（75～85℃）时，上染速率开始增大，而在 90℃以上时，上染速率几乎呈直线上升。因此，在达到玻璃化温度以上时，升温必须缓慢，一般采用每 1～4min 升温 1℃的方法，称为缓慢升温法。另一种方法是恒温染色法，就是始终在 85～95℃的恒温条件下进行染色，待大部分染料吸尽后再升温至 100℃染色。

（2）pH 值控制。染浴 pH 值下降，可以降低染料分子和纤维中酸性基团的离解，降低纤维上阴离子基团的数量，因此染色速率低，pH 值对上染速率的影响以含羧基的腈纶较显著，磺酸基的电离受 pH 值的影响则较小。在染深色时，如果染浴的 pH 值太低，纤维中电离的酸性基团少，会引起上染百分率的降低。

通常染浅色时的用酸量比染深色时要高些，使 pH 值低些，可获得较好的匀染。染深色时用酸量少些，使 pH 值提高，以获得高的上染百分率。酸实质上是缓染剂。因此在染色时合理控制 pH 值是重要的。

（3）中性电解质的应用。在染浴中加入食盐、硫酸钠、硫酸钾等中性电解质，它们的金属离子 Na^+、K^+等能与染料阳离子竞染，金属离子在染液中的扩散性和纤维中的扩散性高于染料阳离子，优先被纤维吸附，夺占染座，然后逐渐被对纤维具有较大亲和力的染料阳离子所置换。所以电解质可起缓染作用。

（4）阳离子缓染剂的应用。阳离子缓染剂是阳离子染料染腈纶时常用的缓染剂，它们是带有正电荷的无色化合物，大多数是有长链烃基的季铵盐，在溶液中可以电离生成缓染剂阳离子。例如十二烷基二甲基苄基氯化铵（即缓染剂 1227）。

缓染剂阳离子是和染料阳离子具有相同电荷的离子，对腈纶有亲和力，染色时能和染料阳离子竞染，从而降低染料阳离子的上染速率。竞染作用的大小随缓染剂和染料的性质及用量而不同。在染色完成时，阳离子缓染剂在纤维中也占有一定的染色位置，因此阳离子缓染剂会降低染料的上染百分率。实际使用时，染料和缓染剂的总用量不宜超过纤维的饱和值，过高的缓染剂用量将显著降低上染百分率，一般染浅色时，缓染剂可多加些，中色应少用，深浓色可不加。

（5）配伍性（相容性）。腈纶用阳离子染料染色，在染料阳离子和纤维上的酸性基团之间形成盐。由于纤维中酸性基团的数目是有限的，染色时会出现染料之间对染座的竞争，在拼色时可能会有不同的上染速率，因此染料的配伍性是很重要的性能。配伍性表示拼色染色时，各染料上染速率的一致程度。

如果拼色染色时，各染料的上染速率相等，上染纤维的各染料量的比例始终不变，即染色时间增加，被染物的浓度增加，但色调在整个染色过程中始终保持不变，那么这些染料在此应用条件下被称为是可配伍的（或可相容的）。对于可配伍的染料，每个染料在时间 t 时上染纤维的量 M_t 和染色达到平衡时上染纤维的染料量 M_∞ 的比值是相等的。即：

$$\frac{M_{t1}}{M_{\infty 1}}=\frac{M_{t2}}{M_{\infty 2}}=\cdots\cdots$$

如果上述比值不等，就称为不配伍（或不相容）。用不配伍的染料拼色，各染料的上染速率不等，在整个染色过程中，不仅颜色浓度方面的结果随时间而变化，而且色调也随时间而变化。

阳离子染料之间的配伍性能一般通过相互比较而得到，表示方法有 Z 值、分配系数和配伍值等。目前应用最广的是配伍值，符号是 K。染料的配伍性能是染料对纤维亲和力和扩散性能的综合效果。一个亲和力大、扩散系数小的染料与一个亲和力小、扩散系数大的染料可能会具有相同的上染速率。

（二）阳离子染料对腈纶的染色方法

腈纶染色的方式视半制品形式的不同而异，丝束、散纤维、纱线、毛条可以在散纤维、毛条和纱线染色机上进行染色。丝束还可以在连续轧染机上染色。织物染色可以在绳状染色机、卷染机、轧染机上进行。

1. 浸染　腈纶纯纺产品多数用浸染法染色。

（1）一般染色过程。染浴通常含有染料、阳离子缓染剂、硫酸钠、醋酸、醋酸钠等。阳离子缓染剂和硫酸钠用来改善染料的匀染性能，醋酸和醋酸钠组成缓冲溶液，使染液保持在适当的pH值范围内（通常在4.5左右）。

染料首先用规定醋酸量的一半搅匀，然后加入一定量的水调成浆状，再加沸水使染料溶解而得到溶液，将剩下的一半醋酸和醋酸钠加入染浴，加入0~20%（owf）的无水硫酸钠和阳离子缓染剂，将染料溶液滤入染浴，搅匀，按选定的浴比从50~60℃开始染色，加热升温至70℃以后，再以每分钟升温1℃左右的速率升温至沸，根据色泽和染物的形式沸染0.5~2h，缓慢冷却（1~2℃/min）至50℃，然后进行水洗等后处理。

（2）阳离子缓染剂。目前常用的阳离子缓染剂有1227表面活性剂和1631表面活性剂（也叫匀染剂PAN）。

阳离子缓染剂的用量，应该根据染色浓度、染料的上染性能、纤维饱和值、染料饱和值、阳离子缓染剂本身的饱和值，以及设备条件来确定。如果染淡色时，染料的上染率高，而染液的循环速率又比较低，则缓染剂的用量要多一些，使染料和缓染剂加在一起的总量达到一个比较高的上染系数（如 95%）。

（3）温度。实际生产中一般采用 70℃起染，染 5min，以 1℃/3min 的升温速率升温至 90℃；染 30~60min 后，再以 1℃/2~3min 的速率升温至沸，沸染 30~60min；然后以 1℃/min 的速率降温至 80℃，继续降温至 50~60℃。

初染温度视纤维的性能和染色速率而定，一般宜在纤维的玻璃化温度以下。在玻璃化温度附近应开始缓慢升温。染浅色时，初染温度应低些，升温速率宜慢些。染深色时始染温度可高些，升温速率可适当加快。染色最后宜升温至沸。由于阳离子染料在腈纶上的扩散性能较差，沸染有利于染料在纤维内充分扩散，减少环染，并使染料的上染更为充分，以提高上染百分率。此外，温度高，染料的移染增加，有利于匀染。

（4）pH 值控制。染液 pH 值一般可用醋酸—醋酸钠调节。若单用醋酸，在染色过程中，染液 pH 值容易发生变化。醋酸用量视染色浓度和染色浴比而定，染色浓度高，浴比小时，醋酸用量可少些。染色浓度低，浴比大时，醋酸用量应多些。醋酸的用量约为 1.5%~4%（对染物重）。

（5）时间。染色时间对染料的上染、扩散和移染起着重要的作用。过短的染色时间造成环染，降低上染百分率和染色牢度。染浅色沸染时间要在 30min 以上。染中深色时，沸染时间要 60~90min。织物、纱线的染色时间应比散纤维、纤维条、绒线的染色时间长一些。

（6）浴比。由于腈纶的相对密度小，比体积大，又由于阳离子染料对腈纶的匀染性较差，因此染色时通常采用较大的浴比，一般为 1∶20~1∶60，按染物形式、色泽深度合理选择。

2. 卷染 卷染染液组成与浸染相似，除含有染料外，还有醋酸、醋酸钠、元明粉、阳离子缓染剂。染料的溶解法和染液配制同前。60℃开始染色，4 道后升温至 98~100℃，沸染时间保持有 60~90min 所需的道数，再热水洗，皂洗，热水洗，温水洗。

染腈纶织物或腈纶混纺织物所用的卷染机应为等线速卷染机，染色时，织物所受的张力应尽可能小，否则会影响织物手感。

3. 轧染 轧染主要用于腈纶丝束、腈纶条以及腈纶混纺织物。纯腈纶织物受热容易变形，数量又少，所以很少用轧染。

第六节 新型纤维染色

一、Lyocell/Tencel 纤维的染色

Lyocell/Tencel 被誉为 21 世纪绿色纤维，它是以 *N*-甲基吗啉-*N*-氧化物（NNMO）为溶剂，采用湿法纺制成的再生纤维素纤维。纤维生产过程中的 *N*-甲基吗啉-*N*-氧化物溶剂毒性低，并 99.5%以上可回收再用，不污染环境；纤维废弃物可自然降解，对环境友好。

Lyocell/Tencel 纤维具有优异的特性（表 3-6）和服用性能，被广泛用于服装。可纯纺或

与棉、麻、丝、毛及合成纤维、黏胶纤维混纺或交织，以改善织物服用性能。其织物富有光泽、柔软滑爽，有优良的悬垂性，良好的吸湿透气性和穿着舒适性。纯 Lyocell/Tencel 织物具有珍珠般的光泽。不同风格的纯纺 Lyocell/Tencel 织物和混纺织物，可用于制作高档牛仔服、女式内衣、时装、男式高档衬衫、休闲服及便装。

表 3-6 Lyocell/Tencel 纤维基本性能

项　目	Lyocell/Tencel	黏胶纤维	涤　纶	棉
线密度/dtex	1.65	1.65	1.65	1.65
强度/($cN \cdot tex^{-1}$)	37.9～42.3	22.1～25.6	39.7～66.2	20.3～23.8
伸度/%	14～16	20～25	25～30	7～9
润湿强度/($cN \cdot tex^{-1}$)	34.4～37.9	9.7～15.0	37.9～66.2	25.6～30.0
润湿伸度/%	16～18	25～30	25～30	12～14
伸度10%的强度/($cN \cdot tex^{-1}$)	35.3	15.9	25.6	—
水中膨胀度/%	65	90	3	50
结晶度/%	59	33	—	—

在工业（产业）应用上，Lyocell/Tencel 纤维具有较高的强力，干强力与涤纶接近，比棉高出许多，其湿强力几乎达到干强力的 90%，这是其他纤维无法比拟的。在非织造、工业滤布、工业丝和特种纸方面得到了广泛的应用。

Lyocell/Tencel 纤维为再生纤维素纤维，具有一般再生纤维素纤维染色特性，可采用活性染料、直接染料、硫化染料、还原染料、冰染染料等纤维素纤维通用的染料进行染色。尽管可用于 Lyocell/Tencel 纤维染色的染料种类很多，但由于活性染料在色谱范围、色泽鲜艳度、染色牢度、新品种推出等方面存在明显的优势，印染厂更多地选用活性染料染色。由于 Lyocell/Tencel 在形态结构、聚集态结构、物理机械性能、对化学药剂的敏感性、原纤化性能有所不同，因此染料对 Lyocell/Tencel 纤维的亲和力、上染率和上染速度、扩散速率、匀染性等染色性能与其他纤维素纤维有所不同，所以染色加工方式和条件有所不同。

活性染料的一般染色方法——浸染法、冷轧堆法、连续轧染法均适用 Lyocell/Tencel 纤维的染色，只是不同的染色方法对活性染料的直接性和反应性能的要求不同。

Lyocell/Tencel 纤维的浸染主要有两种方式，即平幅卷染和绳状染色；按染色时加料的方式又分一浴一步法、一浴二步法和二浴二步法三种染色工艺。一浴二步法是先在中性浴中染色，然后再加碱固色，这是最常用的染色方法。一浴一步法是在染色开始时就将染料、促染剂和碱剂一起加入水浴，此工艺也称全料染色法或加碱染色法。二浴二步法是先在近中性浴中染色，排液后，再在碱性浴中固色，不过这种方法极少使用。

对于 Lyocell/Tencel 织物的浸染染色，由于很多品种的 Lyocell/Tencel 织物在低温时吸水膨化后手感较为僵硬，会影响活性染料的上染率、固色率以及染料的渗透性和扩散性能，并很容易导致染色不匀，因此以选择中高温型的活性染料为好。即使使用了低中温型的活性染料，染色工艺也不能与棉织物一样，应该作适当的调整，比如适当提高第一次吸尽的染色温度，然后适当降温加碱固色。

在 Lyocell/Tencel 织物浸染染色的设备选择上，采用平幅卷染机染色不易发生原纤化现象和产生折皱印，加工光洁织物应首选平幅染色。对要求桃皮绒风格的织物，采用气流染色。

Lyocell/Tencel 纤维的轧染主要也有两种方式：冷轧堆染色和连续轧染工艺。

冷轧堆染色工艺流程如下：浸轧染液→打卷→堆置→水洗→皂煮→水洗→烘干。

连续轧染染色按染料上染和固色条件的不同有两种工艺，即轧蒸工艺和热固工艺。轧蒸工艺按碱剂给料方式不同以及汽蒸时织物含湿量的不同分为三种工艺，即一相法轧蒸工艺、两相法轧蒸工艺和湿蒸工艺。活性染料连续轧染的主要工艺如下：

（1）一相法：浸轧染液（染料和碱剂）→烘干→汽蒸→水洗→皂煮→烘干。

（2）两相法：浸轧染液（染料）→烘干→浸轧碱液（碱剂和食盐）→烘干→汽蒸→水洗→皂煮→水洗→烘干。

（3）湿蒸工艺：浸轧染液→汽蒸→水洗→皂煮→水洗→烘干。

（4）热固工艺：浸轧染液→烘干→焙烘→水洗→皂洗→水洗→烘干。

二、竹纤维的染色

竹纤维的化学成分主要是纤维素。理论上适合于棉纤维的染料均可用于竹纤维的染色。但根据纤维品种、要求的不同，染色工艺存在较大差异。

天然竹纤维的结晶度（约 71%）高于棉（66%）。使得其染色性能比棉要差，刚性较大，手感稍差。染整中一般需加一道酶处理工艺，以改善手感。天然竹纤维纺织品染整的一般工艺流程为：烧毛→退煮→漂白→酶处理→染色→拉幅→预缩。

由于天然竹纤维的染料可及度较低，染料对其直接性、提升性和染深性比棉纤维要差。有研究表明：天然竹纤维经松式碱处理后吸附直接染料的能力有大幅提升。当烧碱浓度为 115~130g/L 时，直接染料上染量增幅最大；经 190g/L 烧碱处理后，其直接染料的平衡上染百分率、染深性和染色速度均可达到与相同碱浓度处理棉纤维后的水平。上述变化，主要是因为烧碱改变了天然竹纤维的聚集态结构，降低了其结晶度和取向度，所以可以推测，碱处理后的天然竹纤维的染色性能对其他染料也有类似的变化规律。

竹浆纤维与黏胶纤维的物理、化学性能极为相似，因此它的染色工艺可采用黏胶纤维的染色工艺。实验表明，竹浆纤维对 EF 型、FN 型、LS 型活性染料均有良好的固色率，均在 70%以上。需要注意的是，与黏胶纤维一样，竹浆纤维不耐强碱、缩水率大、尺寸稳定性差、入水变硬难于轧染。这些缺点需在加工中注意，并制定相应工艺条件加以克服。

三、大豆纤维的染色

大豆纤维是以大豆粕为原料，利用生物工程技术从大豆粕中提炼大豆蛋白，再添加羟基或氰基高聚物配制成一定浓度的蛋白纺丝液，并经改性后进行纺丝制得，是一种再生植物蛋白纤维。它是我国独立研发并已商品化的第一个新型蛋白纤维。

目前生产的大豆纤维是短纤维，纤维截面是不规则的哑铃状，纵向表面呈现不明显的沟槽，并且具有一定的卷曲。蛋白质主要呈不连续的团块状分散在连续的PVA中。这种组成和结构使它具有较好的吸湿性和导湿、透气性能，但会影响大豆纤维染色的均匀性和同色性。由于大豆蛋白质本身易泛黄，纤维呈米黄色。这主要由豆粕中的色素和纤维制造时二醛类交联剂和聚乙烯醇及大豆球蛋白中的氨基酸等反应物造成，尤其是其中色氨酸的吲哚基，而且较难漂白。大豆纤维耐干热性能好，但耐湿热性能较差，在100℃以上水浴中收缩较大，这和聚乙烯醇纤维类似。它耐酸性能较好，耐碱性能稍差，其中的蛋白质容易水解，PVA也易溶胀。因此，在大豆纤维染整湿加工时条件受到很大的限制。

基于大豆纤维的结构，从理论上讲，它可以用酸性、直接、活性和中性等染料染色，与纯蛋白质和聚乙烯醇纤维相比，这些染料染色也存在一些问题。由于纤维易吸湿溶胀，而且不耐高温高湿，所以染料上染率相对低，颜色鲜艳性、提升性及湿处理牢度较差。酸性染料和活性染料主要与蛋白质结合，但纤维蛋白质含量仅25%左右，而且被PVA包围和隔离。同时蛋白质在提取时受到多次化学作用，可与染料结合的—NH_2等基团不断减少，所以上染率、提升性相对较低。另外，直接染料和中性染料虽然可以上染蛋白质和PVA两种组分，但湿处理牢度不够理想。

大豆纤维织物染色根据要求不同可采用先染散纤维、毛条、纱线再色织或匹染的染色方式。纤维中含有氨基、氰基、羟基等极性基团，能与活性染料、弱酸性染料、中性染料、直接染料以共价键、离子键、氢键等作用力结合。由于直接染料水洗牢度差和中性染料匀染性、遮盖性差的问题，这两种染料对大豆纤维的染色需谨慎选择。目前研究表明，弱酸性染料和活性染料适合于大豆纤维的染色。

大豆纤维的等电点（pI）大约为4.6。用弱酸性染料染色时，将pH值控制在4.5~5.0范围，并控制升温速率为1℃/min可取得良好的染色效果。由于大豆纤维中的氨基含量比羊毛、蚕丝低，弱酸性染料的得色量也相应较低。另外深色的摩擦牢度不理想。因此弱酸性染料一般用来染浅、中色。

目前，人们对活性染料染大豆纤维的研究比较多。活性染料可以分别在酸性条件下和碱性条件下上染大豆纤维，但碱性条件下染色比酸性条件下染色得色要浓，且耐洗牢度要好。

四、PBT/PTT纤维的染色

聚对苯二甲酸丁二醇酯（PBT）与聚对苯二甲酸丙二醇酯（PTT）都是与PET同类的新型聚酯纤维。PBT、PTT分子中较PET存在更长的亚甲基链段，这使得它们的分子链段柔顺、手感柔软、具有优良的弹性、玻璃化温度低，相同温度下分子链段比PET运动剧烈，空隙增大易于染色。

PBT、PTT纤维都是聚酯疏水性纤维。它们的染整加工方法类似PET纤维。但由于分子结构和聚集形态的差异，工艺条件仍需作必要的调整。

PBT、PTT纤维玻璃化温度低、易于染色。PBT、PTT纤维织物均宜在40~50℃入染，两种纤维分别在80~110℃和90~110℃上染速度最快，在此温区需控制升温速度。PBT纤维在

120℃获得最佳上染率，PTT纤维则在110~120℃之间。两种纤维在最佳温区保温30min即可达最大上染率，再增高温度及延长时间都是不必要的。因为染色为放热反应，达到上染平衡后再增高温度和延长时间反而使染料解吸下来或向纤维内部扩散造成色浅。鉴于PBT纤维、PTT纤维上染温度降低，对于浅、中色在常压100℃下即可获得满意的染色效果。

PBT、PTT纤维晶格堆砌比PET纤维松散，染料易于向纤维内部渗透。将染色后的PBT纤维与PET纤维的截面切片用显微镜观察，发现PBT纤维在120℃染色30min后染料已均匀渗透整个纤维截面；而PET纤维经130℃、60min染色后呈环染现象。说明PBT、PTT纤维表面的染料聚集量低于PET纤维，所以对于纯的PBT、PTT纤维织物可采用较温和的还原清洗条件，在50~60℃处理即可。对于与棉混纺、交织的织物而言，则应加强还原清洗以保证棉组分上的色牢度或取得棉留白的效果。

第七节 染色新技术

一、超临界二氧化碳染色

随着地球上可用水资源日益贫乏，水污染日益加重，水作为传统的染色主要媒介载体的格局将被打破。为了减少染色引起的水污染，染色工作者进行了无水染色工艺研究。近20年前曾尝试用有机溶剂作染色介质，但同样由于存在生态问题，加上成本问题，很难工业化应用。近年来，超临界二氧化碳流体染色（supercritical carbon dioxide fluid dyeing）的研究显示这项技术是一种比较有前途而且有效的工艺。

（一）超临界二氧化碳流体及其染色特性

超临界二氧化碳是指温度和压力均在其临界点之上的二氧化碳流体。超临界状态下的二氧化碳行为不同于典型的气体和液体，它具有这两种状态相混合的性质，既有气体的低黏度、易扩散、易收缩的性质，又具有液体一样较高密度（0.3~1g/cm^3），对物质有较强的渗透、溶胀、溶解能力。

超临界二氧化碳对有机物的溶解性因溶质极性、相对分子质量、密度等不同而不同，容易溶解非极性或极性弱、相对分子质量小的有机物。分散染料一般分子极性弱，相对分子质量也不大，因而易溶于超临界二氧化碳中。溶于超临界二氧化碳的染料分子是杂乱分散的，因此在这种状态下染色，染浴中的染料活泼，能快速达到纤维表面，接着较容易地渗透入纤维内部，从而达到染料上染纤维的目的。该项技术原理在于：气体在超临界状态下形成的流体黏度低，染料能自动溶解而且具有较高的扩散性；染料在二氧化碳流体中溶解度随着流体密度的增加而增加，由压力和温度来控制二氧化碳流体密度，从而控制染料在二氧化碳流体中的溶解度；提高温度来降低流体的密度和染料在溶液中的量，促进染料扩散到纤维中去。因此该系统的控制参数可以比常规水相工艺较为快速地调节。

该工艺无需助剂，二氧化碳无毒，可循环使用。残留的染料可以粉末状态回收，无废水和废弃物。无需染色后处理和染后烘燥，可节能80%左右。该工艺染色速度比传统的快好几倍，染色效率高。

该工艺的难点是工作压力要高达 2×10^4kPa 左右，以及由此而带来的设备成本。尽管如此，对环境友好、大大缩短染色时间和烘燥阶段的消除等基本优点，使该项工艺技术极具吸引力。所以德国、意大利、英国、日本、美国热衷于该技术的研究。我国对此技术的研究也相当活跃。

（二）超临界二氧化碳染色设备

在德国汉诺威举办的国际纤维机械展览会 ITMA 91 上，德国贝伦的 Jasper 公司展示了超临界二氧化碳染色试验机，随后在意大利米兰举办的 ITMA 95 上，德国哈根的 Uhde 公司也展出了超临界二氧化碳染色试验机。Uhde 公司开发的超临界二氧化碳染色试验机结构简图如图3-19所示。该试验机由染色槽、二氧化碳贮存罐、染料贮存槽、加热器、冷凝机、冷却机、泵、压力控制机和分离机等组成。染色时，将卷绕被染物的经轴装入高压釜（染色槽），染料投入染料贮存槽中，关闭压力容器，使染色流体二氧化碳循环。贮存罐内的液化二氧化碳冷却后，直接用泵压缩到超临界状态，用加热器加热到规定的温度。用超临界二氧化碳流体溶解染料贮存槽中的染料，并将它送到高压釜，染料被纤维吸附（染色）。染色结束后，染液通过分离器降低压力，这时二氧化碳已变为气体，降低了对染料的溶解力，致使染料沉淀从而被回收。不含染料的二氧化碳通过冷凝器，返回到贮存槽。停止染色槽内二氧化碳循环，打开高压釜，取出染色物。

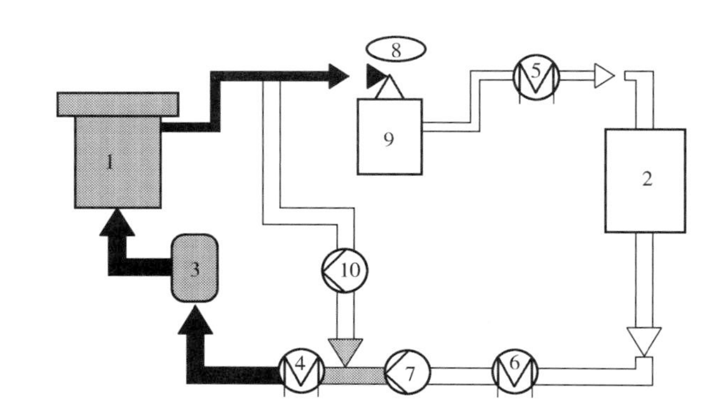

图3-19　超临界二氧化碳流体染色装置

1—染色槽　2—二氧化碳槽　3—染料溶解槽　4—加热器　5—冷凝机
6—冷却机　7—泵　8—压力控制机　9—分离机　10—循环泵

目前 Uhde 公司市售的试验设备规格是 3×10^4kPa、150℃、容量30kg/h。从文献上看，日本也有这方面的试验机生产（日版制作所制，型号 HVI—SC），但这些染色机基本处于试验阶段。目前超临界二氧化碳染色工业化程度应用处于初试阶段，已有不少超临界二氧化碳染色设备专利。据 Schollmeyer 介绍，他们中心已有1000L、2000L试验机投入应用。资料报道美国有工业规模的超临界二氧化碳染色机1000L染浴的1号机已开始运转。德国 Amann & Scehme Gmbh 已使用该技术在 Josof Jasper Gmbh 设计和制造的设备中进行工业规模染聚酯缝纫线，并取得成功，极大地刺激了染色机械商追求超临界二氧化碳染色机商机的热情，同时也极大地推动了该技术的工业化进程。

（三）合成纤维用超临界二氧化碳染色

超临界二氧化碳能充分溶解分散染料，因而可用于聚酯、聚酰胺等合成纤维的染色。

在 Schollmeyer 等人的初期研究中，研究了分散染料对聚酯纤维织物的上染量因超临界二氧化碳的压力和温度所产生的变化。聚酯纤维织物在 2.5×10^4kPa 压力下，用超临界二氧化碳预处理 2min，然后再染 10min，染料上染量和温度的相关性如图 3-20 所示。根据这种结果将 120℃、2.5×10^4kPa 选作聚酯纤维织物染色的最佳条件，在以后的聚酯纤维织物染色研究中基本上都用这种染色条件。在 130℃染色 10min、100℃染色 40min 的条件下染料上染率为 98%。

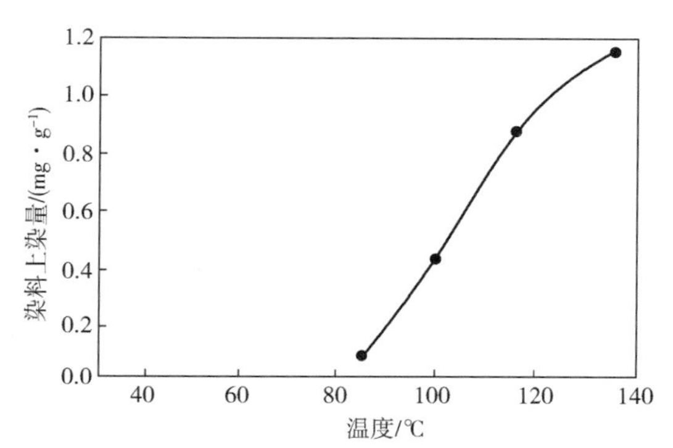

图 3-20 在 2.5×10^4kPa 压力下超临界 CO_2 染色时染料上染量与温度相关图

染色时间 10min，染料浓度 1.5%

超临界二氧化碳染色基础研究表明：上染量随染料的种类而异，一般为 0.2～22μmol/g。同时与染色试验机的类型有关：一般动态（二氧化碳流体在系统中由循环泵作动力循环）试验机，上染率可达 100%；静态试验机（二氧化碳流体在系统中由搅拌器作动力循环）相对差些，上染率为 36%～67%。另外，染色温度和染色压力是染料上染量的重要影响参数，其中温度影响程度比压力影响大。由于 CO_2 的极性要比水的极性小得多，更接近染料分子，所以染料在超临界二氧化碳中呈分子分散状态，未发现如用水染色时出现的那种染料缔合。染料在染浴中的行为有些像气体，扩散系数比常规水相染色大了 3～6 倍。染料向纤维内部的扩散快而匀染性好，纤维表面对染料不起过滤作用，染料并不附着在纤维表面，无需还原清洗。染色物耐摩擦色牢度良好，在 4 级以上。

日本研究人员最近的研究结果表明，超临界二氧化碳染色中，二氧化碳流体对聚酯纤维具有增塑作用，使聚酯结构发生变化。聚酯纤维在超临界二氧化碳中，伴随着它的膨化和收缩，其结晶度通常增大，其结晶大小也有变化，容易产生微孔。此外，经超临界二氧化碳染色后聚酯纤维的热稳定性也可提高。

S. K. Liao 等人采用实验室合成的分散活性黄染料对锦纶 66 进行超临界二氧化碳染色，并与分散黄 3 比较。分散活性黄对锦纶 66 具有较好的上染率而且具有优良的水洗色牢度和耐光色牢度。FTIR、NMR、EA 和 MS 表明该分散活性黄染料与锦纶 66 形成共价键，锦纶 66 内部没有受到损伤。除锦纶超临界二氧化碳染色外，也有报道三醋酯纤维（CT）、二醋酯纤维（CA）用超临界二氧化碳染色优于常规水相染色法。此外 Kevlar 纤维、Nomex 纤维的 200℃超临界二氧化碳染色性良好，聚丙烯纤维、氨纶也可用超临界二氧化碳染色。

（四）天然纤维用超临界二氧化碳染色可能性研究

聚酯纤维分散染料超临界二氧化碳染色的成功及其呈现的优越性，极大地推动了欧洲各国及日本全面探讨天然纤维用超临界二氧化碳染色的可行性。

德国 DTNW 研究中心 Schollmeyer 等人进行在超临界二氧化碳下用分散染料染天然纤维的研究。研究结果表明：使用分散染料对天然纤维进行染色的技术关键在于开松纤维以利于染料分子的渗透。为了达到这个目的，采用在染色前用溶胀剂 Glyezin CD（一种聚醚）对织物进行预处理。布样在 10% Glyezin CD 的水溶液中处理几小时，然后轧液干燥（增重 10%～20%），以这种方式处理的羊毛织物布样在温度 100℃、2.5×10^4kPa 的超临界二氧化碳中使用分散染料染色 1h。结果显示：羊毛织物经特殊预处理后，在超临界二氧化碳中染色是可行的，但存在水洗后染色牢度较差的弊病。另外，得色量也不理想，有待改善。

英国里兹大学 Lewis 等人进行了棉经改性后用分散染料在超临界二氧化碳中染色的研究。天然棉纤维经过苯甲酰氯、苯甲酰巯基乙酸钠（BTG）处理，增加棉纤维的疏水性，增加了分散染料与棉的亲和性，从而达到棉用分散染料可染的目的。具体工艺如下。

（1）改性处理。

①苯甲酰氯改性：棉织物经 200g/L NaOH 溶液浸轧后室温堆置 0.5h，再浸渍苯甲酰氯 2min，浸渍后用 50g/L NaOH 溶液冲洗、纯水冲洗，最后在 100℃温度下烘干。

②苯甲酰巯基酸钠处理：棉织物浸轧含 BTG 200g/L 和碳酸钠 20g/L 的溶液，带液率为 80%。浸轧后，室温过夜晾干，再在 200℃条件热固 1min。

（2）染色。将上述改性织物在温度为 100℃、压力为 3×10^4kPa 的超临界二氧化碳中染色 1h，浴比约 1∶50。

染色结果表明，经苯甲酰氯处理的棉织物对染料（染料为 APDN、DY80）固色率达 85%～98%，而 BTG 处理后的棉织物的固色率达 35%～60%，两者均达到理想要求，同时染色物的色牢度也均良好。

日本京都染织试验场杉浦和明等人进行对蚕丝纤维在超临界二氧化碳下用分散染料染色的研究。该研究在对蚕丝进行染前改性处理（蚕丝纤维官能团改性、接枝处理、树脂处理）基础上进行蚕丝纤维超临界二氧化碳染色（温度 110℃、压力 2.27×10^4kPa、流量 1.0mol/min、时间 20min），与常规水相染色结果比较，尽管大多数改性的蚕丝纤维超临界二氧化碳染色性并不理想，但苯乙烯接枝改性蚕丝绸的染色得色量相当高，说明蚕丝纤维超临界二氧化碳染色并非禁区，关键在于改性剂的选择。

超临界二氧化碳染色的意义重大。超临界二氧化碳在纺织中的其他方面应用如退浆或整理以及干洗也正在研究中。德国的 Jasof Jasper 公司已安装了中试设备，发展了该技术机械的制造技术；染料制造商（汽巴精化）也已开发、增加了适用该技术的分散染料。困扰该技术发展的是设备成本和高压操作，但与它的优越性相比，这一问题并非关键性障碍。相信随着世界工业排污标准日益强化、超临界二氧化碳染色技术基础研究成果日益增多、该技术设备投资成本日益降低，不久的将来该技术终会实现工业化。

二、微胶囊分散染料染色

微胶囊分散染料染色（dyeing with microencapsulated diaperse dyes）技术为节能、节水、环境友好型清洁染色技术。利用微胶囊化的纯分散染料在传统的高温高压染色机中对涤纶实施染色，染色时除用少量醋酸调节染浴的 pH 值以外，不用任何助剂。在 130℃温度下染色 30~50min，即可达到优良的均匀性。不经水洗（包括还原清洗、皂洗、热水洗、冷水洗）而直接出缸、烘干。染品各项牢度优于传统染色工艺的结果。理论上染色残液无 COD、BOD 和色度污染，实际上可能由染品带入少量的污染负荷。染色废水经简单过滤后即可回用，实现废水零排放。染色后的微胶囊壳为染品质量的 2%左右，或作为燃料或填埋处理，降解后可肥田。

该染色技术还包括一个特殊的萃取器，装于染机旁路循环，所用微胶囊装于该萃取器中，染色时可阻止微胶囊进入染缸。该染色技术从根本上杜绝了染色对水环境的污染，与传统工艺对比，染色总时间缩短 1/3~1/2，染色废水可全部回用，节省了全部的水洗用水、助剂和药剂、热能等。普通染浴中的助剂（分散剂、高温匀染剂、渗透剂等）也被全部节省。而染色质量可达到或优于传统染色工艺。

微胶囊分散染料染色的基本原理是利用微胶囊的隔离作用和释放作用，再加上分散染料本身的轻微的溶解度。微胶囊壁相当于一个半透膜，能允许水分子和已溶解的染料通过。水在高温（通常 120~130℃）条件下的表面张力很小，易进入染料微胶囊，并溶解其中的一小部分染料，形成染料溶液。较高的染料溶液化学位促使微胶囊内的溶液中的染料分子向外扩散，有合成纤维存在的情况下染料分子会在疏水的纤维表面吸附，并向纤维内部扩散，水中的单分子染料继续向纤维表面吸附。由于吸附破坏了水中染料的溶解平衡，此时胶囊内的染料继续向外扩散，补充胶囊外水中的染料分子。这个全过程就是：水进入胶囊并溶解胶囊内的染料，胶囊内溶解的染料向外扩散，扩散出来的染料以单分子向纤维表面吸附，吸附的染料分子向纤维内部扩散，完成上染，随着溶解—向外扩散—向纤维表面吸附—向纤维内部扩散过程的不断进行，直至胶囊内的染料枯竭或纤维上染达到所需深度。由于整个染色体系中建立了动态的平衡，纤维表面吸附的染料始终保持单分子层的微小吸附量，这样不但保持了染色均匀性，同时染后纤维上的浮色量最低。

由于无助剂存在，染色后纤维（或织物）上仅残留单分子层的浮色。传统的方式是还原皂洗（皂煮）以彻底去掉浮色，达到优良的色牢度。这样要消耗大量的水和洗涤助剂，并产生大量的污染（COD、BOD 及色度等）水。该染色工艺采用与传统工艺相反的原理，不是把浮色洗去，而是采用后染色会“饥饿染色”的方法把吸附的染料“赶进”纤维中去，即在染色条件下断绝染料来源（除去染浴中的微胶囊染料）再将织物处理 10~20min，由于染料亲纤维性远远大于亲水性，此时纤维表面吸附的染料乃至水中溶解的染料会全部进入纤维，可以免水洗而达到优异的色牢度。实验证明如此获得的色牢度优于通常水洗后的色牢度，最后排出的水仍然相当清洁，可再用于染色或直接排放。之后的染色完全可在原有的染色废水中实施，以达到进一步节水节能的目的。

三、超声波染色

超声波指的是频率在 $2\times10^4\sim2\times10^9$Hz 的声波，是高于正常人类听觉范围（17kHz）的弹性机械振动。超声波很像电磁波，能聚焦、反射和折射，但与电磁波不完全相同，它的传播要靠弹性介质，而电磁波可以在真空中自由传播。超声波传播时，使弹性介质中的粒子振荡，并通过介质按超声波的传播方向传播能量。超声波因波长短而具有束射性强和通过聚焦而集中能量的特点。在液体介质中，常用的超声波的波长为 10~0.015cm（15~10MHz），远大于分子尺度。超声波在染色体系中对染浴和纤维作用的物理和化学实质，在于声波能传送大量的能量。它的作用不是声波与物质分子的相互作用，可以说是源于声空化——液体中空腔的形成、振荡、生长、收缩、崩溃及其引发的物理化学变化。采用超声波染色（ultrasonic dyeing）可帮助染料溶解和分散，加速染料的上染，改善纺织品的透染程度等。

最先研究超声波用于纺织品染色可能性的是 Sokolov 和 Tumansky。Sokolov 等人将 9.5kHz 的超声波用于直接染料染全棉织物，结果染色速率提高 2~3 倍。此后在纺织领域掀起了越来越大的浪潮。

Sokolov 等人首先探索了天然纤维织物染色工艺中应用超声波的可能性，他们应用磁致伸缩振子装置产生频率为 9500Hz 的超声振动波，发现直接染料染棉织物的上染率增加 1~2 倍。国内隋淑英、朱平等人研究了山羊绒纤维及其产品的超声波染色技术，研究发现超声波染色可以明显地缩短染色时间，增进染色深度，处理后纤维的强力还可增加 20%左右。M. M. Kamel 和 Reda M. El-Shishtawy 等人研究了紫胶天然染料的超声波提纯，并将其用于羊毛的超声波染色，研究发现，染料的提纯效率比用常规加热方法提高 41%左右，染料在羊毛上的上染率也显著提高。Venkatasubramanian 等研究了皮革的超声波染色，研究发现，超声波染色可以使染料在皮革纤维上的上染率提高 50%左右，而染色时间缩短 55%左右。Erhan Oner 和 Bhattacharya 等人研究了活性染料的超声波染色技术，发现超声波染色既可节能节水，又可获得很高的上染率和染色牢度。

20 世纪 80 年代中期，苏联首先提出并实践了超声波活化处理聚酯纤维，使纤维内表面及结构的改变和提高分散染料的上染百分率成为可能。M. M. Kamel 和 Reda M. El-Shishtawy 等人研究了涤纶的超声波染色，染色后不仅上染率提高，而且涤纶的色牢度和水洗牢度也明显提高。

Wisniewska 等研究了锦纶织物用酸性染料和分散染料超声波染色的动力学，发现在所有情况下，上染速率较常规染色加快，色泽深度加深。还发现在 50℃下的吸附率增加最大，而在这个温度下染料分子本来不具有足够的动能扩散进入刚性的纤维大分子中。之所以会产生这种效果，他认为是由于经超声波作用的纤维中微晶取向受到了破坏，从而为染料分子获得更多的染座。他根据定量分析数据得出结论：由于在整个加工过程中应用了超声波，虽然降低了染色温度，但仍能达到对照染色物相同的上染率。而且这种效果因染料的特性而不同，并在很大程度上取决于超声波的强度。

对合成纤维的试验表明，用超声波染色可以避免高温，例如丙烯腈和三醋酯纤维在 77℃下用 30s 就完成了染色，黏胶纤维在 60℃下染色时，可以使上染率增加 30%。有一些专利也声称在合成纤维染色中应用超声波的有利效果。由于涤纶结构紧密，结晶度高又没有染座，通常在压力下用120~140℃染色，因此用超声波在较低温度下对涤纶染色受到人们的关注。Saligram和WY. WangAhmad等人用超声波研究了两种聚酯纤维（PET和PBT）在45℃下用分散染料染色的效果。结果表明，用低分子量的C. I. 分散橙25在超声波下染涤纶时，其上染率虽然未达到高温高压染色的水平，但比未用超声波时增加了3倍左右。试验还表明，如果在染色前纤维用苯甲醇等有机溶剂进行预膨润以增进染料的渗透，则染料在纤维上的上染率会进一步提高。

复习指导

本章主要讲述了各种纤维纺织品的染色原理和加工工艺，通过本章节的学习，掌握一定的纺织品染色基本原理和染色工艺，了解染色技术的最新动态及发展趋势，并了解染色新技术、新工艺。初步具有一定的分析和解决染色织物染色实际问题的能力。具体如下：

1. 了解染料的基本知识，掌握染料的结构分类、应用分类和染色牢度，掌握各种染料的适用纤维和应用条件。

2. 了解染色的基本方法和常用的染色设备。

3. 了解染色的基本原理、染色过程，掌握染料在溶液中的状态及促染和缓染概念。

4. 了解各种适用染料对纤维素纤维染色的基本原理和染色工艺，重点了解活性染料对纤维素纤维的染色原理和染色工艺。

5. 了解各种适用染料对蛋白质纤维染色的基本原理和染色工艺，重点了解酸性染料对羊毛、聚酰胺纤维的染色原理和染色工艺。

6. 了解各种适用染料对合成纤维染色的基本原理和染色工艺，重点了解分散染料对涤纶的染色原理和染色工艺。

7. 了解各种新型纤维的染色原理和染色工艺，重点了解Loycell纤维织物、PTT纤维的染色原理和染色工艺。

8. 了解各种新型染色技术、工艺的染色原理和染色工艺，重点了解超临界二氧化碳染色、分散染料微胶囊染色的基本原理和染色工艺。

思考题

1. 什么是染色牢度？常见的染色牢度有哪些？如何评价？影响皂洗牢度的因素有哪些？举例说明。

2. 什么是促染？什么是缓染？分析各类染料染色时食盐起什么作用？

3. 什么是盐效应？举例说明盐效应的大小与哪些因素有关？什么是温度效应？直接染料染色时温度的高低与什么有关？

4. 酸性染料染羊毛，染料与纤维之间的结合力是什么？分析强酸性、弱酸性、中性染料染羊毛的升温曲线有何不同？为什么？

5. 活性染料染色织物的皂洗牢度为什么较好？染料的利用率为什么较低？

6. 蚕丝绸染色常用的染料有哪些？各有什么特点？若要获得较高的皂洗牢度，应选用什么染料？

7. M型活性染料一相法轧染棉布，轧染液中各组分的作用是什么？为减少泳移现象，工艺上采取哪些措施？

8. 还原染料染色包括哪几个过程？还原染料隐色体染色有哪些方法？其分类依据是什么？

9. 分散染料常用的染色方法有哪几种？各自的染色温度分别是多少？简述分散染料高温高压染色、热熔染色的原理。

10. 影响分散染料染液稳定性的因素有哪些？分散染料碱浴染色对染料结构有什么要求？

11. PBT、PTT纤维染色应用什么染料？染色温度为多少？

12. 分析分散染料高温高压染色配方中各组分的作用。

13. 常用的阳离子染料有哪些？阳离子染料染色容易染花，其原因是什么？工艺上应该采取哪些措施？

14. 阳离子染料染色的匀染剂有哪些？试比较其匀染性的相对大小。匀染作用的原理是什么？对上染率是否有影响？

15. 试为毛腈混纺纱（浅色）一浴法染色设计一工艺配方。要求说明染料、助剂、温度选择的理由。

参考文献

[1] 王菊生．染整工艺原理：第三册［M］．北京：纺织工业出版社，1984.

[2] 钱国坻．染料化学［M］．上海：上海交通大学出版社，1985.

[3] 陶乃杰．染整工程：第二册［M］．北京：纺织工业出版社，1984.

[4] 李连祥．染整设备［M］．北京：中国纺织出版社，2002.

[5] 戴铭辛．我国染整设备目前的发展态势［J］．染整技术，1998（6）：1-5.

[6] 陈立秋．新型染整工艺设备［M］．北京：中国纺织出版社，2005.

[7] 高敬宗．染色与印花过程中吸附与扩散［M］．北京：纺织工业出版社，1985.

[8] WELHAM A. The dyeing theory［J］. Textile Res. J.，1997，67（10）：720-724.

[9] ETTERS J N. Kinetics of dye sorption：effect of dyebath flow on dyeing uniformity［J］. American Dyestuff Reporter，1995，84（1）：38-43.

[10] 黑木宣彦，陈水林．染色物理化学［M］．北京：纺织工业出版社，1981.

[11] 朱世林．纤维素纤维制品的染整［M］．北京：中国纺织出版社，2002.

[12] 吴祖望，王德云．近十年活性染料的理论与实践的进展［J］．染料工业，1998，35（2）：1-7.

[13] 宋心远，沈煜如．活性染料染色的理论和实践［M］．北京：纺织工业出版社，1991.

[14] Sampath M R. Dyeing of vat dyes［J］. Colourage，2002，49（4）：101-106.

[15] 赵惠峰．硫化染料及其应用［J］．印染译丛，1992，5：27-41.

[16] 孔繁超，吕淑霖，袁伯耕．毛织物染整理论与实践［M］．北京：纺织工业出版社，1990.

[17] 杨克译．真丝绸印染理论与实践［M］．北京：纺织工业出版社，1978.

［18］杨丹．真丝绸染整［M］．北京：纺织工业出版社，1983.
［19］孔繁超．涤纶针织物染整［M］．北京：纺织工业出版社，1982.
［20］宋心远，沈煜如．分散染料染色新工艺及理论［J］．染整技术，1999，21（1）：1-5.
［21］杨薇，杨新玮．腈纶及碱性（阳离子）染料的现状及发展（二）［J］．上海染料，2003，31（5）：9-14.
［22］唐人成，赵建平，梅士英．Lyocell 纺织品染整加工技术［M］．北京：中国纺织出版社，2001.
［23］李梦杰，王树根．竹纤维的理化性能以及染色研究［J］．染整技术，2006，28（5）：5-8.
［24］赵博，石陶然．竹纤维高档面料筒子纱染色工艺［J］．染整科技，2004（1）：37-40.
［25］梅士英，唐人成，赵建平．大豆蛋白纤维性能及织物练染工艺初探［J］．印染，2001，27（5）：5-9.
［26］山口以志．PTT 纤维の染色［J］．加工技术，2000，35（10）：15-20.
［27］宋心远．新型染整技术［M］．北京：中国纺织出版社，1999.
［28］堀照夫．超臨界二酸化炭素流体中での染色［J］．加工技术，2000（9）：12-17；（10）：57-60.
［29］陈水林，罗艳，李卓．分散染料微胶囊染色方法：中国，ZL03116244.4［P］.2005-07-06.
［30］高淑珍，赵欣．生态染整技术［M］．北京：化学工业出版社，2003.

第四章　印　花

第一节　概　　述

织物印花（textile printing）是在纺织品上通过特定的机械和化学方法，局部施以染料或涂料，从而获得有色图案的加工过程。

织物印花是一种综合性的加工技术，生产过程通常包括：图案设计、花网制作（或花纹雕刻）、仿色打样、色浆配制、印花、蒸化、水洗处理等几个工序，在生产过程中只有各工序间良好协调、相互配合才能生产出合格的印花产品。

在印花加工中，印花按使用的设备可分为筛网印花（screen printing）、滚筒印花、转移印花、喷墨印花；按印花工艺可分为直接印花（direct printing，conventional printing）、拔染印花（discharge printing）、防染印花和防印印花（resist printing）；按所用的印花材料不同可分为涂料印花、染料印花和特种材料印花。

织物在印花后通常都要用蒸箱（oven）进行蒸化（steaming）处理，使色浆中的染料扩散进入纤维，或反应固着在纤维上。蒸化设备的选用根据纤维性能、织物类型、印花工艺和生产规模而定。蚕丝、化学纤维织物和各种针织物等容易变形的产品用松式蒸化设备，小批量的采用不连续的蒸化设备，大批量的采用松式连续蒸化机。蒸化处理后，印花织物要进行充分水洗（washing）和皂洗，以去除糊料及浮色，改善手感，提高色泽鲜艳度和牢度，保证白地洁白。

第二节　印花加工及设备

一、筛网印花

筛网印花来源于型版印花，型版印花在被单、毛巾、内衣方面至今还有少量应用。型版印花是在纸板（浸过油的型纸）或金属板（锌板）上刻出镂空的花纹，印花时将刻有花样的型纸覆于织物上，用刷子蘸取色浆在型版上涂刷，即可在织物上获得花纹。

筛网印花开始是手工操作，逐步走向半机械化，目前已发展为全自动化。随着技术进步，平面的筛网改为圆筒形镍网，便成为圆网印花。所以筛网印花法现在可区分为平版筛网印花和圆筒筛网印花两种。

（一）平网印花（flat screen printing）

1. 平版筛网印花机　平版筛网印花机可分为手工平版筛网印花机（又称手工台板印花

机）、半自动平版筛网印花机和自动平版筛网印花机。

手工平版筛网印花是在平坦而结实的台板上进行的。台板表面铺有人造革，平整绷紧，在其下面垫以毛毯或双面厚、薄棉绒毯各一层，使之具有一定弹性。台板下部有加热装置，防止筛网印花前后套色时造成色浆搭色，加热方式是在台面下安装间接蒸汽管或电热设备。台板两侧有定位孔，以固定筛网位置防止错花。台板两边留有水槽，板端设有排水管，为印后冲洗台面流出污水用，如图 4-1 所示。

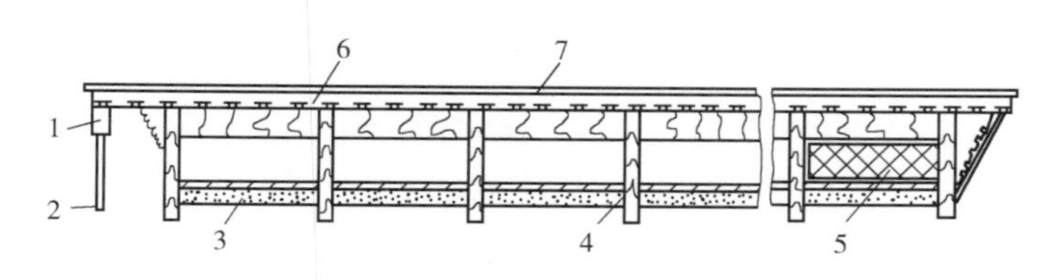

图 4-1　手工印花电热台板

1—排水管　2—排水槽　3—地板　4—台脚　5—变压器　6—加热层　7—台面

印花前，在台板施加贴布浆以固定织物。印花时，筛网框平放在织物上面，把印花色浆倒入筛网框内，用橡皮刮刀在筛网上均匀刮浆，色浆通过筛网空隙印到织物上。一套颜色印好后，继续下一套色的印花。直至全部花纹印好后，将印花织物取下，洗净台面，再重复上述加工过程。手工台板印花是由手工完成贴布、抬版和刮浆等加工过程，因此劳动强度大。

半自动平版筛网印花机的台板与手工平版筛网印花机的台板相同，只是台板两边装有筛网运行的铁轨，铁轨上设有规矩孔，供筛网框定位使用。印花时，人工贴布，筛网框安装在自动印花装置上，自动印花装置控制其移动、升降和刮刀的刮浆动作。

自动平版筛网印花机由进布装置、印花装置、烘房等单元机构组成（图 4-2），在印花装置单元，主要有筛网印花机构和循环运行的无接头的橡胶导带机构。导带表面有一层橡胶，用以增加弹性。导带运行到进布处前，由上浆装置涂上一层贴布浆或热塑性树脂，织物被平整地贴在导带上，在运行到印花装置处，接受筛网印花加工。印好后，织物进入烘房烘干，而导带转入台板下方，经洗涤装置洗涤，洗去导带上的贴布浆和印花色浆。

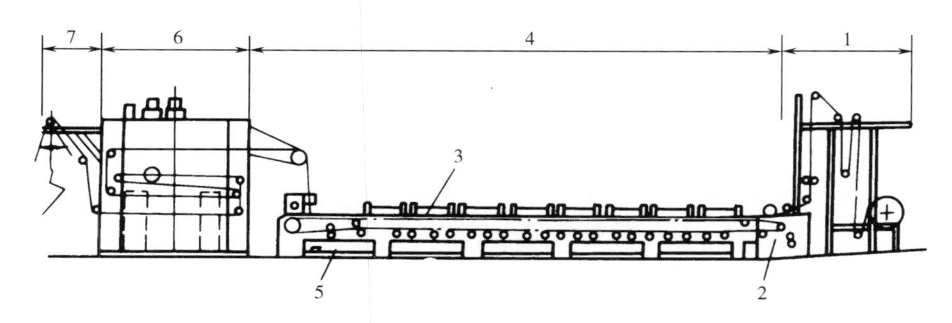

图 4-2　自动平版筛网印花机示意图

1—进布装置　2—导带上浆装置　3—筛网框架　4—筛网印花部分

5—导带水洗装置　6—烘干设备　7—出布装置

平网印花刮浆用的器具有橡胶刮刀和磁棒刮刀两种。手工刮印者都用刮刀，自动刮印时可用橡胶刮刀或磁棒刮刀。橡胶刮刀的材质有天然橡胶、合成橡胶和合成树脂三种。天然橡胶的弹性好，但易于磨损，耐油性差，使用乳化糊时，刮刀会溶胀。合成橡胶刮刀一般为丁腈橡胶，耐油及耐老化性较好，但弹性差。合成树脂刮刀用热塑性树脂制成，如聚氨酯，其耐油、耐老化、耐磨性都比橡胶刮刀好。

刮刀的刀口形状各异，其形状与刮浆效果直接有关。一般刀头越陡，给浆量越少，适用于刮印细茎花纹。刀头稍平或呈圆弧形的，则给浆量大，适用于印大块面花纹。

刮刀的硬度为 HB 48~80（布氏硬度），硬度低的适用于印细茎花纹，硬度高的适用于印大块面花纹。调节刮刀的压力和刮印速度，即可调节给浆量和印透性。

平网印花自动刮印时都使用两把刮刀交替刮印（图4-3）。当后面一把刮刀接触到筛网刮浆时前面一把刮刀抬起，在相反方向刮印时，交换一把刮刀刮印，这种方式比单刮刀好，可以不要像单刮刀那样在刮程终端时必须把刮刀抬起。

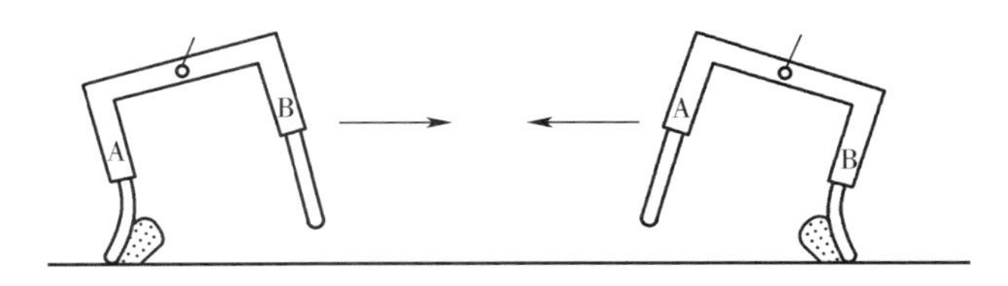

图4-3 双刮刀装置

磁性刮浆辊是金属棒，截面为圆形，用质量和直径来调节给浆量和印透性，直径与质量大的磁性刮浆辊其印浆量多、印透性好。刮浆时，随台板下的电磁铁的移动而使刮浆辊在筛网上转动，一般刮印一次即可。加大磁场强度也可提高印浆的渗透性。磁性刮浆辊的优点是刮浆压强比刮刀大，因此色浆印透性好，特别适用于印制毯类织物，同时刮浆辊的给浆均匀，没有普通刮刀因存在挠度产生的边端与中部刮印力不同的缺点，因此幅阔的印花机宜采用此法刮浆，对筛网的磨损也较小。

刮浆方向分为织物纵向刮印和横向刮印两种，多数用横向刮浆方式。因横向刮印时，刮刀或刮浆辊停在织物布边以外，不会出现接版印。

2. 平版筛网制版 平版筛网印花前要制作筛网，平版筛网制版包括筛网框的制作、绷网和感光制版。筛网框通常选用坚硬的木材或合金材料，再将一定规格的锦纶丝或涤纶丝网紧绷在筛网框上，即成筛网。丝网的网孔大小与花纹的面积和花纹的精细程度有关，花纹精细，网孔要小，印花出浆量小；花纹大，网孔要大，印花出浆量大。

筛网花纹的制作常用感光法，其工艺过程为：

花样 → 制分色描样片（手工描样法、照相分色法、电子分色法）┐
筛网 → 涂感光胶 → 干燥┘→ 感光 → 显影 → 干燥→固化→修理。

感光法是用手工或电子分色法，将花样上每一套颜色分别制成分色描样片或电脑打印黑白胶片，胶片上的花纹为黑色，起到遮光作用。在筛网上涂以感光胶，在低温暗处烘干。为了提高筛网的耐印性，通常在筛网的正反面要多次涂感光胶。再将筛网和分色描样片以一定的方式紧贴在一起，在曝光机上进行感光。曝光时，光线透过无花纹处的透明片基使感光胶发生光学反应，由水溶性转变成水不溶性，而有花纹处因遮光剂的存在，光线不能透过，感光胶仍为水溶性。感光后的筛网经水洗显影，用水洗去花纹处水溶性的感光胶，露出网孔，便成为具有花纹的筛网。最后，在筛网的胶膜正反两面涂上固化剂或油漆等，以进一步增强筛网上胶膜的耐磨、耐洗和耐化学品等性能。

筛网用感光胶根据使用的光敏剂不同分为重铬酸盐法、重氮盐法和醇溶性聚酰胺法三种。目前纺织品印花生产中主要使用重氮盐光敏剂。

（二）圆网印花

1. 圆网印花机 圆网印花（rotary screen printing）机的圆网由金属镍制成，圆网上有正六边形组成的花纹。圆网安装在印花机两侧的机架上。色浆刮刀安装在圆网里的刮刀架上，色浆经给浆泵通过刮刀刀架进入圆网中。印花时，被印织物随循环运行的导带前进，导带为无缝环状橡胶导带。当导带运行到机头附近处，由上浆装置涂上一层贴布浆或热塑性贴布树脂，通过进布装置使织物紧紧粘贴在导带上而不致松动。圆网在织物上方固定位置上旋转，印花色浆经刮浆刀的挤压作用而透过圆网孔洞印到织物上。织物印花以后，进入烘干设备，导带经机下循环运行，在机下进行水洗并经刮刀刮除水滴（图 4-4），再重复上述印花过程。

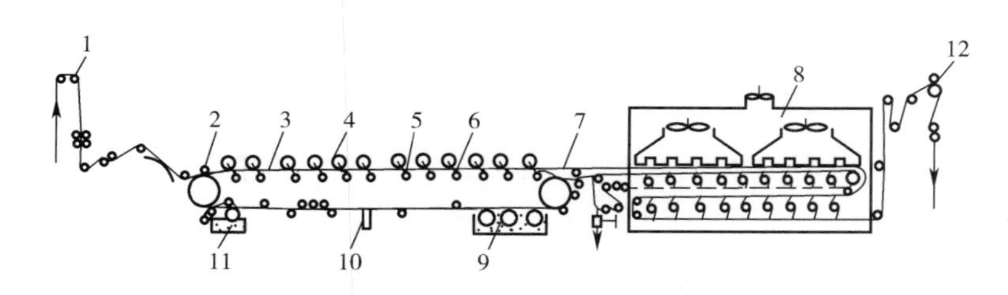

图 4-4 圆网印花机

1—进布架 2—压布辊 3—导带 4—圆网 5—刮刀 6—承压辊 7—织物
8—烘房 9—水洗槽 10—刮水刀 11—浆槽 12—落布架

圆网印花机根据圆网排列的方式不同，可分为卧式圆网印花机、放射式圆网印花机和立式圆网印花机。

圆网印花机中的印花刮刀可以是不锈钢刮刀或不锈钢磁棒，为了提高印花产品的颜色在门幅方向上的均匀性，有些印花生产加压方式采用气囊式刮刀。

2. 圆网制作 圆网制作的好坏直接影响印花产品的外观质量和成品的印制效果，感光制版（photographic stencil）的工艺流程为：

圆网选择 → 圆网清洁 → 涂感光胶 → 低温烘燥
来样分色 → 黑白稿准备
（以上两路汇合）→曝光→显影→检查修理→高温焙烘→上闷头→检查。

用圆形金属架套在经过选择的镍网两端，把镍网绷紧，然后在镍网上涂上感光胶，低温烘干，将镍网放在曝光机上，把印花样的分色描样片紧包在镍网上，用感光的方法，制成具有花纹的圆网。

圆网感光胶中成膜成分为环氧树脂和潜伏性固化剂，光化学反应由重铬酸铵和聚乙烯醇构成。在光照条件下重铬酸铵发生下列化学反应：

$$Cr_2O_7^{2-}+8H^++3RCH_2OH \longrightarrow 3RCHO + 2Cr^{3+}+7H_2O$$

三价铬离子与聚乙烯醇络合形成不溶性的络合物胶膜。

喷射制网是目前国际、国内较先进的一种制网技术，该技术源于数码打印技术的发展。根据喷射介质的性质，喷射制网可分为喷墨制网和喷蜡制网两种。它们都是通过喷头直接将墨水和高温黑色蜡液作为遮光剂，喷射在网上形成花样，解决了传统制网工艺中的拼版接头问题，缩短了制网工艺，提高了制网精度及速度，减少影响制网质量的生产工序，并且在实现云纹效果等方面更具强大的优势。

喷射制网的工艺流程：

原样稿 → 电脑分色
圆网选择 → 圆网清洗 → 涂感光胶 → 低温烘燥 →喷蜡（墨）→曝光→显影→修网→高温焙烘。

喷射制网技术不仅用于圆网花网的制作也用于平网花网的制作，作为一种新型数码加工辅助技术，其优异的性能使其越来越得到广泛应用。

激光制网技术分为激光雕刻制网和激光电铸制网，是目前最高效清洁的制网方法之一，目前激光雕刻制网仅适宜于圆网。

激光雕刻制网的原理是采用二氧化碳大功率激光器，把几百瓦的激光功率聚焦到一点，直接烧蚀一定厚度的感光胶。激光雕刻制网工艺流程是将坯网进行特定的涂层，然后通过计算机将印花花样分色数据传送到激光头，在网版上进行激光雕刻。制作时，圆网作旋转运动，激光头作直线运动，激光束按分色的信息瞬时将圆网上的胶质汽化，雕刻出分色图案花纹。激光雕刻花网雕刻时间取决于网版速度和分辨率，一般圆网激光雕刻时间在 30min 左右；激光雕刻花网的精细度由激光束聚焦后的光斑直径决定，即与分辨率有关；激光雕刻花网所用感光胶在激光作用后从网上挥发，雕刻后无须显影和水洗，所以工序清洁、简单。

激光电铸制网是将镍网制网与花版雕刻结合于一体的制造技术，首先制造出一个无网孔的镍网，再进行雕刻蚀孔。由于无须涂感光胶，雕刻工序简单，只需由计算机将分色后的图案信息传送到激光头即可直接进行雕刻。这样，成品网只在图案部分才有网孔，所以花网的耐化学腐蚀性好；而且雕刻机可在同一网上雕出大小不等的网孔，从而在网上可以形成不同形状、大小、密度的网点，使云纹图案层次丰富、细腻、逼真。激光电铸花网技术能生产高水平的花网，完成高精度的印花，但由于设备投资大，一般印花厂难以接受，适合于制网中心使用。

二、滚筒印花

(一)滚筒印花机

滚筒印花(roller printing)机可分为放射式、立式、倾斜式和卧式等数种,而以放射式使用最普遍。这里主要讨论放射式滚筒印花机的印花。放射式滚筒印花机按机头所能安装花筒的多少,分四、六、八套色等,如图 4-5 所示。滚筒印花的特点是劳动生产率高,印花花纹的轮廓清晰。但由于机械张力较大,一些容易变形的织物,如针织物、合成纤维绸缎等因对花困难而不太适用。

滚筒印花机印花时,花筒紧压在一只大的承压滚筒上,承压滚筒由生铁铸成,表面包有一层一定厚度的橡胶或麻毛交织的毛衬布,使之具有一定的弹性。在毛衬布的外面还衬垫一层循环运转的无接头橡皮衬布,橡皮衬布除辅助毛衬布弹性外,还有保护毛衬布不受水和色浆沾污的作用。

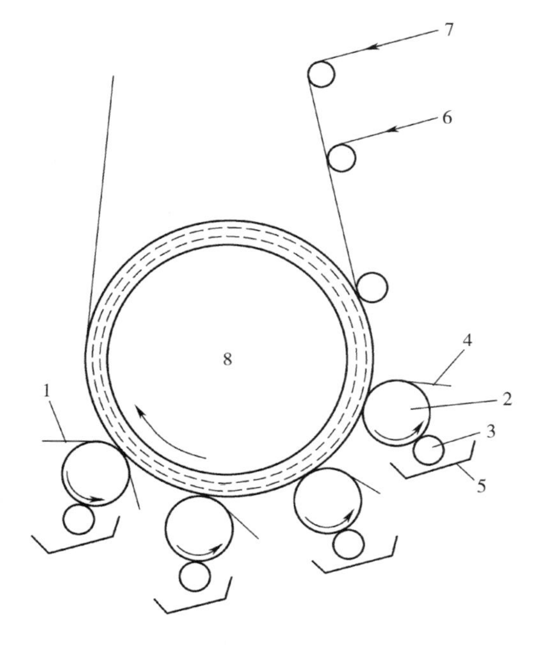

图 4-5 放射式滚筒印花机机头示意图

1—除纱刮刀 2—花筒 3—给浆辊 4—刮浆刀 5—给浆盘 6—印花强物 7—衬布 8—承压辊筒

滚筒印花是将印花图案雕刻在铜花筒上,花纹在花筒上是凹陷的,凹纹由均匀的斜线或网点组成,用以储存印花色浆。每只花筒的下面紧靠着装有橡皮的或毛刷的给浆辊,给浆辊浸在相应的色浆盘中,浆盘中盛有要印制的色浆。印花机运转时,色浆被给浆辊从浆盘中带到花筒表面,花筒旋转时,携带印花色浆,在花筒与承压滚筒接触以前,先与一钢质刮刀相接触,将花筒平面(未刻花部分)黏附的色浆刮去,而凹陷的花纹处仍然保留色浆。这些色浆在与有一定弹性的承压滚筒接触时,经过承压滚筒和花筒之间轧点压轧,花筒凹纹内的色浆便均匀地压印到织物上。出印花轧点处,花筒上装有黄铜制成的除纱刮刀(小刀),用以刮除从印花织物表面黏附到花筒光面的印花色浆,还可以刮除由织物传到花筒上的纱头、短纤维等,防止这些杂质再由花筒传入给浆盘,沾污印花色浆或堵塞花纹而产生印花疵病。

一只花筒能印一套颜色,如果同时有几只花筒一起印花,则可以印得相应色数,花筒按照一定的位置互相配合,便能在织物上形成图案。

印花时,印花织物和印花衬布一起送入印花机。出印花机机头后,印花织物和衬布随即分开,印花织物进入机后烘燥部分进行烘干。衬布经过烘干,可循环使用数次,然后送到洗涤衬布的专业设备上充分洗除色浆,重复使用。有的印花机设有衬布洗涤装置,印花后,衬布进入洗涤装置洗涤,经烘干后循环使用。

滚筒印花可以适应各种花型,如细线条、云纹、雪花等花样的印制。其缺点是受到印花套色数和单元花样（印花花样由单元花样连接而成）大小的限制。例如，在八套色滚筒印花机上，实际上一般只能印五六套色的花样，滚筒印花机所用花筒的最大圆周一般为440mm，单元花样的经向尺寸大于440mm的就不能用滚筒印花机印制了。

（二）花筒雕刻（engrave）

花筒雕刻工艺主要有缩小雕刻、照相雕刻、电子雕刻和钢芯雕刻四种。生产上以照相雕刻和缩小雕刻的应用最为普遍。缩小雕刻能刻制出各种图案和花型，但加工工艺流程较长。照相雕刻生产的花型生动活泼、丰富多彩、层次浓淡匀称、富有艺术性，且劳动生产率较高，劳动强度较低。

照相雕刻的工艺程序为：

花样→分色描样（或直接拍摄）→拍摄单元网纹负片→修片→连晒制正片→连晒片涂头并划对花线

花筒前准备→花筒表面喷涂感光胶层

→复片曝光→显影→焙烘→腐蚀→手工修理→磨光→打样→镀铬→磨光。

照相雕刻必须将单元花样分色描在（或直接拍摄）透明胶片上，然后将描绘的单元花样在照相机（或拷贝机）上制成负片。感光后的负片进行显影、定影。再将单元花样的负片在连晒机上经连拍而拼合成与花筒表面积相等的正片。将连拍好的正片紧包在涂有感光胶的花筒上，进行曝光，在光线照射下，感光部分的感光胶发生交联，不溶于水。感光后的花筒用温水洗去未感光部分的感光胶，花筒上就出现花纹胶层。花筒再经干燥、焙烘加固后即可送去腐蚀。花筒表面因显影处理铜质裸露，花筒浸入腐蚀液中，就被腐蚀成凹陷花纹。腐蚀时，先用稀硝酸腐蚀，再用三氯化铁或用电解法加深腐蚀，然后将感光胶磨去，花筒腐蚀后要检查，经手工修理、打样复查后进行镀铬。花筒镀铬可延长花筒的使用寿命。磨光后即可上印花机印花。

（三）花筒的排列

在放射式滚筒印花机上印花时，每个花筒印制一套颜色的花纹。印花图案常是由几套色花纹构成的，同一个图案的花纹又可分别用不同的颜色印制，俗称色回。各套颜色花纹的花筒按印花先后的次序排列。花筒排列的次序直接影响印花效果和对花精确度，花筒排列得好，可以减少传色，并使对花容易准确。花筒排列必须结合花纹的特点和所用的染料色浆的性质等因素加以考虑。

花筒排列的一般原则如下：

（1）防止传色。浅色、鲜艳、小面积花纹、易遭破坏的色浆排在前面；深暗、大面积花纹、不易遭破坏的色浆排在后面。

（2）保证花纹清晰度（有叠印）。深色花纹色浆排在前面，浅色花纹色浆排在后面。

（3）保证对花准确。对花要求密切的花纹的色浆花网排在相邻位置。

具体安排时还得兼顾色回的变化情况，根据具体情况作出判断。

花筒排列有困难时，还可以借助雕刻来解决。为了对花方便，有时一套色花纹可分刻两个花筒。有时可以采用分线方法解决。分线就是将两花纹之间公共线分开，各自向内收缩，或一个花纹扩大到另一个花纹内。在工艺上还可采用防浆印花等方法来解决对花困难问题。总之，花筒的排列必须分析矛盾，采取正确措施加以解决，以便使印花顺利，提高印花正品率。

三、转移印花

转移印花（transfer printing）有多种方法，主要用于涤纶织物。印花时，将转移印花纸的正面与被印织物的正面紧密贴合，在一定温度、压力下紧压一定时间，使转移印花纸上的染料升华而染着到被印织物上，所以也称为气相转移法。其他的转移印花方法有熔融转移印花法和剥离转移印花法，但实际应用很少。

气相转移印花法设备简单，操作简便，转移后不进行蒸化、水洗等后处理，节省能源，又无污水等问题。

（一）气相转移法用分散染料

气相转移法用的分散染料在转移时必须升华。升华牢度越差的分散染料升华性能越好。转移印花用的分散染料必须在小于纤维软化点的温度以下升华。升华温度一般在150~220℃之间。

分散染料对转移用的纸张要没有（或有很小）亲和力，而对合成纤维却具有较高亲和力，而且具有足够的日晒牢度和湿处理牢度。拼用的染料需具有相同的升华性能。染料的得色量要高，在210℃、80s的转移条件下，在涤纶织物上的上染率最好能达到90%。染料的温度—转移率曲线和染料的转移时间—转移率曲线都应选用平坦型的。用于转移印花的分散染料主要是单偶氮及氨基蒽醌结构。

（二）气相转移印花纸张

用作转移印花的纸张，需要有足够的强度，在高温时不发脆，在经受200℃、30s或更长时间的转移处理后，仍保留一定的强度，而且在热处理时收缩性要小。分散染料除对纸张的亲和力要低外，染料在转移时在纸张内的扩散要小。纸对染料的转移要没有影响。用作转印用的纸张，最好经高压轧光，增加纸张的致密度并获得光滑的表面。纸张需具有一定的可渗透性，使油墨或其他施加物能透过纸的表面层，但渗透性不宜过高，否则影响图案的清晰度和染料向织物的转移，并易于使气化染料透过纸张。一般推荐使用55~80g/m^2（常用55g/m^2）的有光牛皮纸。

（三）气相转移印花油墨

纸张用油墨（ink）印刷。转移印花纸用的油墨是用预先经过研磨或三辊研磨机粉碎成微细颗粒的分散染料加黏合剂研磨而成。

在油墨中，分散染料分散在水相或溶剂相中。油墨中的树脂用作分散染料在纸上的黏合剂，还可加入添加剂聚乙二醇，以提高染料转移率。

分散染料研磨若不充分，转移纸上会出现色点及条花，但也不宜磨得过细，否则会增加染料的絮凝作用，使染料粒子在印墨介质中易于溶解，导致在贮藏和使用过程中再结晶，而且也不会增强转移效果。

（四）印制转移印花纸

转移印花纸的印制方法有凹版印刷法、凸版印刷法、平版印刷法和筛网印刷法四种。凹版印刷法与卧式滚筒印花相似，花纹图案雕刻在印花滚筒上。凸版印刷法只是花纹图案以凸纹刻在橡胶上，此橡胶再包覆在滚筒上而成凸纹印刷辊。筛网印刷法可用平版筛网和圆网印花机印制。

（五）气相转移印花

不同纤维织物气相转移印花的温度和时间不相同，例如涤纶织物为200~220℃、30~10s；变形涤纶织物为195~205℃、30s；三醋酯纤维织物为190~200℃、40~30s；锦纶织物为190~200℃、40~30s。

转移印花设备有平板热压机、连续转移印花机和真空转移印花机。

平板热压机（图4-6）是间歇式生产，机上有一平台，上部有一可起落的热板，热板温度在180~220℃之间，温度必须均匀。转移时，织物与转移印花纸相贴，放在平台上，热板下压，一定时间后热板自动升起。

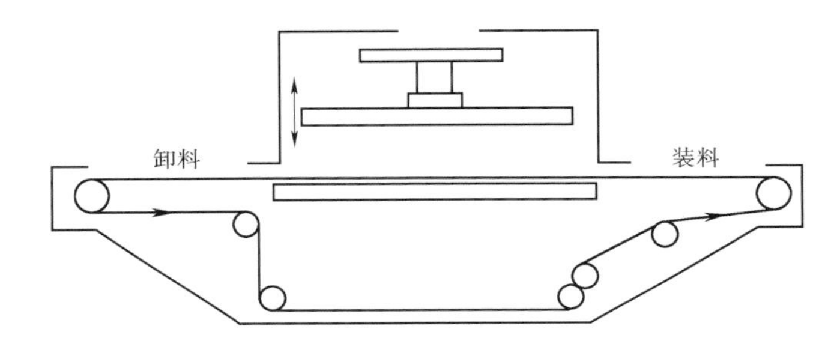

图4-6 平板热压机示意图

连续转移印花机（图4-7）是连续式生产，机器上有一旋转的加热滚筒，织物的正面与转移印花纸的正面相贴一起进入印花机，围绕在加热滚筒表面，织物外面用一无缝的毯子紧压。

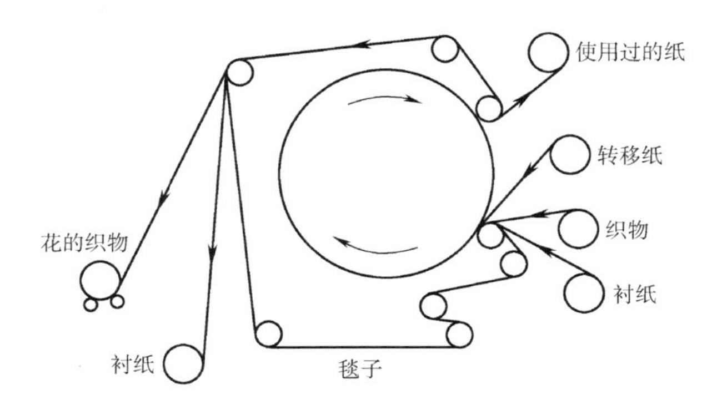

图4-7 连续转移印花机

平板热压机及连续转移印花机都可以抽真空使转移在低于大气压下进行。例如在连续转移印花机上，用一表面多孔滚筒代替加热滚筒，即可内部抽真空，而织物和转移印花纸被滚筒吸住，不需要再用毯子。在多孔滚筒外面用红外线加热器供给热能。真空转移可采用较低温度和较短时间的转移条件，使织物获得较好的印透性和柔软的手感。

第三节　印花糊料

印花糊料（paste，short thickeners）是指加在印花色浆中能起增稠作用的高分子化合物。印花糊料在和染料、化学试剂调制成色浆之前，一般先在水中溶胀，制成一定浓度的稠厚的糊状溶液，这种糊状溶液称为印花原糊。

一、印花原糊在印花过程中的作用

原糊在印花过程中起着下列几方面的作用：

（1）作为印花色浆的增稠剂，使印花色浆具有一定的黏度，保证印花加工的顺利进行，可以部分地抵消织物的毛细管效应而引起的渗化，从而保证花纹的轮廓光洁度。

（2）作为印花色浆中的染料、化学品、助剂或溶剂的分散介质和稀释剂，使印花色浆中的各个组分能均匀地分散在原糊中，并被稀释到规定的浓度来制成印花色浆。

（3）作为染料的传递剂，起到载体的作用。印花时染料借助原糊传递到织物上，经烘干后在花纹处形成有色的糊料薄膜，汽蒸时染料通过薄膜转移并扩散到纤维内部，染料的转移量视糊料的种类而不同。

（4）作为黏合剂。以保证印花色浆能黏着到织物上去，经过烘干，织物上的有色糊料薄膜又必须对织物有较大的黏着能力，不致从织物上脱落。

（5）作为汽蒸时的吸湿剂。

（6）作为印花色浆的稳定剂，延缓色浆中各组分彼此间相互作用。

二、印花糊料的要求

作为印花糊料，必须具备以下一些条件。

1. 应具备恰当的流变性（rheological behaviour）　糊料在水中膨胀或溶解的结果，得到具有胶体性质的黏稠液体而用作印花色浆的原糊。它必须具有合适的流变性，流变性是指流体在切应力作用下的流动变形性能。流体的流变性包括流体的可塑性、触变性和抗稀释性等诸多特性。不同的印花设备，不同的印花工艺和不同的花型特点，需要采用不同流变性的印花糊料。印花生产中，常把两种或两种以上的糊料相互拼混，使不同流变性流体间能取长补短，获得适合不同印花需要的流变特性。

2. 应具有一定的物理和化学稳定性　在制成原糊后，原糊存放时，不至于发生结皮、发霉、发臭、变薄等变质现象，在制成色浆后要经得起搅拌、挤轧等机械性的作用，保持糊料的流变性能不发生显著变化，加入染料、化学助剂时不发生化学变化。

3. 本身不具有色素或至多只能略有色素 如果糊料略有色素，那么这些色素应该对所印的纤维没有直接性，可在其后的水洗过程中洗除，否则会影响印花织物的印花鲜艳度。

4. 应使染料保持良好的上染率 糊料使所印的织物具有较高的表观给色量和染料上染率，随水洗除去的染料要少，染料的利用率要高。

5. 在制成色浆后应有一定的渗透性和成膜性 糊料应能渗入织物内部，又能在烘干后的织物表面形成有一定弹性、挠曲性、耐磨性的膜层。这一膜层要经得起摩擦、滚筒的压轧和织物堆放在布箱中产生的折叠堆压，膜层不脱落、折断。

6. 在汽蒸时具有一定的吸湿能力 印后烘干的织物在汽蒸时，蒸汽中的水分将在印花织物表面冷凝进而被色浆及纤维吸附，糊料的热值高，其吸附的水分较多，吸附水分的多少对于染料的溶解和向纤维扩散有直接的影响。糊料的蒸化吸湿能力和膨化能力因糊料的结构不同而存在差异。

7. 必须具有良好的洗除性 糊料的洗除性又称易脱糊性，糊料在印花汽蒸后要易于洗除，否则会造成花纹处手感粗硬、色泽不艳、染色坚牢度不良等疵病。

8. 成糊率要高，制糊要方便 成糊率即为制取相同黏度的糊料溶液，需要投入的糊料量，表示不同糊料间的增稠能力大小。羟乙基皂荚胶和高黏度海藻酸钠有较高的成糊率，它们在较低的糊料用量条件下，就能获得较高黏度的胶体溶液；印染胶、淀粉的成糊率则较低。低黏度海藻酸钠的成糊率虽较低，但由于具有含杂低、天然色素少、渗透性好、PVI值较高、抱水性好和成膜性好等优点，适宜印制涤/棉等要求糊料含固量较高的印花。

三、印花糊料的分类

糊料种类很多，目前大多数是用天然的亲水性高分子物及其变性产物。用火油和水乳化成的乳化体是涂料印花的重要原糊。20世纪70年代初出现的合成亲水性高分子化合物，被称为合成增稠剂，现已成为一类重要的糊料品种。也有用膨润土悬浮体、气液分散体系（泡沫）作为原糊的。

印花糊料可大致分成以下几个大类：

（1）天然亲水性高分子物。如淀粉、海藻酸钠、各种树胶、野生植物种子胶以及蛋白质等。

（2）天然亲水性高分子物的变性物。如纤维素及淀粉的变性物，也包括海藻酸钠及野生植物种子胶的变性物。

（3）合成亲水性高分子物。如丙烯酸共聚物的钠盐或铵盐以及马来酸酐共聚物的钠盐或铵盐等。

（4）乳化糊。为油和水的乳化体系。

现将主要几类糊料的组成和性质分述于下。

（一）淀粉及其变性产物

常用的淀粉（starch）有小麦淀粉和玉米淀粉。淀粉呈颗粒状，难溶于水，在煮糊过程中，水分子进入淀粉颗粒，发生溶胀。在加热并不断搅拌下，淀粉颗粒破裂形成淀粉糊。

淀粉包括直链淀粉和支链淀粉两种。直链淀粉是由直链分子组成，由 α-D-葡萄糖剩基按 1,4-苷键连接而成。支链淀粉的分子结构中除直链外，还有许多支链，由葡萄糖剩基以 1,6-苷键连接而成。直链淀粉与支链淀粉的比较见表 4-1。

表 4-1 直链淀粉与支链淀粉的比较

性　　能	直链淀粉	支链淀粉
相对分子质量	较低	高
聚合度	200~400	>1000
糊化力	低	高
结晶性	高	低
溶液稳定性	低	高
遇碘的颜色	深蓝	红或紫
可溶性	可溶	不溶
与酵素的作用	迅速而完全转化成麦芽糖	不能糖化
含磷量	无	多

各类淀粉中直链淀粉和支链淀粉的含量差异很大，例如在小麦淀粉中含直链淀粉 26%左右，而糯米粉中绝大部分都是支链淀粉。

淀粉不耐酸，在酸作用下便水解使聚合度降低，原糊变薄。水解程度根据酸的性质和作用条件而定，在低温下弱酸的水解作用不显著，在高温、强酸作用下就相当剧烈。

淀粉糊在贮存过程中会变性，一是由于空气中酶菌的作用，而使淀粉变质。变质后会产生酸性物质，俗称“酸败”；二是由于淀粉糊发生凝胶收缩现象，同时析出水分，这样就丧失了原糊的特性，不能再用。因此，在原糊调好以后，必须加少量防腐剂甲醛等，再在面上放一层冷水，防止糊料结皮。

淀粉原糊在印花中的优点是：表面给色量高；印花轮廓清晰；蒸化时无渗化现象；印花时不致造成烘筒搭色；对金属离子的影响较小。缺点是：渗透性差，印花的均匀性不好；易洗涤性差，印花后织物手感偏硬。

印染胶为淀粉的水解产物，其成分与淀粉相似，但聚合度比淀粉低，是将淀粉用热酸、氧化剂等经过水解或焙炒而成。印染胶与黄糊精是相似的淀粉加工制品。黄糊精的水解、氧化作用强烈、色泽深黄；印染胶的水解、氧化作用较弱，颜色较浅。

印染胶原糊的含固量高达 80%，耐碱，渗透性好，印花均匀。印染胶本身因末端潜在醛基的存在而具有还原能力。在汽蒸过程中，不易渗化，印花后又易洗去，又能使染料分散均匀。由它制得的还原染料色浆在放置时色浆中的雕白粉分解较少，蒸化时雕白粉的有效利用率较高。印染胶原糊的吸湿性很强，在蒸化时易造成搭色，为了提高给色量和减少搭色，一般多掺用一些小麦淀粉糊，以互补长短。

（二）海藻酸钠

海藻酸钠（sodium alginate）是海带和马尾藻中的主要成分。提取时海带或马尾藻经切碎、浸泡，然后用海藻质量 6%~9%的纯碱液使海藻酸成海藻酸钠溶解，滤出海藻酸钠后用漂液漂白，然后用盐酸沉淀，冲洗，便成为海藻酸凝胶。干燥后便成固体，中和后成为海藻酸钠。

海藻酸钠糊的性能为：

（1）酸、碱性对海藻酸钠糊有影响，pH 值在 5.8~11 之间，海藻酸钠糊比较稳定，pH 值低于 5.8 时，生成凝胶，pH 值高于 11 时，也会形成凝胶。海藻酸钠糊夏天易变质，要加入少许防腐剂如苯酚等。

（2）海藻酸钠糊与大多数金属离子会生成不同的羧酸金属盐类的络合物（除镁离子外），糊料产生凝胶。此缺点可以在印浆中加入络合剂如 0.5%六偏磷酸钠、酒石酸钾、酒石酸钠等加以克服。

（3）海藻酸钠具有强的阴荷性，因此与阳离子化合物质相遇容易凝结，如阳离子性的甲壳质。

海藻酸钠糊印花时给色量高；糊料渗透性良好；印制精细花纹轮廓清晰，块面得色均匀；因糊料溶解性好，印花后易于洗涤，印花织物手感柔软；在印花时黏附花筒及筛网的糊料也易于洗除，该糊料常用于活性染料印花。

（三）种子胶及其衍生物

皂荚是我国北方的槐豆类植物。将皂荚仁磨碎成粉（称为皂仁粉），并经焙炒，就可以加工成印花糊料。皂荚粉本身的糊化能力很小，不太适宜于印花用。印花时常用其醚化物。醚化有两种方法：一种是用一氯醋酸醚化制成羧甲基皂荚胶；另一种是用氯乙醇或环氧乙烷醚化成羟乙基皂荚胶，工厂中俗称的合成龙胶，就是用皂仁粉与乙醇、氯乙醇、烧碱反应而得。成品的 pH 值为 7~9，制成 2%的溶液其黏度不小于 700mPa·s。

羟乙基皂荚胶糊耐酸性较好，而耐碱性则较差。应避免用于强碱性的印浆。它对硬水和其他金属离子很稳定，不会与之络合，因此，适宜于色基和色盐的印花。该原糊的易洗涤性尚好，印花后手感较软，给色量中等。

（四）乳化糊

乳化糊（emulsion thickener）是两种互不相溶的液体，在乳化剂存在下，经高速搅拌而成的乳化体，其中一种液体成为连续的外相，而另一种液体成为不连续的内相。乳化糊有两种：一种是油分散在水中，称为油/水型（O/W）；另一种是水分散在油中，称水/油（W/O）型。用于印花的乳化糊以油/水型比较适宜，因为印花容器的清洁工作比较容易。

涂料印花色浆常用的乳化糊习称 A 邦糊，其配制处方为：

平平加 O	3~4kg
热水	x
冷水	y
火油	70~80kg
合成	100kg

为了提高乳化糊的稳定性，乳化时常加入海藻酸钠、羟乙基皂荚胶溶液等保护胶体。

乳化糊配制的印花色浆，易于刮浆，花纹轮廓清晰，印花均匀性、渗透性好。由于色浆含固量低，印花织物手感柔软。乳化糊除适用于涂料印花外，还适用于一般染料的印花，但由于其含水量少，染化料溶解较难，染料上染也较缓慢，而且乳化糊黏着力低，因此在一般染料印花时，往往和其他原糊合用，以调节糊料的流变性和印花性能。

（五）其他糊料

1. 膨润土 膨润土（bentonite）是一种天然矿物质，它的主要成分是二氧化硅，还有氧化铝、氧化铁、水分等。用作糊料的膨润土有红泥和白泥两种，但必须经过精心的筛滤加工，才能使用。膨润土糊料可用于丝绸印花，但其黏着力低，印花后易产生脱落现象，一般与海藻酸钠糊拼用。

2. 龙胶 龙胶（gum dragon）是一种多聚糖醛酸化合物，是紫云英类灌木分泌的液汁，收集后加以干燥而成。龙胶的成糊率高。龙胶糊在印花中印制性能良好，对有机酸、淡碱以及金属离子的稳定性也较好，常与小麦淀粉糊混合使用。龙胶的价格昂贵，我国近年来多用羟乙基皂荚胶（也称合成龙胶）来代替。

3. 纤维素衍生物 主要有羧甲基纤维素和甲基纤维素，羧甲基纤维素是由碱纤维素与一氯醋酸反应制得，甲基纤维素是由碱纤维素与一氯甲烷反应制得。

4. 合成糊料 合成糊料（synthetic thickener）于 20 世纪 70 年代初问世。它们一般都是高分子化合物，在水中成胶体状，成糊率很高，印花得色鲜艳。目前主要用于涂料印花，或部分代替乳化糊，以减少或避免由于使用石油溶剂而引起的安全、污染等问题。合成糊料有多种品种，其性能随化学组成变化很大。按结构可大致分成线型和轻度交联型两类。从单体组成来看，主要是马来酸酐、丙烯酸（CH_2═CH—COOH）、甲基丙烯酸［CH_2═C（CH_3）—COOH］以及其他含羧基的不饱和单体和丙烯酸酯、醋酸乙烯酯、丁二烯等的共聚物。

四、糊料的流变性概述

（一）原糊的流变性质

印花效果和色浆的流变性密切相关。流变性是流体在切应力作用下的流动变形特性。对印花原糊的流变性研究较多的是原糊在不同切应力（τ）作用下黏度与切变速率（dv/dx）的变化关系，即原糊在不同切应力作用下的黏度变化情况。印花色浆中除了原糊外，还含有染料或颜料以及各种化学药剂，一般来说，色浆的流变性主要决定于原糊的流变性。

流体受到外力或因自身重力的作用会发生流动。流动速率随流体内部分子间的阻力（或称内摩擦力）大小而变化，阻力大，流动速率低，反之就高。流体流动的内部阻力大小表现为流体的黏度。设一液层对距离为 x 的另一平行液层相对流动的速度为 v，为克服阻力需施加的单位面积切应力（shearing stress）为 τ。即 $\tau=F/A$（F 为切面积 A 受到的切向应力）。流体层间的速度变化用速度梯度（velocity gradient）（γ）表示，称为剪切速率，$\gamma=dv/dx$。

流体层流特征如图 4-8 所示。切应力和剪切速率的关系为：

$$\tau=\eta\frac{dv}{dx}=\eta\gamma \quad 或 \quad \gamma=\frac{\tau}{\eta}$$

式中：η——流体黏度（viscosity）。

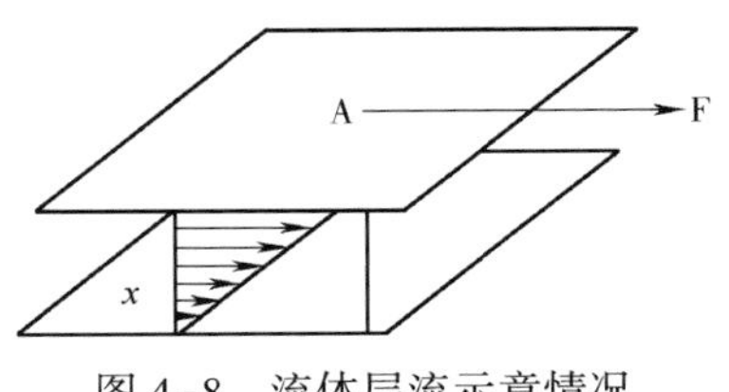

图 4-8　流体层流示意情况

F—切向应力　A—切面积　x—距离

将切应力 τ 对剪切速率 γ 的关系作图，可得到流体的流变曲线。

对低分子物流体或一些高分子稀溶液来说，黏度不随切应力而变化，在给定温度和压强下黏度是常数，将 τ 对 dv/dx 作图为一直线关系，这种流体称为牛顿型流体，其黏度称为牛顿黏度。对印花原糊来说，切应力和剪切速率不成直线关系，即黏度随切应力而变化，这样的流体称为非牛顿型流体，其黏度称为非牛顿黏度。

典型的几种流变曲线如图 4-9 所示，图中曲线 1 为典型的牛顿型流体的流变曲线，曲线 2 和曲线 3 在低于一定的切应力（τ_0，τ_0'）时，流体不发生流动，高于切应力（τ_0，τ_0'）后才开始流动，此切应力称为屈服值。τ 和 γ 可呈线性或非线性关系，呈线性关系的称为塑流型流体，一些油墨、油漆属这种类型的流体。呈非线性关系的称为黏塑型流体，小麦淀粉原糊就有这种性质。曲线 3 流体在受到切应力大于 τ''以后，流体由黏塑型流体变为塑流型流体。曲线 4 表示在受到切应力时就开始流动，但流变曲线的斜率随切应力增加而增大，即黏度随切应力或剪切速率增大而不断减小，剪切速率降低后，黏度随之而增高，这种流体称为假塑流型流体，大多数中等浓度的高分子溶液，以及大部分印花色浆属这种类型的流体。曲线 5 和曲线 4 正好相反，曲线斜率随切应力增加而增大，即黏度随切应力或剪切速率增大而不断减小，这种流体称为触稠型流体，一些高浓度的颜料浆、膨润土浆的流动有触稠现象。

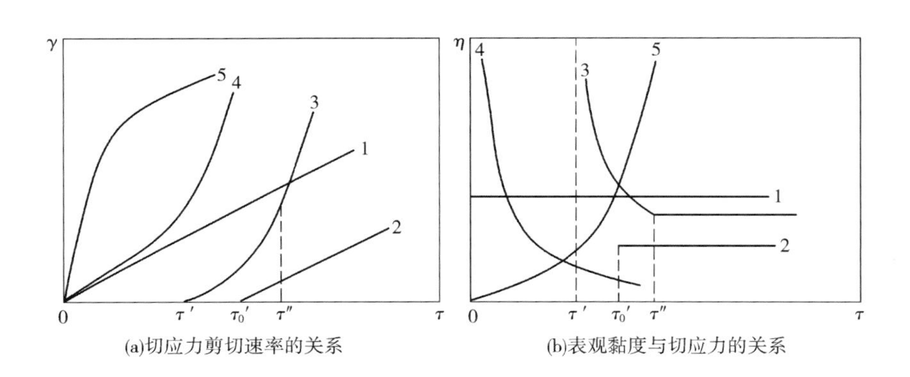

(a)切应力剪切速率的关系　(b)表观黏度与切应力的关系

图 4-9　流体的流变曲线

上述各类非牛顿型流体的流变曲线可分别用公式表示。

塑流型：

$$\gamma=\frac{1}{\eta_a}(\tau-\tau_0)$$

假塑流型：

$$\gamma=\frac{1}{\eta_a}\tau^n \quad n>1$$

黏塑流型：

$$\gamma=\frac{1}{\eta_a}(\tau-\tau'_0)^n \quad n>1$$

触稠流型：

$$\gamma=\frac{1}{\eta_a}\tau^n \quad 0<n<1$$

式中：τ'_0——切应力屈服值；

η_a——在测定条件下的表观黏度；

n——结构黏度指数。

在实际工作中所遇到的分散体系，如印花原糊和色浆的表观黏度，绝大多数是随着切向应力的增加而降低的，并非是一个常数。其主要原因在于原糊中的高分子物具有链状结构，有些还有支链结构，这些链和链之间的网状结构包藏了大量的溶剂，构成了溶剂化胶体，同时在糊料大分子链之间存在范德瓦尔斯力或氢键作用，从而在黏稠的胶体中增大了流体层和层之间的内摩擦力，形成了结构黏度。所以，胶体溶液经过测量得到的表观黏度应该是牛顿黏度和结构黏度之和，即 $\eta_a=\eta_n+\eta_c$。其中 η_n 是流体的牛顿黏度，为常数，而 η_c 是流体的结构黏度，在受到切变应力的作用后，糊料大分子链的溶剂化作用被破坏产生自由水分，同时高分子链和链之间的网状结构受机械作用，开始向某一特定的方向运动，使分子链间范德瓦尔斯力或氢键作用被破坏，流体层和层之间黏滞阻力（内摩擦力）降低。从而使 η_c 值下降甚至消失，因此 η_c 不是一个常数。

有些原糊的表观黏度不但随切应力增加而降低，而且还与施加切应力时间长短有关。在恒温条件下，加以一定的切应力，它们的剪切速率在开始时比较小，随着时间延续，剪切速率会渐渐增加。去除切应力以后，会逐渐回复成原来的状态。这种黏度在等温条件下与时间有依赖关系的可逆变化称为触变性。触变性流体的流变曲线如图 4-10 所示。

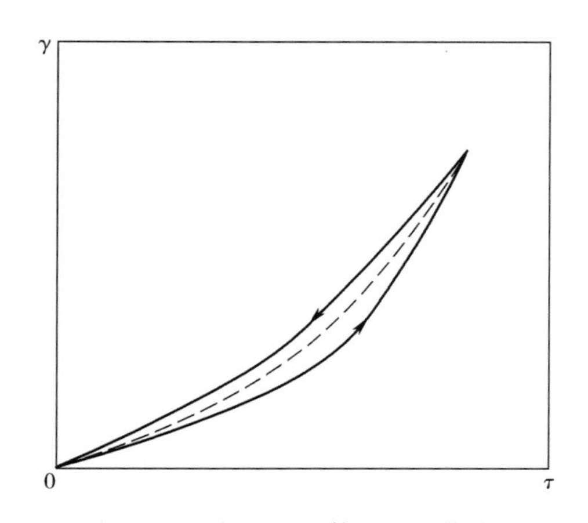

图 4-10 触变性流体的流变曲线

在图 4-10 的流变曲线图中，流变曲线的滞后（超前）曲线的形状，决定于曲线上行和下行时，切向应力施加或递减的速率，当速率极慢时，流体可不呈现触变现象，得到的是图中以虚线标出的平衡曲线。流体触变性的大小，是以上行曲线和下行曲线所包围的面积来表示的，面积越大，则流体的触变性越大。

流体的触变性，主要是由其结构黏度引起的。结构黏度可因机械影响（如搅拌、印花刮浆、花筒挤压）或温度变化（如加热）而减小或消失，也可因施加的影响消除（如色浆静置一段时间、冷却）而回复。回复过程中，流体的流变曲线并不一定循原来曲线的轨迹，但最终仍可以回复成原来流体的表观黏度，这种现象常可重复地演变。

影响流体触变性大小的因素有：

（1）分散体系的本性。牛顿型流体无触变性，其他类型的分散体系，由于结构黏度的存在或多或少地都存在触变现象，结构黏度大的分散体系其触变性大。

（2）分散体系中分散质的含量。分散体系中分散质的含量，对印花原糊来说即是原糊的浓度，浓度低的其触变性小。例如4%以下的皂荚胶，其触变性极小，到6%以上时，则该原糊的触变性变大。

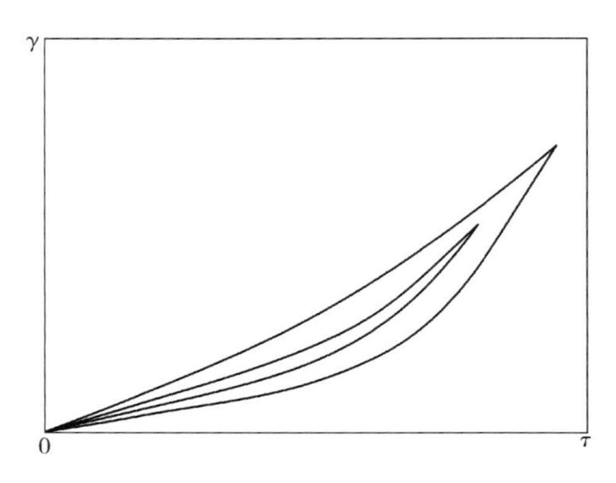

图4-11　切应力的作用幅度与流体触变性的变化

（3）切应力的作用幅度。切应力的作用幅度增大，同一分散体系的触变性变大。如图4-11所示。

印花原糊、色浆的流变性能，对其印花性能有很大的影响，根据印花原糊、色浆的流变曲线或黏度曲线，可以预测该原糊在实际印花过程中的印花性能。在实际生产中常用印花黏度指数来表示流变性。印花黏度指数简称PVI值，也称PVID。测定方法是，采用回转式黏度计测取同一原糊在相同转子转速分别为100r/min与10r/min时的黏度比值，即PVI值$=\eta_{100}/\eta_{10}$；若选用同一种转子在60r/min及6r/min两种转速下，分别测取原糊的黏度，则PVI值$=\eta_{60}/\eta_{6}$。必须说明的是，这两种不同条件下测得的PVI值是不同的，因此在做比较时必须注明实验的转速。印花原糊和色浆的PVI值在0.1~1.0之间，PVI值为1时，是牛顿型流体。PVI值越小，则原糊的结构黏度越大，结构黏度指数也越大。PVI值与结构黏度指数的关系近似符合下式：

$$\text{PVI值}=10^{\frac{1-n}{n}}$$

小麦淀粉、龙胶、结晶树胶、甲基纤维素、羧甲基淀粉钠和羧甲基纤维素糊的结构黏度指数都很高（即PVI值很低），而印染胶糊的结构黏度则较低（PVI值较高）。阿拉伯树胶糊的PVI值很高，接近1，近似牛顿型流体。海藻酸钠糊的PVI值也较高，特别是低黏度的海藻酸钠，通常认为属于牛顿型流体。

在实际应用中，有时为了获得较为满意的结果，常选用两种原糊，取长补短进行拼混使用。例如，小麦淀粉的渗透性和印花均匀性差，为了改善印花均匀性，可以与印花均匀性良好的印染胶糊或海藻酸钠糊混合使用。油/水型乳化糊和海藻酸钠糊混合使用，不但可以增加乳化糊的胶体稳定性，而且可增进乳化糊的渗透性。即使同类的糊料，也可采用几种来源的原料混用，例如国外有些海藻酸钠商品是取不同产地的海藻加工制得的，所制成糊料的印花性能比单一产地的海藻钠糊要好。混合糊的黏度不是它们原来黏度的简单平均值，与它们的混合比不呈线性关系，大多数是低于原来任何一种糊的黏度，少数也可能比原来的高，这决定于原糊的性质和相容性。图4-12为小麦淀粉糊和黄糊精、龙胶、阿拉伯树胶糊拼混糊黏度与混合比的关系。

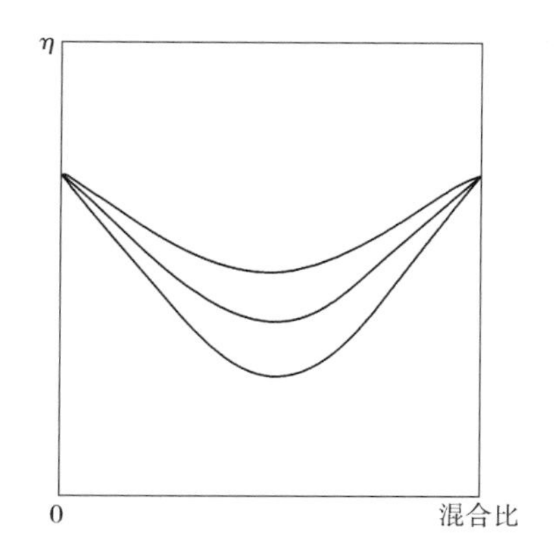

图4-12 小麦淀粉糊和黄糊精、龙胶、阿拉伯树胶糊拼混糊黏度与混合比的关系

混合糊的黏度不等于原来两种糊黏度的平均值，这表明混合后两种糊料之间发生相互作用。一般来说，水合能力强的糊料分子可夺去水合能力弱的糊料中的水分子，使它溶胀程度下降，黏度随之降低。两种都带负电荷的糊料分子，例如海藻酸钠和羧甲基纤维素钠，由于分子之间存在静电斥力，相互作用较小，所以拼混后黏度变化不大。

混合糊的黏度虽然与混合比不呈直线关系，但大多数混合糊的PVI值与混合比呈直线关系，而且混合组分越多，这种关系越为明显。因此，混合糊的PVI值可以从每种糊的PVI值和它们的含量近似地求得：

$$(\mathrm{PVI})_{ab}=\frac{(\mathrm{PVI})_a \times m_a+(\mathrm{PVI})_b \times m_b}{m_a+m_b}$$

式中：$(\mathrm{PVI})_a$——a糊的PVI值；

$(\mathrm{PVI})_b$——b糊的PVI值；

m_a——a糊的质量；

m_b——b糊的质量。

小麦淀粉糊和羧甲基纤维素钠糊的混合比与PVI值的关系如图4-13所示。

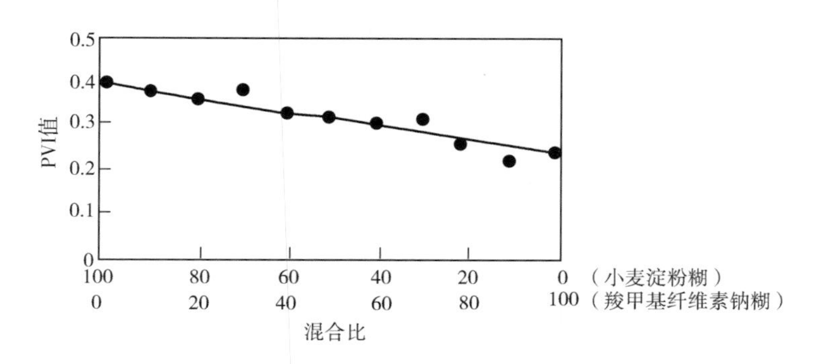

图4-13 小麦淀粉糊和羧甲基纤维素钠糊的混合比与PVI值的关系

（二）印花糊料的印花适应性

如前所述，各种印花糊的流变性差异很大，什么糊料的流变性最适合，或者说不同的印花方式、图案以及印不同纤维的纺织品应选用怎样流变性的印花原糊，这是印花工作者最为关心的事情。

印花方法主要有滚筒、平网、圆网以及纸版印花等。在手工筛网印花过程中，要求色浆在刮前静止在筛网上（不能产生“淌浆”现象），色浆在刮浆时受切应力作用后，黏度应迅速下降，透过网孔并进入织物的毛细管中，切应力去除后色浆应立刻回复原来的黏度，因此应选用假塑型色浆为宜，这种印花方法最常用的原糊是淀粉、海藻酸钠以及变性种子胶等。滚筒印花机印花时，色浆受到强烈的刮动和挤压的机械力作用，切应力和剪切速率都很高，一般宜选用黏度相对较低的糊料，常用的印花糊有海藻酸钠、印染胶以及变性种子胶制得的糊。自动平网和圆网印花的刮浆速度介于上述两种之间，刮浆时色浆受到的切应力和剪切速率也在上述两种之间，所以需要选用流变性介于上述两种之间的糊。常用印花糊有海藻酸钠、变性种子、羧甲基纤维素钠以及其他天然糊料的变性产物。

上述四种印花方法的色浆具有的黏度和PVI值要求大致有以下关系：

印花方式：滚筒印花　　圆网印花　　平网印花　　手工印花

黏度：小————————————————→大

PVI值：大←————————————————小

花型或图案特征不同，色浆的流变性也应不同。一般来说，色浆的黏度高，PVI值低，容易印得清晰的花纹，反之较差。所以印制线条、小花等精致花纹时，应选用PVI值较小，触变性较强和黏度较高的色浆。而印制大块面、满地花的花纹，或者要求印透性和印花均匀性好的产品，则应选用PVI值较高，触变性较弱和黏度较低的色浆。

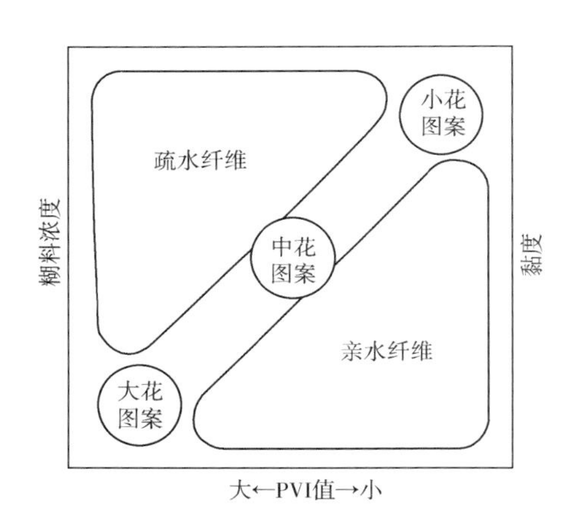

图4-14　图案特征、纤维性质和织物组织结构与色浆黏度和PVI值的关系

此外，纤维性质和织物组织结构不同，色浆的流变性也应不一样。例如，印亲水性强的天然纤维纺织品或印浆易渗透的蓬松纺织品，以选用含固量低，PVI值较低和黏度较低的色浆为宜，以利于色浆对纺织物润湿、渗透。相反印制疏水性纤维纺织品或色浆较难渗透的紧密织物，则以选用含固量高，PVI值较高和黏度较高的色浆为宜，通常选用糊精、低黏度海藻酸钠及某些变性淀粉糊作糊料。上述关系可粗略地由图4-14表示。这种关系不是绝对的，有些因素也是相互制约的，实际应用时应根据具体情况加以平衡来选用糊料。

第四节　织物直接印花

直接印花是将含有染料、糊料、化学药品的色浆印到白布或染有地色的织物上，印花之处染料上染，获得各种花纹图案；未印花之处，仍保持白地或原来的地色，印染色浆中的化学药品与地色不发生化学作用。这是应用最为广泛的一种印花方式。

一、活性染料直接印花

活性染料直接印花是纤维素纤维织物最常用的印花工艺，也用于黏胶纤维织物、蚕丝织物的印花。其色谱较广，湿处理牢度较好，印花成本低，印制方便，均匀性佳，为各印染厂所采用。活性染料还可以与不溶性偶氮染料、快磺素染料、涂料等共同印花。但一些活性染料的氯漂牢度和气候牢度较差，一般活性染料固色率不高，容易造成浮色，沾污白地。

活性染料的性能因活性基团和染料母体的不同而异。目前常用于直接印花的有一氯均三嗪、乙烯砜、卤代嘧啶等活性基的染料，在涤棉混纺织物上还有用膦酸基活性染料的。用于印花的活性染料必须适应印花的要求，例如溶解度要大，直接性要小，递深性和固色率要高，以及印浆要稳定等。因此，有些染料厂商在染料尾称中加有专门符号，以标明该染料特别适用于印花。所谓递深性，就是指印浆中染料浓度提高时，印花表观色泽深度递增的性能。有些染料在浓度提高到一定数量后，表观色泽深度的递增不显著，这样的染料递深性差，不适宜于印制浓色花纹。

活性染料印花时可将碱剂、染料、原糊和其他添加剂一起组成印花色浆，印花后经汽蒸或焙烘使染料与纤维反应，再将未固色染料洗去，这种方法称为全料法（all-in-method），俗称一相法。另一种方法是将染料与原糊调制成色浆，印花烘干后，再轧碱，短蒸（flash-ageing）固色，也可经95~98℃电解质浓度高的烧碱溶液浸渍或轧碱堆置固色，这些方法称为两相法（two-phase method）或两步法（two-stage method）。通常使用最普遍的是全料法和轧碱短蒸的两步法。

（一）一相法印花

印花工艺过程：印花半制品→印花→烘干→蒸化→水洗→皂洗→水洗→烘干。

印花色浆处方举例：

活性染料	x
尿素	3~15g
防染盐S	1g
海藻酸钠原糊	30~40g
小苏打（或纯碱）	1~3g
加水合成	100g

印花用的活性染料主要是K型、KN型活性染料，M型活性染料也有应用，X型活性染料应用较少。K型活性染料反应活泼性低，用它配制的色浆比较稳定。X型活性染料反应活泼性高，容易水解，制成的色浆稳定性差，为补充色谱不足时偶尔也有应用。选择染料时还要注意染料的固色率和对纤维的直接性，固色率低、直接性高的染料，在印后水洗过程中会造成织物沾污。

一般活性染料与纤维素纤维的反应，是在碱性介质中进行的。反应性较高的活性染料宜用小苏打为碱剂，它的碱性较弱，配制的色浆较稳定，可减少染料的水解，在汽蒸或焙烘时分解成纯碱，织物上色浆的碱性升高。磷酸三钠、三氯醋酸钠也可作为一相法印花碱剂。反应性低的染料可用碱性较强的纯碱为碱剂。反应性高的活性染料可用两步法工艺，避免在碱性条件下色浆的不稳定。

活性染料能与淀粉、龙胶等多糖类原糊中的羟基反应，降低染料的固着率，同时还会使原糊不易洗尽，导致织物手感发硬。海藻酸钠是比较理想的糊料，不易与染料反应；遇硬水生成海藻酸钙，糊料凝胶化，其流变性发生变化，影响印花，为此在海藻酸钠原糊中通常加有六偏磷酸钠以络合钙、镁离子。在印花生产中海藻酸钠糊常与乳化糊拼混成半乳化糊，使糊料的流变性能发生改变以适应印花加工的需要。

色浆中加入尿素可帮助染料溶解。尿素又是良好的吸湿剂，能促使纤维溶胀，提高染料的固色率。

防染盐S是间硝基苯磺酸钠，它是一种弱氧化剂。它的作用是防止染料在汽蒸或焙烘时受还原性物质的影响造成色光萎暗或色淡。

调浆时，先用冷水将染料调成浆状，将用水溶解的尿素溶液倒入染料中，使染料充分溶解。将溶解好的防染盐S溶液加入海藻酸钠糊中，然后将染料溶液滤入糊中搅匀，冷却到30℃以下，临用前加入小苏打或纯碱溶液。

织物印花烘干后，可经汽蒸或焙烘使染料固色。最常用的是在蒸化机中100~102℃汽蒸7~8min，蒸化工艺随染料反应活泼性而定。若用130~160℃的过热蒸汽汽蒸，则只需1min。活性染料还可以用焙烘法固色，焙烘条件是150℃、3~5min。在汽蒸或焙烘过程中，染料由色浆转移到纤维表面，并扩散入纤维内部，与纤维反应生成共价键结合。

活性染料固色后，印花织物要充分洗涤，洗除织物上的原糊、助剂、水解染料和未与纤维反应的染料等。一般活性染料固色率不高，未与纤维反应的染料在洗涤时溶落到洗液中，当洗液中染料浓度较高时，能被纤维吸附而沾污织物。因此洗涤时，通常先用大量冷水冲洗，洗液迅速排放，然后再热水洗、皂洗和水洗。

（二）两相法印花

色浆中不加碱剂，织物经印花烘干后进行轧碱短蒸固色，这样可提高色浆的稳定性，同时织物印花烘干后在堆放过程中不会产生“风印”疵病。

印花色浆处方举例：

活性染料	x
尿素	3~15g
防染盐S	1g
原糊	30~50g
醋酸（30%）	0.5g
加水合成	100g

调浆时，先将染料和尿素混合，加水溶解，然后加入稀释后的醋酸，滤入原糊中，最后加入防染盐S。

使用的原糊在碱溶液中应能凝固，以防止染料在轧碱时溶落或花纹渗开。常用的原糊有

海藻酸钠和甲基纤维素。如全部使用遇碱能凝固的原糊，会妨碍碱液对印花色浆的渗透而使染料固色率下降，因此通常采用混合糊料印花。

轧碱液处方举例：

烧碱（30%）	30g
纯碱	150g
碳酸钾	60g
淀粉糊	100g
食盐	15~30g
加水合成	1000g

碱液中食盐是防止染料轧碱时溶落，加淀粉原糊，可增加碱液黏度。轧碱方式常采用面轧（织物正面向下）或一浸一轧。轧碱后的织物立即进入短蒸蒸化机，于120~130℃汽蒸30~50s，使染料在强碱性下快速固色。汽蒸时间太长或太短，都会使固色率下降。

二、还原染料直接印花

还原染料有色泽鲜艳、色谱较全、染料牢度优良、印花色浆稳定、拼色方便等优点，除用于直接印花外，还常用作拔染印花的着色拔染染料。印花时，一般都用粉体还原染料（如细粉状或超细粉状），若染料颗粒不够细时，必须将染料与甘油等助剂及适量的水，在研磨机内进行研磨。还原染料直接印花工艺有全料法和轧碱短蒸法。

（一）全料法印花

全料法印花是将染料、还原剂、助剂和原糊一起调制成的印花色浆，印在织物上，烘干后，进行还原蒸化。蒸化时，染料被还原成隐色体而上染纤维，然后进行水洗、氧化、皂煮、水洗。

全料法印花使用的还原剂必须稳定，在汽蒸时能发挥较强的还原性。最常用的还原剂是羟甲基亚磺酸钠，俗称雕白粉，分子式是 $HOCH_2SO_2Na \cdot 2H_2O$，商品中含量为90%~95%，遇酸分解，在常温下较稳定，蒸化时发生分解，具有较强的还原能力。

全料法印花色浆中使用的碱剂有碳酸钾、纯碱和烧碱。最常用的是碳酸钾，它的溶解度比纯碱大，吸湿性较好，有利于印花后还原染料的蒸化。纯碱也可以使用，但溶解度较小。预还原法制备色浆时用烧碱作碱剂，有利于染料的还原与溶解。

在印花色浆中还需加入一些助剂，如甘油、尿素，可增加印浆在蒸化时的吸湿性，有助于隐色体的溶解和扩散，提高染料的固着率。类似的助剂还有硫二甘醇、溶解盐B，可以单独使用，也可以拼混使用。

全料法印花常用原糊为印染胶，糊料自身具有还原性、耐碱性，用它调制色浆可减少还原剂消耗，保证汽蒸时还原染料能充分还原。由于印染胶吸湿性较强，在蒸化时会造成花纹渗化，因此常与淀粉糊拼用。

用雕白粉制成的还原染料印花色浆比较稳定，为了便于使用，可以事先按印花最高浓度调制成基本色浆，使用时将基本色浆用冲淡糊稀释到所需的色泽浓度后应用。还原染料基本色浆的制备方法有预还原法和不预还原法。颗粒较大的粉状染料可以用预还原法制备印花色浆，一般染料可用不预还原法制备印花色浆。

全料法印花后，织物须经烘干、透风冷却过程，随后进行蒸化。印花后烘干时间不宜太长，温度不宜太高，同时堆放的环境湿度和温度也不宜太高，时间不宜太长，否则雕白粉会发生分解造成还原剂损失。印花织物的蒸化是在还原蒸化机中进行的，蒸化温度为102℃，时间为7~10min。蒸化时，纤维、碳酸钾和甘油吸湿，雕白粉发生分解，使还原染料充分还原成隐色体而溶解，然后上染纤维。蒸化机内应尽量排除空气，避免雕白粉的损失。

印花织物蒸化后冷却，即进行水洗、氧化、皂煮、水洗和烘干。多数还原染料隐色体在冷水淋洗、透风过程中即可被氧化；少数难氧化的染料则须浸轧过硼酸钠、过氧化氢等氧化剂，例如过硼酸钠10g/L，室温浸轧后透风20~30s，使还原染料隐色体氧化。氧化后经充分皂煮，可以调整色光，提高花色鲜艳度，洗除浮色，提高色牢度。

（二）轧碱短蒸法印花

轧碱短蒸法是将染料和原糊制成色浆，印花烘干后，浸轧还原剂与烧碱组成的溶液，立即进入蒸化机中进行快速蒸化，染料被还原上染纤维，然后进行氧化、皂煮、水洗。轧碱短蒸法印花操作方便，因色浆中没有还原剂和碱，印花后烘干的织物可以长时间堆放而不会影响染料的固着率，而且得色鲜艳，还能节约蒸汽。

为了防止印花图案在轧碱时发生沾污、渗化和汽蒸时的搭色，原糊宜选用遇强碱、浓电解质会呈凝固状态的原糊，如海藻酸钠糊、甲基纤维素糊。但全部使用这些原糊，会阻碍还原剂的渗透和染料的扩散，从而降低染料的固着率或摩擦牢度。因此，常与遇碱不致凝固的原糊拼混使用，如小麦淀粉糊、龙胶糊等，一般以等量混合。

浸轧还原液方式也需注意，常用面轧方式，织物正面向下，与轧辊接触，或用一浸一轧方式。印花织物与还原液接触时间宜短。

印花色浆处方举例：

还原染料（浆状）	5~10g
硫二甘醇	6g
拉开粉	0.3g
原糊	x
加水合成	100g

还原液处方举例：

烧碱（30%）	52~62mL
保险粉	60~80g
加水合成	1L

浸轧后立即进入短蒸蒸化机，于115~120℃过热蒸汽中汽蒸20s左右，然后水洗，氧化，皂煮，水洗和烘干。

三、直接染料直接印花

直接染料直接印花目前在黏胶纤维织物上应用比较广泛。直接染料对黏胶纤维的直接性较大，色谱齐全，色浆稳定，价格低廉，工艺简便；但是，产品的色泽和鲜艳度不高，湿处理牢度较低，通常在印花后水洗时用固色剂处理，以提高湿处理牢度。

直接染料在黏胶纤维织物上的直接印花，一般用平版筛网印花机，也可以用滚筒印花机进行。

黏胶纤维织物平版筛网印花色浆处方举例：

直接染料	x
尿素	6~8g
淀粉糊	65~75g
加水合成	100g

调浆时，染料与尿素先用少量水调成浆状，再加入热水使其溶解，然后滤入糊内，充分搅匀。

织物印花烘干后，用圆筒蒸箱蒸化，箱内蒸汽压力 6.86×10^4~8.82×10^4Pa（0.7~0.9kgf/cm^2），蒸化时间为 40~50min。然后水洗、固色、水洗。必要时可用淀粉酶加快退浆，退浆处理可以在固色前进行，也可以在固色后进行。

四、分散染料直接印花

涤纶是聚酯纤维，是由对苯二甲酸和乙二醇缩合而成的高分子化合物。分散染料是涤纶织物印花用主要染料，印花方式以直接印花为主，防染印花、拔染印花也有应用。涤纶印花织物主要有涤纶长丝织物和涤棉混纺织物。印花对所用分散染料的升华牢度和固色率比染色有更高的要求。一般选用中温型（热熔温度 175℃以上）和高温型（热熔温度 190℃以上）固色的染料为宜，低温型固色的染料一般不宜使用。

涤棉混纺织物印花色浆处方举例：

分散染料	x
尿素	5~15g
释酸剂	0.5~1g
氧化剂	0.5~1g
原粉糊	y
水	z
合成	100g

调浆时，先将分散染料用冷水调匀，加入原糊搅拌均匀，再加入尿素、氧化剂溶液搅拌均匀。为加速蒸化时纤维对染料的吸附、扩散，色浆中需加入尿素。尿素还可防止某些含有氨基的分散染料的氧化变色。印花色浆中应加入防染盐 S 或氯酸钠等氧化剂，以防止染料在蒸化时被还原而变色。

在碱性条件下高温长时间蒸化，染料有可能因水解而变色；某些含有羟基的分散染料，在 pH>10 时还能离子化而使染料变色，某些含有氨基的分散染料可能被氧化或离子化而变色。所以印花色浆的 pH 值应严格控制，一般可加入不挥发且无还原性的酸性物质，如磷酸二氢钠等控制 pH 值在 4.5~6。

涤纶是疏水的热塑性纤维，表面光滑，印制不易均匀，选用的原糊应有良好的黏着性能、渗透性和易洗涤性。印在织物上所成的色浆膜还应具有良好的柔顺性，以免浆膜脱落。印花烘干后，可采用高温高压蒸化法（HPS）、热熔法（TS）或常压高温蒸化法（HTS）进行固色。

高温高压蒸化（HPS）法固色是织物印花后在密封的高压汽蒸箱内，在 125~135℃温度下，蒸化约 30min，汽蒸箱内的蒸汽过热程度不高，接近于饱和，所以纤维和色浆吸湿较多，溶胀较好，有利于分散染料向纤维内扩散，水洗时浆料也易洗除。用 HPS 法固色，染料的给色量较高，织物手感较好，可适用易变形的织物（如仿绸制品及针织物）等的固色。HPS 法是间歇式生产，适宜于小批量加工。

热熔法（TS）固色的机理和方法基本上与热熔染色的相同。为了防止染料升华时沾污白地，同时又要求达到较高的固色率，热熔温度必须严格按印花所用染料的性质进行控制，热熔时间一般为 1~1.5min。固色是否均匀，不但取决于温度是否均匀，还取决于喷向织物的不同部位的热风流速是否均匀。因为热熔法是干热条件下固色，对织物的手感有影响，特别是对针织物的影响更为明显。热熔法不适用于弹力纤维织物。

常压高温蒸化固色法（HTS）以过热蒸汽为热载体，和热熔法固色相比较，高温型分散染料的固色温度可降低至 175~180℃，因此可供选用的染料比热熔法为多，但蒸化固色时间较长，需 6~10min。用过热蒸汽进行固色比用热风更有利，因为织物上印花色浆是在蒸汽压为一个大气压的过热蒸汽的环境中，容易保留溶胀糊料的水化水（水化水不像自由水那样容易挥发），在湿热条件下，纤维较易溶胀，这就有利于分散染料通过浆膜转移到纤维，同时过热蒸汽的热容比热空气的大，蒸汽膜的导热阻力比空气膜的小，使织物的升温较快，温度也较稳定。

五、涂料直接印花

颜料印花俗称涂料印花（pigment printing）。它是将黏合剂和均匀分散的涂料印制在织物上，再经过焙烘等后处理，黏合剂在织物上形成树脂薄膜，将颜料机械地黏着在纤维上的印花方法。涂料印花不存在对纤维的直接性问题，适用于各种不同纤维织物和混纺织物的印花。

涂料印花工艺简便，色谱较广，拼色方便，所得花纹轮廓清晰。但摩擦牢度及产品手感还不够理想。近年来对黏合剂和交联剂作了大量的研究，合成了不少性能良好的黏合剂和交联剂，使涂料印花产品的质量有了很大改善。目前涂料印花主要用于纤维素纤维织物、合成纤维织物及其混纺织物的直接印花。由于黏合剂在织物上所形成的薄膜对染料有机械防染的能力，还可用于防染印花。

（一）涂料的性质和结构

涂料不溶于水。它们必须耐酸、碱、氧化剂和还原剂，还应具有良好的日晒牢度和升华牢度，晶型也应稳定。

涂料分为有机和无机两大类。常用于涂料印花的无机涂料仅限于钛白粉（二氧化钛）、炭黑和氧化铁等少数几种。有机涂料中偶氮结构的品种最多，其色泽有黄色、橙色、红色等。涂料结构还包括酞菁、蒽醌、硫靛、三芳甲烷以及杂环类。酞菁类涂料是非常重要的涂料，具有鲜艳的色泽和优良的各项牢度，但色泽仅限于蓝、绿。硫靛类和蒽醌类的涂料主要是橙、红、紫、蓝色等品种，价格较高。杂环类涂料具有极好的牢度，色泽也很鲜艳。为了获得特别鲜艳的色泽，人们将荧光染料溶解在适当的树脂中制成固体溶液后，加润湿剂、分散剂等助剂，经过研磨、分散而制成荧光树脂颜料。

（二）黏合剂、交联剂的结构和性质

黏合剂（binder）是涂料印花色浆中重要的组成之一。在色浆中呈溶液或分散状，当溶剂或其他液体蒸发后，在印花的地方形成一层很薄（通常只有几微米厚）的膜，将涂料颗粒等物质黏着在纺织品的表面。它对产品的牢度（摩擦、水洗、干洗牢度等）起决定性的影响，而且与色浆的印制性能以及产品的手感和色泽有密切关系。

理想的黏合剂膜应该是无色、透明，紧密又光滑，柔软而不发黏，富有弹性，具有良好的黏着力，机械性能优良，成膜所需温度不太高，而且有良好的耐化学试剂和耐老化性能。但是实际使用的黏合剂不可能全部满足上述要求。应用时根据实际情况选用，有时可选择几种黏合剂混用，取长补短，并且可再选用适当的助剂或添加剂，以获得尽可能好的印花效果。

常用黏合剂按其反应性能可分为非反应性黏合剂和反应性黏合剂。

非反应性黏合剂在印花和后处理的过程中，无论是自身或与交联剂、纤维等都不发生反应。通过在黏合剂分子链中引入适当的反应性基团，使黏合剂能通过交联或直接与纤维发生共价结合，形成网状结构，因而耐溶剂性、耐热性和弹性均大为提高，摩擦牢度也可改善。这类可直接与纤维反应，或可与交联剂反应的黏合剂，称为反应性的黏合剂，其中某些黏合剂在反应过程中，本身之间也可形成共价键交联。但是在涂料印花中，黏合剂分子中含反应性基团不能太多，否则印花膜交联后将会手感太硬。

交联剂（cross-linking agent）是一类至少具有两个反应基团的化合物，经过适当处理，其反应基团或者与纤维有关基团反应，形成纤维分子间的交联，或者与黏合剂反应，形成网状结构的黏合剂膜。有些交联剂分子本身间也可发生反应。因此，即使应用非反应性黏合剂印花，由于交联剂和纤维或它们自身分子间反应形成网状结构，通过机械的钩联作用，也可提高印花织物的各项牢度。

（三）涂料色浆组成和印花工艺

涂料印花色浆由颜料、黏合剂、交联剂、糊料以及催化剂、柔软剂、吸湿剂、消泡剂等组成。

涂料选用不但决定于图案的色泽和鲜艳度，还要考虑牢度和价格等因素。涂料印花用的黏合剂通常为乳液状态。不同黏合剂乳液对酸、碱、电解质的稳定性以及与涂料交联剂的相容性是不同的，实际应用时应根据印花要求选用。黏合剂的用量主要决定于涂料的性质和用量，涂料的比表面大、用量高，黏合剂用量也高。黏着力差的黏合剂用量适当高些。

涂料印花一般是以乳化糊、合成增稠剂作糊料。为了调节糊的流变性和增加乳化糊的稳定性，可酌量添加诸如海藻酸钠等类糊料，但用量高了会降低产品的成膜性，并使手感发硬。

涂料直接印花工艺实例：

	白涂料色浆	彩色涂料色浆	荧光涂料色浆
黏合剂（固含量40%）	40g	30~50g	20~50g
交联剂	3g	2.5~3.5g	1.5~3g
涂料	80~40g	0.5~15g	10~30g
乳化糊	x	x	x
尿素	0	5g	0
水	y	y	y
总量	100g	100g	100g

织物印花后进行烘干、焙烘或汽蒸。烘干时随着水分、火油的蒸发，黏合剂逐渐在织物上结膜，并黏着在纤维表面。经焙烘（一般在140~150℃焙烘3~5min）后，水分和火油充分去除，黏合剂本身的结膜以及对纤维的黏着变得更为坚牢。涂料则通过黏合剂黏着在纤维表面上。具有羟甲基酰氨基的反应性黏合剂或加有交联剂、树脂初缩体的色浆，只有经过焙烘加工后才能充分发生交联反应。焙烘或汽蒸后，有的需要进行水洗、皂洗，有的不必进行就可完成印花过程。

第五节　织物防染印花和拔染印花

一、织物防染印花

防染印花是在织物染色（或尚未显色，或染色后尚未固色）前进行印花，印花浆中含有能阻止地色染料上染（或显色，或固色）的防染剂，印花以后，再在染色机上进行染色（或进行显色、固色）。因印花处有防染剂而地色染料不能上染（或不能显色、固色），因而印花处仍保持白地，这就是防白防染印花（简称防白）。若在印花防染浆中加入另一类不能被防染剂破坏的染料，经后处理后使纤维被染着，则可得不被地色所罩染的花色，这就是着色防染印花（简称色防）。

防白和色防在印花机上进行的称为防印印花，它又可分为防和染同时在印花机上完成的一次印花法（也称湿罩印防印印花法），和第一次印防染浆，烘干后，第二次印地色浆的二次印花法（也称干罩印防印印花法）。

此外，如果选择一种防染剂，它能部分地在印花处防染地色，或对地色起缓染作用，最后使印花处既不是防白，也不是全部上染地色，而是出现浅于地色的花纹，而此花纹处颜色的染色牢度又符合面料的使用标准，这就称为半色调防染印花，简称半防印花。

防染印花色浆中的防染剂可分机械防染剂和化学防染剂两大类。机械防染剂是通过在纤维和染料之间起阻挡作用而防染的，例如蜡、陶土、氧化锌。化学防染剂有氧化剂、还原剂、酸性物质、碱性物质等。它们是通过与地色染料或地色染料显色所必需的化学药剂发生化学反应，使染料失去染色能力或抑制固着而产生防染效果的。地色染料的化学性质不同，选用的化学防染剂也不一样。例如：一般活性染料在碱性介质中与纤维素纤维发生反应，可用酸性物质作防染剂；还原染料的上染在碱性和还原性条件下进行，因此酸性物质和氧化剂可用作防染剂；不溶性偶氮染料则根据其偶合活泼性的不同而采用酸性物质或亚硫酸钠等防染剂。

如活性染料地色防染印花，因活性染料与纤维素纤维反应必须在碱性条件下进行，若在印花色浆中加入酸性物质，印花后，在后继的活性染料染色过程中，则色浆中的酸性物质中和染液中的碱剂，使活性染料在印花色浆处无法与纤维键合达到防染的效果。印花色浆中的酸性防染剂通常为非挥发性有机酸，如酒石酸、柠檬酸，也可以是硫酸铵等酸性物质。织物印花、烘干后，浸轧（正面向下）活性染料，立即烘干，再汽蒸固色，然后水洗、皂洗、水洗。

防白印花浆举例：

硫酸铵	5~6g
羟乙基刺槐豆胶糊	50g
耐酸荧光增白剂	0.5g
加水合成	100g

浸轧液举例：

活性染料	x
尿素	10~50g
碳酸氢钠	10~20g
防染盐 S	5~7g
海藻酸钠糊	50~100g
加水合成	1L

在防白印花生产中，应注意选用对纤维直接性较低的活性染料，以防止在水洗时发生沾色，而影响防白效果。

活性染料色防活性染料，其原理为乙烯砜型活性染料和亚硫酸钠会发生如下反应，活性基失去活性，产生防染效果。

$$D—SO_2CH_2CH_2—OSO_3Na+Na_2SO_3 \longrightarrow D—SO_2CH_2CH_2SO_3Na+Na_2SO_4$$

而一氯均三嗪型等活性染料却比较稳定，可以不受亚硫酸钠影响上染纤维，因此可用作色防染料加在色浆中。色浆中还需加碳酸氢钠和防染剂亚硫酸钠。

印花、烘干、轧染地色染料，烘干，汽蒸 8min 左右，使地色和色防染料同时固着。

防白浆举例：

亚硫酸钠	4g
乙二醛	1g
碳酸氢钠	7g
羟乙基刺槐豆胶糊	50g
加水合成	100g

色浆中的乙二醛能与亚硫酸钠反应生成暂时稳定的化合物，在汽蒸时再分解。

色防印花色浆举例：

一氯均三嗪活性染料	1~5g
尿素	3~6g
海藻酸钠糊	50g
碳酸氢钠	1~5g
防染盐S	1g
亚硫酸钠	0.5~1g
加水合成	100g

轧染液举例：

乙烯砜型活性染料	x
尿素	20~50g
防染盐S	10g
碳酸氢钠	15~20g
海藻酸钠糊	50~100g
加水合成	1L

生产上还有在印花机上印花时利用叠印的方法，达到防染印花的效果。印花过程是先印含有防染剂的色浆，再叠印地色色浆，两种色浆叠印处防染剂破坏了地色色浆中染料的发色而达到防染目的。

二、织物拔染印花

织物先经染料染色或染料中间体处理，或经染色所必须使用的媒染剂处理然后印花，印花色浆中含有破坏地色或染料中间体或媒染剂的化学药品，该药剂（称为拔染剂）在印花的后处理过程中，会破坏地色或阻止染料中间体进一步变成染料，或破坏媒染剂并阻止以后地色染料在被印花纹处的上染。

凡使织物经过洗涤后形成白色花纹的，就称作拔白印花；如果在破坏地色的同时，另一种染料上染在印花的花纹处，获得不同于地色色光的有色花纹，就称为着色拔染印花。拔白印花和着色拔染印花可同时运用在一个花样上，统称拔染印花。

拔染印花所用拔染剂通常为还原剂。还原性拔染剂有羟甲基亚磺酸钠（俗称雕白粉）及其锌盐或钙盐，还有氯化亚锡、二氧化硫脲、硼氢化钠等。其中以雕白粉最为常用，它适应于碱性和中性介质，大量用于纤维素纤维织物的拔染印花。氯化亚锡只能适应酸性介质，可用于合成纤维和蛋白质纤维织物的拔染印花。二氧化硫脲的水溶液呈弱酸性，可用于各类纤维织物。

拔染印花的地色染料主要是偶氮结构的染料，例如偶氮结构的活性染料、直接染料、酸性染料等。必须指出，即使是偶氮染料，因结构上的不同使拔染效果也有很大差异，应有选择地加以使用。

在滚筒印花中，经过刮刀刮浆，花筒表面仍沾有少量色浆，沾在地色上，经过蒸化会破坏地色染料形成浮雕现象，有损于地色。为防止这种现象发生，可将织物在印花前浸轧防染盐 S（3~5g/L），浸轧后烘干。

拔白浆处方举例：

雕白粉	15~25g
甘油	适量
碳酸钾	5~8g
印染胶—淀粉糊	40~50g
加水合成	100g

印花烘干后，透风冷却，还原蒸化 6~8min，然后水洗、皂煮、水洗。

作色拔时，以还原染料作色拔染料，只需将还原染料直接加入印花的色浆中，同时适当增加雕白粉用量，其余的组分与还原染料直接印花相同。

色拔色浆处方举例：

还原染料（粉状）	1~3g
甘油	4~8g
酒精	0~8g
碳酸钾	8~12g
雕白粉	12~20g
黄糊精	40~50g
加水合成	100g

印花烘干后，透风冷却，还原蒸化 6~8min，然后水洗、氧化、皂煮、水洗。

第六节 喷墨印花

随着计算机科技水平的迅速发展，计算机在各行各业中的应用都得到普及，纺织品印花图案的计算机辅助设计技术、计算机辅助分色出片技术提高了常规纺织品印花的生产效率。20 世纪 80 年代以来人们把关注的焦点放在喷墨印花上，该印花技术的工作原理与计算机喷墨打印机的原理基本相同，是通过各种数字输入手段把花样图案输入计算机，经计算机分色处理后，将各种数字信息存起来，再由计算机控制喷嘴，将需要印制的图案喷射到织物表面上，经过后道加工完成印花。该印花形式完全不同于传统印花工艺，具有加工流程短、精度高、环保节能等优点，但对生产所使用的墨水有特殊要求，目前还存在生产速度不高的缺点，相信随着技术的发展，喷墨印花将得到更广泛的应用。

一、喷墨印花机的类型和喷墨印花原理

喷墨印花机按喷墨印花原理可分为连续喷墨（continuous ink jet，CIJ）印花机和按需滴液喷墨（drop-on-demand，DOD）印花机两种。

（一）连续喷墨印花机

连续喷墨印花机的喷嘴喷出的是连续的、带有电荷的墨滴流。墨水由管道输送到一个喷墨腔体内，对半导体压电陶瓷施加高频震荡电压，产生高频机械压力，从而在喷嘴中喷出连续均匀的墨滴流；墨滴流在通过充电区域时变成带电墨滴；带电墨滴流经过一个高压电场时，带电墨滴的喷射轨迹会在电场的作用下发生偏转，打到织物表面，形成色点，未打到织物表面的墨滴被捕集器收集重复利用。

连续喷墨印花机目前主要应用于装饰布、地毯的生产，这种印花机图案精度相对比较低，但印花速度比较快。

（二）按需滴液喷墨印花机

按需滴液喷墨印花机仅按照印花要求喷射墨滴，目前分热脉冲式、压电式两大类型。

1. 热脉冲式喷墨印花机 热脉冲式喷墨印花机能够根据计算机发出的信号瞬间将喷嘴储墨腔内硅基底上的电热元件在3μs加热到300℃高温状态，使墨水中的液体组分汽化形成气泡，气泡的形成将加热元件和墨水分离，避免将喷嘴内全部墨水加热，加热信号的消失使加热陶瓷表面降温，余热使气泡在8μs内迅速膨胀到最大，在喷嘴的储墨腔内形成一定的压力，迫使墨水克服表面张力从喷嘴孔喷出，随着加热器的冷却，气泡收缩储墨腔内的压力减小，使喷嘴处的墨水收缩与前部墨水分离，墨滴形成，同时墨室内的负压使墨水重新充满储墨腔，完成整个喷墨过程。因此，这种印花方式也叫微气泡式喷射印花。

热脉冲式喷头升温、降温的整个循环耗时在35×10^{-6}s左右，每秒钟可做数千次循环，喷出的墨滴极其细微，而且由于气泡产生的冲击力很大，墨滴的喷射速度可达10～15m/s。热脉冲式喷墨印花机的缺点是喷头的寿命短。高温容易使墨水中的某些成分分解，并容易使喷嘴阻塞，对墨水的稳定性和颜色的鲜艳度要求高。热脉冲式喷墨印花机的主要优点是喷头的造价低。

2. 压电脉冲式喷墨印花机 压电式喷墨头是由墨水腔、喷口、弹性元件、多层压电晶体组成。计算机控制的电信号压施加在多层压电晶体上时，它会随电压的变化而发生体积的变化，体积变化的方向取决于压电材料的结构和形状，当多层压电晶体膨胀时会对喷嘴内的墨水施加一个直接的高压，使其从喷嘴高速喷出。电信号消失后，压电材料回复到原来的形状，墨室依靠毛细管作用从储墨器中补充墨水。

压电式喷嘴对墨滴的控制能力强，每秒钟大约能喷出14000个左右的墨滴，比热脉冲式稍多，墨水体积稍小，为150×10^{-8}L。压电式喷头的分辨率高达1440dpi，寿命比热脉冲式高100倍。但喷头的成本较高，通常喷头和墨盒做成分体结构。目前压电脉冲式喷墨印花机是

重点发展的喷墨印花机之一。

二、印花墨水

迄今为止，尚无普遍适用的纺织品数码喷墨印花的通用墨水，但所有墨水组成必须满足一定的基本要求，如黏度、表面张力、密度、蒸汽压、电导性、热稳定性、毒性、易燃性、染料纯度和溶解性、机械适应性、给色量、腐蚀性、储存稳定性、颜色鲜艳度和耐光及耐洗牢度等，其中黏度、表面张力、稳定性、颜色鲜艳度和各项牢度是最重要的指标。

喷墨印花的墨水通常包括色素（染料或涂料）、载体（水/溶剂）和添加剂（包括黏合剂、黏度调节剂、助溶剂、分散剂、消泡剂、渗透剂、保湿剂等），其中添加剂应根据需要分别使用。

与传统织物印花相比，数码喷墨印花墨水的黏度要低得多，喷墨印花在织物上施加的墨水量非常小，最高时只能喷印 $20g/m^2$ 的墨水，这就要求喷墨印花的墨水给色量要高，即使用量很低也能显示出浓艳的颜色，因此在选用染料时要特别注意对织物的适应性和颜色的提升性能。

目前用于喷墨印花的染料主要是活性染料、分散染料和酸性染料。在羊毛、丝绸和地毯的印花中，采用了酸性染料，不过在其溶解性、稳定性和相容性方面应仔细地进行选择。涤纶织物喷墨印花采用分散染料，对染料的分散稳定性、墨水相容性、颗粒大小有比较高的要求。纤维素纤维织物喷墨印花应用较多的是活性染料。

三、喷墨印花工艺

（一）工艺流程

织物前处理→烘干→喷墨印花（活性染料墨水）→烘干→汽蒸（120℃，8min，使活性染料固色）→水洗→烘干。

（二）织物印前处理

织物印前处理是因为纤维间的毛细管效应，使墨水在织物表面产生渗化、图案的精细性下降，因此印前用亲水性天然或合成高分子增稠剂预先浸轧印花织物，增稠剂的选择应适应织物和染料品种，当墨水喷到织物上时亲水性增稠剂能迅速吸收墨水中的水分，保证图案的清晰性。

棉织物前处理液处方：

小苏打	4~5g
尿素	3~4g
海藻酸钠	4g
水	x
合成	100g

处理方法：织物浸轧处理液，轧余率100%，烘干备用。

对织物进行前处理是减少渗化、提高印制效果的主要措施，不同染料喷墨印花的印前处理不同，应根据具体情况选用前处理剂。

四、喷墨印花的优缺点

（1）印花工序简单，取消了传统印花复杂的制网和配色调浆工序，交货速度快，可以实现即时供货，小样和批量生产品稳定性高。

（2）喷墨印花的染料是按需喷出的，减少了化学制品的浪费；喷墨时噪音低，加工环境安静又干净，设备占地面积小。

（3）工艺自动化程度高，全程计算机控制，通过互联网实现纺织品生产销售的电子商务化。

（4）生产灵活性强，表现为喷印的素材灵活，无颜色、花回的限制；喷印数量灵活，特别适合小批量、多品种、个性化的生产；印花极易组织，可以在办公室等任何地方进行生产，并且无需任何人照看，劳动强度低。

（5）颜色丰富多彩，印花精细度高。喷墨印花能表现高达1670万种颜色，而传统的印花方式只有十几种；目前数字喷墨印花的分辨率高达1440dpi，而传统印花工艺只能达到255dpi。

（6）数字喷墨印花存在设备投资大、墨水成本高，织物需进行印前处理和汽蒸等后处理加工，喷墨速度慢等问题。

总之，随着数码技术的发展，喷墨印花技术的不断进步，其在纺织品印花中的应用会越来越广泛，新型墨水的开发和应用将使该技术更加完善，生产过程更环保。

第七节　特种印花

特种印花的品种很多，随着高分子化学的发展和新材料的不断出现，印花加工中常用一些特殊的材料和方法来印制特殊效果的花纹，诸如发泡印花、静电印花、烂花印花、泡泡纱印花、发光印花、透明印花、珠光印花和静电植绒转移印花等，本章就常见的特种印花简述如下。

一、发泡印花

发泡印花（foaming stereo printing）是利用发泡方法在织物上获得彩色立体浮雕花纹。织物上印上热塑性树脂、发泡剂所组成的印花浆，经后处理使热塑性树脂形成微泡状立体花纹。产生泡沫的方法有两种：一种是物理发泡，采用微胶囊技术，将芯材为低沸点有机溶剂的微胶囊分散在热塑性树脂色浆中，当温度升高后溶剂汽化产生压力使热塑性树脂体积增大到3～5倍，产生立体效果。另一种是化学发泡，是在热塑性树脂中加入发泡剂，在热处理（185℃焙烘1～3min）时，发泡剂分解，产生的气体在热塑性树脂中形成微泡而成立体状微泡体，该方法使用的树脂有聚氯乙烯、聚丙烯酸酯、聚苯乙烯等高聚物。使用的发泡剂有偶氮二甲酰胺和偶氮二异丁腈，在180～200℃焙烘时都分解成氮气，前者生成的气体量为200mL/g，后者为130mL/g，由于发泡剂不溶于水，需溶于有机溶剂，或制成乳液。因此，印浆由高聚物、溶剂、乳化剂、发泡剂、增稠剂和颜料等组成。经筛网印花后，烘干、焙烘即可。

二、烂花印花

烂花印花（burn-out printing）是指用印花方法将混纺或交织物中的一种纤维去除而成半透明花纹的印花工艺。产品用作餐巾、装饰布和服装面料。常见的有烂花丝绒和烂花涤/棉织物，如再进一步加工（如刺绣）则可成为绚丽多彩的工艺品。

烂花的原理为用一种化学试剂将织物中的一种纤维腐蚀除去，而另一种纤维不受影响。例如，涤棉混纺织物可用酸将棉纤维水解而除去，而涤纶不受酸侵蚀，便留下透明的涤纶。烂花包芯纱涤/棉织物是以涤纶长丝为内芯，经气流纺而将棉纤维包覆在涤丝外面，织成的织物用含酸印花浆印花，烘干、汽蒸、水洗，将棉纤维水解而洗去，留下透明的涤纶长丝。水解棉、黏胶纤维等纤维素纤维的酸剂有硫酸氢钠、硫酸铝、三氯化铝、硫酸等，若使用硫酸氢钠，印花后需经焙烘，才能使纤维素水解或炭化。因炭化物有色而白度不高，目前大都使用硫酸为水解催化剂，原糊需耐酸，常用白糊精、天然种子胶变性物。印浆中可加入分散染料上染涤纶，以获得彩色花纹，印花烘干后，经高温汽蒸使纤维素纤维水解，然后彻底洗涤将水解产物洗尽。为了使印浆均匀渗透，印花浆中常加入油/水型乳化糊。

根据这一原理，可以将不同纤维的交织物或混纺织物进行烂花印花，而不局限于上述织物品种。

三、印花泡泡纱

泡泡纱（blister fabric）是指局部呈凹凸状泡泡的织物，是童衫、女衫、睡衣等透气舒适的服装面料，还可做窗帘、床罩等装饰用布。其加工方法有机织法和印花法两种。机织法只能做条形泡泡纱，印花法可做花型泡泡纱，图案不受限制。

机织法采用地经和起泡经两种不同的经轴，起泡经的纱支较粗，其送经速度比地经快30%左右，织成凹凸状的泡泡纱坯布，再经松式染整加工而成。印花泡泡纱是利用化学方法将织物上的一部分纱线通过化学处理使之收缩，未收缩的纱线便成凹凸的泡泡，或者用两种收缩率不同的纤维交织，其中一种纤维通过处理而收缩，另一种纤维即成凹凸状泡泡。收缩处理有物理法和化学法两种，例如高收缩涤纶与普通涤纶间隔织造，通过热处理使高收缩涤纶收缩，低收缩涤纶则卷曲成泡泡。对于棉和涤纶间隔织造的织物，则可以通过浸轧冷烧碱液使棉收缩，涤纶则卷曲成泡泡。

纯棉织物泡泡纱可用印花方法获得，目前采用两种方法。一种方法是用刻有直条花纹的印花滚筒在单辊印花机上印30%～35%NaOH溶液，然后在松式情况下透风烘干，棉纤维便剧烈收缩，未印花处的棉纤维便强迫收缩而成凹凸不平的泡泡，随后经松式洗涤，将烧碱洗净。这种方法能获得条形泡泡，条形的宽狭随花筒刻纹而变化。第二种方法是在棉织物上先印上拒水剂，拒水剂使印花处产生拒水性。烘干后，将织物浸轧烧碱溶液，然后透风。印有拒水剂处，烧碱液不能进入，而未印花处的棉纤维在碱液中收缩，从而使未印花处产生泡泡。由于碱缩的棉纤维在穿着过程中会不断伸长，泡泡效应也随之减弱。印制泡泡纱的半制品有漂白、染色和印花布三种。印花泡泡纱多数是薄型织物。

四、静电植绒转移印花

静电植绒转移印花（electrostatic flock printing）是利用转移印花的方法，将在纸上静电植绒的绒毛转移到衣片或衣衫上。其印花工艺过程是先在纸上涂上一层能黏着纤维的压敏胶，然后在静电植绒机上于3×10^4～10×10^4V（甚至更高）的静电场下进行静电植绒，带有电解质和一定湿度的黏胶纤维或合成纤维的白色或染色的绒毛，在静电场中上下垂直耸立在纸上，然后将未黏着的绒毛吸除，在绒毛上印所需的花纹，印浆为溶剂型的丙烯酸酯黏合剂，再撒上熔点较高（150～180℃）的聚酯或聚酰胺类热熔胶，低温烘干后，便与欲印花的织物贴在一起，在热压机中于170～200℃下热压处理，使热熔胶熔融而将绒毛转移到织物上，便获得有立体感的绒毛花纹。纸上未印花处的绒毛仍留在纸上。另一种方法是纸上不全面植绒，在植绒前先雕刻一块花纹绝缘板，覆盖在纸上进行静电植绒，便能获得花纹植绒纸，然后按上法印丙烯酸酯胶和撒上热熔胶，再进行热压转移，这样可减少绒毛的浪费。

☞ 复习指导

织物印花是纺织品加工过程中的重要环节，它可以满足人们对色彩、图案的审美需求，对提高纺织品的档次、增加产品附加值具有重要作用。通过对本章内容的学习，为今后合理制定印花工艺和管理印花生产打下基础。本章主要掌握以下内容：

1. 掌握印花加工的基本概念和印花加工的工艺过程。
2. 掌握不同印花加工工艺的方法和特点。
3. 掌握糊料在印花加工中的作用和印花加工对糊料的要求。
4. 掌握糊料的流变性概念，以及不同糊料所具有的流变性特点；掌握不同糊料的流变特性对印花设备和印花工艺的适用性。
5. 了解汽蒸、水洗加工在印花工艺中的作用和注意事项。
6. 掌握不同印花设备的结构及功能性结构单元，掌握不同印花设备间的区别和设备加工特点。
7. 掌握印花加工中感光制版的工艺过程和原理。
8. 掌握转移印花的原理和印花设备结构。
9. 掌握活性染料、还原染料、直接染料和分散染料的常见印花工艺和工艺条件，分析印花色浆中的各化学成分在印花加工中的作用。
10. 掌握不同染料在印花加工过程中，围绕印花加工的产品质量及工艺条件的控制，必须注意的事项。
11. 了解涂料印花的特点和涂料印花原理。

12. 掌握拔染印花和防染印花的基本概念和印花工艺。
13. 掌握喷墨印花的特点和喷墨印花喷嘴的工作原理。
14. 掌握特种印花的加工原理和产品的风格特点。

思考题

1. 解释名词：印花、直接印花、拔染印花、防染印花、原糊、糊料、流变性、切应力、速度梯度、黏度系数、牛顿型流体、假塑型流体、胀塑型流体、塑流型流体、流变曲线、黏度曲线、流体的触变性、PVI 值。
2. 常用印花加工设备及特点是什么？
3. 影响流体触变性的因素是什么？
4. 淀粉糊、海藻酸钠糊、乳化糊的流变特性是什么？分别适合哪些染料的印花加工？
5. 理想糊料的条件是什么？
6. 分别叙述平网花版、圆网花筒的制版工艺过程。
7. 涂料印花的特点是什么？
8. 涂料印花的色浆组成及其印花工艺是什么？
9. 全棉活性染料直接印花的色浆组成（功能分析）及相关印花工艺是什么？
10. 全棉还原染料直接印花的色浆组成（功能分析）及相关印花工艺是什么？
11. 活性染料地色防染印花工艺原理是什么？

参考文献

[1] 王菊生. 染整工艺原理：第三册［M］. 北京：纺织工业出版社，1984.
[2] 陶乃杰. 染整工程：第三册［M］. 北京：纺织工业出版社，1991.
[3] 薛迪庚. 新颖印花［M］. 北京：纺织工业出版社，1987.
[4] 上海印染工业公司. 印花［M］. 北京：纺织工业出版社，1975.
[5] 李宾雄，周国梁. 涂料印花［M］. 北京：纺织工业出版社，1989.
[6] 胡平藩，范国彬. 圆网印花［M］. 北京：纺织工业出版社，1985.
[7] 胡平藩，武祥珊. 印花糊料［M］. 北京：纺织工业出版社，1988.
[8] 上海市印染工业公司. 印花［M］. 北京：纺织工业出版社，1983.
[9] 范雪荣，王强，张瑞萍. 纺织品染色工艺学［M］. 北京：中国纺织出版社，2017.
[10] 上海印染工业行业协会编修委员会. 印染手册［M］. 2 版. 北京：中国纺织出版社，2003.
[11] T L Dawson & B Glover edited by T L Dawson & B Glover. A review of ink jet printing of textiles，including ITMA 2003，The society of dyers & colourists，2004.
[12] Leslie W C. Miles. Textile printing. Society of Dyers and Colourists，2003.
[13] LEE R W. 纺织物转移印花技术［M］. 北京：纺织工业出版社，1984.
[14] 迈尔斯. 纺织品印花［M］. 北京：纺织工业出版社，1986.

第五章　织物整理

第一节　概　　述

织物整理（fabric finishing）就广义而言，是指织物下织机后到成品前所经过的一切为改善其外观和品质而进行的加工过程，包括纺织厂的织物修补和印染厂的染整加工全过程。从狭义来说，仅指织物在练漂、染色或印花以后的加工过程。本章讨论的属后一种概念，即染整加工过程中的织物后整理。

织物整理的目的是通过物理、化学或物理化学加工，改善织物的外观和内在质量，提高服用性能或赋予其特殊功能。按照整理目的，织物整理大致可以分为以下几类：

（1）形态稳定整理。为使织物的门幅整齐划一和形态、尺寸稳定，如定幅（拉幅）、防缩防皱和热定形等。

（2）增进织物外观整理。采用一定方法，提高织物的白度、光泽，或使织物表面形成凹凸花纹和绒毛等，如增白、轧光、电光、轧纹、起毛、拉绒等。

（3）改善织物手感整理。采用某些化学或机械方法处理，使织物获得不同的手感，如柔软、硬挺、丰满、粗糙、轻薄、厚实等。

（4）特殊功能整理。也称特种整理。根据织物用途，采用一定的化学处理，使织物具有一些特殊的功能，如防水、拒水、拒油、易去污（防污）、阻燃、抗菌、抗静电、防紫外线、仿真丝绸、仿毛、仿麻、仿麂皮等。

为达到上述目的，可采用很多加工方式。按加工方式分类，织物整理常分成以下三类：

（1）机械物理整理。利用水分、热能和压力、拉力等机械作用来达到整理目的，如拉幅、轧光、电光、轧纹、起毛、拉绒、剪毛、机械预缩、机械柔软和热定形等。

（2）化学整理。采用一定的化学药品，在纤维上发生化学作用，从而达到整理目的，如化学柔软、硬挺、防水、拒水、拒油、防污、阻燃、抗菌、抗静电、防紫外线、仿真丝绸、仿毛、仿麻、防蛀、防霉等。

（3）物理化学整理。采用化学药品和物理机械联合加工方法来达到整理目的，如耐久性轧光、电光、轧纹整理和涂层整理等。

按照纺织品整理效果的耐久程度，织物整理可分为以下三类：

（1）暂时性整理。整理织物仅能在较短时间保持整理效果，如暂时轧光或轧花整理。

（2）半耐久性整理。整理织物能在一定时间内保持整理效果。

（3）耐久性整理。整理织物能较长时间保持整理效果。

经过练漂、染色或印花的织物都要经过整理。织物的整理要求，随织物的纤维种类、组织结构及其用途的不同而有所区别。在实际生产中，有时一个整理过程能获得几种整理效果，如拉幅、柔软、增白；有时对同一织物进行几种特殊功能要求的整理，称为多功能整理，例如对旅游帐篷布进行拒水、抗菌、防紫外线的多种功能整理。随着人类社会的不断进步，各种新的纺织加工材料层出不穷，人们对织物加工的功能性要求，甚至智能性要求越来越高，织物整理的研究和技术会不断发展，有着美好的发展前景。

第二节　棉类织物的一般整理

棉类织物是指以纤维素为主要组成的天然或人造纤维，如棉、麻、黏胶纤维等为主体的纺织物。棉织物的整理主要在于发挥棉纤维的柔软、保暖、吸湿、透气等优良性能，使其更适合服用的要求或符合特殊用途的需要。棉纤维中具有柔顺的纤维素大分子链，链与链之间形成的氢键使纤维具有一定的强度；纤维素大分子上的羟基具有一定的化学反应性，为棉织物的整理提供了良好的基础。

棉织物的一般整理主要包括物理机械加工和化学加工两个方面。前者有定幅、轧光、电光、轧纹及机械预缩整理等；后者有柔软、硬挺、增白等。一般化学整理不包括树脂整理和拒水、拒油、阻燃等特种功能整理。

黏胶纤维、竹纤维、麻纤维等及其与棉纤维混纺或交织成的棉类织物的整理工艺与棉织物比较接近；合成纤维及其与棉纤维混纺或交织的织物，由于其分子结构差异较大，它们的强力、热收缩性和耐酸、碱和有机溶剂的稳定性等物理化学性质与棉类织物的差异也较大，因此需根据这些不同的性质，制定不同的整理工艺。

一、定幅整理

定幅（stentering，stenter finishing）俗称拉幅，是利用纤维在湿热状态下具有一定的可塑性，将织物的门幅缓缓拉宽到规定的尺寸，从而消除部分内应力，调整经纬纱在织物中的状态，使织物幅宽整齐划一，纬斜得到纠正。棉、毛、麻、丝、黏胶等吸湿性较强的亲水性纤维在潮湿状态下具有一定可塑性，其织物也能通过类似作用达到定幅目的。

织物在练漂、染色或印花过程中经常受到经向张力，迫使织物经向伸长，纬向收缩，产生幅宽不匀、布边不齐、纬纱歪斜以及烘筒烘干后的手感粗糙和摩擦极光等缺点，定幅就是为了稳定门幅，消除上述缺点。

织物定幅整理在拉幅机上进行，常用的拉幅机主要有布铗拉幅机、针铗拉幅机和针铗/布铗两用式拉幅机。棉类织物的定幅大多采用前者，而毛织物、丝织物和化纤织物大多采用后者。布铗（针铗）拉幅机多采用蒸汽加热，整机结构主要由进布架、轧车、整纬器、烘筒、热风拉幅烘房和落布架组成。

定幅整理的工艺流程为进布→给湿→整纬→烘筒烘干→定幅烘燥→落布。织物由进布架进布，经轧车轧液给湿，在湿态下经整纬器纠正纬斜，再经烘筒预烘至织物上的含潮率为15%~20%，该带湿织物进入热风拉幅烘房，布边被布铗（针铗）铗住，布幅缓缓拉开到规定尺寸，并保持该尺寸干燥后经落布架落布，完成定幅加工。如用针铗拉幅机定幅，常可以进行超喂加工，即让烘筒烘干的布速略大于热风伸幅烘房的布速，以降低定幅时织物的经向张力，有利于降低缩水率。

一般棉类机织物在染整加工的最后阶段都要进行定幅整理。定幅整理也可与上浆、增白、柔软等其他整理加工相结合进行，即先浸轧相应的整理液，烘干时保留一定的含潮率，然后拉幅烘燥。如果单纯进行定幅加工，可采用蒸汽给湿等低给液方式代替轧车轧液，控制15%~20%的给液率进入热风拉幅烘房即可。

二、光泽整理和轧纹整理

为增进和美化织物的外观，常采用光泽（luster）整理和轧纹整理。前者在织物表面增进光泽，如轧光和电光整理；后者使织物表面产生有立体感的凹凸花纹，如轧纹整理。轧光、电光和轧纹整理都是利用纤维在湿热状态下具有可塑性，进行轧压后表面变得平滑而有光泽或产生立体花纹。

（一）轧光（calendering）

棉等亲水性纤维在湿热条件下具有可塑性，经轧压后，纱线被压扁，织物的孔隙率降低，耸立纤毛被压伏在织物的表面，使织物变得比较平滑，降低了对光线的漫反射程度，从而增进了织物的光泽。织物轧光在轧光机上进行。轧光机由进出布机架和一组软硬轧辊组成，硬轧辊由钢铁制成，其中有一只能加热，软轧辊也称弹性辊，以前都以棉花、纸片等纤维材料高压制成，后来也有采用聚酰胺塑料弹性辊。织物在软硬轧辊中轧压完成轧光整理。根据不同的要求和工艺，轧光可分为普通轧光、叠层轧光和摩擦轧光。普通轧光中，织物通过软硬轧点轧压的称为平轧光；织物通过两个软轧点轧压的称为软轧光；织物叠层通过同一轧点的称为叠层轧光；摩擦轧光则是利用摩擦辊运转的线速度大于织物通过轧点的速度，利用两者的速度差使加工织物获得摩光效果，获得强烈的光泽。利用多功能轧光机既能进行轧光，也能进行电光和轧纹整理。

在轧光工艺中主要控制织物含湿率、轧光温度、线压强和车速等因素，以获得不同的加工效果，其相互关系归纳如表5-1所示。

表5-1　不同方式轧光的控制因素及其效果

控制因素	平轧光	软轧光	叠层轧光	摩擦轧光
温度/℃	室温~40	室温	室温~50	100~120
线压强/MPa	2~15	4~20	2~15	4~20
织物含湿率/%	5~10	2~3	5~10	10~15
车速/(m·min^{-1})	40~60	15~30	40~60	15~30

续表

控制因素	平轧光	软轧光	叠层轧光	摩擦轧光
织物整理效果	表面较平滑，纱线稍有压扁，光泽柔和，手感平滑厚实	织纹保护，纱线稍有压扁，光泽柔和，手感光滑厚实	织纹突出，纱线圆润，光泽柔和，手感柔软厚实	表面光滑，纱线压扁，反光强烈如镜，手感薄而较硬

（二）电光（schreinering）

电光整理同样是利用纤维在湿热状态下的可塑性而实现的。在一定条件下，织物通过刻有斜线的钢辊与软辊组成的轧点，不仅能把织物轧平整，而且使织物表面轧压后形成与主要纱线捻向一致的平行斜线，对光线呈规则反射，给予织物柔和如丝绸般的光泽外观。根据加工织物纱线捻向的不同，钢辊常采用25°或70°左右斜度的刻纹线，刻纹线的密度以8～12根/mm较为常用。

电光整理织物先经平轧光或摩擦轧光，有利于提高光泽和改进电光后的手感。电光整理工艺控制的主要因素为：棉布含湿率10%～15%，温度140～200℃，线压强20～60MPa（200～600kgf/cm^2）和车速10～30m/min。

（三）轧纹（embossing）

轧纹整理也是利用纤维在湿热状态下的可塑性而实现的。在一定条件下，织物通过一对表面刻有花纹的轧辊的轧压，形成立体凹凸花纹，使织物更加美观。轧纹有轧花和拷花之分。轧花是织物通过表面刻有阳纹的钢辊和表面刻有阴纹的软辊之间的轧压形成凹凸的立体花纹，软辊和硬辊的阴阳花纹必须完全吻合；拷花是织物通过刻有表面花纹的硬辊与没有花纹的软辊之间的轧压形成单面的立体花纹，拷花的花纹较浅。轧纹整理工艺控制的主要因素为：棉布含湿率10%～15%，温度150～200℃，线压强22.1～49.1MPa（225～500kgf/cm^2）和车速7～10m/min。

上述轧光、电光和轧纹整理仅采用机械方法整理，所以效果均不耐洗。如与高分子树脂结合整理，则可获得耐洗的整理效果，如耐久电光拒水整理。

三、绒面整理

具有绒毛表面的织物统称为绒面织物，如起毛绒、丝绒、灯芯绒、棉平绒、磨毛绒、仿麂皮绒和静电植绒等，完成这些绒面加工的染整过程称为绒面整理（face finishing）。棉类织物的绒面整理中常用的有起毛和磨绒二类。起毛和磨绒织物具有的特点如表5-2所示。

表5-2 起毛和磨绒织物的特点比较

起毛织物	磨绒织物
仅纬纱起毛	经、纬纱均起毛
绒毛稀疏粗长	绒毛紧密细短

续表

起毛织物	磨绒织物
织物强力损失相对较小	织物强力损失较大
起毛需多次，效率不高	磨绒次数较少、效率高
主要靠针布起毛	主要靠金刚砂磨绒

除了起毛织物和磨绒织物外，有的织物在起毛后又经磨绒处理，其产品的属性视最终的加工效果而定。此外，静电植绒织物也是一种绒面产品，它是利用高压静电将短纤维（绒毛）均匀地垂直吸附于预先涂布热融性树脂的加工底布上，再经过适当热压而成。

（一）起毛（teasing）

起毛是利用包有钢丝针布的起毛辊转动时与织物接触，由钢丝针布的针尖挑起织物纬纱中的纤维，钩断后形成绒毛。起毛机一般有进布架、钢丝针布起毛辊、大滚筒、吸尘装置和落布架组成，起毛辊绕着大滚筒转。

起毛的效果与原料（包括纤维种类、等级、线密度、长度、卷曲性和纺纱方法、捻度等）、织物（包括密度和组织结构）、起毛辊针布规格、织物运转速度、张力、针辊速比和起毛道数有关。

染整前处理工艺对起毛效果也有一定影响，比如在前处理加工中保持一定的蜡质含量，使织物变得滑软，则起毛针容易插入，起毛就容易进行。起毛工艺可根据产品的要求进行设计和控制。

（二）磨绒（sanding）

磨绒是利用砂粒锋利的尖角和刀刃磨削织物的经纬纱而形成具有细密短匀绒毛的绒面。

磨绒整理在磨绒机上进行。磨绒机由进布架、一组磨绒辊、吸尘装置和落布架组成，磨绒辊的表面覆盖着硬度高、耐热性好，并有适当韧性的砂粒，由于磨绒辊与织物接触磨削时产生热量，因此磨绒辊需通冷水冷却。

磨绒效果与织物（纤维材料、纱线结构、组织结构等）、磨绒辊砂粒形状和粒度、磨绒辊和织物的运行速度、磨绒辊与织物的接触程度、磨绒次数等因素有关。此外，织物的干燥程度、加工环境的温度和湿度对磨绒效果也会有一定的影响。加工工艺可根据产品的服用要求进行设计和控制。

四、手感整理

织物的手感是织物的机械物理性能通过人手的感触引起的综合反应，但手感的评定却是十分复杂的，它不仅是织物机械物理性能的反应，而且也受人的感官及心理的影响，在一定程度上反映了人们对织物外观和触感的综合反应。人们对织物手感的要求因织物用途的差别而有所不同，织物手感整理（handle finishing）主要有柔软整理和硬挺整理。

（一）柔软整理（softening）

棉及其他天然纤维含有一定的油脂蜡质，化学纤维上常施加了油剂或其他润滑剂，因此他们之间的摩擦系数较小，织物具有柔滑的性能。但是，经过练漂、染色或印花等染整加工，纤维上原有的油脂蜡质大大降低，纤维间的摩擦系数加大，织物变得粗糙，另外由于织物在染整加工中收缩，组织结构变得僵硬。为使织物柔软滑爽，需进行柔软整理。柔软整理有机械柔软和化学柔软整理两类。

1. 机械柔软整理（mechanical softening） 机械柔软整理是利用机械的方法，将织物反复拍打、揉曲，以降低织物的刚性，使它变得松柔。以前有利用轧光机进行软轧光使织物柔软或利用橡胶毯预缩机处理，改善织物交织点的位移，使织物变得松柔的。意大利生产的Arow 1000柔软整理机则是利用高速气流冲击织物，使其反复受到冲击、揉曲而变得松软。

2. 化学柔软整理（chemical softening） 某些化学药剂能对织物产生柔软滑爽作用，这些药剂被称为柔软剂，以柔软剂对织物进行柔软处理的加工过程称为化学柔软整理。

柔软剂的种类很多，按照其应用性能可分为耐久性整理剂和非耐久性整理剂，前者能经受一定次数的洗涤，后者则经不起水洗；按组成类型分类可分为表面活性剂型、交联反应型和网状成膜型。以前常用的柔软剂VS是典型的交联反应型柔软剂，但该柔软剂具有致癌作用而被禁用；有机硅柔软剂是典型的网状成膜型整理剂，它能大大降低纤维的滑动摩擦系数，但也影响织物的吸湿透气性。有机硅柔软剂能赋予织物优良的平滑而柔软的手感，是纺织染整加工中应用最广泛的一类柔软剂，多数柔软剂是阴离子型或非离子型，但也有少数阳离子型的。

选择柔软剂时要考虑产品的最终用途，选择的原则是：

（1）配方的相容性好。

（2）无异味、无毒性。

（3）不影响漂白、染色或印花织物的色泽。

（4）不降低织物的染色牢度。

（5）成本较低。

（6）加工工艺简单，一般在原有设备上就可加工。

柔软整理的工艺比较简单，一般采用轧、烘、（焙）工艺，即进布→浸轧柔软剂（一浸一轧或二浸二轧）→烘干→（焙烘→水洗→洪干）→落布。有些反应性柔软剂需要高温焙烘才能反应，反应的副产物需经水洗去除，一般柔软剂只需烘干即可。柔软剂的用量则视产品用途和柔软剂的有效成分而定，浸轧时，一般为15~30g/L。如果采用浸渍法进行柔软整理，则药品浪费较大，使用时工作液浓度适当降低，浴比尽可能减小，以减少浪费和化学品污染。

（二）硬挺整理（stiffening）

硬挺整理是利用能成膜的高分子物质制成的浆液浸轧或浸渍织物，干燥后在织物表面形成薄膜，从而具有平滑、硬挺、丰满、厚实的感觉。硬挺整理过程中一般先把高分子物制成浆液，因此习惯上把硬挺整理称为上浆。

用于硬挺整理的浆料有：天然浆料，如淀粉、糊精、海藻酸钠、植物胶和动物胶；改性浆料，如甲基纤维素（MC）、羧甲基纤维素（CMC）、羟乙基纤维素（HEC）；合成浆料，如聚乙烯醇（PVA）、聚丙烯酰胺、聚丙烯酸酯等。目前利用较多的浆料是聚乙烯醇浆料，其次是小麦淀粉浆。此外，在上浆液中还经常加入填充剂，如滑石粉或膨润土等以增强织物的厚实感；加入着色剂以改善织物上浆后的色泽；加入防腐剂以防止产品在贮存中霉腐。

硬挺整理的工艺比较简单，如果是双面上浆，则通过轧车浸轧后烘干即可。上浆率的高低视产品要求而定，以小麦淀粉浆为例，轻浆控制上浆率为0.6%~1%，重浆控制上浆率为1.5%~2%。如果是单面上浆，浆液先传到给浆辊上，让织物正面接触给浆辊，使浆液转移到织物上，再经刮刀刮去织物上多余的浆液，最后从织物反面烘干。

五、增白

织物经漂白后的白度还不够理想，这是由于织物对日光中的黄光（波长500nm以上）的反射比蓝紫光（波长480nm以下）的反射率高，使织物带有黄色。以前常采用上蓝的方法以蓝紫色染料加工到织物上吸收黄光，使织物白度增加，但鲜亮度降低。目前大多使用荧光增白剂增白，其原理是把荧光增白剂加工到织物上后，它能发出蓝紫色的可见光，与织物上的黄色合成为白光，这不仅提高了织物白度，而且提高了其光亮度。增白（whitening）不仅适用于漂白织物，也适用于淡色织物和鲜艳的印花织物。

用于增白的荧光增白剂相当于一类特殊的染料，常用的棉用荧光增白剂VBL和VBU相当于一类直接染料，与直接染料有类似的性质，能溶解于水，溶液透明，经浸轧后拉幅烘干即可，用量一般为0.1%~0.6%（对织物重），可视织物原来白度和产品要求等实际情况而定。VBL是目前用得最多的荧光增白剂，它的化学结构式为：

NH — CH═CH — NH — NH
N N N N N N
SO_3Na SO_3Na
R R

式中：R为—OH、—N（CH_2CH_2OH）$_2$或—$NHCH_2CH_2OH$等。VBL的加工工艺简单，只要把它配成工作液，然后浸轧、烘干即可。但在印染后整理中往往把增白与硬挺、定幅等整理结合进行。

涤纶、锦纶等合成纤维以使用荧光增白剂DT为多，它是一种特殊的分散染料，应用性能与分散染料相似，其结构式为：

H_3C — O C—CH═CH—C O — CH_3
N N

浸轧DT后的织物必须经高温焙烘才能发挥增白效果，其加工工艺可采用轧→烘→焙工艺，浸轧烘干后，再经160℃焙烘1min左右，然后经平洗和拉幅烘干。

六、机械防缩整理

棉织物在染整加工中，其经向经常受到拉伸，特别在湿热条件下，受到拉伸的纤维和纱线更易发生伸长，如果保持这种拉伸状态进行干燥，将导致织物在拉伸状态下定形而产生内应力。当织物再度浸水后，渗入的水分子使纤维内大分子间的作用力减弱，内应力松弛，纤维和纱线的长度回缩，织物在这种自由状态下再度干燥后，织物的长度缩短，称为缩水；另外，织物由纱线交织而成，在浸水后纤维产生异向溶胀，直径的溶胀程度比径向大得多，纱线必然随纤维溶胀增粗而缩短，迫使织物中的纱线以增加织缩来保持平衡，也导致织物发生收缩（俗称缩水）。

织物缩水的程度以缩水率表示，缩水率是织物按规定标准洗涤前后经向或纬向的长度差占洗涤前长度的百分率：

$$缩水率=\frac{L_0-L_1}{L_0}\times 100\%$$

式中：L_0——织物洗涤前经向或纬向的长度；

L_1——织物洗涤后经向或纬向的长度。

由于织物的缩水会严重影响其服用性能，因此必须严格控制织物缩水率，进行防缩整理就是最重要的方法。

机械防缩（也称机械预缩）整理（compressive shrinkage），是目前用来降低织物经向缩水率的最有效的方法之一。它是在织物的最后加工阶段，给予某种机械处理，使织物经向预先回缩，织物的长度缩短，从而消除或减少其以后的潜在收缩。机械预缩的方式因设备不同而异。

（一）橡胶毯压缩式预缩整理（rubber belt compressive shrinkage）

橡胶毯压缩式预缩的工艺流程为：进布→蒸汽给湿（堆置）→橡胶毯压缩预缩→烘筒烘干→落布。

蒸汽给湿是为织物提供湿热条件，堆置是给织物一定的作用时间，使水分能渗透到织物的内部。织物在进入橡胶毯预缩装置（图 5-1）时，首先接触橡胶毯弯曲的外缘，当进入与承压辊接触部分时又处于橡胶毯弯曲的内缘。有一定厚度的橡胶毯弯曲时，内缘被压缩长度缩短，而紧贴在这段橡胶毯上的织物经向被压缩，长度同样被缩短，并保持这一状态沿橡胶毯弯曲的切线方向离开，经烘干后保持这一收缩状态而达到预缩的目的。

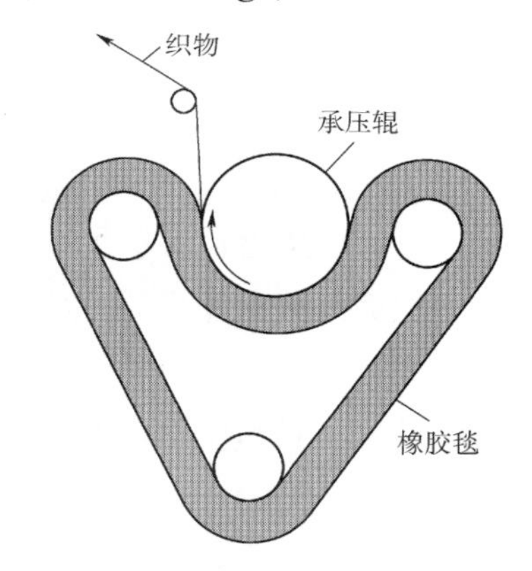

图 5-1　橡胶毯辊筒式预缩机缩布部分示意图

（二）毛毯压缩式预缩整理（woolen blanket compressive shrinkage）

毛毯压缩式预缩整理的工艺流程为：进布→给湿→汽蒸→小布铗拉幅→第一次压缩烘干→第二次压缩烘干→出布。

其预缩原理是基于厚毛毯卷绕于进布辊时，毛毯外层伸长，而离开进布辊并转入大烘筒表面时其收缩回复原来长度，使紧贴在毛毯伸长面上的织物同时一起收缩，达到消除潜在收缩、降低缩水率的目的。本工艺经二次压缩预缩，缩水率可降低到 1%以下。

（三）针铗超喂式预缩整理（pin clip overfeed shrinkage）

针铗超喂式预缩整理的工艺流程为：进布→给湿→超速喂布→拉幅烘干→落布。

其原理是利用喂布的线速度稍大于拉幅机针铗的线速度，因此在拉幅过程中织物经向为无张力的松弛状态，给予织物在拉幅干燥时经向可以回缩的条件，从而达到改善经向缩水的目的。这种工艺对降低缩水率的作用有限，但结合定幅整理可以缩短工艺流程，提高生产效率。

除机械防缩整理外，还有采用化学的方法进行防缩整理，它是指对织物施加某些化学药剂，封闭织物中吸湿纤维的某些吸湿性基团，使织物在浸水时不易因吸湿使纤维溶胀而造成织物收缩。这种方法只能改善因纤维吸湿溶胀所造成的缩水，不能解决染整加工中因织物经向经常受拉伸所引起的缩水，而且这种化学整理的方法因降低织物的吸湿性而影响其舒适性，所以很少单独使用。

第三节　棉类织物的树脂整理

一、防皱整理

天然纤维织物，如棉织物，具有吸湿透气、抗静电、穿着舒适及易生物降解等优点。但也存在弹性差、易起皱、穿着不挺括等缺点。因此，为了改善其服用性能，还要进行为提高织物从折皱状态回复原状为目的的防皱整理（anti-crease finish，crease-proof finish，wrinkle proofing）。通常用在一定条件下测定织物的折皱回复角来衡量织物的防皱整理效果。

织物形成折皱的原因是由于在外力作用下，纤维弯曲变形，去除外力后未能完全回复原样所造成的。提高纤维素纤维的弹性，普遍采用与纤维素上羟基起键合（共价交联）作用，同时又在纤维上起沉积作用的某些高分子化合物（即合成树脂）对织物进行处理来实现。习惯上，将这些处理泛称为树脂整理，经过树脂整理的织物，不但具有抗皱性能，而且还能获得防缩效果。

对防皱整理的研究已有较长的历史，早在1926年，人们就曾用酚醛或脲醛预缩体处理织物以获得防皱效果。但由于当时的预缩体和整理液稳定性差，整理的织物具有泛黄、手感差及强力下降大的缺点，所以未能得到实际应用。后来经过改进和研究，出现了多种用于防皱整理的合成树脂，如尿素甲醛树脂（脲醛树脂，简称UF）、三聚氰胺甲醛树脂（氰醛树脂，简称TMM）、二羟甲基次乙烯脲树脂（简称DMEU）和二羟甲基二羟基乙烯脲树脂（简称DMDHEU或2D）。其中，DMDHEU树脂与纤维素纤维的交联反应如下。

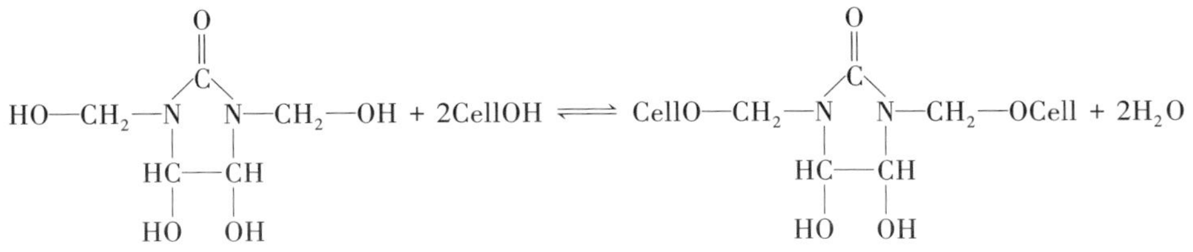

```
              O                                                   O
              ‖                                                   ‖
              C                                                   C
            /   \                                               /   \
HO—CH2—N         N—CH2—OH + 2CellOH ⇌ CellO—CH2—N         N—CH2—OCell + 2H2O
          |       |                                       |       |
          HC——CH                                          HC——CH
          |       |                                       |       |
          HO      OH                                      HO      OH
```

工厂进行树脂防皱整理的一般工艺流程为：制备工作液→浸轧→预烘→烘干→高温焙烘→平洗→烘干。

此类树脂整理效果虽好，但整理液中有游离甲醛，加上整理剂中的N-羟甲基也会发生共价键断裂，释放出甲醛。目前多采用它们的改性产品进行织物整理以降低防皱整理织物的甲醛释放。

（一）制备工作液

整理用树脂或初缩体都有一定的含固率，根据整理效果的要求考虑树脂施加到织物上的含固量和浸轧时的轧余率来确定整理工作液的浓度。为加快树脂整理的化学反应，常加入一些催化剂，如氯化镁、硝酸锌等，在焙烘时发挥催化作用。为改善树脂整理后织物手感及提高织物的强力保留率和耐磨性，常在工作液中加入适量的添加物，如柔软剂、强力保护剂等。对于厚织物还可加入适量的润湿剂、渗透剂。

配制工作液时，除了考虑树脂和助剂的用量外，还要考虑它们的相容性和工作液的稳定性，一般来说，工作液的稳定时间应大于一个作业班的一个工作日。

（二）浸轧（pad；padding）

浸轧的目的是把含有树脂和助剂的工作液均匀地转移到织物上去。浸轧常采用二浸二轧，浸轧时纯棉织物的轧余率一般控制在65%~70%，涤/棉织物的轧余率控制在60%左右。浸轧中若能采用均匀轧车，可适当降低轧余率，不仅能提高均匀性和节约能源，而且整理效果会更好。

（三）预烘（pre-drying）

预烘的目的是为了防止浸轧在织物上的树脂和助剂在烘燥时由于水分的快速蒸发而发生泳移，造成表面树脂和沾污设备。预烘大多采用红外线烘干，具有加热快而均匀，防止或减少树脂泳移的优点。

（四）烘干（drying）

浸轧的织物经预烘后带液率大大降低，再在热风拉幅机上烘干，既达到干燥目的，又能使织物达到一定的幅宽。烘干温度宜控制在80~102℃，烘房温度从低到高逐步升高。如采用针铗拉幅机，烘干拉幅前可配合超速喂布，可以使织物获得预缩的效果。

（五）焙烘（cure）

织物经烘干后还必须经高温焙烘（130~160℃），使树脂在纤维内部发生反应。焙烘时间一般为3~5min，时间的长短主要取决于树脂、催化剂种类和焙烘温度。为节约能源和提高劳动生产率，有向低温焙烘或快速催化的方向发展，如有的快速树脂，焙烘时间只需1~2min。

焙烘设备常用热风针铗拉幅机、悬挂式焙烘机和导辊式焙烘机等。要求设备的烘房温度和热风的风速都要均匀一致。

（六）平洗烘干（open washing and drying）

织物经焙烘后，反应中的副产物及表面树脂必须去除，因此需要平洗。平洗在平洗机上进行，其工艺条件视树脂种类而定，一般树脂宜采用温和条件，即用洗涤剂3~5g/L，60~80℃皂洗，再经清水洗后烘干即可。如果省去焙烘后的平洗或平洗不充分，织物上就会有残留的游离甲醛，而甲醛对人体有害，必须严格控制，使其降至限量以下。此外，在整理焙烘过程中会有副产物，有些副产物如三甲胺［$N(CH_3)_3$］会产生难闻的气味，而有些三甲胺以甲铵盐的形式存在于纺织品上，在贮存或服用时再分解出三甲胺，产生难闻的鱼腥味，因此必须进行充分的平洗。

经高分子树脂进行防皱整理后，织物的弹性会有显著提高，但其断裂强力、断裂延伸度、撕破强力和耐磨性会有所下降，这是由于在树脂整理中，在纤维素大分子间引入的共价交联使纤维随外力作用而发生形变的能力削弱，应力相对集中而造成的。因此，在防皱整理中，必须处理好提高织物的防皱性能与减少织物的强力下降这一对矛盾。

二、耐久压烫整理

耐久压烫整理也称PP（permanent press）整理或DP（durable press）整理，是指经整理制成的服装或其他纺织品在使用过程中，经多次洗涤后不需要熨烫或只需轻微熨烫即可回复到穿着或使用状态的性能。检验耐久压烫整理的效果包括纺织品洗涤干燥后的尺寸稳定性、外观平整度、褶裥保持性和接缝外观。耐久压烫纺织品是指经5次循环洗涤干燥后仍然保持上述性能良好的纺织品。耐久压烫纺织品是免烫纺织品中的一类，相当于日本的形状记忆纺织品；免烫纺织品中的另一类是防缩抗皱纺织品，相当于日本的形态稳定纺织品，两者的区别在于对纺织品有无褶裥保持性的要求。耐久压烫纺织品的折皱回复角一般为250°~300°，DP等级≥3.5级，抗张强度损失≤40%。

耐久压烫整理作为树脂整理中的一种高档整理，大多选择专用的树脂和加工工艺。加工时常采用延迟焙烘法，即织物浸轧树脂整理液后烘干而不进行焙烘，成衣后再进行压烫和焙烘。由于织物浸轧烘干后至压烫焙烘相隔时间较长，因此对树脂和催化剂都应适当选择。

三、低甲醛、无甲醛树脂整理

纺织品上的甲醛对人体有害，因此各国政府都对纺织品上的甲醛含量作了限制。低甲醛整理（low-formaldehyde resin finishing）一般指整理后的纺织品上的甲醛含量（水萃取液游离甲醛测定）低于75mg/kg（75ppm）；无甲醛整理（formaldehyde-free resin finishing）是指整理后纺织品上的甲醛含量不可检出或低于20mg/kg（20ppm，低于20ppm则视为不可检出）。

常用的脲醛类树脂整理产品或多或少都含有甲醛，很难达到低甲醛、无甲醛要求。研究低甲醛、无甲醛整理剂及其加工工艺成为染整助剂及应用专家研究的重点。低甲醛树脂整理剂目前实际应用较多的是醚化2D树脂，经过不懈的努力，人们开发了多元羧酸无醛免烫整理剂，包括丁烷四羧酸、聚马来酸和柠檬酸等。由于多元羧酸价格较贵，耐久压烫效果也有一定的局限性，因此采用复配技术和复合加工，如与液氨整理结合等，以达到良好的综合效果。

低甲醛、无甲醛免烫整理工艺条件视选用的整理剂而定，但基本工艺仍为轧→烘→焙工艺（pad-dry-cure technique）。

四、树脂整理中的注意事项

（1）棉类织物经过树脂整理后弹性（elasticity）提高，但强力（strength）和延伸度（dilatability）下降，必须认真处理好这一对矛盾。黏胶纤维织物应注意避免过度拉伸。

（2）整理半制品应有较好的渗透性，不含浆料和残碱，必要时可用稀醋酸中和残碱，以保持布身 pH 值为 6~7。

（3）织物前道染色所用染料应先做试验，以免成品发生色变或耐光色牢度下降。

（4）选用催化剂（catalyst）和其他添加剂时要注意其化学性能，必须选择能同浴相容的助剂和药品。

（5）树脂浸轧液应根据树脂初缩体和催化剂的特性控制 pH 值和温度（不超过 30℃），以保持工作液的稳定性。

（6）轧槽容积宜小一些，使工作液经常保持新鲜；严格控制轧余率，并保持前后一致。

（7）织物浸轧后最好分两步烘干：第一步预烘，使织物的含水率降低到 30%~40%（采用红外线预烘可减少或消除树脂的泳移，提高整理质量）；第二步采用拉幅烘干，烘干的温度要均匀。

（8）焙烘前织物必须充分干燥，焙烘温度要求均匀和稳定；焙烘时和焙烘后织物都要保持平直，无褶皱；焙烘后堆放前要经透风冷却，避免堆放的织物中间温度太高。

（9）选择含醛类树脂时，注意选用水解稳定性良好、游离甲醛少的树脂，以保证成品的甲醛含量达标。

（10）采用耐久压烫延迟焙烘工艺时，树脂与催化剂同存于织物上，在烘干以后不会因较高的温度和湿度或贮存时间较长而发生聚合或分解等现象。

第四节　毛织物整理

毛织物（wool fabric）按其纺织加工方法的不同分为精纺织物和粗纺织物两大类。毛织物的整理按其品种和外观风格要求又可分为光洁整理、绒面整理、呢面整理和特种整理。但习惯上，常按照加工条件和用途，把毛织物整理分为湿整理、干整理和特种整理。湿整理是指在湿热条件下借助于机械力的作用进行的整理，如煮呢、洗呢、缩呢和烘呢等；干整理是指在干态条件下，利用机械力和热的作用改善织物性能的整理，如起毛、剪毛、刷毛、压呢和蒸呢等；特种整理是指利用化学整理剂的作用赋予织物特殊性能而进行的整理，如防毡缩、抗皱、防蛀、防火等。

一、毛织物的湿整理

毛织物的湿整理（wet finishing of wool fabric）包括烧毛（烧毛虽不属湿热加工，因它在湿整理之前，所以放在湿整理一起讨论）、洗呢、煮呢、缩呢和烘呢定幅等工序。

（一）烧毛

烧毛的目的是去除毛织物呢面及其织纹中密集杂乱的短绒毛，以达到呢面光洁、织纹清晰、增强光泽的效果，对于含有化纤的交织或混纺织物，烧毛还可起到减少起毛起球，改善手感和外观的作用。

毛纺织的烧毛多应用气体烧毛机，一般都采用正反两面烧毛，烧毛的次数和工艺条件视织物品种、产品风格和呢面要求而定。由于烧毛对羊毛纤维会有一定的损伤，影响成品手感，因此除精纺织物的特殊要求外，大部分产品都采用不烧毛或少烧毛的加工工艺。粗纺毛织物无需烧毛；含化纤的毛织物如烧毛，则采用高温快速烧毛。

（二）洗呢（braying）

洗呢是为了去除呢坯中的油污、杂质，使织物洁净，为后续加工创造良好条件。洗呢常采用肥皂或阴离子及非离子合成表面活性剂在洗呢机上进行。洗呢设备有绳状洗呢机、平幅洗呢机和连续洗呢机等。目前我国仍以绳状洗呢机为主进行洗呢加工。

影响洗呢效果的主要因素有洗呢剂、浴比、pH值、加工温度和时间。洗呢剂一般以肥皂效果较好，pH值为9.5~10；精纺织物的浴比一般为（1∶5）~（1∶10），而粗纺织物则为（1∶5）~（1∶6）；纯毛织物的洗呢温度为40℃左右，时间视品种而定，精纺织物为45~90min，粗纺织物为30~60min。

（三）煮呢（crabbing；boiling）

煮呢是将呢坯置于热水中以平幅状态在一定张力和压力下进行定形的过程，利用湿、热和张力的作用，减弱和拆散羊毛纤维肽链的交键，以消除内应力，提高羊毛的形态稳定性，减少不均匀收缩性。

毛织物煮呢在专用设备上进行，常用的有单槽煮呢机、双槽煮呢机和蒸煮联合机。影响煮呢的主要工艺因素有pH值、温度、时间、张力、压力及冷却方式等。煮呢pH值以6.5~8为宜；煮呢温度80~95℃，单槽处理时间20~30min，再复煮一次，双槽处理60min左右；煮呢时根据不同品种采用适当张力和压力；高温煮呢后视品种要求可采用骤冷、逐步冷却和自然冷却的不同方式，以获得不同的产品风格。

（四）缩呢（fulling；milling）

缩呢是羊毛织物在助剂和湿热条件下受机械力的作用，利用羊毛的缩绒性使织物紧密、手感丰厚柔软、表面覆盖有绒毛的加工过程，它是粗纺毛织物必不可少的加工工序。缩呢在缩呢机上进行。

缩呢有碱性缩呢、酸性缩呢和中性缩呢。影响缩呢效果的主要因素有缩呢剂、pH值、温度和机械压力等。碱性缩呢剂采用肥皂50~60g/L，纯碱12~20g/L，pH值9左右，浴比以浸湿织物为限，处理温度35~40℃；酸性缩呢时缩呢剂采用硫酸40~50g/L或醋酸20~50g/L，pH值小于4，处理温度50℃；中性缩呢则采用适当的合成洗涤剂在中性条件下进行。

（五）脱水及烘呢定幅（dewatering and drying stentering）

毛织物经湿整理后含湿率较高，为降低织物含湿率，必须脱水。常用的脱水机有离心脱水机、真空脱水机和轧水机等，脱水后的织物一般在多层热风针铗烘燥机上进行烘干定幅。

烘干温度精纺织物为70~90℃，粗纺织物为85~95℃，烘干织物回潮率控制在8%~12%，以便后续加工。

二、毛织物的干整理

毛织物的干整理包括起毛、刷毛、剪毛、压呢和蒸呢等。

（一）起毛（raising；teasing）

大部分粗纺织物都需要起毛，起毛的目的是为了使织物呢面具有一层均匀的绒毛遮盖织纹，使织物获得丰满的手感和良好的保暖性能。起毛的程度视织物的品种和要求而定（精纺织物要求呢面清晰光洁，一般不进行起毛）。

起毛是利用起毛机的机械作用将纤维末端从纱线中挑出来，使布面覆盖一层绒毛。起毛机有刺果起毛机和钢丝针布起毛机两种。

刺果起毛机是毛织物专用的起毛设备，利用刺果的钩刺将织物表面纤维扒松疏开而起毛。刺果是一种具有椭圆柱形状的植物果实，长有稠密的钩状硬刺，刺果经热处理后紧密地固定在长条木框上，木框被固定在可以转动的大滚筒上，这种刺果起毛机为直刺果起毛机。当大滚筒转动时，织物与均匀排列的刺果适当接触，逐渐把纤维末端拉出竖起，产生起毛作用，这样可以起出浓密顺伏的绒毛，用于拷花大衣呢和提花毛毯的加工。另一种是转刺果起毛机，把刺果穿在能旋转的轴芯上，轴心与滚筒转轴按一定角度倾斜安装，起毛时可以起出散乱的毛绒。

钢丝针布起毛机既可用于毛织物起毛，也可用于棉织物起毛。有关钢丝针布起毛机的结构和应用见本章第二节。

毛织物的起毛效果受毛纤维的性能、纱支、织物结构、起毛工艺条件和起毛设备等多种因素的影响。一般说来，羊毛越细越短，起毛越浓密，越柔软光滑；织物纱支数低、捻度小，有利于起毛，纬纱的影响比经纱更加明显。

（二）刷毛和剪毛（brushing and shearing）

毛织物经过前处理、染色和湿整理后，呢面绒毛杂乱不齐，为使呢面平整，增进外观，一般需要进行剪毛。毛织物在剪毛前后都要进行刷毛，前刷毛是为了除去表面杂质和散纤维，同时使织物表面绒毛竖起，便于剪毛；后刷毛是为了除去剪下来的乱屑，使织物表面绒毛顺着一定方向排列，增加织物呢面的光洁美观。

织物刷毛在刷毛机上进行，刷毛机上常附有汽蒸箱，又称蒸刷机。呢坯刷毛时，先经汽蒸处理，使绒毛变得柔软易刷，接着通过密植有猪鬃的刷呢辊进行刷毛。蒸刷后再放置一定时间，使织物吸湿均匀，充分回缩，以降低缩水率。

精纺织物和粗纺织物的剪毛具有不同的要求，前者要求将表面绒毛剪去，使呢面光洁，织纹清晰，提高光泽，增加美观；后者要求剪毛后绒面平整，手感柔软，尤其是把绒毛剪平，保持一定长度，使外观整齐。织物剪毛在剪毛机上进行，剪毛机由支呢架、螺旋刀和平刀组成。剪毛机的工作原理是，当织物经过支呢架顶端时发生激烈的弯曲，弯曲处的绒毛直立，由高速旋转的螺旋刀与平刀之间形成的剪刀将绒毛剪去。常用的剪毛机有单刀和多刀之分，多刀剪毛机比单刀剪毛机效率高。

毛织物视其表面要求常需进行多次刷毛和剪毛。含涤混纺毛织物剪毛宜放在烧毛前进行，以剪去较长的纤维，避免涤纶在烧毛过程中熔融后结成小球而影响后续加工。

（三）蒸呢（decating；decatizing）

蒸呢与煮呢原理相同，但加工方式有所区别，它是将毛织物在一定的张力和压力条件下汽蒸一定时间，使织物尺寸稳定、呢面平整、光泽自然、手感柔软而丰满，以降低缩水率，起到定形作用。蒸呢与煮呢的区别在于：煮呢在热水中进行加热，而蒸呢在蒸汽中进行。

蒸呢的设备有开启式的单滚筒及双滚筒的滚筒式蒸呢机和罐蒸机两类，滚筒式蒸呢机的蒸呢滚筒为空心，表面布满许多小孔，轴心可通入蒸汽。蒸呢时，织物和蒸呢衬布一起平整地卷绕在蒸呢滚筒上，通入滚筒的蒸汽透过织物，待蒸汽冒出呢面后关闭活动罩壳，计算蒸呢时间，到达规定时间后，打开外蒸汽，使蒸汽透过织物进入滚筒内部。在蒸呢中常使用抽气设备进行抽气，帮助蒸汽通过呢层。一次蒸呢后，将织物调头再蒸一次，有利于达到均匀蒸呢的目的。蒸呢完成后要抽空气冷却。罐蒸机由蒸罐和蒸辊所组成，并有转塔进行卷绕、抽冷和出布。蒸呢前先将织物打卷后送入汽蒸罐内，在一定的压力下汽蒸一定时间，汽蒸压力和时间可根据品种和性能要求而定，汽蒸压力过低或时间过短，蒸汽不易均匀地透过织物，影响定形效果。罐蒸机近年来发展较快，许多印染厂用它来进行仿毛织物的汽蒸，起到很好的作用。仿毛织物的蒸呢效果与汽蒸压力、蒸呢时间、织物卷绕张力、抽冷时间及包布规格、质量等有关。

（四）压呢（pressing）

压呢是织物在一定的温度、湿度和压力条件下作用一定时间，使压后织物的呢面平整、身骨挺括、手感滑润，并且有良好的光泽。压呢近似于棉织物的轧光加工，是精纺毛织物干整理的一个重要工序，但对于华达呢、直贡呢等精纺毛织物不宜采用压呢，粗纺毛织物一般不用压呢。

常用的压呢机有连续生产的回转式和间隙生产的电热式两类，前者为热压机，后者为电压机。目前较多采用电压式，压呢时将电热板和电压纸依次插入每层织物中间，一般每隔一匹呢插入一块电热板，使织物保温加热数小时，然后经过充分冷却后出机。织物经第一次电压后，折缝处未曾受到压力，还需将折叠处放在纸板中央再复压一次，以使整匹织物的压呢效果一致。

毛织物压呢时要控制好加工时的织物含潮率、温度、压力和时间等因素。织物含潮率一般为15%，温度一般在50~70℃，通电后保温20min左右，降温时冷却6~8h。

三、毛织物的特种整理

（一）防毡缩整理（anti-felting finishing）

羊毛纤维的表面覆盖鳞片层，在洗涤过程中由于纤维与纤维之间的定向摩擦效应，使羊毛纤维之间产生缠结，羊毛织物越洗越紧缩，而且很难回复，产生毡缩。毛织物的毡缩是一个很严重的问题，因此，进行毛织物的防毡缩整理具有很重要的意义。

在毛织物的防毡缩整理中，用树脂填充羊毛表面鳞片层的间隙，使其在鳞片表面形成薄膜，或利用交联剂在羊毛大分子之间进行交联，以限制羊毛纤维的相对移动，这种整理方法，称为“加法”整理；利用氧化剂对羊毛进行氧化，使羊毛纤维表面的鳞片层受到适当的损伤，羊毛鳞片的鳞角钝化，降低其洗涤时的定向摩擦效应，从而防止毡缩，该加工方法称为“减法”整理。

“加法”整理是利用聚合物沉积于羊毛纤维表面，其方法有界面聚合和预聚合两类。所用聚合物有聚氨基甲酸酯、聚丙烯酸酯、聚酰胺和有机硅等，它们是含有两个以上活性官能团的预聚体，在羊毛表面通过自身或与其他交联剂发生作用，或与羊毛纤维反应。界面聚合是以单体进行处理，与羊毛发生接枝反应，生成线型聚合物沉积于纤维表面。预聚合是先制成有一定聚合度的预缩体，再施加到羊毛织物进行聚合，如用含有活泼基团的聚氨基甲酸酯，它便成为羊毛防毡缩整理的预聚体之一。该预聚体在纤维上可通过活性异氰酸基继续进行交联聚合反应，在纤维表面生成具有弹性的聚氨酯薄膜，从而提高防毡缩作用。

最早采用的“减法”整理是通过氧化处理破坏羊毛的鳞片层。用酸性次氯酸钠的稀溶液处理羊毛，温度20℃左右，控制pH值和有效氯浓度，处理45min左右，然后用1%~2%的亚硫酸氢钠脱氯，最后用氨水中和。经过“减法”处理，羊毛鳞片遭到破坏，鳞片的尖角被钝化，大大降低了羊毛纤维的定向摩擦系数，提高了防毡缩性能。单用“加法”和“减法”处理，防毡缩效果都不够理想，因此常常把两者结合，先“减法”整理，再“加法”整理，能够得到良好的防毡缩效果。但随着环境保护的要求日益严格，纺织品的含氯量受到限制，“减法”整理的氯化加工逐步被其他氧化加工所代替，如用过氧化氢、高锰酸钾和其他氧化物处理，其中以过硫酸及其盐类应用较为普遍，处理液pH值一般在2以下，温度40~50℃。目前也有研究用生物酶处理来代替氯化加工。也有研究采用等离子体对羊毛织物防毡缩整理，目前仍在试验开发阶段。

毛织物防毡缩整理效果的主要考核指标以其面积收缩率（T）表示：

$$T=\frac{(a_0-a_1)\ (b_0-b_1)}{a_0 \cdot b_0}\times 100\%$$

式中：a_0——洗涤前在试验织物上选定的长度；

b_0——洗涤前在试验织物上选定的宽度；

a_1——织物洗涤后相应长度的实际长度；

b_1——织物洗涤后相应宽度的实际长度。

毛织物经防毡缩整理后其防毡缩性能大大提高，但织物的手感和风格等均受到影响，因此要采取柔软整理等措施进行改善。

（二）防蛀整理（insect-proof finishing）

羊毛是优良的蛋白质纤维，是高档纺织品的原料，羊毛制品在储存和服用期间极易发生蛀蚀，因此羊毛及其制品的防蛀十分重要。就防蛀方法而言，可分为物理性预防法、羊毛化学改性法、抑制蛀虫生殖法和防蛀剂化学驱杀法四类，其中以防蛀剂化学驱杀法比较普及，如把杀虫剂整理到织物上，抑制幼虫的生长。也有采用染料型的防蛀剂，如米丁FF，属于无色酸性染料，有杀虫作用，对人体无害，对纤维有亲和力，使用简单，可在染色前后处理，也可在酸性染料染色时同浴进行，但要防止染色色花。

第五节　丝织物整理

蚕丝是天然纤维之王，蚕丝制品是华丽、高档的纺织品。对丝织物（silk fabric）整理的主要目的是充分发挥蚕丝的固有特性，使织物具有悦目的光泽，柔软的手感，飘逸的风格。丝织物种类繁多，商业上将丝织物分为绡（chiffon）、纺（habotai）、绉（crepe）、罗（leno）、缎（satin）、绫（ghatpot）、绸（silk）、绢（plain silk）、纱（gauze）、葛（ko hemp）、绨（silk-cotton goods）等若干大类，加工过程视各品种要求而异，但其整理加工主要分为机械整理和化学整理两类。

一、丝织物的机械整理

丝织物的机械整理主要有烘燥烫平、定幅、预缩、蒸绸、机械柔软、轧光和刮光等。

（一）烘燥烫平（drying and plating）

经绳状加工的丝织物，脱水后虽经开幅，但还有皱痕，必须进行烘干烫平。丝织物常用的烘干设备有滚筒烘燥机、悬挂式热风烘燥机和圆网烘燥机等。三类设备各有特色，滚筒烘燥机结构简单、占地面积小、操作方便、整理织物平挺光滑，但织物与热滚筒表面直接接触，容易产生摩擦极光，而且经向张力大，缩水率高，因此不适宜绉类织物的烘干；悬挂式烘燥机张力小，烘干均匀，缩水率低，尤其适用于绉类及条纹织物，但烘干后织物不够平挺，尚需进一步烫平，因此不适于绸类和某些要求平挺的丝织物；圆网烘燥机烘干效率高、织物平整、适应性强，尤其适用于绉类及花纹织物。

（二）定幅

与棉织物一样，丝织物在染整加工中也经常受到经向张力，引起经向伸长，纬向收缩，造成幅宽不均以及纬斜等，因此需进行定幅整理。定幅原理和工艺参见本章第二节。如应用针铗热风拉幅机，除拉幅作用外，还可以超喂进绸，降低织物缩水率。

（三）预缩（pre-shrinking）

丝织物在洗涤时也有较大的缩水现象，为降低成品的缩水率，须进行预缩整理。丝织物的机械预缩原理同棉织物，所用设备主要是橡胶毯式预缩机和呢毯式预缩机两类，其中以呢毯式预缩机的整理织物光泽柔和，手感丰满且富有弹性，所以应用较普遍。

（四）蒸绸（silk steaming）

丝织物经蒸汽汽蒸后，手感柔软、蓬松丰满、光泽自然、富有弹性，而且绸面平整，因此蒸绸也称汽烫整理。蒸绸设备有间隙式和连续式两种，前者同毛织物的蒸呢机，蒸绸时间为30min左右；后者为连续蒸呢机，织物在蒸汽中连续运行。

（五）机械柔软整理

丝织物经过前道染整加工后，织物手感粗糙、发硬，进行机械柔软整理可减少其刚性，回复其柔软而富有弹性的风格。丝织物的机械柔软整理俗称揉布，织物在上下两排搓绸辊中穿过，上排搓绸辊固定，下排辊能随织物上下升降，织物在上下升降时受到搓揉而达到柔软的目的。柔软整理时，可通过控制上、下排搓绸辊的升降幅度和织物通过的次数以达到不同的处理效果，一般来回运行 3~4 次。

（六）光泽整理

丝织物具有柔和的天然光泽，一般不需要进行光泽整理，但对于光泽要求高的产品仍需进行。丝织物的光泽整理有轧光和刮光。例如，提花织锦类产品的表面经纱浮点多，绸面不够平整，通过轧光可赋予织物平滑而富有光泽的外观。而有些色织缎类织物需通过刮光整理使缎面发出光泽。古代刮光是用极光滑的蚌壳在缎面上有规律地磨刮，而现代则是将织物通过一排装有螺旋形的钝口金属刮刀或厚橡皮刮刀使其产生光泽。

二、丝织物的化学整理

丝织物的化学整理是通过施加化学品来赋予其不同的性能。

（一）柔软整理

通过柔软剂的作用，降低纤维间的摩擦阻力而赋予织物以柔软、滑爽和舒适的性能。用于丝织物的柔软剂大多为长链脂肪烃化合物或有机硅化合物。柔软整理的工艺视加工设备和柔软剂的种类而有所不同，如果采用轧车浸轧，则为轧→烘→（焙）工艺，即浸轧柔软剂以后进行预烘和烘干，如果是高温型反应性柔软剂则还需要焙烘和平洗，否则浸轧后烘干即可；如果采用浸液的工艺，则为浸液→脱水→开幅→烘干→（焙烘）。浸液的方式比浸轧使用更多的柔软剂，不仅增加成本，也增加环保的压力。

（二）硬挺整理

有些丝织物也需要硬挺整理，但一般不用棉织物常用的硬挺整理剂如淀粉、PVA 和 CMC 等，而是采用那些既能改善丝织物的身骨和弹性，提高耐磨性和撕破强力，又能保持良好手感的热塑性树脂乳液，如聚丙烯酸乳液、聚乙烯乳液及聚氨酯乳液等。硬挺整理的加工工艺同棉织物加工。

（三）增重整理（weighting finishing）

蚕丝经脱胶后会失重 20%~25%，为弥补失重，提高织物悬垂性，常采用增重处理。增重主要有锡增重、单宁增重和合成树脂增重等，经增重处理后纤维变粗、质量增加，织物厚实、手感丰满，提高了悬垂性。锡增重的方法一般是将脱胶精练后的丝织物先经四氯化锡溶液处理，水洗脱水后再经磷酸氢二钠溶液处理和水洗。为得到较好的增重效果，该处理可反复进行几次，最后经硅酸钠溶液处理。锡增重法是传统的蚕丝增重整理的主要方法，此外也有采用合成鞣料增重和单宁增重的。

（四）树脂整理

丝织物虽然由蛋白质纤维组成，但它的起皱和防皱原理与纤维素纤维相似，可以进行树脂整理，纤维素织物进行树脂整理的设备和工艺也可应用于丝织物。一些树脂整理剂如二羟甲基乙烯脲和二羟甲基二羟基乙烯脲等可用于丝织物的防皱整理，但由于树脂整理后丝织物的手感变差，影响了它的风格，因此丝织物的防皱整理并没有真正达到目的。目前，研究应用聚氨酯对丝织物进行防皱整理的技术已有所发展。

（五）防泛黄整理

丝织物在加工、服用、贮存过程中，易泛黄、纤维发脆、强力降低、服用性能和外观质量下降、出现老化等现象。可通过紫外线吸收剂整理、抗氧化剂整理、树脂整理、接枝整理等方式，防止丝织物泛黄。

第六节　针织物整理

针织物（knitted fabric）与机织物（woven fabric）的织造方法和组织结构不同，其整理方法和整理重点也不完全相同。针织物的整理可分为两类：一是物理机械整理，如防缩、起绒；二是化学整理，如防皱、抗静电等。近年来，由于针织物的外衣化和经编针织物的发展，其整理技术也在进一步发展。对于不同纤维的针织物，其加工工艺也有所不同。

一、棉针织物整理

棉针织物弹性好，具有良好的吸湿透气性，而且质地松软，但比机织物容易变形，有较大的缩水现象。

（一）针织物的结构和防缩整理

针织物基本结构是线圈，通过线圈的相互套结形成其组织结构。两个相邻线圈横向对应点之间的距离叫作圈距，而纵向对应点之间的距离叫作圈高，圈高与圈距的比值称为密度对比系数。针织物极易变形，变形时圈高和圈距发生变化，即密度对比系数改变。但每一种针织物通常都有最稳定的结构形态，即有最佳的密度对比系数。

棉针织物的缩水主要是由其极易变形的组织结构引起的。如果在加工中受到过大的外力作用，或者受到反复的外力作用，则会使线圈产生较大变形，使其结构远离稳定状态，处于很不稳定状态，这种不稳定状态在水和外力的作用下，可通过松弛而回复原状，就导致织物收缩，称为缩水。此外，棉纤维和纱线本身在外力作用下变形而产生内应力，通过水分子对应力的松弛作用也会引起纤维和纱线的收缩，也产生缩水。上述两类缩水对针织物整个缩水的影响大小与织物的组织结构、加工设备和加工工艺有关。为降低缩水，一是应用松式加工设备，降低加工张力、减少纤维及线圈的变形，提高织物形态稳定性；二是对处于不稳定状态的织物在湿热条件下强迫其回缩，以达到预缩的目的，也称为防缩。

针织物的防缩整理主要是机械防缩，常用的有三超喂防缩、阻尼预缩和双呢毯预缩整理等。

1. 三超喂防缩整理（tri-overfeed shrink-proof finish）　三超喂防缩整理包括超喂湿扩

幅、超喂烘干和超喂轧光。即让织物在湿热条件下进行扩幅、烘干和轧光前给予超喂进布，使其预先收缩，即为预缩整理。

2. 阻尼预缩整理（damp shrink-proof finish） 将织物通过汽蒸和布撑扩幅装置以平幅松弛状态喂入一对表面速度不同，旋转方向相反的阻尼辊之间，进布辊表面光滑，其线速度大于表面粗糙的减速阻尼辊，从而使织物在其间形成一个超喂挤压区，促使织物松弛定形，达到防缩效果。

3. 双呢毯预缩整理（double felt shrink-proof finish） 将经过超喂扩幅、蒸汽给湿的织物紧贴于拉伸状态又富有弹性的呢毯表面，当呢毯拉伸而转入收缩状态时，织物随呢毯产生同步收缩，在处于收缩的状态出布，起到预缩的效果。利用双呢毯的作用，使织物经过双区处理，两面都得到预缩。

（二）防皱整理

通过树脂化合物的整理赋予针织物防皱性能，也有一定的防缩作用。针织物的防皱原理、整理工艺和整理品性能与机织物相似，但整理设备宜采用松式加工设备。

（三）起绒整理

针织物的起绒原理与机织物相同，一般在钢丝起毛机上进行，起绒时，针布将针织物表面的浮线中的纤维拉出，产生细致的绒毛。针织物的起绒加工方式与机织物相似，但其起毛后，长度增加 25%～30%，幅宽收缩 30%～35%，为稳定门幅，起绒后需进行扩幅整理。

二、合成纤维针织物整理

目前常用的合成纤维有涤纶、锦纶、腈纶、维纶、丙纶五大类，其中以涤纶产量最大、应用最多。合成纤维由于吸湿性低，有起毛起球、产生静电和易沾污等缺点，因此，合成纤维针织物常需进行抗起毛起球、抗静电和易去污等整理，整理原理和工艺与合成纤维梭织物相似，可参考本章第七节特种整理中的介绍。

第七节 特种整理

采用特殊的加工方式或赋予织物特殊功能的整理称为特种整理，如涂层整理、防水和拒水整理、阻燃整理、抗菌卫生整理、防紫外线整理、易去污整理、抗静电整理、抗起毛起球整理、仿真丝绸整理、仿麂皮整理、泡沫整理和纳米材料整理等。特种整理有些也称功能整理。

一、涂层整理

在织物整理加工中通常采用轧车浸轧或在缸、槽中浸渍的方式把整理剂施加到织物上去，不论织物的表面和内部都有整理剂。涂层整理（coating）则是把整理剂均匀地涂布在织物的一面或两面，能使织物正反面产生不同功能的整理。改善织物的外观和风格，赋予织物防水、透气、透湿、阻燃、防污、防辐射等特殊功能。在涂层整理中，主要解决涂层整理剂、涂层设备和涂层工艺技术三个方面的内容。

（一）涂层整理剂

涂层整理剂是一类能成膜的高分子化合物，常用的涂层剂（coating agent）有以下几种。

1. 聚氯乙烯（PVC）涂层剂 聚氯乙烯（polyvinyl chloride）是氯乙烯的均聚物，分子式可简写为$\{CH_2—CHCl\}_n$，属无定形化合物，但有少量（5%~10%）的微晶。聚氯乙烯能大量吸收增塑剂而仍保持一定的强度，聚氯乙烯塑料有很好的蠕变回复性，都是这些微晶在起作用。采用乳液聚合的聚氯乙烯树脂是很好的涂层剂，其涂层的织物主要为人造革，用于制作箱包。

2. 聚氨酯（PU）涂层剂 聚氨酯的全名为聚氨基甲酸酯（polyurethane）。聚氨酯类涂层剂为多元异氰酸酯类化合物和含有活泼氢的聚醚类或聚酯类化合物聚合而成的高分子物，是一种性能优良，应用广泛的涂层剂。

3. 聚丙烯酸酯涂层剂 聚丙烯酸酯（polyacrylate）是丙烯酸酯类、甲基丙烯酸酯类等不同丙烯酸酯单体的共聚物，其分子结构可简单地表示为 $\{CH_2—\underset{\displaystyle COOR_1}{\underset{|}{CR}}\}_n$ （其中R，R_1可为H或C_mH_{2m+1}），聚丙烯酸酯涂层剂是服用织物的重要涂层剂之一，其涂层薄膜的弹性和柔顺性较聚氨酯类涂层剂差，手感较硬，但合成方便，成本较低，仍应用较多。

4. 聚有机硅氧烷涂层剂 聚有机硅氧烷，简称有机硅（organosilicon），主链由硅氧原子交替构成，侧链通过硅原子与有机基团相连，它的结构为：

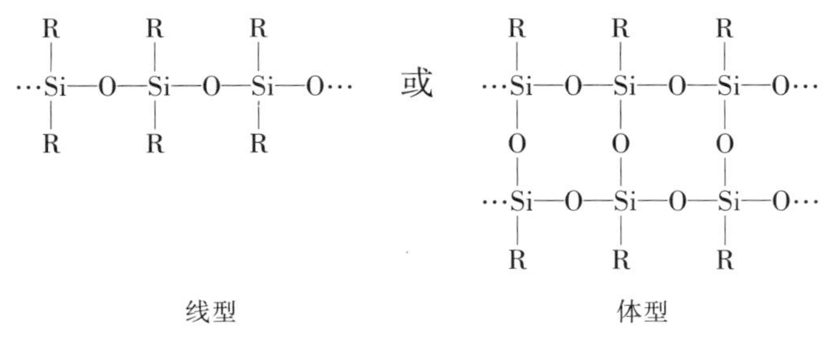

在聚硅氧烷的主链上含有反应性基团—OH等，在催化剂的作用下，通过交联剂的作用，可形成具有良好弹性和耐洗性的有机硅涂层膜，改善涂层织物的撕破强力和耐磨性，但膜的黏结性能较差，通常与其他涂层剂拼用。

5. 聚四氟乙烯（PTFE）涂层剂 聚四氟乙烯（polytetrafluoroethylene）涂层剂多用于胶合涂层整理，可以制成具有防水透湿性的微孔薄膜，一般膜的厚度为25~40μm，开孔率82%左右，最大孔径0.2μm左右，每平方英寸约有90亿个微孔，具有良好的防水透湿性和弹性。这种薄膜通常被用于复合涂层，涂层织物可用作雨衣、滑雪衣和风衣等服装面料。

在众多的涂层剂中，按其整理时的反应性能分类，又可分成非交联型涂层剂、交联型涂层剂和自交联型涂层剂。按其使用介质分类，可分为溶剂型涂层剂和水系型涂层剂。但不论哪种涂层剂，都需通过涂层设备进行涂层加工。

（二）涂层整理设备

一般的涂层设备都有进布装置、涂布器、烘干装置、轧平和冷却装置及落布装置组成。根据涂布器涂头的不同，可以分为刮刀式涂层机、辊式涂层机和圆网式涂层机。

1. 刮刀式涂层机（knife coater）　刮刀式涂层机的涂头为刮刀式，它是使用最早的传统涂布器，至今仍然是用得最多的通用涂布设备，它结构简单、价格低廉、适用面广。刮刀主要有楔形、圆形和钩形三种。刮刀装在刀架上，能上下移动和调节角度，刮刀下是衬辊，当涂层剂施加在衬辊上面的织物表面并通过刮刀时被均匀刮平而涂布，可通过调节刮刀与衬辊的间隙来控制涂层的厚度。

2. 辊式涂层机（roller coater）　辊式涂层机的涂头为滚筒式，辊式涂头是以转动的圆滚筒在织物的一面施加涂层胶。施胶辊有表面刻凹孔的凹形辊和逆行辊两种，凹形辊的特点是当织物在带有涂层胶的施胶辊与主动辊之间轧过时，能计量地把涂层剂均匀地涂布在织物表面；逆行辊是由加工精度很高的滚筒与传动系统组成，通过调节相邻滚筒转动的速度差和滚筒之间的间隙大小控制涂层量。

3. 圆网式涂层机（rotary screen coater）　圆网式涂层机以圆网作为涂头，其涂层的原理和加工特点与圆网的满地印花相同。

（三）涂层方式和工艺

涂层加工方式可分为直接涂层、热熔涂层、黏合涂层和转移涂层。

1. 直接涂层（direct coating finishing）　直接涂层是将涂层剂以物理机械的方法直接均匀地涂布于织物表面，然后烘干和焙烘，使其成膜。按照成膜方法的不同，又分为干法涂层和湿法涂层。

（1）干法涂层（dry coating）。将涂层剂溶于水或有机溶剂中，加入一定的添加剂制成涂层浆，用涂布器将其直接均匀地涂布于织物上，然后加热烘干（焙烘），使水分或溶剂蒸发，涂层剂在织物表面通过自身的凝聚力或交联剂的交联，形成牢固的薄膜。常用的干法涂层工艺流程为：基布预处理→涂层→洪干→（附加功能整理）→（焙烘）→成品。是否焙烘，根据涂层剂要求而定。

（2）湿法涂层（wet coating）。应用以二甲酰胺（DMF）为溶剂的聚氨酯涂层剂直接涂布于织物表面，然后通过水浴凝固。其工艺流程为：基布预处理→涂层→水浴凝固→水洗→烘干→轧光→成品。湿法涂层可在织物表面形成多微孔薄膜，既有拒水性，又有良好的透湿透气性能，是生产拒水透湿织物的重要途径之一。但湿法涂层的溶剂 DMF 对环境和人体有害，而且容易引起火灾和爆炸，使用时应特别注意安全。

2. 热熔涂层（hot-melt coating finishing）　将热塑性树脂加热熔融后涂布于织物表面，经冷却后黏着于织物上成膜。根据涂布要求不同，可以在织物表面形成面状、线状、点状和网状等不同分布形态。热熔涂层整理的一般工艺流程为：基布→涂层→冷却→轧压→成品。

3. 黏合涂层（bonding coating finishing）　将织物涂上黏合剂，然后与树脂薄膜叠合，经轧压使其黏合成一体，或将树脂薄膜与高温热熔辊接触，使树脂薄膜表面熔融后与基布叠合，再通过轧压而黏合成一体。黏合涂层的薄膜较厚，通常用于装饰织物和铺地织物。黏合涂层整理的工艺流程为：基布→涂层→烘干→薄膜黏合→焙烘→轧压→成品；或树脂薄膜→高温热熔辊→基布叠合→轧压→成品。

4. 转移涂层（transfer coating finishing） 先以涂层浆均匀涂布于经有机硅处理过的转移纸（也称剥离纸）或不锈钢带上，然后与基布叠合，经烘干、轧压和冷却，再使转移纸与涂层织物分离。转移涂层主要用于对张力敏感的无纺布、轻薄织物和针织物上。转移涂层整理的工艺流程为：转移纸→预处理→涂层→基布叠合→加热→轧压→冷却→织物与转移纸分离→成品。

二、防水和拒水整理

防水整理历史悠久，我国古代用的油纸伞、油布伞和油布衣就是利用天然的桐油对其进行了防水整理。随着科技的发展和人们生活水平的提高，要求既能防止水的透过，又能透湿透气，于是形成了拒水整理。习惯上，把水不能透过织物的整理分成两类：一类是织物整理后，在一定压力下，水和空气都不能透过，称为防水整理；另一类是织物整理后，纤维的表面性能被改变，使织物不易被水润湿，但仍能透气，称为拒水整理。

（一）防水整理（waterproof finish）

由防水剂在织物表面形成不透水、不溶于水的连续薄膜，以堵塞织物孔隙，因而织物不透水也不透气。防水织物常用于帐篷、卡车篷布和遮雨棚布等。防水整理的工艺随防水剂的不同而有所区别，但总的来说工艺比较简单，如采用油脂、石蜡共熔物，在其加热到石蜡熔化后涂布到织物上，冷却即成；如采用橡胶，不论天然橡胶还是合成橡胶，加入适当的填充剂、硫化剂和抗氧化剂等组成涂层浆后涂布于织物上，经烘干和焙烘即成；如采用热塑性树脂，则先进行涂刮或挤压涂层，再经烘干和焙烘完成。不论采用哪种防水剂，都有它的优点和不足，因此根据织物品种和使用功能，适当选用防水剂和在防水液配方中加入适当的助剂改善其功能还是必要的。如采用铝皂法进行防水整理，铝盐在织物上受到加热后产生了具有防水性的氧化铝。其反应式为：

$$Al(CH_3COO)_3 + 3H_2O \longrightarrow Al(OH)_3 + 3CH_3COOH$$

$$2Al(OH)_3 \longrightarrow Al_2O_3 + 3H_2O$$

铝皂法防水整理加工工艺举例如下：

硬脂酸	0.5g
松香	2.0g
石蜡	5.6g
烧碱（23.5%）	0.36mL
动物胶	2.0g
醋酸铝（2%～3%）	31g
防腐剂	0.2～1g
加水合成	100g

配制时，先将动物胶、松香、硬酯酸及烧碱等配制成液体，加热至65℃左右，注入熔融

的石蜡并不断搅拌至充分乳化。然后将乳液缓缓加入醋酸铝中，充分搅和，冷却后加入防腐剂，最后用冷却水补足。织物在30~40℃二浸二轧，然后烘干即可。铝皂法防水整理不耐洗，如要提高其耐洗性，可选用其他合适的防水剂。防水整理的效果常用整理织物的耐水压能力来检验。

（二）拒水整理（water-repellent finish）

拒水整理是为降低织物纤维的表面张力，在纤维表面覆盖一层比水的表面张力小的疏水性物质的染整加工。这些疏水性物质都是临界表面张力比较小的物质，如长链脂肪烃类化合物、氟类化合物和有机硅类化合物等。经拒水整理后，它们有的黏附在纤维表面，成为非耐久拒水整理产品；有的与纤维结合，成为耐久性拒水整理产品。经拒水整理的织物，水不能润湿，但能透气。拒水整理剂与水的临界表面张力差距越大，则拒水性能越好。如果整理剂的临界表面张力小于油类，则以该整理剂整理的织物具有拒油的效果。长链脂肪烃类化合物、有机硅类化合物只有拒水作用，氟类化合物既能拒水又能拒油，但传统的含氟拒水拒油整理剂主要活性成分全氟辛基磺酰化合物（PFOS）或全氟辛碳是目前最难降解的化合物，对人体健康和环境存在潜在危害。

目前新型环保拒水整理剂有杜邦公司生产的全氟己基新型含氟整理剂、日本旭硝子公司推出的AsohiGuard E系列拒水拒油整理剂、德国鲁道夫公司合成末端为—CH_3的树状大分子拒水剂，纺织品拒水整理的效果一般以整理织物的表面抗湿性和耐洗性来衡量。为了提高整理织物的泼水性，常采用不同防水剂的复配物进行整理，例如，用有机硅防水剂与一般长链脂肪烃防水剂复配，能够起到更好的效果。工艺实例为：

有机硅防水剂821	40g/L
脂肪烃防水剂CR	30g/L
醋酸铝	3g/L

加水配成工作液。工作液以冰醋酸（约0.1%）调节pH值至5.5~6。织物经二浸二轧（轧余率65%左右）后烘干和焙烘。由于这类长链烃和有机硅既是良好的拒水剂，又是很好的柔软剂，所以整理的织物既具有良好的拒水性和耐洗性，又具有丰满柔软的手感。

三、阻燃整理

纺织纤维大多是有机高分子化合物，达到一定温度时会由于剧烈氧化而发生燃烧。由纺织品的燃烧引起的火灾时有发生，因此大大促进了纺织行业对纺织品的阻燃（俗称防火）整理（flame checking）的研究，竞相开发阻燃产品。多年来，阻燃整理一直是纺织品的特种整理中的一个热门话题。

经过阻燃整理的纺织品，并非是其接触火源而不会燃烧，只不过是其可燃性受到抑制，当它着火离开火源后，具有抑制火焰蔓延的性能。在阻燃整理中经常会接触到一些专用的术语，应对它们有所了解。

（一）燃烧性能的专用术语

（1）燃烧（combustion）：可燃性物质接触火源后产生的氧化放热反应，并伴有有焰的或无焰的燃着或发烟。

（2）点燃温度（ignition temperature；俗称着火点）：在规定的试验条件下，使材料开始持续燃烧的最低温度。

（3）有焰燃烧（flame）：伴有发光现象的气相燃烧。

（4）发烟燃烧（fuming combustion）：一种无光但有烟雾出现的缓慢燃烧现象。

（5）余燃（residual combustion）：燃着物质离开火源后仍有持续有焰燃烧。

（6）阴燃（afterglow）：燃着物质离开火源后仍有持续无焰燃烧。

（7）热解（pyrolysis）：材料在无氧化的高温下所发生的不可逆化学分解。

（8）炭化（carbonization）：材料在热解或不完全燃烧过程中，形成炭质残渣的过程。

（9）阻燃（flame retardant）：某种材料所具有的防止、减慢或终止有焰燃烧的特性。

（10）损毁长度（damaged length；俗称炭长）：在规定试验条件下，材料损毁面积在指定方向的最大长度。

（11）极限氧指数（LOI；limiting oxygen index）：在规定试验条件下，使材料保持燃烧状态所需氮氧混合气体中氧的最低浓度。

在上述术语中，点燃温度（着火点）表示材料着火的难易；材料的极限氧指数，和在一定条件下的余燃、阴燃和损毁长度（炭长）反映其燃烧性能。

（二）纤维的燃烧性能（combustibility of fibre）

可燃性纤维着火燃烧过程中，首先是受热水分蒸发、升温，然后产生热分解，形成可燃性物质与空气混合而着火燃烧。不同纤维由于其化学结构以及物理状态的差异，燃烧的难易程度也不相同。常见纤维的燃烧特性见表5-3。

表5-3　常见纤维的燃烧特性

纤维名称	着火点/℃	火焰最高温度/℃	发热量/($kJ \cdot kg^{-1}$)	LOI/%
棉	400	860	15.9	18
黏胶纤维	420	850	—	19
醋酯纤维	475	960	—	18
羊毛	600	941	19.2	25
锦纶6	530	875	27.2	20
聚酯纤维	450	697	—	20~22
聚丙烯腈纤维	560	855	27.2	18~22

着火点和极限氧指数越低的纤维越容易燃烧，纤维素纤维与蛋白质纤维相比，前者更易燃烧。除了纤维的性能外，影响织物燃烧的因素还有织物的组织结构、织物的含湿量、环境温度、空气压强和空气的流动等。在纤维相同的条件下，织物的组织结构越紧密厚重越不易燃烧；织物的含湿量高就不易着火，反之，干燥的织物容易燃烧；环境温度高会加速燃烧；空气压强高或适当的风速增加了氧气的流量，会加快燃烧的进程。

（三）阻燃理论

阻燃织物的燃烧过程随着纺织材料和阻燃剂的不同而变化，有关的理论解释有很多，但最常用的阻燃理论主要有催化脱水论、气体论、覆盖论和热论以及协同阻燃效应。

1. 催化脱水论（catalytic dewatering theory） 阻燃剂的作用是改变纤维的热裂解过程，促进纤维材料的催化脱水炭化，使纤维素分子链在断裂前发生迅速而大量的脱水，使可燃性气体和挥发性液体量大大减少，而使难燃性固体炭量大大增加，有焰燃烧得到抑制。如含磷阻燃剂在高温下生成磷酸，酸的催化脱水阻止左旋葡萄糖的形成，减少了热分解可燃性气体量，另外也增强其脱水炭化能力，增加固体炭量，才能有效阻止有焰燃烧。

2. 覆盖论（coverage theory） 有些阻燃剂在一定温度下是稳定的不会分解的，但在较高的温度条件下，阻燃剂可分解成不燃性气体等覆盖在纤维的表面，隔绝氧气和阻止可燃性气体向外扩散，从而达到阻燃的目的。如以硼砂—硼酸与氯化镁组成的混合阻燃剂的阻燃过程为：

$H_3BO_3 \xrightarrow[-H_2O]{130\sim200℃} HBO_2 \xrightarrow[-H_2O]{260\sim270℃} B_2O_3 \xrightarrow{325℃}$软化$\xrightarrow{500℃}$熔融成玻璃层，黏附于纤维表面阻隔气体。

$Na_2B_4O_7+MgCl_2 \longrightarrow MgB_4O_7\downarrow+2NaCl$，不溶并不燃性的硼酸镁沉积于纤维表面，产生阻燃作用。

3. 气体论（gas theory） 阻燃剂在一定温度下分解出不燃性气体将可燃性气体冲淡到能产生火焰的浓度以下，如阻燃剂中分解出来的二氧化碳、氯化氢和水等；或者阻燃剂分解出游离基转移体，与促进织物燃烧的活泼性较高的游离基反应，从而阻止了这些游离基反应的进行，因而具有阻燃作用。例如，以溴化烃作阻燃剂时：

$$RBr+\cdot H \longrightarrow HBr+R\cdot$$

式中：·H——促进织物燃烧的活泼性较高的游离基；

R·——一种比较不活泼的游离基。

4. 热论（heat theory） 阻燃剂在高温下产生吸热变化（如熔融、升华），从而降低燃烧织物的温度，阻止火焰的蔓延，如：

$$Al_2O_3\cdot3H_2O \longrightarrow Al_2O_3+3H_2O \text{（吸热过程）}$$

$$CaCO_3 \longrightarrow CaO+CO_2\uparrow \text{（吸热过程）}$$

另一种解释是使纤维迅速散热，从而使织物达不到燃烧温度。

5. 协同阻燃效应（synergistic effect of flame retardant） 纺织品的阻燃整理常常由阻燃剂的综合作用来完成。含有两种以上阻燃元素的整理剂整理的织物所具有的阻燃能力，往往比使用一种阻燃元素的阻燃能力强得多，这种效应叫协同阻燃效应。如磷—氮类协同效应，卤素—锑类协同效应等。

（四）阻燃剂及其应用工艺

阻燃剂按其属性分类，有无机类阻燃剂（如金属氧化物、卤化物、硼砂和磷酸盐等）和有机类阻燃剂（如四羟甲基氯化磷和氯化磷腈等膨胀型阻燃剂是一种以氮、磷为主要组成的复合阻燃剂，不含卤素，也不用氧化锑协同剂，其体系自身具有协同作用，受热时发泡膨胀，起到隔热、隔氧、抑烟、防滴等功效，具有优良的阻燃性能，且低烟、低毒、无腐蚀性气体，具有较好的应用前景）。经阻燃整理的纺织品按耐洗牢度，可分为非耐久性阻燃剂整理品（不耐水洗，如用于无机盐沉积处理），半耐久性阻燃剂整理品（能耐1~15次的温和水洗，但不耐高温皂洗，如络合阻燃处理）和耐久性阻燃剂整理品（能耐50次以上水洗，而且耐皂洗，如有机磷阻燃处理）。

例1：

硼砂（含10个结晶水）	5.6%
硼酸	2.4%
磷酸氢二铵	4%
水	88%

织物在室温条件下浸渍脱水，或喷雾或涂刷后烘干即可，控制增重率10%~15%，即有优良的阻燃效果。

例2：

尿素	38%
磷酸氢二铵	19%
水	43%

二浸二轧（轧余率70%左右）→拉幅烘干→焙烘（175℃，3min）→水洗→烘干。

到目前为止，纺织品的阻燃整理技术已比较成熟，但还不完善。在阻燃加工中常要施加较多的固体物质，织物的增重率很高，在获得阻燃功能的同时也影响了其他的服用性能，加上人们对环境和纺织品安全的要求越来越高，有些阻燃剂被禁用。因此，新的阻燃剂和阻燃整理技术仍会被不断地研究。

四、抗菌整理

抗菌整理（antibiotic finish）也称为卫生整理。由于自然界到处都有微生物（micro-organism）存在，有些微生物对人体有益，但有许多微生物对人体或人类的生存环境有害，也有许多微生物对我们最常用的纺织品有害，因此要进行纺织品的抗菌整理。

（一）微生物对纺织品的侵蚀和危害

（1）微生物分泌出酵素（酶；enzyme）将纤维素降解或水解成可消化的葡萄糖类物质，再以葡萄糖为培养基，进一步继续繁衍，因而使纤维产生霉变。这些能使纤维霉变的酶是一种真菌（fungus），使纤维产生霉变的真菌在湿热条件下最容易繁殖，因此黄梅季节纺织品最容易发霉。霉蚀能引起织物的强力下降甚至产生破洞。

（2）微生物也能使纤维降解发生腐烂，棉织物的腐烂是由细菌（bacteria）引起的。带有细菌的纺织品也可能使人体受到感染而引起疾病。

（3）蛋白质纤维织物，尤其是毛织物上的油渍容易成为蛀虫的食料，蛀虫进一步吞食纤维使织物引起破洞。

（4）微生物以纺织品为滋生地，繁殖和传播病菌，其中，真菌如各种癣菌，以鞋袜类传播最多；细菌如大肠杆菌、绿脓菌、枯草干菌和厌氧菌等能引起人体疾病。

（二）抗菌整理及其发展历史

1. 抗菌整理的定义　纺织品的抗菌整理是指在基本不影响纺织品原有的服用性能的前提下，为提高其抵抗微生物的能力（如抗菌、防霉、防蛀）所进行的特殊加工。

2. 抗菌整理的发展历史　人类很早就知道把一些驱虫剂喷洒在织物上就能避免虫子对织物的侵害，但早期发展的防虫等卫生整理大多是不耐久的。随着人们生活水平的提高，要求高质量、耐久性的抗菌整理。抗菌整理在美国、日本等国发展较早、较快，首先在内衣、袜子上应用，尔后发展到医院、宾馆的巾被和医生的工作服等领域。国内从 20 世纪 80 年代起开始发展，1986 年后发展较快，如东华大学的 AB 抗菌内裤曾获得日内瓦展览会金奖。此后，抗菌鞋袜、鞋垫、防蚊蚊帐等有了较大发展。

（三）抗菌整理的加工途径

（1）对纤维进行改性，使其不能成为微生物的食料，如对棉纤维素进行乙酰化：

$$\text{Cell—OH}+(\text{CH}_3\text{CO})_2\text{O}\xrightarrow{\text{HClO}_4}\text{Cell—O—COCH}_3+\text{CH}_3\text{COOH}$$

此反应中，只要有一定的置换度，织物就具有防腐作用；如对棉进行氰乙基化，能有耐久性抗微生物的作用。

$$\text{Cell—OH}+\text{CN—CH}=\text{CH}_2\xrightarrow{\text{NaOH}}\text{Cell—O—CH}_2\text{CH}_2\text{CN}$$

氰乙基化整理的棉织物具有防霉作用。

（2）在织物上建立障碍物把细菌隔开（但不能阻止真菌），如酸性胶态树脂整理。

（3）选用抗菌、防霉、防蛀整理剂进行处理。

（四）抗菌整理剂及其应用工艺

能用于抗菌整理的整理剂有无机金属化合物（如硫酸铜、碳酸铜、磷酸铜、氧化铜及氢氧化亚铜等铜化合物和银化合物等）、有机金属化合物（如有机铜、有机汞和有机锡等）、苯酰胺化合物、烷基化合物、三芳甲烷类化合物、有机硅季铵盐等。

在众多的抗菌整理剂中，选用的基本原则是：抗菌能力强，用量极少而效果持久；无色、无臭、无毒、无皮炎反应；对纺织品的色光、色牢度和物理机械性能无不良影响；有一定的热稳定性，使用方便成本较低；对环境无不良影响，如与其他助剂同浴时相容性好。由于有些抗菌整理剂在具有杀菌功能的同时对人体有毒副作用，现在已经被禁用（如五氯苯酚等），因此要特别注意。

由于多数抗菌整理剂与纤维无亲和力，有的要借助于染色（如金属化合物与某些染料形成络合物），更多的是借助于黏合剂与纤维结合。借助于黏合剂进行抗菌卫生整理的，其加工方式主要取决于黏合剂的性能和织物的服用要求，服用类织物的加工工艺同涂料染色；家用装饰类及产业用纺织品的加工工艺可借助于涂层整理。

五、防紫外线整理

近年来纺织品的防紫外线整理（ultraviolet-proof finish）已成为一个热门的课题，受到了世界各国同行的重视，因此，防紫外线整理的研究及其应用技术，已成为染整加工的一个十分重要的方面。

（一）紫外线及其对人类的影响

阳光是世界万物赖以生存、生长的物质，它以辐射（radiation）的方式穿过宇宙空间和地球表面大气层而到达地面，由于大气层的消光作用和其他各种因素的干扰和影响，它的光谱和能量均有所变化，穿过大气层到达地面的光能量约占辐射总能量的43%，主要波长范围为185~3000nm，其中紫外线的量小于10%。到达地面的阳光中的紫外线虽然比例不高，但能量极高，为293.08~418.69kJ/Einstein。紫外线对人体有益也有害，适量的紫外线是人类和生物界的一种自然营养，可以促进维生素D的合成，杀灭一些细菌或病毒，有利于人体健康和生物生长；但过量的紫外线和它的短波化会对人类（包括生物界）产生重大危害和影响，能诱发皮肤病，如皮炎、色素干皮症、皮肤癌，促进白内障，降低免疫功能，使海洋中的浮游生物和鱼贝类减少，并能影响植物的光合作用、生长和开花。

紫外线是一种电磁波（electromagnetic wave），不同波长范围的紫外线对人体皮肤的影响不同。根据波长及其影响通常把紫外线分为三个区域（不同资料介绍的区域范围略有不同），各区域及其对皮肤的危害性如表5-4所示。

表5-4　不同波长的紫外线区域及其紫外线对人类皮肤的影响

紫外线名称	分类符号	波长区域/nm	对皮肤的影响
近紫外线（near ultraviolet）	UV-A	315~400	生成黑色素褐色斑，使皮肤老化、干燥和增加皱纹
远紫外线（far ultraviolet）	UV-B	280~315	产生红斑和色素沉着，经常照射有致癌危险
超短紫外线（ultra short ultraviolet）	UV-C	185~280	穿透力强，接近X射线和γ射线，对人类影响大，可影响白细胞和致癌。但其绝大部分被大气中的臭氧层、二氧化碳层或云雾等吸收，到达地面的极少

虽然太阳光中射向地球的紫外线大部分被地球大气层吸收，到达地面的只是少量。但是，自20世纪以来，由于工业化进程的快速发展带来严重的环境污染，使大量的氟利昂等含卤化合物滞留在空气上方，被紫外线分解成活性卤，进而与臭氧发生连锁反应，导致臭氧层严重破坏，使到达地面的紫外线随之增加并且短波化，对人类产生的影响明显增大。20世纪70年代以来，澳大利亚、美国、加拿大及欧洲等白种人居住区相继有皮肤癌发病率递增的报道。因此，人类需要紫外线但又要避免过量紫外线的照射，这就使防紫外线的研究成为一个新的课题，从化妆品上研制防晒膏就是其中的一个方面；在纺织行业内研究对紫外线的防护，以达到保护人类皮肤的目的也是一种选择。将人们穿着的衣服和遮阳伞等进行防紫外线整理，尤其是长期在室外作业的人员更需要以各种方法保护自己免受过量紫外线的照射。

近年来我国对紫外线的防护越来越重视，北京、上海、杭州等许多城市已实施紫外线指数（ultraviolet index）气象信息发布。紫外线指数是指某一地区一天中最高的紫外线照射强度，它共分5级：最弱（指数0~2）、弱（指数3~4）、中等（指数5~6）、强（指数7~9）、很强（指数10以上），这5级强度对人体产生的影响程度依次为：安全、正常、需注意、影响较强和有害。当指数为5~6时就需要进行防护，当达到10以上时，在太阳光下直晒20min便会对皮肤产生伤害。由于纯棉织物是人们春夏秋常用的面料，且其防紫外线能力较低，因此纯棉织物的防紫外线整理尤为重要。

（二）织物和助剂对紫外线的防护作用

防止紫外线对皮肤的伤害，从纺织品方面来说，必须减少紫外线透过率。织物对光的作用表现为对光的吸收、反射和透射三种形式，对同一织物来说，要减少紫外线透过织物的量，就必须加强织物对紫外线的吸收或反射，减少紫外线的透射。减少紫外线透过量的途径主要有以下两种：

（1）提高织物对紫外线的反射能力。可以选用适当的纤维（如高比表面纤维）和织物结构，或使用反光性强的物质，如陶瓷粉（MgO、TiO_2 等）进行织物的后整理加工，使透过织物的紫外线的量大大减少。

（2）提高织物对紫外线的吸收能力，即选用适当的紫外线吸收剂（absorbent）对织物进行处理，或在化学纤维进行纺丝时加入纺丝浴中制成抗紫外线纤维，紫外线吸收剂大多含有发色基团（C═N，N═N）和助色基团（$—NH_2$，—OH，$—SO_3H$）。利用紫外线吸收剂吸收紫外线的能量，并使之向低能级转化，变成低能量的热能或波长较短的电磁波，从而减少或消除对人体的危害。

1. 纤维和织物对紫外线防护的影响　不同织物对阳光的吸收、反射和透射的能力是不同的，即对阳光的防护能力不同，这种对阳光的防护能力可以用阳光防护因子SPF（sun protection factor）来表示，它大体上可反映出对紫外线的防护能力，其值越大，防护能力越强。天然纤维中羊毛的SPF值最高，棉纤维值最低，蚕丝介于其中，这主要与纤维的化学结构有关，因此纯棉织物更需要进行防紫外线整理。涤纶织物的SPF值很高，这和涤纶分子中含有苯环有关；锦纶和弹性纤维织物相对较低。此外，不论天然纤维织物还是合成纤维织物，织物越厚重，SPF值越高，也就是说阻止光透过的能力越强，从织物的孔隙度（void content）分析，孔隙度越低，SPF值越高，反之越低。

总的说来，织物的SPF值首先取决于纤维的化学结构，化学结构的不同引起对紫外线吸收能力的不同，其次是织物的组织结构、单位面积质量、纤维粗细和形态结构等，它们主要影响织物对光的反射性能，从而影响紫外线的透过率（transmissibility）。夏天穿着的纯棉服饰不仅对紫外线的吸收性能低，而且由于其单薄、稀松而反射性能低，因此对其进行防紫外线整理更有实用意义。

2. 染料对织物防紫外线性能的影响　有些染料对紫外线有一定的吸收作用，因此织物经这些染料染色后其对紫外线的防护能力都得到提高。染料在电磁波的可见光区域的吸收特性决定着染色织物的色泽和深度，但多数染料的吸收波谱延伸至紫外区域，使得这些染料成为潜在的紫外线吸收剂，用这样的染料染色的织物具有防紫外线的作用。

染色织物防紫外线作用的程度取决于染料在紫外区域的吸收谱带的位置和强度以及其染色深度。色泽并非染色织物提供防紫外线作用的可靠标志，黑色染料不一定提供最佳的防护作用，红、蓝、绿和棕色染料也都可以增加防紫外线的作用，这取决于它们对紫外线的吸收特性。

3. 助剂对织物防紫外线性能的影响 一些助剂对紫外线有一定的吸收或反射作用，织物经过这类助剂的整理而具有防紫外线功能，因此这类助剂被称为防紫外线整理剂。目前应用的织物防紫外线整理剂主要有以下几类：

（1）金属离子化合物。作为螯合物使用，一般只适用于可形成螯合物的染料，主要的目的往往是提高染色物的耐光色牢度。

（2）水杨酸类化合物。是适用于聚丙烯、聚乙烯、聚氧乙烯纤维和薄膜的紫外线吸收剂，价格低廉。但由于其熔点低、易升华，而且吸收波长分布于短波长一侧，应用较少。

（3）苯酮类化合物。用于纤维素、聚酯、聚酰胺等纤维。它的价格较贵，应用也较少。由于具有多个羟基，对一些纤维具有较好的吸附能力。这类化合物具有共轭结构和氢键，吸收紫外线后能转化成热能、荧光、磷光，同时产生氢键互变异构，此结构能够接受光而不导致链的断裂，而且能使光能转变为热能，在一定程度上较稳定。

（4）苯并三唑类化合物。此类物质在高温时的溶解度较高，熔融温度较高，吸附在纤维上有一定的耐洗性，毒性较小，大量吸收UV-A（315～400nm波段）的紫外线，效果较好，是目前应用得较多的一类化合物。但是它没有反应性基团，活性不高，处理时要吸附于纤维表面才能达到吸收紫外线的作用。它的分子结构与分散染料近似，可以采用高温高压法处理并被涤纶吸附，对涤纶有较高的分配系数。

（5）新型纳米材料。纳米微粒由于其量子尺寸效应而对某些光波的吸收具有“蓝移”现象，即吸收谱带移向短波。无机纳米粉体对紫外线的中波和长波具有很好的屏蔽作用，透明度高，便于印染后整理加工。

（三）助剂对紫外线的防护原理

1. 无机类紫外线屏蔽剂（shielding aids）对紫外线的防护原理 无机类紫外线屏蔽剂，也称为紫外线反射剂，主要通过对紫外线的反射和折射阻止物质对紫外线的吸收而达到防紫外线的目的。

无机类紫外线屏蔽剂一般为陶瓷或金属氧化物等具有良好反射或折射能力的材料，而且被加工成细粉或超细粉末与纤维织物相结合，增加织物表面对紫外线的反射和折射能力，防止紫外线透过织物损伤皮肤。这类粉末包括：高岭土、碳酸钙、滑石粉、氧化铁、氧化锌等。这些无机组分与有机组分的紫外线吸收剂相比，在耐光性、耐热性和防紫外线方面都有一定的优越性。但由于紫外线反射剂在用于高质量的屏蔽纤维或织物后整理时要求先制成纳米级的超细粒子，并要求降低粒子的表面活性，提高其在纤维中的分散性等，技术比较复杂。

2. 有机类紫外线吸收剂对紫外线的防护原理 紫外线吸收剂吸收紫外线的原理与染料吸收可见光的原理相似，都是由于分子内部的电子吸收光子而发生能级的跃迁，电子在发生能级跃迁时，由于电子能级量子化的原因，分子只能对特定波长的光子进行吸收，于是就形成了分子的吸收光谱，如果这个吸收光谱的波长正好处在紫外区域的话，那么这个物质就具有吸收紫外线的能力。

（四）织物的防紫外线整理工艺

常用的防紫外线整理工艺有以下几种。

1. 高温高压吸尽法　一些不溶或难溶于水的整理剂，可采用类似于分散染料染涤纶的方法，在高温高压下吸附扩散进入涤纶。对涤纶等化纤织物也可以采用与染料同浴进行一浴法染色整理加工。

2. 常温常压吸尽法　对于一些水溶性的防紫外线整理剂处理棉、羊毛、蚕丝以及锦纶等纺织品，则只需要在常温常压条件下以其水溶液进行加工处理，类似于水溶性染料染色。有些防紫外线整理剂也可以采用和染料同浴进行一浴法染色整理加工。例如，反应性防紫外线整理剂 UVA2 与 K 型活性染料同浴染色整理的工艺如下：

活性嫩黄 K4G	1%（owf）
防紫外线整理剂 UVA2	1%（owf）
元明粉	70g/L
纯碱	20g/L
浴比	1∶20

配液（染料、整理剂、元明粉）→升温至 60℃入布（保温 30min）→升温（1.5℃/min）→90℃染色（保温 20min）→加入 1/2 碱（保温 10min）→加入 1/2 碱→续染 40min→自然降温至 60℃→平洗→干燥。

3. 浸轧法　对于水溶性防紫外线整理剂也可采用类似于水溶性染料浸轧染色的方法进行整理加工。例如，整理剂 UVA2 与 K 型活性染料同浴浸轧染色整理工艺如下：

活性嫩黄 K6G	1%（owf）
防紫外线整理剂 UVA2	1%（owf）
小苏打	10g/L
尿素	50g/L
防染盐 S	4g/L
JFC	1g/L
海藻酸钠浆（5%）	30g/L

室温二浸二轧（轧余率 70%）→烘干→汽蒸（100～102℃，4min）→水洗→皂洗→水洗→烘干。

此外，对于非水溶性的紫外线整理剂处理棉、麻等天然纤维时可采用与涂料染色一样的工艺条件。

4. 涂层法　在涂层剂中加入适量的防紫外线整理剂，在织物表面进行涂层，然后经烘干等热处理，固着在织物的表面。这种处理方法会使织物手感受到影响，但处理成本低，对技术和设备要求不高，适合于对纤维没有亲和力的整理剂。涂层法也较适用于雨衣、遮阳伞和窗帘等织物的加工。

纺织品的防紫外线整理工艺与产品的最终用途有关，如作为服装面料，对柔软性和舒适性要求较高，宜采用吸尽法；如作为装饰、家用或产业用纺织品，比较强调其功能性，可采用涂层法。

（五）防紫外线整理效果的测试和评价

1. 防紫外线整理效果的测试方法

（1）分光光度计法。采用紫外分光光度仪（ultraviolet spectrophotometer）测定纺织品的紫外分光透过率曲线，用面积求出某一紫外区域的紫外线透过率。这种方法又分为全波长域平均法和特定波长域平均法，前者选取全部紫外线区域，求其紫外线透过率的平均值，后者则选取指定波长区域进行测量，再取其平均值。

（2）变色褪色法。把被测织物覆盖在耐晒牢度标准卡上，用紫外线灯在局部试样 50cm 处照射，先测出标准卡达到一级变色的时间，再进行分析。

（3）紫外线强度积累法。用阳光式紫外线灯照射放在紫外线强度累积仪上的织物，按给定的时间照射，测定出通过织物的紫外线累计量，然后进行计算。

2. 防紫外线整理效果的评价指标 目前国际上使用的纺织品防紫外线性能的评价指标主要有：

（1）紫外线阻断率 C：

$$C=\left(1-\frac{T_a}{T_0}\right)\times 100\%$$

（2）整理效果 K：

$$K=\frac{T_b-T_a}{T_a}\times 100\%$$

式中：T_0——分光光度仪测得的无试样时紫外线透射曲线（transmitted curve）所围的面积；

T_a——经整理后的织物所测得的透射曲线所围的面积；

T_b——未经整理的织物所测得的透射曲线所围的面积。

显然，C 值越接近 1，则试样防紫外线的效果越好；K 值越大，则试样的整理效果越好。

（3）紫外线透过率 T：

$$T=\frac{I}{I_0}\times 100\%$$

式中：I——有试样遮盖时透过织物的紫外线辐射强度（radiant intensity），J/m^2；

I_0——无试样遮盖时紫外光源的紫外线辐射强度，J/m^2。

T 值越小，则试样对紫外线的防护功能越强。

（4）阳光紫外线防护因子 SPF：

$$SPF=\frac{100}{T}$$

式中：T——紫外线透过率。

SPF 值与紫外线防护等级（protective grade）的关系见表 5-5 。

表 5-5 SPF 值及紫外线防护等级

SPF 范围	防护分类	SPF 等级
10~19	高的防护	10+
20~29	更高的防护	20+
30，30+	最大的防护	30+

（5）织物紫外线防护因子 UPF（ultraviolet protection factors）：

$$UPF=\frac{100}{100-\varepsilon}$$

式中：ε——织物的覆盖系数，表示织物防护紫外线的能力，是紫外线对未防护皮肤的平均辐射量与经测试的织物遮断后紫外线辐射量之比值。

UPF 值与紫外线防护等级的关系见表 5-6。UPF 值越大，表示防护效果越好。我国国家标准 GB/T 18830—2009 规定，当纺织品的 UPF>30，透过率 T（UVA）<5%时，可称为防紫外线产品。

表 5-6 UPF 值及紫外线防护等级

UPF 范围	防护分类	紫外线透过率/%	UPF 等级
15~24	较好的防护	6.7~4.2	15，20
25~39	很好的防护	4.1~2.6	25，30，35
40~50，50+	非常优异的防护	≤2.5	40，45，50，50+

六、防污整理

（一）织物的沾污（stain on fabrics）

由于合成纤维的疏水性和纯棉织物经过化学整理后降低了原有的亲水性，会使这些织物更易沾污或再沾污。沾染织物的污垢主要有两类：一类是固体污垢，如灰尘、铁锈、泥土等干污；另一类是油污，由油脂及其所黏附或溶解的物质、饮食油污及人体排出的油脂等组成。这些污垢沾上织物的原因主要有三个方面：

（1）物理接触。如内衣、袖口、领口直接与皮肤接触，容易沾上人体排出的油污；外衣与大气接触，容易沾上大气中的灰尘等污物；干净衣服与脏衣服或其他脏物接触，造成污垢的转移。

（2）静电作用。由于疏水性纤维易产生静电效应，通过静电作用吸附空气中的灰尘或其他微粒引起织物沾污。

（3）转移沾污。在洗涤过程中，疏水性织物在水中的临界表面张力有所增加，造成水中的油污再沾污。如多件衣服同洗，重污衣服的油污容易转移到轻污衣物上去。

根据这些原因，防污整理（stain resistant finish）主要采用拒油整理和易去污整理两大类，前者可防止油脂类沾污，后者则使沾上的污垢容易去除。

（二）拒油整理（oil repellent finish）

以表面张力低于油脂类的化合物整理织物，使整理织物对表面张力较低的油脂具有不被润湿的特性。拒油原理与拒水原理相似，只是油类的表面张力（为 2.0×10^{-2}～4.0×10^{-2}N/m）比水的表面张力（7.28×10^{-3}N/m）低得多，因此要用表面张力很低的含氟化合物，如含氟丙烯酸酯 $\left[\begin{array}{c} COOCH_2C_nF_{2n+1} \\ | \\ CH—CH_2 \end{array}\right]_n$ 进行整理，其整理工艺流程为：

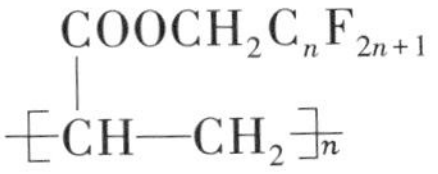

二浸二轧→烘干→焙烘（150℃，5min）→平洗→烘干。整理剂用量一般为固体加重率1%～1.5%。

由于含氟化合物价格较贵，为降低成本，适当考虑含氟拒油整理剂与某些防水整理剂拼用，以达到拒油、拒水、耐洗和手感柔软的效果。

（三）易去污整理（soil release finish）

易去污整理的目的是能赋予织物以优良的亲水性，使沾污在织物上的污垢容易脱落，并能减轻在洗涤过程中的重新沾污。由于棉纤维的亲水性良好，合成纤维的亲水性较差，因此这类整理主要用于合成纤维及其混纺织物的处理。

常用的易去污整理剂有两大类，分别为聚醚酯（polyester ether）嵌段共聚物（block copolymer）和丙烯酸（acrylic acid）型易去污整理剂。

1. 聚醚酯嵌段共聚物及其应用 聚醚酯嵌段共聚物的结构式为：

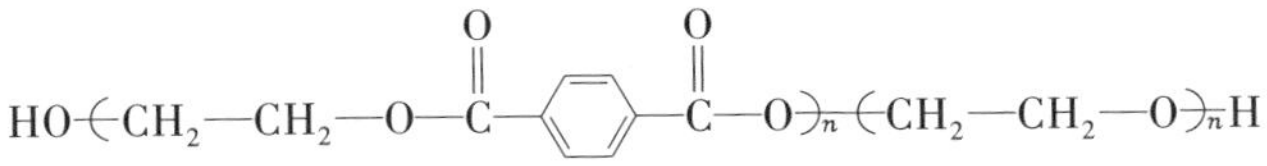

$$HO\text{—}(CH_2\text{—}CH_2\text{—}O\text{—}\overset{O}{\overset{\|}{C}}\text{—}C_6H_4\text{—}\overset{O}{\overset{\|}{C}}\text{—}O)_n\text{—}(CH_2\text{—}CH_2\text{—}O)_n H$$

这类物质的结构与涤纶相似，在高温下能与聚酯大分子产生共溶共结晶作用，固着在涤纶上，从而形成耐久性整理效果。整理剂的氧原子能与水形成氢键，织物原来的疏水性表面转变成亲水性，在洗涤时提高洗净效率，减少污垢的再沾污。

这类整理剂的整理工艺一般采用浸轧法和轧烘焙工艺。例如，以对苯二甲酸型整理剂21g/L，氯化镁24g/L组成整理液，其整理工艺为：二浸二轧（轧余率60%～65%）→预烘（90～100℃）→焙烘（可结合热定形，185～190℃，30s）→皂洗（60℃）→水洗→烘干。

2. 聚丙烯酸型易去污整理剂及其应用 聚丙烯酸型易去污整理剂的结构为：

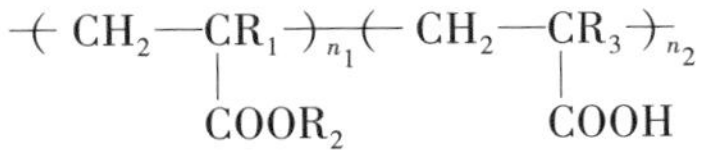

$$\text{—}(CH_2\text{—}\underset{COOR_2}{\underset{|}{CR_1}})_{n_1}\text{—}(CH_2\text{—}\underset{COOH}{\underset{|}{CR_3}})_{n_2}$$

其中：R_1 和 R_3 为 H 或 CH_3，R_2 为 CH_3 或 C_2H_5，C_4H_9……

合成这类整理剂的单体主要有丙烯酸、甲基丙烯酸、丙烯酸甲酯、丙烯酸乙酯和丙烯酸丁酯等，由于分子中具有一定量的亲水性羧基，织物具有良好的易去污和防湿沾污性能。这类化合物的整理效果很好，这是因为：

（1）整理织物表面的凹凸处及纱线易被亲水性的整理剂所填充包覆，防止对污垢的吸附。

（2）织物表面的亲水性有利于污垢去除。

（3）聚丙烯酸酯形成的薄膜在碱性中发生剧烈溶胀，使卷曲的易去污共聚物分子链伸展而将油污排出。

（4）羧酸在碱性溶液中完全电离，形成带负电荷的离子，与油污在碱性溶液中的负离子相互排斥提高了易去污效果。

聚丙烯酸型易去污整理工艺举例如下：

聚丙烯酸型易去污乳液（15%）	100kg
烷基磺酸钠	5kg
水	x
调节 pH 值	3.0~3.5
溶液总体积	300kg

二浸二轧（轧余率 60%~65%）→预烘→拉幅烘干→焙烘（160℃，3min）→冷水洗→皂洗（50~60℃，平平加 O 1g/L，皂粉或洗涤剂 2g/L）→热水洗→温水洗→烘干。

为了将拒油和易去污整理相结合，合成了既有拒油基的链段，又有亲水性链段的嵌段化合物，在空气中拒油基排列在纤维表面（形成低自由能表面），具有拒油防污作用；在水中，亲水性基团排列在纤维表面，使之与油污的界面能量低，具有易去污和防止再沾污的功能。

七、抗静电整理

（一）静电（static electricity）的产生和抗静电（antistatic）原理

各种纺织材料在相互摩擦（rubbing）中都能产生静电，有些合成纤维及其混纺纤维服装在夜间摩擦时能产生较强的电击和静电火花。穿着容易产生静电的衣服，不仅使人感到不舒适，而且由于静电吸尘容易沾污衣服，又由于静电作用能干扰某些精密仪器，甚至在某些易爆环境中会由于静电火花发生爆炸，因此，对于易产生静电的纺织品必须进行抗静电整理。

各种纤维由于其结构不同，对电荷的传递影响不同，而具有不同的表面比电阻（surface specific resistance），它们产生静电荷后的静电排放速度差异较大，即其导电性差异较大。由于水和金属的导电能力很强，抗静电整理的作用主要是提高纤维材料的吸湿能力或给予金属离子，改善导电性能，减少静电现象。一般说来，表面比电阻小于 $10^9\Omega$ 的织物的抗静电效果良好，大于 $10^{13}\Omega$ 的属于易产生静电的物质。疏水性纤维的表面比电阻大于 $10^{14}\Omega$，是很容易产生静电的。

对于易产生静电的织物，进行适当的染整加工，以降低织物的表面比电阻，从而提高纤维的导电能力，防止静电荷的积累，以消除静电现象，这类加工称为抗静电整理。将离子类化合物或吸湿性强的化合物整理到纤维上，在纤维表面以连续相存在就能起到传导电荷的抗静电作用。此外，将金属粉末涂布于纤维表面制成导电纤维，或将金属丝或导电纤维与合成纤维交织或混纺也是抗静电的重要途径之一。

（二）抗静电剂（antistatic agent）和抗静电整理

抗静电剂主要有两类，一类是非耐久性抗静电剂，另一类是耐久性抗静电剂。

1. 非耐久性（nonpermanent）抗静电剂及其整理　非耐久性抗静电剂包括吸湿性化合

物，如甘油、三乙醇胺、氯化锂、醋酸钾等和表面活性剂类化合物，如阴离子型的烷基硫酸酯钠盐、非离子的脂肪胺聚醚衍生物、阳离子型的脂肪族季铵盐衍生物等。非耐久性抗静电整理剂比较简单，对纤维的亲和力小，不耐洗涤。有些被用于纺丝、纺织的油剂，有些用于地毯等装饰纺织品，加工方式则视产品品种和最终用途而定。

2. 耐久性（permanent）抗静电剂及其整理 耐久性抗静电剂在含有离子性或吸湿性基团的同时还含有反应性基团，能通过交联作用在纤维表面形成不溶性聚合物的导电层。在织物上具有较好的耐久性，能耐20次以上洗涤。整理剂需要有一定的吸湿能力，吸湿能力越高，导电能力越强，但耐洗性降低，因此吸湿性抗静电剂既要保持一定的吸湿性，又要降低在水中的溶胀和溶解。应用较早的抗静电剂如多羟多胺类化合物（PHPA）：

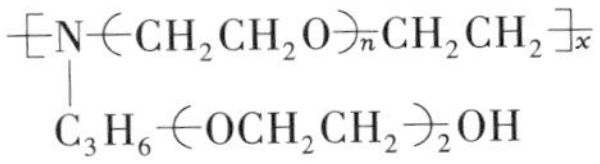

$$\left[\underset{\displaystyle C_3H_6 \left(OCH_2CH_2 \right)_2 OH}{\underset{|}{N}} \left(CH_2CH_2O \right)_n CH_2CH_2 \right]_x$$

它可与双官能团或多官能团的交联剂（如三聚氰胺等）反应，形成线状或网状的不溶性化合物，加工工艺如上述树脂整理工艺。

另一类抗静电剂如聚环氧乙烷与对苯二甲酸乙二醇酯的嵌段共聚物：

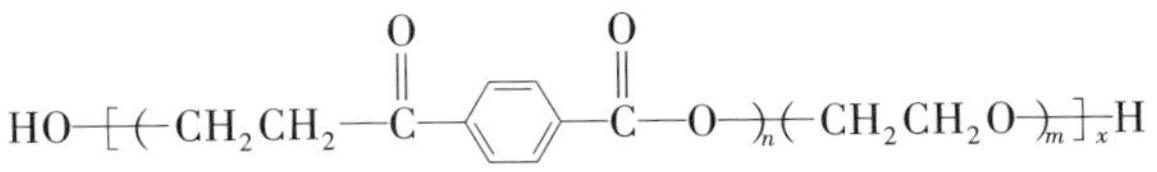

$$HO - \left[\left(CH_2CH_2 - \overset{\displaystyle O}{\overset{\|}{C}} - C_6H_4 - \overset{\displaystyle O}{\overset{\|}{C}} - O \right)_n \left(CH_2CH_2O \right)_m \right]_x H$$

由于聚合物的分子中含有聚氧乙烯醚键，可在聚酯表面形成连续的亲水性薄膜，富有吸湿性，减少静电现象。它含有可以结晶的聚酯链段，与聚酯纤维的基本化学结构相同，因此与聚酯纤维有较好的相容性，通过高温焙烘，可以与聚酯纤维产生共溶共结晶作用，整理效果有较高的耐洗性。由于整理织物具有良好的亲水性，因此也具有易去污能力，可以作为涤纶织物的抗静电和易去污整理剂。此类整理剂的加工工艺宜采用轧→烘→焙工艺，焙烘温度较高，可与后定形结合起来。

八、仿真丝绸整理

丝织物轻盈飘逸、滑爽透气、手感柔软、光泽柔和、舒适华贵，是服饰中的高档面料。随着人们生活水平的提高，对真丝绸的需求量与日俱增，但天然丝产量有限，供不应求，价格昂贵，且真丝绸本身具有易起皱的缺点，因此改善真丝绸的缺陷，寻求它的替代品曾成为行业的热点。日本是世界上天然资源缺少的国家之一，多年来在合成纤维的研究开发方面投入很大，涤纶织物的仿真丝绸研究首先在日本取得成功。我国于20世纪80年代末、90年代初对涤纶织物的仿真丝绸的开发应用处于兴旺的时期，当时江苏吴江的盛泽镇自称为“仿真丝大王”，其后，原来以加工化纤织物为主的浙江绍兴、萧山地区也有了很快的发展，但就整体而言，我国的仿真丝绸加工技术与国际先进水平相比还有很大潜力可挖。涤纶及涤棉混纺织物的仿真丝绸整理（silk-like finishing）旨在保持涤纶挺爽和弹性好的优点，赋予其良好的手感、透气性、吸湿导湿性和真丝绸般的风格。仿真丝绸整理主要是对织物进行减量，使它具有柔软、透气和吸湿性能，再施加适量的助剂，使其具有真丝绸的特殊性能。涤纶织物减量有碱减量和酸减量两种，施加的助剂有丝鸣剂等。

（一）碱减量整理（base deweighting）

碱减量整理是将涤纶织物按一定的条件放在碱溶液中处理，利用烧碱对涤纶的水解作用，使纤维剥皮变细。

1. 碱减量原理　涤纶由对苯二甲酸与乙二醇缩合而成，其大分子中含有大量的酯键，在强碱作用下，酯键会断裂、水解为对苯二甲酸和乙二醇：

$$\left[OCH_2CH_2-O-\overset{O}{\overset{\|}{C}}-C_6H_4-\overset{O}{\overset{\|}{C}} \right]_n + 2nNaOH \longrightarrow nNaOOC-C_6H_4-COONa + nHOCH_2CH_2OH$$

涤纶在碱性条件下水解，由外及里像剥皮一样，纤维表面产生凹凸不平坑穴的挖蚀现象，使纤维变细，纤维及纱线间的空隙增加，形成外松内紧结构，织物透气性和纤维的相对滑移性增加，质量减小，具有像真丝那样的柔软、滑爽、飘逸的风格。

从理论上讲，NaOH 与涤纶反应，消耗的摩尔比应为 2∶1，即每消耗 2mol NaOH 就有 1mol 的涤纶被水解，也就是被减量。因此：

$$\text{涤纶理论减量率}=\frac{192\times m_{NaOH}}{2\times40\times m_1}\times100\%$$

$$\text{涤纶实际减量率}=\frac{m_1-m_2}{m_1}\times100\%$$

$$\text{烧碱的理论用量}=\frac{2\times40\times m_1}{192}\times\text{理论减量率}$$

式中：m_1——未处理涤纶织物质量；

m_2——经碱减量后的涤纶织物质量。

涤纶的实际减量率受到工艺条件，如助剂、浴比、反应温度、时间等的影响，比理论减量率低。

2. 影响碱减量的因素

（1）氢氧化钠用量。氢氧化钠用量是对减量率影响最大的因素之一，随着 NaOH 用量的增加，涤纶的减量率增大，按照理论分析，2mol 的 NaOH 能水解 1mol 的涤纶，但实际反应中受到包括加工方式在内的其他各种因素的影响，有部分氢氧化钠不能参与反应，因此实际减量率低于理论减量率。在轧蒸法碱减量中，氢氧化钠的反应比较充分，利用率可接近 100%，但在浸渍法处理中，减量结束后仍有大量的 NaOH 留在残液中，不可能全部利用，因此在制订配方时，应在理论用量的基础上提高一定的比例。用浸渍法进行涤纶的碱减量整理时，残液中还留有大量的 NaOH，不仅浪费，而且还加重了废水处理的负担，因此许多企业都将残液回收、过滤后再用。多次回用后，由于残液中的对苯二甲酸和乙二醇累积浓度较高，则把这些高浓度的残液经酸析、提纯等处理后回收对苯二甲酸。实际生产中，要合理控制减量率，防止减量不匀，织物强力下降严重等问题。

（2）温度和时间。与其他化学反应一样，涤纶的碱减量随着温度的升高反应速率加快，则达到同样反应效果的时间缩短，企业在利用溢流染色机进行碱减量处理时，浸渍处理温度为90℃左右时，要用50~60min时间，但采用110℃处理时，仅用数分钟时间。

（3）助剂。为了缩短减量的反应时间，节约能源，提高反应的均匀性，常常加入助剂，这些助剂主要是渗透剂和减量促进剂，前者主要用在轧蒸法中，帮助渗透，提高反应效率；后者用在浸渍法中，起到催化促进反应速度的作用。常用的减量促进剂为季铵盐类表面活性剂和阳离子聚合物，季铵盐类表面活性剂具有疏水性长链烃基，在碱液中可迅速地为涤纶所吸附，并与溶液中的季铵化合物达到平衡，在高温水浴中有部分化合物可进入纤维表面的空隙，从而通过离子交换作用，使溶液中的OH^-可以迅速地向涤纶表面转移，提高了纤维表面的碱浓度，促进了纤维的水解。阳离子聚合物含有多个阳离子基团，并含有多碳长链，除具有促进作用外，还具有柔软作用。

（4）其他因素。织物的组织结构和纤维的线密度也是影响减量速率的因素，织物越紧密，纤维越粗，则减量速率越低，反之则高。此外，热定形也能影响减量速率，因为热定形后，涤纶的结晶度和整列度提高，碱液的可及度降低，从而降低了纤维的水解速度。

3. 碱减量工艺

例1：浸渍法。

NaOH	15~25g/L（根据减量率确定）
渗透剂	1~2g/L
促进剂	1g/L
耐碱分散剂	1g/L
浴比	1∶15

室温入布→升温（3℃/min左右）→98℃左右→处理45min→水洗→中和→水洗→脱水→开幅→干燥。

例2：轧蒸法。

NaOH	x（根据减量率确定）
耐碱渗透剂	5~10g/L

二浸二轧（轧余率60%左右）→汽蒸（100℃，25min）→水洗→中和→水洗→干燥。

例3：轧堆法。

NaOH	x（用量同轧蒸法）
耐碱渗透剂	5~10g/L

二浸二轧（轧余率60%~65%）→打卷包盖→室温反应（一昼夜）→水洗→中和→水洗→干燥。

（二）酸减量整理（acid deweighting）

使涤棉混纺、涤棉交织物中的棉纤维经强酸水解去除，从而产生轻薄、松软、滑爽的丝绸风格。

1. 酸减量原理 棉纤维在浓硫酸（62%以上）的作用下，纤维素分子水解成低分子物或脱水炭化而被去除，留下了涤纶组分，增加了织物纱线及纤维间的空隙，使刚性减小，织物变得轻薄而柔软。

2. 酸减量工艺　浸轧65%~75%的硫酸（轧余率60%左右），在30~40℃保温堆置20~30min（或高温汽蒸3min左右），然后进行充分水洗和中和。

由于酸减量的效果不如碱减量，而且对安全防护、环境保护等带来许多麻烦，因此很少采用。

（三）特殊整理（special finishing）

经过减量的涤纶织物，虽然透气性、柔软性提高，具有丝绸的外观风格，但其吸湿性差，具有静电效应，易吸尘和沾污，而且缺乏丝绸特有的丝鸣（丝绸摩擦时发出的一种声音），可再通过亲水性整理，赋予涤纶仿真丝绸吸湿性和抗静电性能，通过一种特殊的丝鸣剂处理，使其具有丝鸣。

九、泡沫整理

（一）泡沫整理（foam finishing）的由来和发展

在常规的印染加工中通常以水为稀释剂，把染化料制成水的工作液，然后通过浸轧或浸渍的方式使其浸轧到织物上去。通常织物带液率较高，其中纯棉织物的带液率一般在70%左右，涤/棉织物的带液率在60%左右。在这些浸轧到织物上去的液体中所含固体物质极少，通常只占0.5%~5%，其中绝大部分是水，而这些水分必须通过加热烘干而被去除，这样就消耗了大量的能源。据国外不完全统计，印染加工行业所耗用的能源约占整个纺织工业耗能的60%，因此如何在印染加工中节约能源，研究各种节能新工艺，一直受到印染界人士的重视，泡沫整理就是人们寻求的各种节能新技术之一。泡沫整理是在浓度较高的整理工作液中加入发泡剂（foaming agent），再利用发泡设备（foaming device）使其与气体（一般为空气）混合，形成一定质量的泡沫，然后通过泡沫施加器把泡沫均匀地施加到织物上去，这样就大大降低了织物的带液率（take-up），一般能使纯棉织物的带液率从传统浸轧的70%左右下降到30%以下，涤/棉织物的带液率从传统浸轧的60%左右下降到20%以下，从而具有显著的节水和节能效果。由于带液率低，减少或消除了织物在烘干过程中树脂的游移，提高织物弹性或节约树脂用量，由于带液率降低而大大提高了烘干的车速，提高了劳动生产率。另外泡沫整理既可以进行单面泡沫施加，也可以进行两面含有不同药剂的泡沫施加，有利于开发新品种。

由于泡沫整理的均匀性受到一定限制，而且对工人的操作技术要求较高，目前在树脂整理方面应用较少，但一些企业较多地把它应用到中厚乃至厚重织物（如牛仔布，家具布）的柔软、上浆整理和给湿拉幅等加工中去。

（二）泡沫的形成和泡沫稳定性（foam stability）

泡沫是泡沫整理中的关键，它是以薄层液膜相互隔离的气泡的集合体，其中以气体为分散相，液体为连续相，组成一种气—液分散体系。由单独的两相形成的泡沫，表面积比原来的两相增大了许多倍，因此泡沫的表面自由能比原来的单独两相大得多，这就意味着泡沫不能自发形成，必须从外部加入能量才能发泡（这是发泡的条件之一）。形成泡沫的方法有两种：一种是分散法，即通过机械搅拌、振荡、剪切等方式将气体分散在发泡液中；另一种是聚集法，即在发泡液中加有产生气体的物质，在减压或发生化学反应时在发泡液中产生气体聚集形成泡沫。在泡沫整理中都采用分散法，聚集法则在立体发泡印花等工艺中采用。不论采用哪种方法发泡，形成的泡沫都是不稳定体系，都有自发破裂的倾向。

为提高泡沫的稳定性，就要提高泡沫壁的回弹性以增强其修复泡壁的能力，或者延长泡壁薄化所需的时间。工艺上通常加入与发泡剂结构相似的物质作泡沫稳定剂，用以提高泡壁弹性，或加入高分子物质作泡沫稳定剂，用以提高发泡液本体的黏度，阻止泡壁中液体的流失，延长泡壁薄化所需时间，从而增加泡沫的稳定性。

泡沫的发泡性能常以泡沫冲击高度（在特定的容器里，一定量的发泡液从一定高度流下，冲击形成的泡沫高度）和发泡倍率（blow ratio，发泡液发泡后的泡沫体积是原发泡液体积的倍率，BR）来衡量；泡沫的稳定性则以泡沫初见液时间（一定体积的泡沫出现第一滴液体所需的时间，t_0）和泡沫半衰期（half-decay times，泡沫破裂出现的液体达到组成泡沫液体体积的一半所需的时间，$t_{1/2}$）来衡量。

（三）发泡剂和泡沫稳定剂

1. 发泡剂（foaming agent） 发泡剂都是表面张力较低的表面活性剂，如阴离子型的十二烷基硫酸酯钠盐（NaLS）、十二烷基苯磺酸钠（ABS）、十六烷基磺酸钠（AS）；非离子型的平平加O、净洗剂JU、分散剂WA等；阳离子型的1227、抗静电剂SN等。

2. 泡沫稳定剂（foaming stabilizer）

能增加NaLS泡沫表面弹性的泡沫稳定剂有正十二醇、月桂酰胺、月桂酸等；增加泡沫黏度的泡沫稳定剂有羟乙基纤维素（HEC）、羧甲基纤维素（CMC）、聚乙烯醇（PVA）、合成龙胶等。

（四）泡沫整理工艺

在狭缝式泡沫整理加工中，必须根据生产的实际情况控制好主要的工艺条件，这些工艺条件包括泡沫整理液的配方、织物的带液率、发泡液流量、车速、发泡倍率、泡沫的初见液时间、泡沫施加的均匀性、织物张力和泡沫回压等，它们在泡沫整理生产中起着不同的作用。要正确控制织物上药剂的施加量，必须正确控制发泡流量、织物带液率和车速，它们的相互关系为：

发泡流量（g/min）＝织物单位面积质量（g/m^2）×门幅（m）×带液率（%）×车速（m/min）

如涤/棉织物泡沫防水整理工艺如下：

（1）织物：涤65/棉35纱绢，12.9tex×2/12.9tex×2433根/10cm×217根/10cm。

（2）配方：

防水剂AG—310	6%
发泡剂F—210	1%

（3）工艺条件：发泡倍率（BR）＝9.4，t_0＝65s，正面施加泡沫，织物带液率为27.7%，车速60m/min，泡沫回压4.52~4.71kPa，焙烘条件（190℃，30s）。

经泡沫整理的织物的断裂强力和弹性均高于传统的浸轧工艺，织物正面的拒水性优于传统浸轧工艺，反面低于传统工艺，使用时只要正确区分正反面就能收到良好的效果。

泡沫整理是20世纪70~80年代迅速发展起来的节能技术，在能源紧张、水资源缺乏的今天还应有更好的发展前景。

十、其他特种整理

在纺织品的染整加工中，特种功能整理的研究一直是层出不穷、不断发展的。除上述特种整理外，还有诸如生物酶整理、仿麂皮整理、仿毛仿麻整理、防辐射整理、高吸水性整理和纳米材料整理等。

（一）生物酶整理（enzymatic finishing）

传统的纺织品的染整加工方式或多或少地采用化学品，虽经处理，但还是会对环境带来一定的负面影响，因此，人们不断尝试采用无害或少害的加工方式。利用生物酶进行织物的后整理就是染整加工的新进展之一。酶是一种生物催化剂，通常是由生物体产生的具有催化作用的一类蛋白质，它的催化功能具有专一性和高效性，反应条件温和，不需要高温、高压、强酸、强碱的作用条件，污染小。目前酶在织物后整理中的应用主要是进行纤维素和蛋白质纤维织物的高档化和高附加值化加工。

此外，淀粉酶可用于棉织物的退浆，蛋白酶可用于丝织物的脱胶以及毛织物的前处理和后整理，果胶酶可用于麻纤维的脱胶和棉织物的精练，过氧化氢酶用于氧漂后的双氧水去除等。

1. 纤维素纤维织物的生物酶抛光整理　纤维素酶对纤维素有专一高效的催化分解作用，利用纤维素酶对纤维素纤维织物进行处理，使织物表面外露的茸毛首先被去除，使织物表面光洁，起到了抛光作用。控制纤维素酶处理的深度，不仅能起到抛光作用，还能进行纤维素纤维织物的减量、柔软等整理。此外，用纤维素酶进行牛仔布仿旧整理，基本可解决浮石水洗整理存在的问题，并赋予织物独特风格。

2. 羊毛织物的生物酶防毡缩整理　羊毛织物由于表面鳞片层的逆向摩擦效应极易产生毡缩，利用碱性蛋白酶对羊毛进行处理，去除羊毛的表面鳞片层，可以起到防毡缩作用。传统的羊毛织物防毡缩整理的加工往往采用氯化树脂法，但该法由于产生大量的污染而逐渐被禁用。这大大促进了利用生物酶进行羊毛防毡缩的研究和应用。目前，单用生物酶处理羊毛还不能达到良好的防毡缩效果，但是先进行羊毛织物的氧化预处理再在一定条件下进行生物酶处理，已能达到良好的羊毛织物防毡缩效果。此外，利用蛋白酶也能对羊毛织物进行抛光、柔软等处理。

（二）仿麂皮整理（suede finish）

麂皮是一种小型鹿类动物的毛皮，手感柔软、丰满而富有弹性，深受人们喜爱，广泛用于光学工业和服装业，但由于天然资源有限而激发人们进行人造麂皮的研究。采用超细涤纶，以机织、针织或非织造组织结构的织物，进行一系列的染整加工即可得到仿麂皮织物。其加工流程为：超细复合纤维→织造→水洗→松弛→干燥→预定形→染色→水洗→干燥→功能整理→上浆→上聚氨酯（PU）→磨毛→定形→人造麂皮。

人造麂皮的风格和质量与加工顺序也有很大关系，可根据产品要求适当调整工艺流程。

（三）仿毛仿麻整理（wool-like and linen-like finish）

毛、麻都是人们喜爱的天然纤维，但受到自然资源的限制。仿毛、仿麻是用涤纶织物进行碱减量，再分别按照毛、麻织物的某些染整工艺进行加工，制成仿毛类或仿麻类织物。当前纺织品市场上的“胜毛”就是一种典型的仿毛产品，其含义是它不仅有毛织物的优良性能（实际上仍有一定差距），而且在织物的抗皱性和尺寸稳定性等方面还超过羊毛织物。

（四）防辐射整理（radiation resistant finish）

防电磁辐射纺织品主要包括金属丝和服用纱线交织织物、金属纤维和服用纤维混纺织物、化学涂层织物和金属喷镀织物等。通过防辐射整理，在织物纤维的表面形成金属离子或金属粉末的连续层，起到导电和防止射线辐射的作用。这类织物被用于电脑操作员和与射线接触的特殊场合的工作人员的防护服，也已被用于怀孕妇女的防护服。

（五）高吸水性整理（high water absorbability finish）

把高吸水性树脂整理到织物上，这类树脂是网状结构的电解质，如聚丙烯酸类高分子化合物，遇水形成溶胀状的网状结构，在网状结构链上具有一定数量的阴离子羧基，具有很强的水化能力。另外，钠离子通过水化作用也结合一定数量的水。离子的水化和网状结构的保水作用抑制了水的流动，大大提高了保水功能。高吸水性树脂的吸水保水能力能达到本身体积的几十倍甚至上百倍，它以前被用于宇航员的尿裤，目前已广泛用于婴幼儿尿布和妇女的卫生防护用品。

（六）纳米材料整理（nano-material finish）

纳米材料由于其特殊的结构而具有特殊的性能，被称为21世纪最有生命力的新材料而被广泛应用于各个领域。纳米材料在纺织品整理中的应用是通过黏合剂把它固着在纤维上，由于纳米材料的尺寸极小，在溶液中极易团聚，所以纳米材料工作液的分散就是一个非常困难的问题，很难把纳米材料均匀地施加到纤维上，另外黏合剂的应用会影响织物的透气性和吸湿性，因此把纳米材料整理到织物上成为纺织行业的研究热点之一。由于纳米材料本身的性能不同，经过纳米材料整理的纺织品可以具有防紫外线、防红外线、防辐射、抗菌、拒水等不同功能。

光催化功能整理纺织品是将光催化的材料应用于纺织品，采用整理的方法，使光催化的材料固着在纤维表面，发挥光催化的功能，具有防紫外线、抗菌、自清洁、净化空气等多功能性。光催化材料目前主要的有纳米 TiO_2、ZnO 等受到紫外光或阳光照射后，在水分和空气存在下，能将大部分有机物、污染物、细菌等氧化分解。在纺织行业有广阔的应用前景，对开发环保高附加值的多功能纺织产品有重要意义。

超疏水纺织是指水滴在纺织品表面的接触角大于150°的纺织品。模仿荷叶结构通过低表面能物质（如有机硅、氟类化合物等）和微观粗糙结构（如纳米 SiO_2、ZnO、TiO_2 等附着在纺织品表面）的共同作用，可实现超疏水纺织品的制备。超疏水纺织品具有独特的抗污、自清洁等性能，具有广泛的应用领域。

（七）微胶囊整理（microcapsule finish）

微胶囊技术是一种利用聚合物薄膜材料（壁材）将分散均匀的细小液滴或固体颗粒，甚至气体（统称芯材）包覆形成微小粒子的技术。这种微小粒子叫作微胶囊。将微胶囊技术应用于纺织品，可节水节能，达到环保染整的要求。目前主要有蓄热调温微胶囊、缓释智能微胶囊、智能变色微胶囊等，可实现阻燃、防缩、拒水拒油、抗静电、柔软、抗菌等功能，对开发高附加值、智能化纺织品具有重要意义。

复习指导

织物整理是纺织品加工过程中的重要环节，对提高纺织品的档次、增加产品附加值和开发新产品具有举足轻重的作用。作为染整加工的后道工序，织物整理除了必须进行的一般整理外，还有根据织物的不同用途所进行的功能整理。从一定程度上说，织物整理也是纺织品加工中研究内容最多的部分。通过本章的学习，主要掌握以下内容：

1. 了解和熟悉棉织物、毛织物、丝织物和化纤织物的一般整理要求和各自的特点。

2. 了解棉类织物的一般树脂整理工艺，加工条件对织物弹性和织物强力的影响，以及实现低甲醛、无甲醛树脂整理的途径和方法。

3. 了解织物的涂层整理、防水拒水整理、阻燃整理和抗菌整理的目的和特点。

4. 了解当今人类对紫外线进行防护的重要性，进行纺织品的防紫外线整理的目的、意义、加工方法和效果评价。

5. 了解防污整理和抗静电整理的目的和各自的特点，以及基本加工方法。

6. 了解和熟悉涤纶织物碱减量处理的目的和主要加工方法。

7. 了解泡沫整理的目的、加工原理和主要加工方式。

思考题

1. 在染整加工中，为什么一般棉机织物都要进行定幅（拉幅）整理？其加工原理是什么？加工中应注意哪些因素？

2. 织物为什么要进行光泽整理或轧纹整理？轧光、电光和轧纹整理有什么异同点？

3. 什么是织物的绒面整理？起毛和磨绒各有什么特点？

4. 织物的柔软整理和硬挺整理各有什么特点和要求？

5. 为什么要对织物进行增白处理？棉织物的上蓝增白与荧光增白剂增白有什么异同点？

6. 什么是织物的缩水率？为降低棉类织物的缩水率有哪些重要的加工方法？

7. 为什么要进行棉织物的防皱整理？什么是耐久压烫整理？什么是低甲醛、无甲醛树脂整理？

8. 毛织物的整理主要进行哪些加工？各有什么特点？

9. 丝织物主要进行哪些整理？各有什么特点？

10. 引起棉针织物缩水的主要原因有哪些？可采取哪些加工方式对其进行防缩？

11. 常用的涂层剂、涂层设备和涂层加工方式各有哪几类？各有什么特点？

12. 织物的防水整理和拒水整理有什么异同点？

13. 为什么要进行织物的阻燃整理？简述阻燃整理的基本原理。

14. 简述纺织品进行抗菌整理的目的，怎样达到抗菌整理的目的？

15. 为什么人类越来越重视对紫外线的防护？通过哪些加工方法可以进行纺织品的防紫外线整理？

16. 织物的拒油和易去污整理各有什么特点？怎样把两者结合起来考虑？

17. 纺织品为什么会发生静电？怎样防止静电的影响？

18. 为什么要对涤纶织物进行减量处理？怎样进行碱减量整理？

19. 泡沫整理有什么作用？在泡沫整理加工中应注意哪些问题？

20. 对织物进行生物酶整理有什么优点？

21. 什么是仿麂皮整理、仿毛和仿麻整理？什么是织物的高吸水性整理？

参考文献

[1] 陶乃杰，等．染整工程：第四册［M］．北京：纺织工业出版社，1992.

[2] 上海市印染工业公司．印染手册［M］．北京：中国纺织出版社，1978.

[3] 张洵栓，等．染整概论［M］．北京：纺织工业出版社，1989.

[4] 纪奎江，刘世平，等译．交联剂手册［M］．北京：化学工业出版社，1990：398.

[5] 上海印染行业协会编．印染手册［M］．2版．北京：中国纺织出版社，2003.

[6] 罗瑞林．织物涂层［M］．北京：中国纺织出版社，1994.

[7] 王菊生，孙铠，等．染整工艺原理：第二册［M］．北京：纺织工业出版社，1983.

[8] 李善君，纪才圭，等．高分子光化学原理及应用［M］．上海：复旦大学出版社，1993.

[9] 张济邦．防紫外线织物（一）［J］．印染，1996（2）：39-43.

[10] 吴雄英．纺织品抗紫外线辐射性能的测试方法比较［J］．印染，2001（2）：38-40.

[11] 宋心远，沈煜如．新型染整技术［M］．北京：中国纺织出版社，1999.

[12] 邢凤兰．印染助剂［M］．北京：化学工业出版社，2008.

第六章 质检和包装

质量是企业的生命，许多企业因质量过硬而赢得了信誉，拓展了市场；也有一些企业因质量问题而失去客户，甚至在经营中被索赔而损失惨重。因此任何生产企业都必须十分重视产品质量的管理。作为监督生产、保证质量的重要手段，产品必须进行质量检验（check of quality）。质量检验就是借助一定的方法和手段，对质量指标项目进行测试，并将测试结果与该指标项目的规定标准比较，从而判断其合格与否的过程。印染布的质量检验，包括外观（appearance）质量检验（如机台检布码布）和内在质量的检测。产品按照质检的结果进行分等分级、开剪和包装。

第一节 印染布的外观质量检验

印染布的外观质量检验在检布码布机上进行。检布机（cloth looking machine）和码布机（plaiting machine）有的各为独立设备，有的为一个整体的联合机。

一、检布码布设备和检布

检布码布设备由进布架、检布机、容布箱、码布机组成。其中，检布机的主体之一为一块下边装有日光灯管的大玻璃板，玻璃板与地面成一定角度，坐在玻璃板前的检验员的视线与该板成约90°角。经过检验的布进入容布箱，再到码布机上测量。码布机可以按公制（1m）或英制（1码）调节间距进行测量（也称码布），经测量的布按米或码对折叠层，也可以由卷装机打成卷。

检布时，被检验的织物平铺在检布机的玻璃平板上，检验员坐在检布机前注视着被检验的织物，按照不同品种的特点检查其外观疵病，发现疵病用粉笔划出，并在相应位置的布边订上色线，以便查找。检验一段织物（相当于玻璃平板的长度）后再前进一段，如此反复，直到一批布检验完毕。检验好的织物进入容布箱待测，然后到码布机上测量后折叠或卷装。

有的检布码布机上直接装有计数器，检验后的布在向前运行时经计数器计数后直接打卷。

从事检布工作的检验员要熟悉相关印染布的外观疵病（appearance fault）。

二、印染布的常见外观疵病

印染布的外观疵病，有一般外观疵病、染色布外观疵病、印花布外观疵病和整理外观疵病。

（一）一般外观疵病

（1）幅宽不符（width error）。成品的门幅与要求的门幅不一致，或大或小，超出规定误差范围。

（2）纬斜（bias weft；skewing）。织物的纬纱与经纱不垂直。

（3）条干不匀（twitty）。织物经向或纬向纱线排列的间距不均匀。

（4）边疵（selvedge defect）。布边出现各种疵病，如荷叶边、舞蝶边、豁边等。

（5）破洞（hole）。因经纬纱断裂引起的小洞。

（6）补洞痕（hole-mending mark）。织物上的破洞虽经修补，但留下明显的痕迹。

（7）污迹（stain）。在染整加工中留下明显沾污的痕迹。

（8）皱痕（decating mark）。因加工不慎引起纵向或横向的起皱条痕。

（二）染色布外观疵病

（1）色差（color difference）。织物不同部位的颜色不一致，包括前后色差、正反面色差、批与批之间的批差和缸差等。

（2）条花（streaky）。经向有条状色泽深浅。

（3）色档（colour bar）。纬向有条状色泽深浅。

（4）色斑（speckle）。布面有深浅不同的颜色斑迹。

（5）色点（tint mark）。布面有颜色深浅不同的小点。

（6）边深浅（listing）。布边比其他部分的颜色深或浅。

（7）水渍（water mark）。布面局部斑状水渍痕。

（8）风印（draft mark）。布面局部色深浅（活性染料）。

（9）色浅（weak-color）、色萎（sad-color）。布面色泽较浅，色光萎暗。

（10）夹花（streaking threads）。织物中少量异种纤维未上染颜色而形成的露白。

（三）印花布外观疵病

（1）脱浆（color-out）。印花色浆未能连续供应引起的印花图案不连续。

（2）拖浆（color-smear）。多余的印花色浆未刮去，拖入后续图案中。

（3）溅浆（spewing）。因花筒或因圆网转速变化引起色浆溅到织物上引起多余的颜色。

（4）对花不准（misregister）。因花筒、圆网或平网对花时位置的偏移引起图案位置不准。

（5）色档（colour-bar）。因突然停机等原因引起被印织物出现横档颜色。

（6）皱印（crease mark）。在织物起皱时印上的图案。

（7）刮刀条花（doctor mark）。因刮刀刮浆不尽引起的条状条纹。

（8）渗花（flushing）。因色浆黏度偏低引起图案的渗色。

（四）整理外观疵病

（1）擦伤痕（chafe mark）。织物在加工过程中因与机器的某个部位的强烈摩擦引起的表面伤痕。

（2）压痕（pressure mark）。织物的某一部位受压后留下不易回复的形变痕迹。

（3）深针痕（deep pinning）。织物经针铗拉幅后布边留下明显较深的针洞痕迹。

（4）布铗痕（clip mark）。织物经布铗拉幅后布边被铗部分留下明显的布铗印。

（5）毛毯痕（blanket mark）。织物经毛毯包夹进行热处理后局部留下包铗变形的痕迹。

（6）折皱（wrinkle）。织物在加工中因折叠留下的皱痕。

（7）极光（bright specks）。织物因受光滑物体重压或平磨引起织物特强的异常反光。

（8）鸡爪纹（crows'feet）。织物因局部起皱或加工不当引起鸡爪一样的小皱纹。

（9）起球（pilling）。织物表面因纤维起毛引起纤毛卷曲成球状。

（10）异味（peculiar smell）。织物散发出不正常的气味。

第二节　内在质量检测

织物除了外观质量外，内在质量也很重要，会直接影响服用性能，因此必须进行内在质量（理化指标）的检测。由于织物品种繁多，加工方式和服用性能有很大差别，哪些项目应该检测，哪些项目可以免检以及对检测机构和标准条件等要求视品种和产品用途而定。

一、检测机构或部门

（一）企业的质检机构或部门

每个生产企业都应有自己的质检机构或部门。按照本企业的标准（或参照有关标准）进行某些项目的产品内在质量检测，以监督生产和把握产品质量关。企业的检测机构或部门的检测人员由熟悉检测项目的专人组成，可以是小规模的承担日常项目的检测，其检测报告只供本企业内部参考；有些企业的检测机构得到权威机构的认可，由高水平的专业技术人员组成，能承担大量的不同项目的检测，其检测报告能得到客户认可。但按照我国目前的计量法规定，非独立法人的企业检测机构不能进行计量认证，也就不能对外营业。

（二）独立法人的检测机构

独立法人的检测机构如其具有规定的质量管理体系、合格的专业技术人员和仪器设施，经过权威机构对其能力和水平的认可并完成省级以上计量认证的，可以对外营业，接受客户的委托检测。

二、纺织品的质量检测标准

纺织品的质量检测必须按照一定的标准方法（standard method）进行，必须有据可依，有据可查，相互之间有可比性。

（一）各级标准

1. 国际标准（ISO）　由国际标准化组织（International standardization organization）制定的标准。国际标准化组织是由非官方的各国国家标准化协会（ISO 成员国）组成的世界性联合会组织，国际标准的制定工作由 ISO 技术委员会负责，新制定的标准需经 3/4 以上的成员国通讯投票赞成才能通过实施。

2. 国家标准（national standard） 由各个国家权威机构认定的本国标准，如由中国国家权威部门批准发布的强制性国家标准（GB）和推荐性国家标准（GB/T）、美国国家标准（ANSI）、英国国家标准（BS）、德国国家标准（DIN）、法国国家标准（NF）、澳大利亚国家标准（AS）、日本工业标准（JIS）等。

3. 区域性标准（regional standard） 由区域性标准化组织通过的标准或在一定情况下经从事标准化活动的区域性组织通过的标准，适用于世界某一区域，如欧洲标准化委员会（CEN）、泛美标准化委员会（COPANT）、太平洋区域标准大会（PASC）、亚洲标准化咨询委员会（ASAO）、非洲标准化组织（ARSO）等制定的标准。其中有的标准收录为国家标准，我国的地方标准也可以认为是一种区域性标准。

4. 纺织标准（textile standard） 一个国家纺织行业的标准，如我国有推荐性纺织行业标准，代号"FZ/T"；原纺织工业部部颁标准，代号"FJ"。

5. 企业标准（department standard） 生产企业根据自身情况和产品要求自行制定的标准。企业标准可以高于专业标准，或高于国家标准、国际标准。

6. 其他标准 一些区域性的或地方性的标准（如欧洲标准）。

（二）标准的标识和序号

规范的标准都有一定的名称标识（name identification）和序号（order），如评定变色用灰色样卡 GB/T 250—2008、ISO 105/A02—1993，代替 GB 250—84。其含义是该标准的名称为"评定变色用灰色样卡"，在国标中的排序号为250，于1995年重新修订或确认，该标准即为ISO 105/A02—1993的标准，用来替代GB 250—84标准。20世纪90年代起，我国的标准制定或修订的年份一律改为4位数标注，代替原来的2位数标注。一旦新的标准正式实施，老标准就自动废除。

（三）标准的基本内容和要求

每项检测标准大多包括以下基本内容和要求。

（1）适用范围（scope of application）。规定该标准所适用的领域和范畴。

（2）引用标准（quote standard）。说明哪些标准被该标准引用而成为该标准的条文，但如果所引用的标准被修订，则应探讨使用被引用标准的最新版本。

（3）原理（principle）。制定该标准的基本原理。

（4）设备和试剂（equipment and reagent）。对仪器设备和试剂的基本要求和规定。

（5）试样（specimen）。对试验样品的制备要求。

（6）操作程序（operating sequence）。试验的操作规程和步骤。

（7）测试报告（testing report）。对测试报告的内容和要求作出规定。

（8）其他注意事项。对有些检测项目特定要求的说明，如物理指标的测试应在标准大气条件下进行，接触有害物质时应采取防护措施等。

三、其他检测条件

（一）试验人员（testing member）

经过一定技术培训有上岗资格的专职检测人员，能正确掌握检测方法和操作要点，办事认真，公正细致。

（二）一般试验室（common laboratory）

室内布局合理、清洁、整齐，光源充足，空气流通，具备相应仪器和人员操作的必备条件。

（三）标准大气（standard atmosphere）

有些检测项目需要用到符合标准大气条件控制的恒温恒湿室（constant temperature and humidity room），如高精度地正确称量纺织品和进行纺织品的物理指标检测等，必须在规定的条件（即标准大气条件）下进行。不少企业不具备恒温恒湿室的标准大气条件，则检测时尽可能接近规定的标准大气条件（不符合规定试验条件的检测数仅供参考）。标准大气的级别及对温度和湿度的要求见下表。

标准大气级别及要求

标准大气级别	试验用温带标准大气		试验用热带标准大气	
	温度/℃	湿度/%	温度/℃	湿度/%
一级标准	20±2	65±2	27±2	65±2
二级标准	20±2	65±3	27±2	65±3
三级标准	20±2	65±5	27±2	65±5

我国处于温带，采用试验用温带标准大气，如出口到热带地区的纺织品采用哪种标准大气可征求用户意见。

（四）标准贴衬织物（standard adjacent fabric）

在进行染色牢度试验时常使用各种贴衬织物，但由于贴衬织物的不同性能会影响检测结果，因此对标准贴衬织物的技术要求都有详细的规定，不仅对于各种标准贴衬织物的纱线的材料、细度、捻度，坯布的组织结构和密度，处理后织物的单位面积质量、润湿性、pH 值、白度和按特定条件染色后的洗涤沾色性有标准要求，而且对于不能含有整理剂、无残留化学品和化学损伤等都有规定。

1. 单纤维（single-fibre）标准贴衬织物　由单一纤维组成的标准贴衬织物，如纯棉、羊毛、蚕丝、苎麻、聚酯纤维、聚酰胺纤维、聚丙烯腈纤维、黏胶纤维等标准贴衬织物。每一种或两种标准贴衬有一个相应的国家标准。

2. 多种纤维（maltifibre）标准贴衬织物　由 6 种不同的纤维按纵向织成连体的 6 条标准贴衬，所以称多种纤维标准贴衬织物。我国常用的多种纤维标准贴衬织物一般分为两类：

（1）SW 类。按丝、棉、锦、涤、腈、毛顺序排列，其中 S 代表丝绸（silk），W 代表羊毛（wool）。

（2）SV类。按丝、棉、锦、涤、腈、粘顺序排列，其中S代表丝绸，V代表黏胶（viscose）。

3. 选择贴衬织物的原则 在选择单纤维标准贴衬织物时，应考虑被检试样的纤维种类，如被检试样为单纤维织物，则选择与试样纤维同类型或接近的标准贴衬织物；如果试样是两种以上的混纺或交织物，则选择与试样中纤维含量较高的纤维相同类的标准贴衬织物。如选择多种纤维贴衬，要选择包括试样纤维种类在内的一类贴衬。选择标准贴衬织物时注意征求用户意见。我国的单纤维标准贴衬织物都分别由指定单位按规定要求加工和定点销售，多种纤维标准贴衬织物目前还依赖进口。

（五）灰色样卡（gray scale）

1. 评定变色用灰色样卡 基本灰卡为5对无光的有不同程度色差的灰色小卡片（纸片或布片），根据每对卡片之间的色差大小，依次定为1~5级，以1级为最低（即色差最大），5级最高（肉眼不能分辨色差）。另外再在每两个级别之间各插入半级，因此灰卡的评级为5级9档，分别为1级、1-2级、2级、2-3级、3级、3-4级、4级、4-5级和5级。

评级时，被评的原样与变色试样像灰卡的一组卡片一样紧挨在一起，然后与灰卡比较，找出与其色差的大小最接近的一档灰卡，并以这档灰卡的级别定级。评级时注意不能触摸灰卡卡片的表面，一旦灰卡的表面被触摸摩擦变样，或者因使用时间较长而表面光泽变样，就需要更换弃用。

2. 评定沾色用灰色样卡 基本样卡为5对灰色与白色对应的有不同程度色差的小卡片，同理根据色差大小定为1~5级，1级为最低，5级最高，并在每两级之间各插入半级，组成5级9档，分别为1级、1-2级、2级、2-3级、3级、3-4级、4级、4-5级和5级。评级时白布与沾色布像灰卡的一组卡片一样紧挨在一起为一组，然后与沾色灰卡比较，色差最接近的一对灰卡的级别即为试样的沾色级别。

除灰色样卡以外，还有评定变色和沾色用的彩色样卡（color scale），常用的彩色样卡有5种，分别为红、黄、蓝、绿、棕，其设计原理和评级方法同灰色样卡。此外，色差的评级还可以用测色仪评定。

（六）标准光源（standard light source）

物体的颜色本身是由物体对光的吸收和反射引起的，不同的光源能造成不同的视觉效果，因此在色差评级时需要有统一稳定的光源。现在用得较多的是标准光源箱，它是一个五面有板，一面敞开的空箱体，箱体的内板是灰色无光的，正面敞开供操作人员评级用，顶上装有灯管，一般装有D_{65}光源、紫外光源和荧光光源。通常的评级都采用模拟日光的D_{65}光源，在特殊要求时，可使用紫外或荧光光源。使用标准光源箱时不能摩擦或刻划到光源箱的内壁，以免影响光线的反射。在没有标准光源而采用日光时，注意避开早晚光线偏暗和中午光线太强的时间，并且注意采光的方向。

（七）测试仪器（testing instrument）

企业检测用的玻璃仪器必须是符合标准精度的器皿。对于一般量器和检测仪器都要定期检验计量，一般每年计量一次，中间再核查一次。对于高标准的纺织品检测机构或部门，检测用的玻璃仪器必须经权威的计量单位计量认证；使用的量器和检测仪器及设施都要求定期检验、计量，一般每年有省级以上权威机构计量一次，中间再自行进行核查一次。检测仪器的条件必须符合测试标准的要求，如果标准更新，对该测试仪器的要求有变化，则在规定期限内相应检测仪器也应有所变更。

四、主要检测内容

对整个纺织品来说，其内在质量的检测项目有几百项，但对某一纺织品的内在质量，必须检测的项目可能只需几项。对于不同类别的印染产品的检测有不同的要求，如毛织物和丝织物有与棉及其混纺织物不同的检测项目，但就共性而言，常见的检测项目主要有以下各项。

（一）印染布的染色牢度（colour fastness of dyed and printed fabrics）

印染布的染色牢度是指染色或印花布上的染料经受各种因素的作用而在不同程度上能保持其原来色泽的性能。

1. 耐洗色牢度（colour fastness to washing）　衡量纺织品经受一定条件的洗涤（如皂液、温度、时间、机械搅拌、冲洗等）和干燥后，原样的变色和对贴衬布的沾色性能。耐洗色牢度的要求按从低到高的洗涤条件分为五种试验方法。耐洗色牢度以前被称为皂洗牢度。可参照 GB/T 3921—2008《纺织品　色牢度试验　耐皂洗色牢度》进行测试，用灰色样卡或仪器，对比原始试样，评定试样的变色程度和贴衬织物的沾色程度；也可参照 GB/T 420—2009《颜料和纺织品　耐刷洗色牢度》进行测试，依据 GB/T 250 的规定用灰色样卡评定试样的变色。

2. 耐摩擦色牢度（colour fastness to rubbing）　衡量纺织品在规定条件下与标准贴衬布相互摩擦，试样引起摩擦贴衬布沾色的性能。耐摩擦色牢度分为耐干摩擦和耐湿摩擦色牢度两类。可参照 GB/T 3920—2008《纺织品　色牢度试验　耐摩擦色牢度》进行测试，用评定沾色用灰色样卡来评定摩擦布的沾色级数。

3. 耐汗渍色牢度（colour fastness to perspiration）　衡量纺织品在汗液存在的条件下，经受一定温度和压力并保温一定时间后原样的变色和对贴衬布沾色的性能。耐汗渍色牢度根据人工汗液的区别分为耐酸性汗渍和耐碱性汗渍色牢度两类。可参照 GB/T 3922—2013《纺织品　色牢度试验　耐汗渍色牢度》进行测试，用变色灰色样卡和沾色灰色样卡，分别评定酸、碱溶液作用后的试样变色和标准贴衬布沾色牢度的等级。

4. 耐水色牢度（colour fastness to water）　衡量纺织品经水浸后，在一定温度和压力下，保温一定时间后原样的变色和对贴衬布沾色的性能。可参照 GB/T 5713—2013《纺织品　色牢度试验　耐水洗色牢度》进行测试，用变色样卡评定试样的变色级数和贴衬的沾色级数。

5. 耐唾液色牢度（colour fastness to saliva）　衡量纺织品在人造唾液存在的条件下，经一定的温度、压力和保温时间后原样变色和对贴衬布沾色的性能。可参照 GB/T 18886—2019《纺织品　色牢度试验　耐唾液色牢度》进行测试，用灰色样卡评定原样变色程度及白布沾色程度。

6. 耐干洗色牢度（colour fastness to dry cleaning） 衡量纺织品在有机溶剂（全氯乙烯）中按规定条件洗涤并干燥后原样变色和对贴衬布沾色的性能。可参照 GB/T 5711—2015《纺织品　耐四氯乙烯色牢度》进行测试，用灰色样卡或仪器，对比原始试样，评定试样的变色程度和贴衬织物的沾色程度。

7. 耐光色牢度（colour fastness to light） 衡量纺织品经一定条件的人造光照射后原样变色的性能。耐光色牢度以前被称为日晒牢度。可参照 GB/T 8427—2008《纺织品　色牢度试验　耐日光色牢度　氙弧》进行测试，目测试样暴晒和未暴晒部分间的色差，显示相似变色蓝色羊毛标准的号数即为试样的耐光色牢度等级。

8. 耐光、汗复合色牢度（complex colour fastness to light-perspiration） 衡量纺织品在带有一定汗液的条件下，经一定条件的人造光照射后原样变色的性能。可参照 GB/T 14576—2009《纺织品　色牢度试验　耐光、汗复合色牢度》进行测试，用变色样卡或仪器评定试样的变色级别。

9. 耐氯化水色牢度（游泳池水）[colour fastness to chlorinated water（swimming-pool water）] 衡量纺织品在含氯水（模拟游泳池水）中按一定条件洗涤后的原样变色性能。可参照 GB/T 8433—2013《纺织品　色牢度试验　耐氯化水色牢度（游泳池水）》进行测试，用灰色样卡或仪器，评定试样的变色程度和贴衬织物的沾色程度。

10. 耐干热（热压除外）色牢度 [colour fastness to dry heat（excluding hot pressing）] 衡量纺织品在一定温度的干热条件下保持 30s 后原样的变色和对贴衬布沾色的性能。常用试验温度为三档，分别为 150℃±2℃、180℃±2℃和 210℃±2℃，可根据纤维品种的差别，选择三档不同温度中的一档。耐干热色牢度以前被称为升华牢度。可参照 GB/T 5718—1997《耐干热（热压除外）色牢度》进行测试，用灰色样卡评定试样的变色和贴衬织物的沾色。

11. 耐热压色牢度（colour fastness to hot pressing） 衡量纺织品在一定温度和压力条件下保持 15s 后原样变色和对贴衬布沾色的性能。耐热压色牢度可分为干压、潮压和湿压三种；温度条件可根据纤维品种的不同选择三档（110℃±2℃、130℃±2℃和 150℃±2℃）中的一档，必要时也可采用其他温度，但要在实验报告上注明。耐热压色牢度以前被称为熨烫牢度，但具体要求有些变化。可参照 GB/T 6152—1997《纺织品　耐压色牢度》进行测试，用变色样卡评定试样的变色级别。

12. 耐家庭和商业洗涤色牢度（colour fastness to domestic and commercial laundering） 衡量纺织品在模拟家庭和商业洗涤条件下综合试验后原样变色和对贴衬布沾色的性能。可参照 GB/T 12490—2007《纺织品　色牢度试验　耐家庭和商业洗涤色牢度》进行测试，用变色样卡评定试样的变色级数和贴衬的沾色级数。

13. 其他染色牢度 根据织物用途的不同，有些印染布需要检测其他的染色牢度，如耐刷洗色牢度（colour fastness to brush washing）、耐气候色牢度（colour fastness to weathering）、耐有机溶剂色牢度（colour fastness to solvent）、耐热水色牢度（colour fastness to hot water）、耐煮沸色牢度（colour fastness to boilling）、耐汽蒸色牢度（colour fastness to steaming）、耐碱煮色牢度（colour fastness to soda boilling）、耐碱斑色牢度（colour fastness to alkali spotting）、

耐酸斑色牢度（colour fastness to acid spotting）、耐海水色牢度（colour fastness to sea water）、耐丝光色牢度（colour fastness to mercerizing）、耐过氧化物漂白色牢度（colour fastness to peroxide bleaching）等。

（二）印染布的物理机械性能和整理效果

1. 织物的尺寸变化率（ratio of fabric dimensional change） 织物的尺寸变化率也称缩水率，是指一定状态的定长织物按规定条件洗涤干燥后的尺寸变化值与洗涤前相同定长的比率。机织物的尺寸变化率常分经向和纬向分别计算和表示。具体可参照 GB/T 8628—2013《纺织品 测定尺寸变化的试验织物试样和服装的准备、标记及测量》、GB/T 8629—2017《纺织品 试验用家庭洗涤和干燥程序》及 GB/T 8630—2013《纺织品 洗涤和干燥后尺寸变化的测定》进行测试，通过计算尺寸变化率来评定试样的缩水率。

2. 织物拉伸性能（tensile properties of fabrics） 衡量织物经受拉伸的能力。织物在一定条件下拉伸断裂时经受的拉力为该织物的断裂强力（breaking force），断裂试验前后拉伸长度的变化率为该织物的断裂伸长率（elongation at break）。织物拉伸性能的检测有条样法（strip method）和抓样法（grab method），以前者应用较多。具体可参照 GB/T 3923. 1—2013《纺织品 织物拉伸性能 第 1 部分 断裂强力和断裂伸长率的测定（条样法）》、GB/T 3923. 2—2013《纺织品 织物拉伸性能 第 2 部分 断裂强力的测定（抓样法）》进行测试，通过断裂强力和断裂延伸度评定试样的拉伸性能。

3. 织物撕破性能（tear properties of fabrics） 衡量织物经受撕裂的能力。在规定条件下测试织物承受切口扩展撕破的强力（tear force）。织物撕破性能的测定有冲击摆锤法（ballistic pendulum method）、舌形试样法（tongue shaped test specimens method）和梯形试样法（trapezoidal shaped test specimens method），通常以冲击摆锤法最常用。具体可参照 GB/T 3917. 1—2009《纺织品 织物撕破性能 冲击摆锤法撕破强力的测定》、GB/T 3917. 2—2009《纺织品 织物撕破性能 裤形试样（单缝）撕破强力的测定》、GB/T 3917. 3—2009《纺织品 织物撕破性能 梯形试样撕破强力的测定》、GB/T 3917. 4—2009《纺织品 织物撕破性能 舌形试样（双缝）撕破强力的测定》及 GB/T 3917. 5—2009《纺织品 织物撕破性能 翼形试样（单缝）撕破强力的测定》进行测试，通过撕破强力评定试样的撕破性能。

4. 织物折痕回复性（recovery from creasing of a folded specimen） 衡量织物在一定条件下经折皱变形后再回复原状的能力，通常以经向与纬向的两回复角之和来评价。具体可参照 GB/T 3819—1997《纺织品 织物折痕回复性的测定 回复角法》进行测试，通过折皱回复角评定试样的折皱回复性能。

5. 织物硬挺度（stiffness of fabrics） 衡量织物在一定条件下的刚性和柔软性。通常以斜平面法测定。具体可参照 GB/T 18318. 1—2009《纺织品 弯曲性能的测定 第 1 部分：斜面法》、GB/T 18318. 2—2009《纺织品 弯曲性能的测定 第 2 部分：心形法）、GB/T 18318. 3—2009《纺织品 弯曲性能的测定 第 3 部分：格莱法）、GB/T 18318. 4—2009《纺织品 弯曲性能的测定 第 4 部分：悬臂法》、GB/T 18318. 5—2009《纺织品 弯曲性能的测定 第 5 部分：纯弯曲法》及 GB/T 18318. 6—2009《纺织品 弯曲性能的测定 第 6 部分：马鞍法》进行测试，通过各测试指标评定试样的硬挺度。

6. 织物起球性（**pilling propertity of fabrics**） 衡量织物在一定条件下，经表面摩擦引起织物起毛和起球的性能。织物起球性试验主要有圆轨迹法（circular locus method）、马丁代尔法（martindale method）和起球箱法（pilling box method）。三者的水平没有可比性，试验方法根据织物品种和服用要求选择，我国目前用得较多的是圆轨迹法。具体可参照GB/T 4802.1—2008《纺织品　织物起毛起球性能的测定　第1部分：圆轨迹法》、GB/T 4802.2—2008《纺织品　织物起毛起球性能的测定　第2部分：改型马丁代尔法》、GB/T 4802.3—2008《纺织品　织物起毛起球性能的测定　第3部分：起球箱法》及GB/T 4802.4—2008《纺织品　织物起毛起球性能的测定　第4部分：随机翻滚法》进行测试，采用视觉描述方式评定试样的起毛或起球等级。

7. 织物透气性（**permeability of fabrics to air**） 衡量织物在一定条件下，单位时间内允许通过单位面积织物的气体流量的能力。可参照GB/T 5453—1997《纺织品　织物透气性的测定》进行测试，通过透气率来评定试样的透气性。

8. 其他 此外还有织物的耐磨性（wearability）、悬垂性（drapability）、表面抗湿性（resistance to surface wetting）、抗渗水性（resistance to water penetration）、接缝强力和接缝效率（seam strength and seam efficienty）、抗静电性（antistatic property）、阻燃性（non-combustibility）和织物上的甲醛含量（content of formaldehyde）、pH值（pH value）、禁用染料（forbidden dyes，banned colourants）及可萃取重金属（extractable heavy metal）等质量检测。

上述印染布的内在质量的检测，有些项目企业能自行检测，有些则要送专门的检测机构检测。根据用户要求，有些还需提供权威的检测报告。

五、检测报告

一份正规的检测报告（也称试验报告）是对某试样的基本信息及其在一定条件下检测结果的正确表述，报告内容必须清楚、正确、完整，正规的检测报告一般应包括以下内容：

（1）检验单位名称。

（2）检测报告及其代号和编号。

（3）试样名称、规格和数量。

（4）检测项目名称。

（5）委托单位及地址。

（6）委托人及其联系方式。

（7）送样日期及检测日期。

（8）检测依据（执行检测的标准方法名称及编号）。

（9）检测结果（依据标准方法所要求的表述）。

（10）备注（包括任何偏离标准方法的内容及说明以及其他需要说明的问题）。

（11）被检验样品的贴样。

（12）报告编制人、审核人和批准人的签名及签名日期。

（13）检测单位盖章（一般为检测专用章；得到权威机构认证的，应有专门符号的检测专用章。例如，得到中国实验室国家认可委员会认可证书的可以有 CNAL 标志符号）。

第三节 等级评定和包装

一、分等分级

织物经过外观质量检验和必要的内在质量检测，根据加工质量（如以外观疵病的程度进行打分和某些内在质量指标）对照产品标准，进行分等分级（grading and classify），一般可分为一等品、二等品、三等品和等外品。有些代加工产品，可根据客户要求进行检验，符合要求，客户认可，就作为正品交给客户。具体等级判定方法如下：

（一）缺陷的判定

缺陷的判定，就是质量评价时依据合同或协议的质量标准或自身工艺文件所规定的技术质量要求，在各个项目检验完成后，对织物质量中存在的缺陷轻重程度进行判定。一般可分为：轻缺陷、重缺陷和严重缺陷。

（1）轻缺陷：不符合产品标准的技术质量要求，但对产品的使用性能和外观影响微小的缺陷。

（2）重缺陷：不严重降低产品的使用性能，不严重影响产品外观，但较严重不符合技术标准所规定的缺陷。

（3）严重缺陷：违反产品质量要求与标准，严重降低了产品的使用性能，并严重影响了产品的外观。

只有对织物的缺陷轻重进行了判定，才能对产品的等级进行判定。

（二）等级判定

根据轻缺陷每处扣 1 分，重缺陷每处扣 4 分，严重缺陷每处扣 20 分的原则，对单件产品以缺陷程度及缺陷数量来判定：

（1）优等品：严重缺陷、重缺陷均为 0 分，轻缺陷≤4 分，即 96 分以上。

（2）一等品：严重缺陷、重缺陷均为 0 分，轻缺陷≤6 分；或严重缺陷为 0 分，重缺陷为 4 分，轻缺陷≤3 分，即 93 分以上。

（3）合格品：严重缺陷、重缺陷均为 0 分，轻缺陷≤10 分；或严重缺陷为 8 分，轻缺陷≤2 分；或严重缺陷为 0 分，重缺陷为 4 分，轻缺陷≤6 分，即 90 分以上。

二、开剪和包装

产品分等分级后，按不同等级开剪（cut through），同一等级的印染布如果太长，可再按一定长度剪开。同一品种织物开剪后按相同等级的放在一起计量包装（packing）。包装是必不可少的，是保证织物在流通过程中质量完好和数量完整的中友好措施，织物只有通过包装，才算完成生产过程，才能进入流通领域和消费领域，才能实现其使用价值和价值。

目前多数选用塑料袋包装，即把织物折叠或打卷后放入塑料袋，袋中装入相应的纸卡，写明织物的品种、编号、颜色、长度、等级及生产厂家等，如果是最终成品的包装，还应有生产厂家或供应商的联系信息。今后的纺织产品还应有一定的安全标志。塑料袋装的纺织品若还要装箱或打包，简易的包装是采用硬纸或布把一定数量的成品包好后放在打包机上收紧打包；要求较高的包装是把一定数量塑料袋包装的成品再放到一定规格的纸箱或木箱内，然后在打包机上打包。不论采用哪种方法，都要在包、箱外印上或贴上产品的基本信息资料，如果是纸包或布包还应挂上适当的标签。以方便货物的交接、防止错发、错运、错提货物、方便货物的识别、运输、仓储管理以及方便海关等有关部门依法对货物进行查验等。

☞ 复习指导

随着生产的发展和生活水平的提高，人们对产品质量的要求越来越高，对产品质量的检验也越来越重视。作为教科书，也应跟上时代的发展，在介绍产品加工原理和加工技术的同时，介绍产品的质量检验。本章复习要点如下：

1. 了解纺织品质量检验对产品质量控制的关系及其重要性。
2. 了解印染布的常见疵病。
3. 了解国家标准的标识、序号及其包括的主要内容。
4. 了解印染布质量检测所需要的基本条件。
5. 了解一般印染布进行质量检测的主要内容。
6. 了解纺织品质量检测报告的主要内容。
7. 了解一般印染布的分等、开剪和包装的要求和包装箱应有哪些信息。

☞ 思考题

1. 为什么说对纺织品进行质量检验十分重要？它对纺织品的加工有什么影响？
2. 常见的印染布的外观疵病有哪些？印染厂是怎样检验的？
3. 什么是国家标准？作为我国的国家标准之一“评定变色用灰色样卡 GB 250—1995、ISO 105/A02—1993，代替 GB 250—84”的各部分分别表示什么含义？
4. 纺织品质量检测的国家标准方法中主要包括哪些内容？
5. 怎样利用灰色样卡评定染色布的变色级别和沾色级别？
6. 纺织品的质量检测报告一般应包括哪些内容？
7. 纺织品的正规包装箱上应印上哪些信息？

参考文献

[1] 上海印染行业协会. 印染手册［M］. 2版. 北京：中国纺织出版社，2003.

[2] 纺织工业标准化研究所. 中国纺织标准汇编，基础标准与方法标准卷（一）[M]. 北京：中国标准出版社，2000.
[3] 纺织工业标准化研究所. 中国纺织标准汇编，基础标准与方法标准卷（二）[M]. 北京：中国标准出版社，2000.
[4] 倪武帆，梁建芳，周利，等. 纺织服装外贸跟单 [M]. 北京：中国纺织出版社，2008.

第七章　纺织产品安全技术要求及其质量控制

第一节　概　　述

从20世纪中叶起，科学和技术在全球范围内进入了一个飞速发展的时期。伴随工业化的发展，带来越来越多的环境问题。有研究表明，目前人类疾病的70%~90%都与环境有关，而人类周围的环境不仅是身边的大气、土地和饮用水，也包括与人类密不可分的纺织品，纺织品的安全逐渐成为人们关注的话题。

从20世纪80年代起，工业化国家开始对纺织品中可能存在的有害物质（harmful substance）及其对人体健康（human health）和环境（environment）的影响进行全面研究，一些国家的政府和国际性组织更是从法律、法规和标准的角度对纺织品的安全采取了积极的措施。作为纺织品贸易中的主要进口国和地区，美国和欧洲的纺织品进口商也积极顺应民意，开始从纺织品的安全角度出发，对他们进口的纺织产品的有关指标进行严格把关，并对纺织品的生产提出了一些相应的要求。1992年，德国政府首先在政府法令中提出禁用部分染料的问题，其后逐渐发布修正案，规定了限制生产、进口和销售含有禁用染料纺织品的日期以及被列为会分解出致癌芳香胺（carcinogenic aromatic amine）的染料的种类及其检出限量。其后荷兰政府、法国和奥地利政府也发布了类似的禁令。

1997年欧共体发布了关于在欧洲共同体国家禁止在纺织品和皮革制品中使用可裂解并释放出某些致癌芳香胺的偶氮染料的法令草案，该法令所涉及的是那些可能直接或长期与人体皮肤或口腔黏膜接触的产品，范围包括：服装、被褥、假发、帽子、尿布及其他卫生用品、鞋袜、手套、钱包、皮夹、公文包、椅子包覆材料及玩具等。此外，对甲醛含量、一些可萃取重金属、有毒有机化合物（toxic organic compound）等限量也作出了规定，这些规定及其检测方法逐渐完善。因此在工业化国家，纺织品的安全技术要求和生态纺织品的理念已为多数民众所理解和接受。

随着我国人民生活水平的迅速提高和纺织品对外贸易（foreign trade）的快速增长，人们对纺织产品的安全问题也越来越重视。2001年8月我国国家质量监督检验检疫总局批准并发布了一个强制性国家标准GB 18401—2001《纺织品甲醛含量的规定》，对纺织品的甲醛含量根据产品分类规定了相应的限定值：纺织品上水萃取游离甲醛含量婴幼儿用品为20mg/kg（20ppm），直接与皮肤接触的产品为75mg/kg（75ppm），非接触皮肤的产品和室内装饰用品为300mg/kg（300ppm），与目前国际通用的标准基本一致。2003年11月我国国家质量监督检验检疫总局发布了GB 18401—2003《国家纺织产品基本安全技术规范》（National general safety technical code for textile products）的强制性国家标准，对纺织品的九项安全技术指标作出了规定，以代替2001年发布的仅对纺织品甲醛含量作规定的标准。该标准于2006年1月1日开始全面实施。2010年我国国家质量监督检验检疫总局对《国家纺织产品基本安全技术规范》进行了修订，并于2011年1月发布了GB 18401—2010《国家纺织产品基本安全技术规范》，2011年8月1日开始全面实施。

纺织品的安全涉及千家万户，与每个人的健康都有直接的关系，《国家纺织产品基本安全技术规范》从人体健康安全的角度出发对纺织产品的有关指标作出了规定，每个使用纺织品的人都应该有所了解，对于生产这些纺织品的企业来说，不仅要熟知这些指标和相关政策，还要掌握达到这些指标的加工技术。在纺织品的加工中，与上述安全技术指标关系最密切的是染整加工，因此，染整工作者更要熟知这些指标并掌握达到这些指标的染整加工技术。

第二节　国家纺织产品安全技术规范的基本内容

GB 18401—2010《国家纺织产品安全技术规范》的基本内容主要由以下七个部分组成。

一、适用范围

（1）“安全技术规范”适用于对纺织产品的基本安全技术要求、试验方法、检验规则及实施与监督方法，不包括纺织产品的其他质量要求。

（2）“安全技术规范”适用于在我国境内生产、销售的服用、装饰用和家用纺织品。出口产品可依据与买家的合同约定执行。

（3）某些特别规定或国家另有约定的产品除外。

二、产品分类

由于不同的纺织产品对人体健康的影响不同，所以需对纺织产品实施分类。“安全技术规范”把我国的纺织产品分为三类，与目前世界上普遍采用的生态纺织品分类法略有区别，后者把纺织品分成四类，其第三和第四类相当于我国分类中的第三类。

（一）纺织产品的定义

以天然纤维和化学纤维为主要原料，经纺、织、染等加工工艺或再经缝制、复合等工艺而制成的产品，如纱线、织物及其制品。

（二）纺织产品分类

1. 婴幼儿纺织产品（textile products for babies）　婴幼儿纺织产品也称A类产品。是指年龄在36个月以下的婴幼儿穿着或使用的纺织产品（一般适合于身高在100cm及其以下婴幼儿使用），如尿布、尿裤、围嘴儿、内衣、睡衣、手套、袜子、外衣、帽子、床上用品和纺织品玩具等。婴幼儿用品必须在使用说明上表明“婴幼儿用品”字样。

2. 直接接触皮肤的纺织产品（textile products with direct contact to skin） 直接接触皮肤的纺织产品也称 B 类产品。是指在穿着或使用时，产品的大部分面积直接与人体皮肤接触的纺织产品，如文胸、内衣、裤子、衬衣、裙子、毛衣、泳衣、帽子、腹带、背心、棉毛衫裤、领带、口罩、围巾、袜子、床上用品和沙发套等。

3. 非直接接触皮肤的纺织产品（textile products without direct contact to skin） 非直接接触皮肤的产品也称 C 类产品。是指在穿着或使用时，产品不直接与人体皮肤接触或仅有小部分面积直接与人体皮肤接触的纺织产品，如裤子、外衣、裙子、窗帘、床罩、墙布、衬布、填充物等。

婴幼儿纺织产品必须在使用说明上标明“婴幼儿用品”字样，其他产品应在使用说明上标明所符合的基本安全技术要求类别（如 A 类、B 类或 C 类）。产品按件标注一种类别。

三、基本安全技术要求

（一）基本安全技术要求（general safety specification）的定义

基本安全技术要求是指为保证纺织产品对人体健康无害而提出的最基本的指标要求。满足纺织产品基本安全技术要求的成品并不意味着产品质量一定达标，除基本安全技术要求的指标外，其他质量指标按相应标准检验考核。

（二）基本安全技术要求指标

国家纺织产品基本安全技术要求指标如表 7-1 所示。

纺织产品的基本安全技术要求可根据指标要求程度分为 A 类、B 类和 C 类，技术要求指标如表 7-1 所示。

表 7-1 纺织产品基本安全技术要求指标

项目		A 类	B 类	C 类
甲醛含量/$mg \cdot kg^{-1}$		≤20	≤75	≤300
pH 值①		4.0~7.5	4.0~7.5	4.0~9.0
色牢度②/级	耐水（变色、沾色）	3-4	≥3	≥3
	耐酸汗渍（变色、沾色）	3-4	≥3	≥3
	耐碱汗渍（变色、沾色）	3-4	≥3	≥3
	耐干摩擦	≥4	≥3	≥3
	耐唾液（变色、沾色）	≥4	—	—
异味		无		
可分解芳香胺染料③		禁用		

①后续加工工艺中必须要经过湿处理的非最终产品，pH 值可放宽至 4.0~10.5 之间。

②对需要洗涤褪色工艺的非最终产品，本色及漂白产品不作要求；扎染、蜡染等传统手工着色产品不作要求；耐唾液色牢度仅考核婴幼儿纺织产品。

③致癌芳香胺清单见附录Ⅱ，限量值≤20mg/kg。

四、检验标准方法

（1）甲醛含量的测定按 GB/T 2912.1—2009 执行。

（2）pH 值的测定按 GB/T 7573—2009 执行。

（3）耐水色牢度的测定按 GB/T 5713—2013 执行。

（4）耐酸、碱汗渍色牢度的测定按 GB/T 3922—2013 执行。

（5）耐干摩擦色牢度的测定按 GB/T 3920—2008 执行。

（6）耐唾液色牢度的测定按 GB/T 18886—2019 执行。

（7）异味的检测采用嗅觉法，操作者应经过训练和考核的专业人员。

（8）可分解致癌芳香胺染料按 GB/T 17592 和 GB/T 23344—2009。一般先按 GB/T 17592—2011 检测，当检出苯胺和/或 1,4-苯二胺时，再按 GB/T 23344—2009 检测。

五、检验规则

（1）从每批产品中按品种、颜色随机抽取有代表性样品，每个品种按不同颜色各抽取 1 个样品。

（2）布匹取样至少距布端 2m 取样，样品尺寸为长度不小于 0.5m 的整幅宽；服装或其他制品的取样数量应满足试验需要。

（3）样品抽取后密封放置，不应进行任何处理。

（4）根据产品类型对照表 7-1 评定，如果样品的测试结果全部符合表 7-1 的要求（含有两种及以上组件的产品，每种组件均符合表 7-1 的要求），则该样品的基本安全性能合格，否则为不合格。对 B 类和 C 类产品中质量不超过整件制品的 1%的小型组件可不要求。

（5）如果所抽取样品全部合格，则判定该批产品的基本安全性能合格。如果有不合格样品，则判定该样品所代表的品种或颜色的产品不合格。

六、实施与监督

（1）依据《中华人民共和国标准化法》和《中华人民共和国标准化法实施条例》的有关规定，从事纺织产品科研、生产、经营的单位和个人，必须严格执行本技术规范。不符合本技术规范的产品，禁止生产、销售和进口。

（2）依据《中华人民共和国标准化法》和《中华人民共和国标准化法实施条例》的有关规定，任何单位和个人均有权检举、申诉、投诉违反本技术规范的行为。

（3）依据《中华人民共和国产品质量法》的有关规定，国家对纺织产品实施以抽查为主要方式的监督检查制度。

（4）关于纺织产品的基本安全方面的产品认证等工作按国家有关法律、法规的规定执行。

七、法律责任

对违反本技术规范的行为，依据《中华人民共和国标准化法》《中华人民共和国产品质量法》等有关法律、法规的规定处罚。

国家纺织产品安全技术规范的技术指标与生态纺织品的要求还有较大的差距，随着我国人民生活水平的提高，环境意识的进一步加强，对纺织产品的安全技术规范的范围会进一步扩大，要求也会更高，这将是一个必然的发展趋势。

第三节 纺织产品安全技术指标的检测要点及其质量控制

国家纺织产品安全技术指标的检测都有相关的国家标准可循，除禁用染料的检测外，多数企业对其他指标都能自行检测，以便尽快返回检测结果、监督生产和控制加工质量。但是，要想真正获得正确的检测结果，除正确理解测试标准外，还必须正确掌握检测要点和正确处理检测数据，并出具正确的检测报告。

一、甲醛含量的检测和控制

甲醛是一种优良的有机原料，长期以来一直作为纺织助剂的基本原料被广泛应用于纺织工业中。在纺织品的生产中，甲醛作为反应剂，可通过羟甲基与纤维素纤维的羟基结合来提高印染助剂在纺织品上的耐久性，因此广泛用于各类纺织印染助剂，如抗皱耐压树整理剂，固色剂、阻燃剂、柔软剂、黏合剂、分散剂、防水剂等。然而，甲醛相对生物细胞的原生质是一种毒性物质，它可与生物体内的蛋白质结合，改变蛋白质结构并将其凝固，同时，它还是一个变态反应原和强制突变剂，会对人体健康造成损害，为此，纺织产品中甲醛含量的控制已成为各国关注的重点。

甲醛含量的检测有游离水解的（free hydrolyzed）甲醛［水萃取法（water extraction method）］测定和释放（released）甲醛［蒸汽吸收法（vapour absorption method）］测定，我国纺织产品的安全技术指标考核以游离水解的甲醛为准。

（一）检测要点

（1）按标准要求配制甲醛原液，用标准方法（亚硫酸钠法或碘量法）测甲醛溶液精确浓度。该原液用以制备标准稀释液，有效期为四周。也可以直接购买1500μg/mL的甲醛标准溶液。

（2）按照标准要求制备甲醛校正溶液（calibrated solution）和计算工作曲线（working curve）$y=a+bx$。

（3）按标准要求制备试样的水萃取液。如果试样中甲醛含量高于500mg/kg，需要稀释试样的水萃取液。

（4）样品溶液（sample solution）和标准甲醛溶液分别用2mL/L的乙酰丙酮溶液显色。乙酰丙酮溶液用前必须存储12h，有效期为6周。

（5）用分光光度计分别测定样品溶液和标准甲醛溶液及空白液（blank solution）在

412nm 波长处的吸光度（absorbance），并制作工作曲线。

（6）对于有颜色干扰的，采用 10g/L 的双甲酮（dimedone）代替 2mL/L 的乙酰丙酮做确认试验。双甲酮溶液现配现用。

（7）按下式校正样品吸光度：

$$A=A_s-A_b-A_d \tag{7-1}$$

式中：A——校正吸光度；

A_s——试验样品中测得的吸光度；

A_b——空白试剂中测得的吸光度；

A_d——空白样品中测得的吸光度（仅用于有变色或沾污情况下）。

（8）用校正后的吸光度，通过工作曲线查出相应的甲醛含量，用 μg/mL 表示。

（9）按下式计算每一样品中萃取的甲醛含量：

$$F=\frac{C\times 100}{m} \tag{7-2}$$

式中：F——从织物样品中萃取的甲醛含量，mg/kg；

C——读自工作曲线上萃取液中的甲醛浓度，μg/L；

m——试样的质量，g。

取两次检测结果的平均值作为试验结果，计算结果修约至整数位。如果结果小于 20mg/kg，试验结果报告“未检出”。

本试验做 3 次平行试验，计算 3 次结果的平均值。

（10）完成试验报告。

甲醛含量的测定属化学定量分析（quantitative analysis）范畴，对操作人员的要求较高，需要较好的化学基础和认真细致的工作态度。检测中需特别注意颜色的干扰。

（二）甲醛含量的控制

对纺织品上甲醛含量的控制视产品的用途不同而有所区别，对限量低的纺织品，加工时宜采用低甲醛、超低甲醛甚至无甲醛印染助剂，并且在使用低甲醛或超低甲醛印染助剂时宜加入甲醛捕捉剂以进一步控制甲醛含量。对于甲醛含量已经超标的纺织品，可通过强化水洗（如提高水洗温度、增加水洗次数等）或在水洗液中加入尿素等方法进行补救。

二、pH 值的检测和控制

按照我国传统的印染加工理念，印染产品的 pH 值应该是中性偏碱性，不能偏酸性，但实践证明，纺织品的 pH 值应该接近人体皮肤汗液的 pH 值，而多数人体汗液的 pH 值在微酸性至偏中性范围内，因此，对纺织品 pH 值的安全要求也定在这个范围。纺织品的 pH 值是通过测定其水萃取液的 pH 值来实现的。

（一）检测要点

（1）按标准要求制备工作液。

（2）按标准要求配制缓冲溶液（buffer solution）。

（3）在萃取温度下，用两种或三种标准缓冲溶液调节 pH 值。

（4）在 10~30℃范围内测定工作液的 pH 值。

（5）用玻璃电极测定三份工作液的 pH 值，以第二、第三份工作液的 pH 值平均值为试验数据。

（6）进行数据处理，pH 值精确至 0.1。

（7）完成试验报告。

（二）pH 值的控制

纺织品 pH 值主要来自于染整加工过程中未与纤维发生固着的酸或碱、强酸弱碱盐或强碱弱酸盐等化学物质。残留的酸或碱，可在染整的最后道湿加工时采用醋酸（或碳酸钠）进行中和水洗，使纺织品 pH 值保持在安全规定范围内。残留的强酸弱碱盐或强碱弱酸盐，在水洗时可以通过增大浴比来尽可能冲稀化学物质，同时加大水洗对织物表面的冲击力，以达到充分去除残留物的作用，使纺织品 pH 值满足安全规定的要求。

三、耐汗渍色牢度的测定和控制

人的汗液主要由氨基酸（amino-acid）和盐类组成，由于人类群体和个体的差异，汗液有酸性汗液和碱性汗液两种，有代表性的酸性汗液的 pH 值为 5.5，碱性汗液的 pH 值为 8。我国的耐汗渍色牢度包括耐酸性汗渍色牢度和耐碱性汗渍色牢度。

（一）检测要点

（1）按标准要求分别配制酸性和碱性人工汗液。

（2）按标准要求制作组合试样。

（3）分别用酸性和碱性人工汗液浸渍组合试样。

（4）把试样放入汗渍牢度仪，按一定压力固定。

（5）把试样连同汗渍牢度试验仪放入烘箱按规定温度烘至规定时间。

（6）取出试样，悬挂在不高于 60℃的空气中干燥。

（7）对试样评级。

（8）完成试验报告。

（二）质量控制

影响印染织物耐汗渍色牢度的主要因素有纤维种类、染料性能和加工工艺等。在纤维确定的前提下，选择耐酸碱水解的染料是提高该项色牢度的基础，采用适合该纤维和染料的染色工艺，使其染色充分，提高染色牢度；加强清洗、洗去浮色，防止表面浮色对测试色牢度的影响。对于耐汗渍色牢度未能达标的产品，可再适当加强清洗和进行固色来加以改善和弥补。

四、耐水色牢度的检测和控制

耐水色牢度的检测与耐汗渍色牢度的检测相比，前者用三级水的室温浸湿替代后者的人工汗液浸渍，三级水只需浸湿，刮去多余水分即可。其他测试方法和质量控制等同耐汗渍色牢度的测试。

五、耐唾液色牢度的检测和控制

耐唾液色牢度是近年来提出的纺织品染色牢度新标准，是针对婴幼儿的唾液接触纺织品时，引起纺织品掉色而使染料进入婴幼儿口中造成危害而设立的。耐唾液色牢度的检测与耐汗渍色牢度相比，只是以人工唾液代替人工汗液，其他检测条件和方法及质量控制与耐汗渍色牢度的相同。

六、耐干摩擦色牢度的检测和控制

耐干摩擦色牢度是耐摩擦色牢度中的一种（另一种为耐湿摩擦色牢度），测试方法因织物种类不同而有所差异（本试验以一般机织色布为例）。

（一）检测要点

（1）按标准要求将被测试样固定在试验机底板上。

（2）将干摩擦白布固定在试验机摩擦头上。

（3）放下摩擦头，开动机器进行摩擦试验。

（4）停机后取下摩擦白布试样，用嘴轻轻吹去白布试样上的散纤维。

（5）以沾色用灰色样卡对摩擦白布（沾色试样）评级。

（6）完成试验报告。

（二）质量控制

印染织物的耐干摩擦色牢度与织物的纤维种类、织物结构、织物的表面光洁度、染色工艺、染料种类和助剂选择等因素有关。一般而言，表面不光洁的织物、表面粗糙的织物、表面坚硬的织物、结构疏松的织物、容易起毛的织物、纤维强度低的织物、磨毛起绒类织物和染料粒子大及表面浮色多的织物的耐干摩擦色牢度差，反之则好。因此，提高织物表面光洁度，减少织物表面浮色、选择直接性适中且扩散性好的染料等都有利于提高其耐干摩擦色牢度。对于耐干摩擦色牢度已经不合格的产品来说，加强水洗去除表面浮色，用有机硅柔软剂处理提高织物柔滑性，对表面光洁度差的平纹织物再适当进行烧毛等都是弥补该项染色牢度的有效措施。

七、异味的检测和控制

纺织品的异味主要来源于两个方面，一是由纺织品上残留的化学整理剂和化学加工的副产物生成；二是纺织品在生产、加工、运输、存储、销售过程中容易被微生物污染以及自身的多孔性易于从环境中吸收异味。目前，可用于纺织品异味检测的方法主要有嗅觉法、顶空气相色谱法和电子鼻技术法三种。

（1）嗅觉法。嗅觉法是指通过专业人员用嗅辨的方法进行，是一种主观的评价方法。该方法受人为因素影响大，且部分异味中可能会存在对人体有害的物质，对检验人员身体健康造成一定的危害。

（2）顶空气相色谱法。顶空气相色谱法是指将待测样品置于密闭的容器中，通过加热升温使待测物挥发，在气—液或气—固两相中达到平衡，直接抽取上部气体进行色谱分析，从而检测样品中可挥发性组分的成分和含量。现代顶空技术可分为静态顶空技术、动态顶空技术（吹扫捕集）和顶空—固相微萃取技术三大类。

顶空分析收集样品中易挥发的成分，与液—液萃取和固相萃取方法相比，既可以避免在除去溶剂时引起挥发性物质的损失，又降低其提取物所引起的干扰，整个分析过程中无须采用有机溶剂进行提取、大大降低对分析人员和环境的危害。

（3）电子鼻技术法。电子鼻也称人工嗅觉系统，通过气体传感器和模式识别技术的结合模拟生物嗅觉，实现气体检测和识别等功能。电子鼻具有响应时间短、检测速度快、样品预处理简便、测定评估范围广等优点。

我国国家纺织产品安全技术规范中规定用嗅觉法。

（一）检测要点

（1）按标准要求，样品开封后，立即进行该项目的检测；

（2）试验应在洁净的无异常气味的环境中进行；

（3）操作者须戴手套，双手拿起试样靠近鼻腔，仔细嗅闻试样所带有的气味，如检测出有霉味、高沸程石油味（如汽油、煤油味）、鱼腥味、芳香烃气味中的一种或几种，则判为“有异味”，并记录异味类别。否则判为“无异味”。

（4）本试验应有3人独立评判，并以2人以上一致的结果为样品检测结果。

（二）质量控制

对残留化学试剂和化学加工副产物引起的异味，应在染整加工中加强清洗，使其不残留在织物上。对由于纺织品存放不当，使加工的化学品分解引起的气味，则要改变存放条件，如放在干燥、通风的地方，或适当使用防腐剂、防霉剂或对纤维表面进行功能化处理（如在织物表面聚合过氧化氢、β-环糊精改性等），避免使用劣质助剂等。

八、可分解芳香胺染料的检测和控制

可分解芳香胺染料是指在使用过程中有可能被还原分解出对人体有致癌性的芳香胺和对动物有致癌性而对人体可能有致癌性的芳香胺的染料，这类染料被列为禁用染料，有关的致癌芳香胺和禁用染料见附录Ⅱ和附录Ⅲ。对于这类染料的检测一般需要相应的精密仪器和训练有素的专业技术人员。目前对这类染料的检测方法主要有气相色谱/质谱法（gas chromatography/mass spectrography method）、高效液相色谱法（high pressure liquid chromatography method）和薄层层析法（thin-layer chromatography）三种，我国国家纺织产品安全技术规范中规定用气相色谱/质谱法和高效液相色谱法、检测过程有两种，其一是使用气相色谱/质谱法进行定性和定量检测（内标法），其二是先使用气相色谱/质谱法进行定性检测，再用高效液相色谱法进行定量检测（外标法）。

（一）检测要点

（1）定性检测。纺织品中的偶氮染料在柠檬酸盐缓冲溶液（0.06mol/L，pH=6.0）介质中用连二亚硫酸钠还原分解，以产生可能存在的违禁芳香胺，用适当的液—液分配柱提取溶液中的芳香胺，浓缩后，用合适的有机溶剂定容，用配有质量选择检测器的气相色谱仪（即气质联用仪，简称 GC/MSD）进行检测。通过比较试样与标样的保留时间及特征离子进行定性。必要时，选用另一种或多种方法对异构体进行确认。

（2）定量检测。

①GC/MSD 检测法。用配有质量选择检测器的气相色谱仪对违禁芳香胺提取液进行检测。接式（7-3）计算试样中分解出芳香胺 i 的含量：

$$X_i = \frac{A_i \times c_i \times V \times A_{isc}}{A_{is} \times m \times A_{iss}} \tag{7-3}$$

式中：X_i——试样中分解出芳香胺 i 的含量，mg/kg；

A_i——样液中芳香胺 i 的峰面积（或峰高）；

c_i——标准工作液中芳香胺 i 的浓度，mg/L；

V——样液最终体积，mL；

A_{isc}——标准工作溶液中内标的峰面积；

A_{is}——标准工作溶液中芳香胺 i 的峰面积（或峰高）；

m——试样量，g；

A_{ss}——样液中内标的峰面积。

②HPLC/DAD 法。用配有二极管阵列检测器的高效液相色谱仪（HPLC/DAD）对违禁芳香胺提取液进行检测。按式（7-4）计算试样中分解出芳香胺 i 的含量：

$$X_i = \frac{A_i \times c_i \times V}{A_{is} \times m} \tag{7-4}$$

式中：X_i——试样中分解出芳香胺 i 的含量，mg/kg；

A_i——样液中芳香胺 i 的峰面积（或峰高）；

c——标准工作液中芳香胺 i 的浓度，mg/L；

V——样液最终体积，mL；

A_{is}——标准工作溶液中芳香胺 i 的峰面积（或峰高）；

m——试样量，g。

（3）测定低限为 5mg/kg。

（4）实验结果以各种芳香胺的检测结果分别表示，计算结果表示到个位数。低于测定低限时，试验结果为“未检出”。

（5）当检出苯胺和（或）1,4-苯二胺时，再按 GB/T 23344—2009 检测。

（6）完成试验报告。

（二）质量控制

纺织品上禁用染料的控制，重点是把好染料选用关，要选用有安全指标保障（芳香胺限量达标）的品牌染料，不用来路不明的染料。使用违禁染料造成加工产品安全技术不达标，不仅对他人健康有害，也会造成自身的经济损失。对于库存染料应彻底清理，查核是否有被禁止使用的染料；对于使用性能好、安全指标不确定的染料可送样检测后再确定是否选用。

复习指导

纺织品的安全指标越来越受到各国政府的高度重视，同样也受到广大消费者的关注。从事纺织教学、科研、生产、贸易和产品检验的相关人员都应十分重视纺织品的安全问题，注意各国政府有关纺织品安全的法令、法规的颁布和实施，以跟上行业发展的步伐。本章复习要点如下：

1. 了解纺织产品安全对人体健康的影响及其与生产发展的关系。
2. 了解并熟悉我国国家纺织产品安全技术规范的基本内容。
3. 了解国家纺织产品基本安全技术规范中对各类产品的检测项目和相关指标。
4. 了解安全技术指标检测项目的应用标准及检测要点。
5. 了解禁用染料的分类及其对染整加工的影响。

思考题

1. 为什么人们对纺织品的安全会越来越重视？
2. 我国的国家纺织产品基本安全技术规范把纺织品分成几类？各包括哪些内容？
3. 国家纺织产品基本安全技术规范中的技术指标有哪几项？印染工作者怎样保证达到这些指标？
4. 什么是可分解芳香胺染料（禁用染料）？目前用得较多的检测“禁用染料”的方法主要有哪些？

参考文献

[1] 周立平，等．生态纺织产品最新标准规范和技术应用及质量控制手册：上卷［M］．安徽：安徽文化音像出版社，2004.

[2] 中华人民共和国国家质量监督检验检疫总局．国家纺织产品基本安全技术规范［M］．北京：中国标准出版社，2003.

[3] 中华人民共和国国家质量监督检验检疫总局．国家纺织产品基本安全技术规范［M］．北京：中国标准出版社，2011.

[4] 中华人民共和国国家质量监督检验检疫总局．国家纺织产品基本安全技术规范［M］．北京：中国标准出版社，2009.

[5] 徐秋香，姜利利，陈云露．纺织品中甲醛含量超标的危害及控制方法［J］．山东纺织科技，2016，5：24-26.

[6] 中华人民共和国国家质量监督检验检疫总局．国家纺织产品基本安全技术规范［M］．北京：中国标准出版社，2014.

[7] 中华人民共和国国家质量监督检验检疫总局．国家纺织产品基本安全技术规范［M］．北京：中国

标准出版社，2019.
［8］郑勇，莫月香，罗峻．浅析纺织品异味检测现状与发展［J］．中国纤检，2017（1）：80-83.
［9］中华人民共和国国家质量监督检验检疫总局．国家纺织产品基本安全技术规范［M］．北京：中国标准出版社，2012.

第八章 印染废水及其处理

第一节 概 述

在纺织品的印染加工中需要大量用水，不同织物产生的废水水量不同，其中机织棉及棉混纺织物 2.5～3.5m^3/100m，针织棉及棉混纺织物耗水量为 150～200m^3/t，毛纺织物耗水量为 200～350m^3/t，丝绸织物耗水量为 200～350m^3/t。同时在加工过程中，会大量使用化学药品、染料和各种助剂。其中的大部分会随着加工残液（working residue）排放于污水中。据统计，2015 年，在调查统计的 41 个工业行业中，纺织业废水排放量为 18.4 亿吨，位居第三位，占比废水排放总量 10.1%。化学需氧量排放量为 20.6 万吨，占比 8.1%。氨氮排放 1.5 万吨，占比 7.5%。印染工业已成为我国污染防治的重点行业之一。20 世纪 60 年代开始，人们就重视印染废水（dyed waste water）的治理。20 世纪 70 年代末期的改革开放，给迅速发展的乡镇企业注入了活力，一大批乡镇印染企业应运而生，但由于开始时对印染工业造成的环境污染（environmental pollution）认识不足，大批印染厂以牺牲周围环境为代价迅速发展起来。这种以局部利益影响和损害周围的群体利益，甚至子孙后代利益的行为显然是不可取的。

随着整个社会的发展和进步，人们对自然环境的保护越来越重视，面对自然资源的退化和自然灾害的频繁发生，一些工业污染事件的严重危害等现实挑战以及对严峻未来的预测，人们越来越认识到在满足当代人发展需求的同时，又不能对环境和后代构成危害，必须做到可持续发展。这种可持续发展的理论被越来越多的人认同，生态经济（ecological economy）、生态技术、生态工业等生态理论和实践的研究纷纷问世。印染厂的废水治理（waste water treatment）受到极大的关注，各级政府和职能部门对印染废水的治理要求、排放指标（effluent standard）更加明确，对违规的处置力度更大、更坚决，治理成本也越来越高，使得减少印染废水的产生、加强印染废水的处理成为印染厂染整生产中的一个重要部分。

第二节 印染加工中的清洁生产

目前为了贯彻落实《中华人民共和国清洁生产促进法》，指导和推动印染企业依法实施清洁生产（cleaning production），提高资源利用率，减少和避免污染物的产生，保护和改善环境，国家制定印染行业清洁生产评价指标体系（试行）。该体系用于评价印染企业的清洁生产水平，作为创建清洁先进生产企业的主要依据，为企业推行清洁生产提供技术指导，其中国家重点鼓励发展印染行业清洁生产的技术主要有：

一、酶法退浆工艺

生物酶是天然蛋白质产品，容易完全生物降解，不会污染纺织品和环境。因此生物酶可以作为“无害的化学品”而被应用到染整加工中。酶退浆工艺使用的酶主要是淀粉酶，可以将分子量比较大的淀粉水解为分子量小得多的低聚糖，低聚糖更易溶解，易与棉纤维分离，达到退浆的效果。同时酶相对于酸碱等方法退浆的优势在于酶的专一性，因为棉纤维主要成分是纤维素，淀粉酶不会损伤纤维素。

二、棉布前处理冷轧堆一步法工艺

冷轧堆一步法（又称短流程）工艺是针对不同织物一次性通过投加不同复合型高效退浆剂、高效煮练剂等，再经过一定的堆置时间，将退浆、煮练、漂白三个工序合并，最后再漂洗完成前处理，从而达到节能节水的目的。冷轧堆一步法采用的各类药剂虽然价格较高，但用量较少，加工总成本不变，可节水 30%～60%。

三、涂料染色、转移印花新工艺

涂料染色用的是跟墙面涂料一样的颜料颗粒，这种颜料不能溶解在水中，也没有能与纤维大分子发生反应的官能团。涂料染色时，将织物浸轧含有颜料、黏合剂、交联剂、防泳移剂、柔软剂等组分的涂料液，然后经过预烘、焙烘即可获得有色成品。涂料染色对纤维类别不受限制，可以缩短、简化混纺布料的加工工艺，甚至可以将树脂整理和涂料染色合并进行，而且整个过程不再需要水洗，可以达到节能、节水、环保的目的。

转移印花是先将染料色料印在转移印花纸上，然后在转移印花时通过热处理使图案中的染料转移到纺织品上，并固着形成图案。印花后不需要水洗处理，因而不产生污水，同时可获得色彩年艳、层次分明、花形精致的印制效果。

四、高效环保活性染料应用

活性染料是当前染色中应用最多的染料之一，但由于其固色率低而增加了废水的色度，开发和应用高固色率、高染色牢度的多活性基染料，不仅可提高染料的利用率，而且大大降低了染色废水的色度。开发和应用低盐染色技术，可大大降低印染废水中化学品的含量。

五、超滤法回收染料

利用半透膜的微孔结构，以一定的外界压力为推动力，从高浓度染色残液中回收染料，可实现对染料的选择性分离、回收。

六、水、余热及丝光淡碱回收技术

染整加工过程中需要消耗大量的蒸汽和水，其中蒸汽间接加热所产生的凝结水以及一些工艺过程使用后的水并没有受到污染，或者受到的污染程度较低，并且还含有一定的热量。如果将这部分水收集起来，还可用于其他工艺。丝光加工中的淡碱回收之后可以用于织物的煮练。冷凝水和冷却水的回用、染整废水余热回用以及丝光淡碱回收利用属于资源综合利用，其中染整废水余热利用系统回收效率最高可达90%，丝光淡碱使用扩容蒸发器回收淡碱后，可减少污水处理量，并且大大减少调节池的用酸量。

七、数字化喷射印花新工艺

数字化喷射印花是将喷墨印刷技术应用于纺织品印花中，该工艺采用计算机辅助设计进行分色图案设计，不需要制作网版。首先将设计好的图稿通过扫描输入，图稿经过应用图形或印花分色和设计软件处理后，再通过喷印控制软件将数字化信息传输到数码喷印机喷射出图案。由于数字化喷射印花工艺采用墨水直接喷射织物，染料用量仅为传统印花的40%左右，并且只有5%的墨水在后处理中被洗去，减少了废水中的污染物含量，具有显著的节能减排效果。

八、逆流清洗回用及小浴比设备

纺织品染色或整理过程中需要进行清洗，以去除黏附的杂质、灰尘、浮色，清洗方式为挤压及浸泡的方式进行清洗，清洗一般需要重复多次，且水未带上最多污染物时已被排送到污水处理，因此水资源浪费较大，不利于环境保护。采用逆流方式进行洗涤可减少洗涤用水量，提高洗涤效率，降低洗涤能耗。

改革加工工艺，采用小浴比设备，可以提高染料和化学品的利用率，降低废水中化学品的含量，减轻废水处理的负担。

第三节　印染废水的产生和水质指标

一、印染废水的产生

印染加工中由于产品种类、加工设备、染化料使用的不同而有不同的废水种类，以棉类及其与化学纤维的混纺机织物为例，其印染废水的来源主要由以下几方面。

1. 烧毛废水（singed waste water） 纤维素织物经烧毛后残余物极少，而涤纶经烧毛后会形成低聚产物。烧毛后一般都采用冷水灭火，织物上的杂物都会落入水中，成为烧毛废水。

2. 退浆废水（desized waste water） 采用生物酶或化学品对织物上的浆料进行降解，洗涤下来的浆料和化学品进入污水，成为退浆废水。

3. 煮练废水（scouring waste water） 以烧碱和其他助剂对天然纤维织物进行精练，以除去天然纤维素的共生物，经过水洗，这些共生物和处理用助剂进入水中，成为煮练废水。

4. 漂白废水（bleached waste water） 采用氧化剂或还原剂对织物进行漂白，被漂白分解的物质与相应助剂一起被洗入水中，形成漂白废水。

5. 丝光废水（mercerized waste water） 棉、麻类织物经浓碱丝光，但丝光残碱必须经蒸浓回收，再用于退浆煮练等，只有少部分流入废水成为丝光废水。

6. 染色废水（dyed waste water） 含有染料、助剂和化学药品的染色残液及其染色过程中的清洗水形成染色废水。

7. 印花废水（printed waste water） 含有染料、糊料、各种助剂和化学品的残留色浆和印上织物并固色后的平洗污水以及配制色浆过程中的各种清洗污水组成复杂的印花废水。此外，在花筒、圆网或平网制作过程中的污水，前者含有腐蚀、镀铬处理的铬，后者含有具有一定毒性的有机物，都是危害性较大的废水。

8. 整理废水（finished waste water） 印染织物经硬挺、柔软、增白、树脂整理等加工的整理残液及有些需平洗的清洗液形成的整理废水。

9. 其他废水（other waste water） 厂区内因其他辅助作业和生活用途等产生的废水。

二、印染废水的质量指标

由于在染整加工中使用的染料、助剂和各类化学药品种类繁多，所以印染废水的成分相当复杂，结合废水处理要求，一般要评价其温度、酸碱度、有机物含量、悬浮物含量、总固体量、色度和有害物质等水质指标。

（一）温度

在印染生产中，有许多加热的加工工艺，排出的废水温度较高，特别是夏天，由于周围环境温度高，使印染废水的温度过高，影响对废水的生化处理，因此对温度过高的印染废水要采取降温措施。

（二）酸碱度

印染生产中用碱性原料多，用酸性原料相对较少，因此印染废水的 pH 值一般都较高，pH 值超过 12 时，应加酸中和，以降低其 pH 值。

（三）有机物

印染生产中使用大量的有机原料，进入废水即成有机废水，它们是印染废水中最主要的污染物。对有机物的测定，由于测定方法和原理不同，其数据和含义也不同，对于有机物综合指标的测定，常用的是需氧量表示法，其次是含碳量表示法，一些常用的指标如下：

1. 理论需氧量（ThOD，theoretical oxygen demand） 是指有机物被完全氧化反应所需的理论需氧量。但由于印染废水成分复杂，理论计算难度高而并不采用。

2. 重铬酸钾化学需氧量（铬法，CODCr，chemical oxygen demand in dichromate number） 是指采用重铬酸钾为氧化剂，能较完全氧化废水中的有机物所需的用量。此法测定数据准确，重现性好，是最常用的测定指标之一。

3. 高锰酸钾化学需氧量（锰法，COD_{Mn}，chemical oxygen demand in permanganate number） 是指采用高锰酸钾为氧化剂，能较完全氧化废水中的有机物所需的用量。此法测定快速、方便，也可作为印染废水管理中的测定方法。

4. 五日生化需氧量（**BOD_5，biochemical oxygen demand in five days**） 是指采用微生物对废水中的有机物进行处理，在5天内所需的耗氧量。这可测出可生化降解的有机物，适用于生化处理的印染废水，也是常用的测定指标之一。

5. 总需氧量（**TOD，total oxygen demand**） 是指废水中的有机物在900℃高温下燃烧所需的耗氧量，因有专用仪器测定，方法快速简便。

6. 理论有机量（**ThOC，theoretical organic carbon**） 是指废水中的有机物在理论上完全氧化所产生二氧化碳的含碳量。但由于印染废水中的有机物成分复杂而不采用。

7. 总有机碳量（**TOC，total organic carbon**） 是指废水中的有机物在950℃高温下经催化氧化燃烧成二氧化碳，由碳的含量换算成总有机碳，因有专用仪器测定，方法快速简便。

目前，国内外对印染废水有机物含量的测定主要采用COD_{Cr}和BOD_5两种方法，其他方法作为对照而已。

（四）悬浮物和总固体量（suspended matter and total solid content）

在印染生产中，部分固体物质落入印染废水中，一部分溶解于废水中，为溶解性固体，另一部分不溶解而悬浮于水中称悬浮物。悬浮物与溶解性固体之和即为总固体量。

（五）其他

此外，印染废水中还含有氨、氮等富营养物质，硫化物、苯胺、铬等有害物质以及色度等评价指标。

第四节　印染废水的处理

印染生产由于加工品种和使用的原材料品种繁多，产生的印染废水各不相同，印染废水的处理方法也多种多样，目前使用较多的方法是物理化学处理法和生化处理法。对于印染企业来说，印染废水的处理项目投入较大，生产企业自己投建印染废水的处理项目，必须经过认真的调查研究和严密的论证，以取得最好的效益。目前许多地方的政府和职能部门采取当地统一投建污水处理项目，生产企业只需接管排放，控制本企业的废水指标和流量，并承担一定的费用即可。这样更有利于降低处理成本，提高处理质量，但必须加强管理。

一、印染废水的物理化学处理

该方法的处理流程为：水质水量调节→中和→凝聚→氧化脱色→排放。

（一）水质水量调节（adjusting）

由于印染生产过程中废水排放的不均衡性，因此要做好车间水质水量的调查，通过调节池调节废水的流量和质量相对稳定，调节池如结合沉淀池，部分悬浮物和沉淀物可以在此分离，若结合预曝气可除去还原性物质和进行废水降温。

（二）中和

印染废水中有碱性废水和酸性废水，两者放在一起相互中和，但由于实际生产中用碱量很大，所以相互中和后的废水仍有很高的碱性，需进一步加酸中和（一般都采用工业硫酸中和）。使用浓硫酸时有一定的危险性，因此操作时应采取安全防护措施。

在印染废水的中和处理中，也有采用烟道气中和的，此法有利于消除烟道气和废水中碱的综合利用，但中和效果不及硫酸。

（三）凝聚（condensation）

印染废水中含有大量的染化料等高分子化合物的微粒，它们一般带负电荷，能稳定地存在于废水中，长时间放置也不会沉淀，加入混凝剂如硫酸铝、明矾、硫酸亚铁、三氯化铁、聚合氯化铝、聚合硫酸铁、聚丙烯酰胺等，可使存在于废水中的微粒凝聚沉淀而作为沉淀性污泥被分离出来。在混凝处理中，也常用气浮法处理，使相对密度小的悬浮物经絮凝后上浮至液面，再用刮泥机与废水分离。

（四）氧化脱色（oxidation and discoloration）

被分离的印染废水有一定的颜色，必须进行脱色处理，常用的氧化脱色方法有氯氧化、臭氧氧化和光氧化。

1. 氯氧化　氯氧化是采用液氯为氧化剂，氯溶解于水后迅速分解成次氯酸，从而有较强的氧化能力，使直接染料、酸性染料、活性染料、阳离子染料等水溶性染料容易脱色。但对还原染料、分散染料、涂料等不溶性物质就不容易脱色。如用氯量过多还会造成氯的污染。

2. 臭氧氧化　臭氧有极强的氯化能力，能氧化分解染料的有色基团而使染料脱色，而且还能去除酚氰等有害物质。臭氧分解后成为氧，所以没有二次污染。

3. 光氧化　光氧化脱色是利用紫外线对氧化剂的催化作用，使氧化剂的作用充分发挥。

（五）排放（emission）

处理过的废水经相关指标的检测达标后可排入指定管道或河道。

有些地方采用印染企业对废水进行初级处理达到一定指标后，再排入统一的污水处理厂进一步进行处理。

二、印染废水的生化处理

该方法的处理流程一般为：水质水量调节→中和→活性污泥处理→脱色→排放。

（一）水质水量调节

其目的、原理和处理方法同印染污水的物理化学处理。

（二）中和

由于生化处理需要一定酸碱度，必须控制中和后的废水 pH 值，如在厌氧处理中，甲烷菌的 pH 值一般为 6.7~7.4。

（三）活性污泥生化处理

采用活性污泥（active sludge）对废水进行生化处理（biological treatment）可以采用不同的曝气（aeration）方式，使活性污泥充分与废水接触而发生作用。活性污泥的处理方式有普通曝气法、完全混合曝气法、生物吸附再生法和延时曝气法等。目前采用较多的是完全混合曝气法。

（四）脱色

经过活性污泥生化处理后分离出来的有色废水需经脱色处理。脱色可采用生物活性炭法，活性炭（actived carbon）起吸附作用，活性炭表面的微生物起降解有机物的作用，活性炭本身可再生；脱色液可采用氧化法进行。

（五）排放

经处理达标的印染废水排入指定管道或河道。为了提高处理印染废水的整体效益，一些地区采取印染废水分散处理与集中处理相结合的方法进行，先由印染厂进行预处理，使废水的 COD 达到一定指标以下，再接管到地区废水处理厂集中处理至国家标准后再排放。

三、印染废水的排放标准

随着对生态文明建设和生态环境保护工作重视程度的不断提高，国家对印染废水的排放标准也逐渐提高，自 2015 年 1 月 1 日起，现有企业与新建企业开始执行相同的水污染物排放限值，如表 8-1 所示。

表 8-1 印染企业水污染物排放限值

指标	单位	排放标准	指标	单位	排放标准
pH 值	—	6~9	总氮	mg/L	15
化学需氧量（COD_{Cr}）	mg/L	80	总磷	mg/L	0.5
BOD_5	mg/L	20	可吸附有机卤素（AOX）	mg/L	12
悬浮物	mg/L	50	硫化物	mg/L	0.5
色度	倍	50	苯胺类	mg/L	不得检出
氨氮	mg/L	10	六价铬	mg/L	不得检出

在国土开发密度已经较高、环境承载能力开始减弱，或环境容量较小、生态环境脆弱，容易发生严重环境污染问题而需要采取特别保护措施的地区，应严格控制企业的污染物排放行为，在上述地区的企业执行表 8-2 规定的水污染物特别排放限值。

表 8-2 水污染物特别排放限值

指标	单位	排放标准	指标	单位	排放标准
pH 值	—	6~9	总氮	mg/L	15
化学需氧量（COD_{Cr}）	mg/L	80	总磷	mg/L	0.5
BOD_5	mg/L	20	可吸附有机卤素（AOX）	mg/L	12
悬浮物	mg/L	50	硫化物	mg/L	0.5
色度	倍	50	苯胺类	mg/L	不得检出
氨氮	mg/L	10	六价铬	mg/L	不得检出

注 执行水污染物特别排放限值的地域范围、时间，由国务院环境保护行政主管部门或省级人民政府规定。

复习指导

1. 了解进行印染废水处理的重要性。
2. 了解印染生产中实行清洁生产的重要意义。
3. 了解印染废水的种类及其产生的原因。
4. 了解印染废水的主要质量指标。
5. 了解印染废水的物化处理过程。
6. 了解印染废水的生化处理过程。
7. 了解我国对废水排放的国家标准。

思考题

1. 印染废水处理在印染生产中占有什么样的位置？为什么？
2. 在印染生产中实行“清洁生产”对印染废水处理和印染加工有什么意义？
3. 印染废水主要是怎样产生的？怎样减少其发生？
4. 什么是 COD_{Cr}？什么是 BOD_5？
5. 写出印染废水物化处理流程及其要点。
6. 写出印染废水生化处理流程及其要点。
7. 我国规定的印染废水排放标准的 COD_{Cr} 和 BOD_5 的限量各是多少？悬浮物和色度指标各是多少？

参考文献

上海印染工业行业协会．印染手册［M］．2 版．北京：中国纺织出版社，2003.

附录 I

不属于当前国家纺织产品安全技术规范范围的纺织品目录

1. 土工布、防水油毡基布等工程用纺织产品。
2. 造纸毛毯、帘子布、过滤布、绝缘纺织品等工业用纺织产品。
3. 无土栽培基布等农业用纺织产品。
4. 防毒、防辐射、耐高温等特种防护用品。
5. 渔网、缆绳、登山用绳索等绳网类产品。
6. 麻袋、邮包等包装产品。
7. 医用纱布、绷带等医疗用品。
8. 布艺、毛绒类玩具。
9. 装饰挂布、工艺品等装饰小物件。
10. 广告灯箱布、遮阳布等室外装饰产品。

附录Ⅱ

国家纺织产品安全规范规定的致癌芳香胺清单

英文名称	中文名称	化学文摘编号
4-aminobiphenyl	4-氨基联苯	92-67-1
benzidine	联苯胺	92-87-5
4-chloro-*o*-toluidine	2-氯邻甲苯胺	95-69-2
2-naphthylamine	2-萘胺	91-59-8
o-aminoazotoluene	邻氨基偶氮甲苯	97-56-3
5-nitro-*o*-toluidine	5-硝基邻甲苯胺	99-55-8
p-chloroaniline	对氯苯胺	106-47-8
2,4-diaminobiphenymethane	2,4-二氨基苯甲醚	615-05-4
4,4-diaminobiphenymethane	4,4′-二氨基二苯甲烷	101-77-9
3,3′-dichlorobenzidine	3,3′-二氮联苯胺	91-94-1
3,3′-dimethoxybenzidine	3,3′-二甲氧基联苯胺	119-90-4
3,3′-dimethylbenzidine	3,3′-二甲基联苯胺	119-93-7
3,3′-dimethyl-4,4′-diaminobiphenylmethane	3,3′-二甲基-4,4′-二氨基二苯甲烷	838-88-0
p-cresidine	2-甲氧基-5-甲基苯胺	120-71-8
4,4′-methylene-bis-（2-chloroaniline）	4,4′-亚甲基二（2-氯苯胺）	101-14-4
4,4′-oxydianiline	4,4′-二氨基二苯醚	101-80-4
4,4′-thiodianiline	4,4′-二氨基二苯硫醚	139-65-1
o-toluidine	邻甲苯胺	95-53-4
2,4-toluylendiamine	2,4-二氨基甲苯	95-80-7
2,4,5-trimethylaniline	2,4,5-三甲基苯胺	137-17-7
o-anisidine	邻氨基苯甲醚	90-04-0
4-aminoazobenzene	4-氨基偶氮苯	60-09-3
2,4-xylidine	2,4-二甲基苯胺	95-68-1
2,6-xylidine	2,6-二甲基苯胺	87-62-7

附录Ⅲ

禁用染料一览表

一、禁用直接染料

序号	染料索引号	致癌芳胺	国内商品名
1	C.I 直接黄 1（22250）	联苯胺	
2	C.I 直接黄 24（22010）	联苯胺	直接黄 GR（直接黄 GGR）
3	C.I 直接黄 48（23660）	3，3′-二甲基联苯胺	
4	C.I 直接橙 1（22370）	联苯胺	
5	C.I 直接橙 6（23375）	3，3′-二甲基联苯胺	
6	C.I 直接橙 7（23380）	3，3′-二甲基联苯胺	
7	C.I 直接橙 8（22130）	联苯胺	
8	C.I 直接橙 10（23370）	3，3′-二甲基联苯胺	
9	C.I 直接橙 108（29173）	邻甲苯胺	
10	C.I 直接红 1（22310）	联苯胺	直接红 F（直接朱红 F）
11	C.I 直接红 2（23500）	3，3′-二甲基联苯胺	直接大红 N4B
12	C.I 直接红 7（24100）	3，3′-二甲氧基联苯胺	
13	C.I 直接红 10（22145）	联苯胺	
14	C.I 直接红 13（22155）	联苯胺	直接枣红 GB、直接枣红 B、直接红酱、直接酒红、直接紫红
15	C.I 直接红 17（22150）	联苯胺	
16	C.I 直接红 21（23560）	3，3′-二甲基联苯胺	
17	C.I 直接红 22（23565）	3，3′-二甲基联苯胺	
18	C.I 直接红 24（29185）	邻氨基苯甲醚	
19	C.I 直接红 26（29190）	邻氨基苯甲醚	
20	C.I 直接红 28（22120）	联苯胺	直接大红 4BE、直接大红 4B、刚果红、直接朱红
21	C.I 直接红 37（22240）	联苯胺	
22	C.I 直接红 39（23630）	3，3′-二甲基联苯胺	

续表

序号	染料索引号	致癌芳胺	国内商品名
23	C. I 直接红 44（22500）	联苯胺	
24	C. I 直接红 46	3，3′-二氯联苯胺	
25	C. I 直接红 62（29175）	邻甲苯胺	
26	C. I 直接红 67（23505）	3，3′-二甲基联苯胺	
27	C. I 直接红 72（29200）	邻氨基苯甲醚	
28	C. I 直接紫 1（22570）	联苯胺	直接紫 4RB、直接紫 N、直接青莲 N
29	C. I 直接紫	联苯胺	直接紫 R、直接青莲 R、直接雪青 R、直接红光青莲
30	C. I 直接紫	3，3′-二甲基联苯胺	
31	C. I 直接紫	联苯胺	
32	C. I 直接蓝 1（24410）	3，3′-二甲氧基联苯胺	直接湖蓝 6B、直接蓝 G
33	C. I 直接蓝 2（22590）	联苯胺	直接重氮黑 BH、直接深蓝 L、直接藏青
34	C. I 直接蓝 3（23705）	3，3′-二甲基联苯胺	
35	C. I 直接蓝 6（22610）	联苯胺	直接蓝 2B、直接靛蓝 2B
36	C. I 直接蓝 8（24140）	3，3′-二甲氧基联苯胺	
37	C. I 直接蓝 9（24115）	3，3′-二甲氧基联苯胺	直接刚果蓝
38	C. I 直接蓝 10（24340）	3，3′-二甲氧基联苯胺	
39	C. I 直接蓝 14（23850）	3，3′-二甲基联苯胺	直接靛蓝 3B
40	C. I 直接蓝 15（24400）	3，3′-二甲氧基联苯胺	直接湖蓝 5B、直接蓝 B
41	C. I 直接蓝 22（24280）	3，3′-二甲氧基联苯胺	直接蓝 RG
42	C. I 直接蓝 25（23790）	3，3′-二甲基联苯胺	
43	C. I 直接蓝 35（24145）	3，3′-二甲氧基联苯胺	
44	C. I 直接蓝 53（23860）	3，3′-二甲基联苯胺	
45	C. I 直接蓝 76（24411）	3，3′-二甲氧基联苯胺	直接耐晒蓝 4GL
46	C. I 直接蓝 151（24175）	3，3′-二甲氧基联苯胺	直接铜盐蓝 2R、直接铜盐蓝 KM、直接铜盐蓝 BB、直接藏青 B
47	C. I 直接蓝 160	3，3′-二甲氧基联苯胺	
48	C. I 直接蓝 173	3，3′-二甲氧基联苯胺	
49	C. I 直接蓝 192	3，3′-二甲氧基联苯胺	
50	C. I 直接蓝 201	3，3′-二甲氧基联苯胺	

续表

序号	染料索引号	致癌芳胺	国内商品名
51	C.I 直接蓝 215（24415）	3，3′-二甲氧基联苯胺	
52	C.I 直接蓝 295（23820）	3，3′-二甲基联苯胺	
53	C.I 直接绿 1（30280）	联苯胺	直接深绿 B
54	C.I 直接绿 6（30295）	联苯胺	直接绿 B、直接墨绿 B
55	C.I 直接绿 8	联苯胺	
56	C.I 直接绿 8：1	联苯胺	
57	C.I 直接绿 85（30387）	3，3′-二甲基联苯胺	直接墨绿 2B—NB、直接绿 2B—NB、直接绿 D3G、直接绿 TGB
58	C.I 直接棕 1（30045）	联苯胺	
59	C.I 直接棕 1：2	联苯胺	
60	C.I 直接棕 2（22311）	联苯胺	
61	C.I 直接棕 6（30140）	联苯胺	
62	C.I 直接棕 25（36030）	联苯胺	
63	C.I 直接棕 27（31725）	联苯胺	
64	C.I 直接棕 31（35660）	联苯胺，2，4-二氨基甲苯	
65	C.I 直接棕 33（35520）	联苯胺	
66	C.I 直接棕 51（31710）	联苯胺	
67	C.I 直接棕 59（22345）	联苯胺	
68	C.I 直接棕 79（30050）	联苯胺	直接黄棕 3G、直接棕黑 3G、直接橘棕
69	C.I 直接棕 95（30145）	联苯胺	直接耐晒棕 BRL、直接棕 BRL
70	C.I 直接棕 101（31740）	联苯胺	直接耐晒红棕 RTL、直接耐晒棕 RT、直接红棕 L—2GR
71	C.I 直接棕 222（30368）	3，3′-二甲基联苯胺，2，4-二氨基甲苯	直接黄棕 T—ND、直接黄棕 3G
72	C.I 直接棕 154（30120）	联苯胺，2，4-二氨基甲苯	直接棕 D3G
73	C.I 直接黑 4（30245）	联苯胺，2，4-二氨基甲苯	
74	C.I 直接黑 29（22580）	联苯胺	
75	C.I 直接黑 38（30235）	联苯胺	直接黑 BN、直接黑 EN、直接黑 BX、直接青光元、直接元、直接元青、直接红光元青、直接红光元
76	C.I 直接黑 91（30400）	3，3′-二甲氧基联苯胺	直接铜盐黑 RL

续表

序号	染料索引号	致癌芳胺	国内商品名
77	C. I 直接黑 154（　　）	3，3′-二甲基联苯胺	直接黑 TBRN
78	C. I. 直接黄 27（13950）	邻氨基苯甲醚	直接耐晒嫩黄 5GL
79	C. I. 直接黄 41（29005）	对克力西丁	直接耐晒嫩黄 RL
80	C. I. 直接黄 49（29035）	邻氨基苯甲醚	直接耐晒嫩黄 G
81	C. I. 直接黄 83（29061）	对克力西丁	直接黄 L-5R、直接耐晒嫩黄 RL
82	C. I. 直接橙 37：（40265）	对克力西丁	直接耐晒橙 T4RLL
83	C. I. 直接橙 49（29050）	对克力西丁	直接耐晒橙 G
84		对克力西丁	直接混纺黄 D-3RNL
85	C. I. 直接红 79（29065）	对克力西丁	直接耐晒红 4BL
86	C. I. 直接红 89	对克力西丁	直接耐晒大红 BNL
87	C. I. 直接紫 3（22445）	联苯胺	直接紫 RB
88	C. I. 直接紫 51（27905）	对克力西丁	直接紫 BB
89	C. I. 直接蓝 14（23850）	3，3′-二甲基联苯胺	直接靛蓝 3B
90	C. I. 直接蓝 48（22565）	联苯胺	直接紫 B
91	C. I. 直接蓝 67（27925）	对克力西丁	直接耐晒蓝 F3B
92	C. I. 直接蓝（24230）	3，3′-二甲氧基联苯胺	直接耐晒蓝 FBGL
93	参考 C. I. 24200	3，3′-二甲氧基联苯胺	直接深蓝 L、直接深蓝 M、直接深蓝 1-5、直接铜盐蓝 W
94	C. I. 直接蓝 80	3，3′-二甲基联苯胺	直接铜蓝 80
95	C. I. 直接蓝 168（24185）	3，3′-二甲氧基联苯胺	直接铜盐蓝 BR
96	C. I. 直接绿 85（30387）	3，3′-二甲基联苯胺	直接绿 TGB、直接墨绿 2B-NB
97	C. I. 直接绿 26（34045）	对克力西丁	直接耐晒蓝绿 BLL
98		3，3′-二甲基联苯胺	直接黄棕 TND3G
99		3，3′-二甲基联苯胺	直接黄棕 ND3G、直接黄棕 3RB
100		3，3′-二甲基联苯胺	直接深棕 B-NM
101		对克力西丁	直接混纺黑 D-RSN
102	C. I. 直接黑 17（27700）	对克力西丁	直接灰 D
103	C. I. 直接黑 14（30345）	联苯胺	

二、禁用酸性染料

序号	染料索引号	有害芳胺	国内商品名
1	C. I. 酸性橙45（22195）	联苯胺	弱酸性橙
2	C. I. 酸性红4（14710）	邻氨基苯甲醚	
3	C. I. 酸性红5（14905）	邻氨基苯甲醚	
4	C. I. 酸性红24（16140）	邻甲苯胺	
5	C. I. 酸性红26（16150）	染料本身	酸性大红
6	C. I. 酸性红73	对氨基偶氮苯	酸性大红GR、酸性红G、酸性朱红105、酸性大红105
7	C. I. 酸性红85（22245）	联苯胺	弱酸性大红G、弱酸大红G、永固猩红G、酸性永固猩红G
8	C. I. 酸性红114（23635）	3，3′-二甲基联苯胺	弱酸性红F-RS
9	C. I. 酸性红115（27200）	4-氨基-3，2′-二甲基偶氮苯	
10	C. I. 酸性红116（26660）	对氨基偶氮苯	
11	C. I. 酸性红128（24125）	3，3′-二甲氧基联苯胺	
12	C. I. 酸性红148（26665）	4-氨基-3，2′-二甲基偶氮苯	
13	C. I. 酸性红150（27190）	对氨基偶氮苯	
14	C. I. 酸性红158（20530）	邻甲苯胺	弱酸性红3BL
15	C. I. 酸性红167	3，3′-二甲基联苯胺	
16	C. I. 酸性红264（18133）	邻氨基苯甲醚	
17	C. I. 酸性红265（18129）	邻甲苯胺	
18	C. I. 酸性红420	对氨基偶氮苯	
19	C. I. 酸性紫12（18075）	邻氨基苯甲醚	
20	C. I. 酸性紫49（42640）	染料本身	酸性紫5B
21	C. I. 酸性棕415	邻氨基苯甲醚	
22	C. I. 酸性黑29	联苯胺	
23	C. I. 酸性黑94（30336）	联苯胺	
24	C. I. 酸性黑131	邻氨基苯甲醚	
25	C. I. 酸性黑132	邻氨基苯甲醚	中性黑RBL
26	C. I. 酸性黑209	3，3′-三甲基联苯胺	
27	C. I. 酸性红26：1（16151）	邻氨基苯甲醚	酸性红GG
28	C. I. 酸性红35（18065）	邻甲苯胺	酸性红6B、酸性红3B、酸性桃红3B

续表

序号	染料索引号	有害芳胺	国内商品名
29	C. I. 酸性紫 9（45190）	邻甲苯胺	酸性紫 R
30	C. I. 酸性蓝 127	4，4′-二氨基二苯甲烷	弱酸性艳蓝 GAW、酸性艳蓝 P-3G
31		4，4′-二氨基二苯醚	丝绸黑 S-GN
32	C. I. 媒染黄 16（25100）	4，4′-二氨基二苯硫醚	
33	C. I. 媒染红 57（22310）	联苯胺	

三、禁用分散染料

序号	染料索引号	有害芳胺	国内商品名
1	C. I. 分散黄 7（26090）	对氨基偶氮苯	分散黄 E-5R
2	C. I. 分散黄 23（26070）	对氨基偶氮苯	分散黄 RGFL、分散黄 E-3RL
3	C. I. 分散黄 56	对氨基偶氮苯	分散橙 GG、分散橙 H-GG、分散金黄 GG
4	C. I. 分散橙 149	对氨基偶氮苯	
5	C. I. 分散红 151（26130）	对氨基偶氮苯	
6	C. I. 分散蓝 1（64500）	染料本身	
7	C. I. 分散黄 22	对氯苯胺	分散黄 E-5R
8	C. I. 分散黄 218	对氯苯胺	
9		2-氨基-4-硝基甲苯	分散黄 S-3GL
10		对氨基偶氮苯	分散黄 3R
11	C. I. 分散橙 20	对-克力西丁	分散橙 GFL、分散橙 E-GFL
12	C. I. 分散橙 21	对-克力西丁	
13	C. I. 分散橙 60	3，3′-二氯联苯胺	
14	C. I. 分散橙 70	对氨基偶氮苯	
15	C. I. 分散橙 121	对-克力西丁	
16	C. I. 分散红 220（12476）	2-甲基-4-氯苯胺	
17	C. I. 分散红 221	对氯苯胺	
18	C. I. 分散黑 2	对-克力西丁	
19	C. I. 分散黑 6（37235）	3，3′-二甲氧基联苯胺	
20	C. I. 分散黑 28	对克力西丁	
21	复配型	对氨基偶氮苯	分散草绿 E-G、分散草绿 E-GR
22	复配型	对氨基偶氮苯	分散草绿 E-BGL

续表

序号	染料索引号	有害芳胺	国内商品名
23	复配型	2-氨基-4-硝基甲苯	分散草绿 S-2GL
24	复配型	对氨基偶氮苯	分散黑 3L、分散黑 TW
25	复配型	对氨基偶氮苯	分散黑 4L、分散黑 E-GR
26	复配型	对氨基偶氮苯	分散灰 N、分散灰 S-BN、分散灰 S3BR、分散灰 K

四、禁用不溶性偶氮染料的色基与色酚

序号	染料索引号	有害芳胺	国内商品名
1	C. I. 冰染色基 11（37085）	4-氯二甲基苯胺	红色基 TR
2	C. I. 冰染色基 12（371050）	2-氨基-4-硝基甲苯	大红色基 G、大红倍司
3	C. I. 冰染色基 48（372350）	3，3′-二甲氧基联苯胺	蓝色基 B、快色素蓝 B、蓝色盐 B
4	C. I. 冰染色基 112（37225）	联苯胺	
5	C. I. 冰染色基 113（37230）	3，3′-二甲基联苯胺	深蓝色基 R
6	C. I. 冰染色基 4（37210）	4-氨基-3，2′-二甲基偶氮苯	枣红色基 GBC
7	C. I. 冰染色酚 7（37565）	乙萘胺	色酚 AS-SW
8	C. I. 冰染色酚 36（37585）	邻甲苯胺	色酚 AS-GR
9	C. I. 冰染色酚 5（37610）	3，3′-二甲基联苯胺	色酚 AS-G
10	C. I. 冰染色酚 18（37520）	邻甲苯胺	色酚 AS-D
11	C. I. 冰染色酚 20（37530）	邻氨基苯甲醚	色酚 AS-OL
12	C. I. 冰染色酚 3（37575）	3，3′-二甲氧基联苯胺	色酚 AS-BR
13	C. I. 冰染色酚 10（37510）	对氯苯胺	色酚 AS-E
14	C. I. 冰染色酚 15（37600）	对氯苯胺	色酚 ASLB
15	C. I. 冰染色酚 8（37525）	2-甲基-4-氯苯胺	色酚 AS-TR

附录Ⅳ

国家纺织产品安全规范规定的取样规范

1. 染色牢度试验的取样。按相应的试验方法规定。对于花型循环较大或无规律的印花和色织产品，分别取各色相检测，以级别最低的作为试验结果。

2. 甲醛、pH 值和可分解致癌芳香胺染料试验的取样。

（1）有颜色图案的产品。

①有规律图案的产品，按循环取样，剪碎混合后作为一个试样。

②图案循环很大的产品，按地、花面积的比例取样，剪碎混合后作为一个试样。

③独立图案的产品，其图案面积能满足一个试样时，图案单独取样；图案很小不足一个试样时，取样应包括该图案，不宜从多个样品上剪取后合为一个试样。

④图案较小处仅检测可分解芳香胺。

（2）多层复合的产品。

①能手工分层的产品，分层取样，分层测定。

②不能手工分层的产品，整体取样。